U0263821

# 土星 5 运载火箭制造与试验记录
## （原书第 2 版）

## SATURN V
### THE COMPLETE MANUFACTURING AND TEST RECORDS
#### Plus Supplemental Material
#### (2nd Edition)

〔英〕 艾 伦·劳 里（Alan Lawrie） 著
罗伯特·高 文（Robert Godwin）

容易 曲晶 秦曈 等 译

科学出版社

北京

图字：01-2022-2879

## 内 容 简 介

本书详细介绍了土星 5 运载火箭各子级、分系统和关键部件的设计改进细节，并对所有试验件和飞行件的制造和试验进行了充分描述，是一部内容翔实、技术性强的设计参考图书。本书第 1 版于 2005 年出版，于 2010 年再版，新的版本增加了所有现存土星 5 运载火箭发动机的存放位置和标识。

本书可供航空航天领域的技术人员和管理人员、高校学生以及航天爱好者阅读参考。

The right of CG Publishing Inc to be identified as the Owner of this Work has been asserted in accordance with Canadian Law.

**图书在版编目（CIP）数据**

土星 5 运载火箭制造与试验记录：原书第 2 版/（英）艾伦·劳里（Alan Lawrie），（英）罗伯特·高文（Robert Godwin）著；容易等译. —北京：科学出版社，2023.11

书名原文：SATURN V: The Complete Manufacturing and Test Records Plus Supplemental Material（2nd Eition）

ISBN 978-7-03-076733-2

Ⅰ.①土… Ⅱ.①艾… ②罗… ③容… Ⅲ.①运载火箭-制造-美国 ②运载火箭-试验-美国 Ⅳ.①V475.1

中国国家版本馆CIP数据核字（2023）第200942号

责任编辑：张海娜　纪四稳 / 责任校对：任苗苗
责任印制：赵　博 / 封面设计：图阅社

科学出版社 出版

北京东黄城根北街 16 号
邮政编码：100717
http://www.sciencep.com

北京中科印刷有限公司印刷
科学出版社发行　各地新华书店经销

\*

2023 年 11 月第 一 版　开本：720×1000 1/16
2024 年 5 月第二次印刷　印张：32 3/4
字数：660 000

定价：268.00 元
（如有印装质量问题，我社负责调换）

# 译 者 序

人类对太空的探索永不止步。重型运载火箭可以代表一个国家自主进入太空的能力，是利用太空的前提与基础，更是该国成为航天强国的重要标志。20 世纪 60 年代以来，美、俄(苏联)两国先后研制了土星 5、N-1、航天飞机、能源号、SLS、超重-星舰等重型运载火箭，彰显了探索空间的大国意志和探索未知的无畏勇气。

土星 5 运载火箭作为最有代表性的重型运载火箭，于 1969 年 7 月 16 日搭载阿波罗 11 号飞船，从肯尼迪航天中心点火升空，开始了人类历史上的首次登月之旅。这一刻，人类迈出了伟大的一步，树立了文明进程上不朽的丰碑。

《土星 5 运载火箭制造与试验记录》是美国艾伦·劳里和罗伯特·高文合作出版的一部著作，也是一部介绍土星 5 运载火箭的佳作。该书详细介绍了土星 5 运载火箭各子级、分系统和关键部件的设计改进细节，并对所有试验件和飞行件的制造和试验进行了充分描述，是一部内容翔实、技术性强的设计参考图书。该书第一版于 2005 年出版，2010 年再版，新的版本增加了所有现存土星 5 运载火箭发动机的存放位置和代号。

五十多年过去了，土星 5 运载火箭依然是一次性运载火箭的经典之作，它的设计、试验、制造方面的理念仍然值得我们思考和学习。译者希望通过对《土星 5 运载火箭制造与试验记录》(原书第 2 版)书籍的翻译，可以对我国运载火箭技术发展和工程研制起到借鉴和参考的作用。

本书主要包括土星 5 运载火箭的实施方案与管理、生产与试验、有效载荷设计人员指南，以及现有土星 F-1 和 J-2 发动机存放位置四篇内容，由容易、曲晶、秦瞳、杨开、任奇野、陈允宗、张绿云、龙雪丹翻译完成。此外，在译文成稿过程中，中国运载火箭技术研究院的多位专家和技术人员提出了宝贵的意见及建议，主要包括秦旭东、杨楠、陈士强、彭越、顾名坤、祁峰、肖士利、岳晓飞等，在此一并表示感谢。

限于译者阅历和水平，翻译中难免存在疏漏或不足之处，恳请读者批评指正。

译 者

2023 年 7 月

# 前　言

本书第 1 版于 2005 年出版。第 2 版主要是在第 1 版的基础上新增了第四篇，涵盖所有现存土星运载火箭发动机存放的位置和代号。这一篇位于整书的最后，其余章节位置并未改变，只是对已知事实和印刷错误进行了更正。在第 2 版中，替换了前言和致谢部分，但这并不代表会减少作者对那些为第 1 版做出贡献的人们的谢意。

如果你曾在博物馆里看到一台旧的土星运载火箭发动机，并想知道它的历史，或者想了解其他从未飞行过的发动机目前身在何处，那么本书该版本将为您答疑解惑。本书收录了有史以来最完整的土星运载火箭发动机存放位置清单。

土星计划结束时，有很多火箭发动机都未进行发射。在随后的 35～40 年，硬件所有权和用途发生了一定的改变，这些发动机也被不同机构保存下来。一些发动机被安装在土星运载火箭上，并在博物馆中展出，而其他发动机则在博物馆或美国国家航空航天局(NASA)的设施中进行展示，还有部分发动机去处不详。

一半以上的发动机目前在美国史密森国家博物馆(Smithsonian National Museum)存放，其他的则由 NASA、工业部门或私人所有。在过去 40 年的时间里，没有一个中央机构负责维修或追踪所有的发动机，因此不可避免地会失去可追踪性。发动机从一个博物馆转运到另一个博物馆，原来的所有者机构并不完全知情，而有些发动机则已报废。目前展出的发动机被笼统地定义为 F-1 或 J-2，非常遗憾地未涉及其特定的研制历史，但许多发动机都有其独特而有趣的历史，而这些知识则可以增加其硬件的价值。

相关博物馆开展追溯工作时普遍遇到的问题是，他们不知道其收藏的是哪种发动机，而且也没有访问该发动机历史记录的权限。从洛克达因公司收集到这些发动机历史后，接下来我要做的是识别每台 F-1 和 J-2 发动机的序列号。每个拥有发动机的博物馆和机构都对这些发动机序列号进行了检查，并仔细查询相关文件。在这一过程中，所有博物馆和机构都付出了辛勤的劳动，以确保这个项目的成功。

经过两年的调查，我们收获了不少惊喜。虽然还不能完全确定某些发动机的序列号，但在大多数情况下，我们可以根据已知的数据库做出最佳猜测。经过不懈的努力，现存土星 5 运载火箭的发动机序列号被逐一确定，从而实现了与它们独特的历史一起展示的美好愿景。我们已经将调查结果发送给所有相关博物馆和机构,详见本版本中新的章节。除已发射或报废的发动机,所有发动机序列号均会在本书中详细列出。

# 前　言

艾伦·劳里

2010 年 3 月于英国希钦

# 致　谢

　　非常感谢以下人员在编写新章节时提供的巨大帮助。拉尔夫·艾伦(马歇尔航天飞行中心历史保护员)、斯图尔特·贝利(常青航空航天博物馆馆长)、珍妮特·巴尔塔斯和斯科特·威利(史蒂芬·乌德瓦·哈兹中心人员)、安妮·鲍(美国北卡罗来纳州生命与科学博物馆展品研究专家)、鲍勃·比格斯(普拉特·惠特尼集团公司和洛克达因公司职员)、保罗·科夫曼(洛克达因公司退休人员)、克里·多尔蒂(悉尼动力博物馆馆长)、道格·盖洛维(马歇尔航天飞行中心发动机照片提供者)、马尔科·贾迪诺(斯坦尼斯航天中心历史保护员)、乔治·豪斯和罗恩·凯勒(新墨西哥太空历史博物馆馆长)、马蒂亚斯·克诺普(慕尼黑德意志博物馆馆长)、汤姆·拉斯曼(史密森尼学会火箭馆馆长)、道格·米勒德(伦敦科学博物馆火箭馆馆长)、梅雷迪思·米勒(堪萨斯航空博物馆馆长)、比尔·佩因特(美国密歇根州空中乐园科学博物馆馆长)、约翰·珀斯利(S-IC-D 子级修复人员)、伊夫·塞维尼(拉瓦尔太空博物馆馆长)、杰夫·苏利埃(斯塔福德航空航天博物馆馆长)、埃尔马·怀尔德(赫尔曼·奥伯特太空旅行博物馆)、弗兰克·温特(史密森尼学会火箭馆退休馆长)、伊万·沃伊罗尔(史蒂芬·乌德瓦·哈兹中心照片提供者)和迪特·祖贝(航空喷气公司职员)。

　　此外,我要特别感谢文斯·惠洛克,他是洛克达因公司的退休人员,以及杰米·威尔希特,他是亨茨维尔美国航天与火箭中心主任。他们不厌其烦地回答了我的许多问题,对此我十分感激。迈克·杰泽是从事土星运载火箭的专家,他多次前往博物馆和仓库,拍摄了许多土星运载火箭发动机上的标识牌。在过去的几年中,迈克和我几乎每天都在交流土星运载火箭的相关信息,他对我的帮助是巨大的。本书所展示的发动机照片多数都是迈克提供的,可以在 http://heroicrelics.org 上找到相关信息。

　　本书所涵盖的发动机照片和标识牌照片来源各不相同,都是在不同地方拍摄的。因此,我还要特别感谢那些拍摄这些照片并允许我使用它们的个人和组织。

艾伦·劳里
2010 年

# 目　录

## 第二篇　生产与试验

## 第三篇　有效载荷设计人员指南

# 第一篇　实施方案与管理

第一章　实验方案与管理

# 第1章 土星5运载火箭简介

1961年,美国决定将载人登月作为新太空探索计划的重点,但并没有具备相应能力的运载火箭。当时在研的土星1运载火箭运载能力太小,无法直接将三人乘员小组送上月球,因此只能依托交会对接技术,且经六次发射,才可实现这一目标。而类似的发射模式之前从未有人尝试过。1962年1月,美国国家航空航天局(NASA)决定研制全新的火箭,其规模远超以往的火箭。该火箭即土星5运载火箭,其借鉴了自1958年开始研制的F-1发动机和1960年开始研制的J-2氢氧发动机的大量技术。土星5运载火箭是美国为实现特定目标而研制的首枚重型运载火箭。虽然登月任务决定了其构型,但它并非只用于载人登月。1961年5月25日,美国总统约翰·肯尼迪向国会说明其宏大的航天计划,他指出,"美国的太空成就是要占据绝对领先地位,这将对美国未来的全球地位产生重要影响。"谈及登月计划时他说道,"没有比登月更令人兴奋的航天计划了,它对太空长期探索意义非凡;其难度和开销之巨大,任何航天计划都无法望其项背……"土星5运载火箭是美国最重大的火箭研制工程,其总成本(包括20世纪70年代初至2010年生产的15枚运载火箭)超过70亿美元。1962年1月25日,NASA正式将研制土星5运载火箭的任务委派给马歇尔航天飞行中心(MSFC),该中心是美国第三个载人航天飞行中心,主要负责载人飞船研制、乘员培训和飞行中控制。肯尼迪航天中心则负责发射任务。

## 1.1 概 述

马歇尔航天飞行中心的火箭设计师早在1961年和1962年初就提出了土星5运载火箭的构想。他们决定采用一枚三级构型的运载火箭来满足登月飞行任务的要求,而且还可将其作为通用太空探索运载火箭。项目早期做出的更为重要的决策之一是:最大限度地使用经土星1运载火箭验证过的组件和技术。因此,在土星1运载火箭二子级(S-IV)的基础上研制了土星5运载火箭三子级(S-IVB)。土星5运载火箭的仪器舱也是由土星1运载火箭的仪器舱改进而来的。从这些方面最大限度地利用已有的设计和设施,节省了时间和成本。此外,土星5运载火箭还有很多其他必要的组成部分,包括全新的一子级(S-IC)和二子级(S-II)。当时,F-1发动机和J-2发动机的研制工作已经启动,不过仍有很多工作尚未完成。制导系统也在土星1运载火箭的基础上改进。

土星5运载火箭(包括阿波罗飞船)高110.95m(364ft),起飞质量约为

2766.91t(6100000lb)。一子级直径为 10.06m(33ft)，高度为 42.06m(138ft)，质量为 136.08t(300000lb)。五台 F-1 发动机提供的推力达 33361.67kN(7500000lbf)。一子级在 2.5min 内燃烧 768.44m³(203000gal)煤油(RP-1)和 1252.97m³(331000gal)液氧(LOX)。五台 J-2 发动机为土星 5 运载火箭二子级提供 4448.22kN(1000000lbf)推力。二子级直径为 10.06m(33ft)，结构质量为 43.09t(95000lb)，加满推进剂后质量超过 453.59t(1000000lb)。在 6min 飞行任务中，大约消耗 984.21m³(260000gal)液氢和 314.19m³(83000gal)液氧。土星 5 运载火箭的三子级直径为 6.60m(21ft 8in)，高度为 17.86m(58ft 7in)。直径较大的二子级和直径较小的三子级之间通过级间段连接。三子级的结构质量为 15.42t(34000lb)，加满推进剂后的质量为 118.84t(262000lb)。单台 J-2 发动机的推力为 1000.85kN(225000lbf)。第一次点火工作的典型时长为 2.75min，第二次点火工作 5.2min 后进入月球转移轨道。仪器舱位于三子级上方，重约 2.04t(4500lb)，装有控制发动机点火、关机、转向以及其他指令的电子装置，为飞行任务提供支持。土星 5 运载火箭结构如图 1.1 所示，主要性能参数见表 1.1。

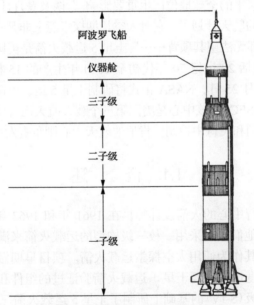

阿波罗飞船

仪器舱

三子级

二子级

一子级

图 1.1　土星 5 运载火箭结构

表 1.1　土星 5 运载火箭主要性能参数

|  | 直径 | 高度 | 质量 |
| --- | --- | --- | --- |
| 整箭 | 10.06m(33ft) | 110.95m(364ft*) | 2766.91t(6100000lb)(起飞质量) |
| 一子级 | 10.06m(33ft) | 42.06m(138ft) | 136.08t(300000lb)(结构质量) |

| | 直径 | 高度 | 质量 |
|---|---|---|---|
| 二子级 | 10.06m(33ft) | 24.87m(81ft 7in) | 43.09t(95000lb)(结构质量)** |
| 三子级 | 6.60m(21ft 8in) | 17.86m(58ft 7in) | 15.42t(34000lb)(结构质量)** |
| 仪器舱 | 6.60m(21ft 8in) | 0.91m(3ft) | 2.04t(4500lb) |
| 阿波罗飞船 | | 24.38m(80ft) | 43.09t(95000lb) |

*由于各级尺寸在某些情况下是重叠的, 整个运载火箭的长度并非各级长度之和。
**包括级间段质量。

仪器舱的直径为 6.60m(21ft 8in), 高度为 0.91m(3ft)。阿波罗飞船位于仪器舱的正上方。阿波罗飞船由登月舱、服务舱、指令舱和发射段脱离系统构成, 整体高度约为 24.38m(80ft)。

### 1. 推进系统

一子级：五台 F-1 双组元推进剂发动机, 产生 33361.67kN(7500000lbf)推力, 需要煤油 768.44m³(203000gal)或 616.43t(1359000lb), 液氧 1252.97m³(331000gal)或 1421.10t(3133000lb)。

二子级：五台 J-2 双组元推进剂发动机, 产生超过 4448.22kN(1000000lbf)推力, 需要液氢 984.21m³(260000gal)或 69.40t(153000lb), 液氧 314.19m³(83000gal)或 357.88t(789000lb)。

三子级：一台 J-2 双组元推进剂发动机, 产生最高达 1000.85kN(225000lbf)的推力, 需要液氢 238.48m³(63000gal)或 16.78t(37000lb), 液氧 75.71m³(20000gal)或 86.64t(191000lb)。

### 2. 能力

一子级：燃料耗尽时, 飞行 2.5min, 到达大约 60.96km(200000ft)的高度。
二子级：飞行 6min, 从大约 60.96km(200000ft)的高度到达 184.71km(606000ft)的高度。
三子级：二次点火前, 飞行 2.75min, 到达大约 185.32km(608000ft)的高度, 再飞行 5.2min, 进入月球转移轨道。
有效载荷：113.40t(250000lb), 进入 185.32km(608000ft)轨道。

## 1.2　典型登月任务

月球之旅的起点是 NASA 位于肯尼迪航天中心的 39 号发射工位。完成推进剂加注后, 三名宇航员进入阿波罗飞船, 并检测相关设备。宇航员在指令舱中等待最后几分钟的倒计时，发射控制中心同时有大量工作人员进行复杂的发射操作。最后两分钟的倒计时是自动的，结束后，一子级五台 F-1 发动机同时点火，产生 33361.67kN（7500000lbf）的推力。固定臂释放运载火箭，三名宇航员开始他们的登月之旅。多个涡轮泵同时工作，强度相当于 30 台柴油发动机，每秒钟将 15t 推进剂注入发动机内（芯一级五台发动机）。火箭产生相当于 4.5 倍重力过载将宇航员推到躺椅上，速度平稳提升。2.5min 后，一子级消耗 2037.54t（4492000lb）推进剂，到达约 61.16km（38mi）的高空时分离。二子级的五台 J-2 发动机点火工作，速度为 2382.72m/s（5330mi/h，mi/h 指英里每小时，即人们俗称的"迈"，1mi=1.61km）。持续工作大约 6min 后，火箭和飞船到达将近 185.07km（115mi）的高空，速度为 6839.71m/s（15300mi/h）。二子级在推进剂耗尽后分离，利用反推火箭减速，并最终落入非洲西部的大西洋。三子级单台 J-2 发动机点火，工作 2.75min，阿波罗飞船达到轨道速度——约 7823.20m/s（17500mi/h）。三子级和阿波罗飞船在起飞后 12min 左右进入地球轨道。发动机第一次关机时，三子级推进剂并未耗尽，继续和阿波罗飞船滑行，等待发动机重启。在飞行任务的整个发射阶段，遥测系统持续工作，跟踪系统被锁定，语音通信系统则用来与宇航员保持联系，各子级的分离以及发动机关机均上报给位于休斯敦的任务控制中心。宇航员在"会合轨道"绕地飞行时处于失重状态，直到时机适合，继续飞往月球。第一次登月尝试是一次"开放式"的飞行任务，在每一阶段都制定了详细的计划，以在必要时终止任务。

如果存在有必要终止任务的情况，就要设计出一系列全面的备用飞行计划，并充分演练，以备使用。例如，在地球轨道停留期间，可能会做出终止飞行任务的决定。实际上，登上月球之前，在飞行任务的每个阶段都可以终止任务，并启动返回地球的计划。阿波罗飞船绕地球轨道飞行 1～3 圈的过程中，宇航员要对三子级和阿波罗飞船进行全面检查。在进入月球转移轨道的一瞬间，三子级 J-2 发动机再次点火启动。大约工作 5min 后，三子级 J-2 发动机将阿波罗飞船的地球轨道速度从 7823.20m/s（17500mi/h）提高到约 10952.48m/s（24500mi/h），使飞船飞向月球轨道。如果出现动力不足的情况，阿波罗飞船将会返回地球，结束任务。如果一切按照预定计划进行，那么阿波罗飞船与登月舱对接。对接机动完成后，登月舱与三子级分离。三子级分离后，土星 5 运载火箭在月球飞行任务中的工作全部完成。

## 1.3　早期的土星运载火箭

### 1.3.1　土星 1 运载火箭

1957 年 4 月，维纳·冯·布劳恩开始领导土星系列火箭的研制计划。该计划旨在基于当时已研制和经验证的发动机，通过多台并联的形式，形成推力达

6672.33kN(1500000lbf)的火箭一子级。1958 年 8 月 15 日，美国国防部高级研究计划局(DARPA)正式启动了后来称为土星运载火箭计划的工作。美国国防部高级研究计划局作为美国国防部的独立研发机构，授权美国陆军弹道导弹局(译者注：该机构英文全称为 Army Ballisticmissile Agency，1956 年成立，1961 年废止)在红石兵工厂研制推力 6672.33kN(1500000lbf)的运载火箭一子级。按照最初的计划，到 1959 年年底能够将当时可用的火箭发动机并联起来，开展全尺寸静态点火试验。1958 年 10 月，美国国防部高级研究计划局扩大了上述计划的目标，在研制大推力火箭一子级的同时，还要研制一型能够执行重大航天任务的多级运载火箭。

在多级运载火箭的研制过程中，美国国防部高级研究计划局在红石兵工厂新建了静力学试验设施，在卡纳维拉尔角空军基地新建了发射场设施(现在的肯尼迪航天中心)。1959 年 2 月 3 日，美国国防部高级研究计划局在备忘录中计划正式将上述运载火箭更名为土星运载火箭。1959 年年底，NASA 在土星运载火箭计划中担任技术指导。1960 年 3 月 16 日，土星运载火箭研制计划被正式移交给 NASA，同时美国陆军在亨茨维尔的研发小组转到 NASA 继续工作，并且成为 NASA 马歇尔航天飞行中心的核心力量。1960 年 4 月 29 日，土星 1 运载火箭一子级完成了首次静态点火。

1959 年 12 月 15 日，NASA 土星运载火箭评估委员会(西尔弗斯坦委员会)提出了土星运载火箭的长期发展计划，准备研制采用上面级氢氧发动机的土星运载火箭。初始构型名为土星 C-1，即后来的土星 1 运载火箭，以其作为后续更大构型的基础。委员会还为土星运载火箭提出了模块化的设计方案，可形成多种演进构型，而且每种构型尽可能使用已验证的研制成果。

20 世纪 60 年代初，土星运载火箭计划享有美国国家最高优先权，美国政府批准了十枚土星 1 运载火箭的研制计划。两级构型的土星 1 运载火箭加上阿波罗飞船，整体高度约为 57.30m(188ft)，起飞质量约 510.29t(1125000lb)。该火箭的研制不仅推动了月球飞行任务计划的发展，还创造了历史。1961 年 10 月 27 日，第一枚土星 1 运载火箭的一子级从肯尼迪航天中心试飞成功。该一子级携带模拟上面级(整箭代号为 SA-1)开展飞行试验。随后，1962 年 4 月 25 日 SA-2 成功发射，1962 年 11 月 16 日 SA-3 成功发射，1963 年 3 月 28 日 SA-4 成功发射。代号为 SA-5 的土星 1 运载火箭于 1964 年 1 月 29 日成功发射，一子级(S-I)与二子级(S-IV)均成功完成了任务，将 17.10t(37700lb)有效载荷送入地球轨道。1964 年 5 月 28 日发射了 SA-6，1964 年 9 月 18 日发射了 SA-7，这两枚火箭都成功将无人阿波罗飞船试验模型送入地球轨道。1965 年 2 月 19 日发射的 SA-9 将"飞马座流星"技术卫星送入地球轨道。SA-8 和 SA-10 分别于 1965 年 5 月 25 日和 7 月 30 日成功发射，将飞马座卫星送入了地球轨道，以 100%的成功率完成了土星 1 运载火箭的试验及发射计划。土星系列运载火箭如图 1.2 所示。

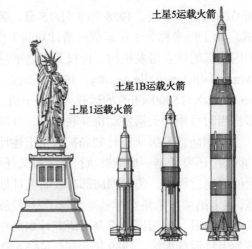

图1.2 土星系列运载火箭

### 1.3.2 土星1B运载火箭

NASA利用模块化方案提出土星1运载火箭改进型,即土星1B运载火箭。此改进计划是建造运力更大运载火箭的最快速、最可靠、最经济的方式。土星5运载火箭投入使用前,NASA计划利用土星1B运载火箭与阿波罗飞船执行轨道飞行任务。土星1B运载火箭借用了土星1运载火箭和土星5运载火箭设计的模块。一子级采用重新设计的土星1运载火箭一子级(特指S-IB),二子级和仪器舱则采用土星5运载火箭的S-IVB上面级和仪器舱。最大限度地使用土星运载火箭计划下已有的设计和设施,以节省时间和成本。NASA和克莱斯勒公司对土星1运载火箭一子级进行了多方面的重新设计,以满足土星1B运载火箭的需求。基本的改进情况包括:保留了原来的形状和尺寸;子级质量减少了9.07t(20000lb);H-1发动机的推力从836.27kN(188000lbf)提高到889.64kN(200000lbf),从SA-206开始,H-1发动机推力提高至911.89kN(205000lbf);使用新设计的国际商业机器公司(IBM)计算机取代原制导计算机,提高了灵活性和可靠性。土星1B运载火箭搭载阿波罗飞船的总体高度为68.28m(224ft),直径为6.61m(21.7ft)。结构质量总计约85t,起飞质量约650t。1966年2月26日发射SA-201后,又发射了多枚土星1B运载火箭。

## 1.4 如何实现土星5运载火箭的设计

虽然美国目前的主要太空探索活动都围绕月球展开,但其长远目标是发展能够拓展太空探索边界的能力,相关要素包括人员、运载火箭、发动机、飞船、制造、试验和发射场地等多个方面，最终目标是确立美国持续的领先地位。

在 1961 年和 1962 年，美国空间规划工作者面临着多项复杂问题。虽然理论上可以利用土星 1 运载火箭载人登月，但实际上却极其困难。可能需要土星 1 运载火箭进行六次发射，然后在地球轨道上将有效载荷组装到一起，才能形成探月飞船。但当时美国并没有空间交会与对接的经验。1962 年上半年，NASA 宣布了两个重要决定：折中选择研制一型全新的通用型运载火箭；利用月球轨道交会 (LOR) 技术进行载人登月。1962 年 1 月，NASA 选定的土星 5 运载火箭获得正式批准。该火箭由三个子级和一个实现制导和控制功能的仪器舱构成。一、二子级可以执行近地轨道飞行任务，但要进行月球和行星探索则需要三个子级。一子级由五台 F-1 发动机提供动力，每台发动机推力为 6672.33kN (1500000lbf)，土星 5 运载火箭一子级的推力是土星 1 运载火箭一子级推力的 5 倍。二、三子级使用 J-2 氢氧发动机，二子级五台，三子级一台。单台 J-2 发动机推力达 1000.85kN (225000lbf)。该火箭构型可将 120t 载荷送入地球轨道，或者将 45t 载荷发射到月球上 (后来，这两个数据提高到了约 125t 和 47.5t)。在组装、检测和发射期间，土星 5 运载火箭采用新的活动发射方案，在运载火箭最终组装大楼内组装，随后垂直运输至距离发射台几英里处。发动机的研制决策先于运载火箭。尽管此前美国国防部高级研究计划局在土星 1 运载火箭一子级上采用了发动机并联的方式解决大推力需求问题，但是土星 5 运载火箭规模更大，即使采用发动机并联方式，也需要研制百万磅推力级别的新型发动机。1959 年 1 月，NASA 与北美航空公司的洛克达因分部签订了 F-1 发动机的研制合同。1959 年年末，为满足上面级要求，西尔弗斯坦委员会建议研制新的大推力氢氧发动机。1960 年 6 月，NASA 选定洛克达因公司研制 J-2 发动机。NASA 对三种阿波罗飞船奔月方案进行了深入讨论：直飞模式，使用非常大的运载火箭 (称为"新星")；地球轨道交会 (EOR) 模式，需要利用土星运载火箭分别发射推进舱和载人飞船；月球轨道交会模式，需要一次性发射载人飞船和登月舱。NASA 最终选择了月球轨道交会模式，在这种模式下，飞船在月球表面上软着陆不需任何推进装置，飞船质量从 68.04t (150000lb) 减少到约 36.29t (80000lb)。登月舱在进入绕月轨道后分离。登月舱携带阿波罗飞船三名乘员中的两位着陆月球，随后从月球返回与"母舰"上的第三位乘员会合。之后，全体乘员搭载指令舱回到地球。结论表明，月球轨道交会模式可在最短时间内为实现阿波罗飞船登月目标提供最大的保障。1962 年，NASA 载人航天飞行管理委员会成员一致建议采用月球轨道交会模式，原因包括：

(1) 在飞行任务安全性基本相同时，飞行任务成功率更高；

(2) 有望比其他模式提前几个月取得成功；

(3) 成本比其他模式低 10%~15%；

(4) 需开发的新技术最少，同时可大力推动国家技术进步。

　　NASA 在确定土星 5 运载火箭的研制决策时，还决定将土星 1 运载火箭和土星 5 运载火箭的各部件组合起来，形成过渡型运载火箭——土星 1B 运载火箭。土星 1B 运载火箭的有效载荷运载能力比土星 1 运载火箭大 50%。与土星 5 运载火箭相比，可提前大约一年的时间在地球轨道验证阿波罗飞船。1962 年年末，马歇尔航天飞行中心开始实施新方案的所有计划。

　　波音公司、北美航空公司空间部和道格拉斯飞行器公司(译者注：该公司于 1967 年与麦克唐纳飞行器公司合并为麦克唐纳·道格拉斯公司，简称麦道公司)分别担任土星 5 运载火箭一子级、二子级和三子级的主承包商。所用发动机均由北美航空公司的洛克达因分部研制。马歇尔航天飞行中心设计了仪器舱，并且与 IBM 签订了生产合同(克莱斯勒公司作为土星 1B 一子级的主承包商)。直到 1962 年年底，NASA 一直在筹备用于火箭生产、组装、试验和发射的设施。除了承包商工厂提供的设施以及马歇尔航天飞行中心的扩建外，还建立了三个由政府运营的大型设施：在佛罗里达州新建了由 NASA 肯尼迪航天中心管理的发射场；在路易斯安那州新奥尔良市新建了马歇尔航天飞行中心的米丘德组装厂(生产火箭一子级和二子级)；在密西西比州贝圣路易斯新建了密西西比试验站(MTF，对各子级进行静态点火试验)。土星 5 运载火箭计划如期进行，在 1967 年发射第一枚运载火箭，十年内实现了载人登月。

# 1.5　大　事　记

　　土星 5 运载火箭的大事记如下。

### 1961 年

　　8 月 24 日 NASA 宣布选定位于佛罗里达州梅里特岛靠近肯尼迪航天中心面积达 $3.56 \times 10^8 m^2$(88000acre)的场地(当时的卡纳维拉尔角空军基地)，用于土星 5 运载火箭的组装、检测和发射。

　　9 月 7 日 NASA 选定位于新奥尔良市的国有米丘德组装厂作为土星 5 运载火箭一子级的生产场地，后成为马歇尔航天飞行中心的一部分。

　　9 月 11 日 NASA 选定北美航空公司研制可执行载人和无人飞行任务的先进土星 5 运载火箭的二子级。一个月后，马歇尔航天飞行中心指示北美航空公司设计采用五台 J-2 发动机的二子级。1962 年 2 月签订了一份初步合同。

　　10 月 6 日 NASA 选定在密西西比州圣路易斯的皮卡尤恩海湾地区建立马歇尔航天飞行中心的组成部分——密西西比试验站，用来对火箭各子级和发动机进行静态点火试验。

　　12 月 15 日选定波音公司作为先进土星运载火箭(当时尚未命名，即土星 5 运载火箭)一子级的主承包商。1962 年 2 月，针对要在米丘德组装厂开展的工作签订了一份初步合同。

12 月 21 日 NASA 选择与道格拉斯飞行器公司就基于土星 1 运载火箭的 S-IV 研制先进土星运载火箭三子级(S-IVB)的事宜商议合同。1962 年 8 月，签订了生产 11 个三子级的补充合同。

1962 年

1 月 10 日宣布先进土星运载火箭采用三级构型，一子级由五台 F-1 发动机提供动力，二子级由五台 J-2 发动机提供动力，三子级装配一台 J-2 发动机，执行月球飞行任务。

1 月 25 日 NASA 正式指派马歇尔航天飞行中心研制三级构型的土星 C-5 运载火箭(1963 年 2 月改名为土星 5 运载火箭)。

4 月 11 日 NASA 总部将阿波罗飞船、土星 1 运载火箭、土星 5 运载火箭确定为全部国家项目的重中之重。

5 月 26 日北美航空公司的洛克达因分部首次进行全推力、长持续时间的 F-1 发动机试验。

7 月 11 日宣布将研制土星 1B 运载火箭,并确定完成登月的月球轨道交会方案。

12 月同美国陆军工程兵团签订了在佛罗里达州发射场设计运载火箭组装大楼(VAB)的合同。

1963 年

2 月 27 日签订了第一份关于密西西比试验站土星 5 运载火箭设施的合同。

5 月 J-2 发动机在模拟 18.29km(60000ft)高度的模拟空间环境中首次成功点火。

10 月 31 日马歇尔航天飞行中心收到 F-1 发动机的首个生产模型。

11 月 12 日 NASA 就肯尼迪航天中心的第一个土星 5 运载火箭发射台签订合同。

1964 年

3 月马歇尔航天飞行中心就仪器舱的数字计算机和数据适配器与 IBM 签订了合同。

5 月，IBM 成为仪器舱的主承包商。

10 月 9 日爱德华兹空军基地(EAFB)试验设施成为 F-1 发动机综合试验设施,成本总计 3400 万美元。

12 月 1 日三子级试车样机完成首次子级热试车，持续 10s。

12 月 23 日三子级试车样机完成首次全时长点火试车。

1965 年

4 月 16 日在马歇尔航天飞行中心进行一子级试车样机 S-IC-T 的全部五台发动机同时点火试车，持续 6.5s。

4 月 24 日二子级试车样机首次进行多台发动机同时点火试车，试车顺利完成。

8 月 5 日一子级的首次全时长点火在马歇尔航天飞行中心顺利进行。

8 月 8 日三子级 452s 时长的飞行准备状态试车在萨克拉门托完成，试车过程全自动化。

8 月 13 日仪器舱的结构鉴定合格，并适用于土星 5 运载火箭的载人任务，其能承受 140%的载荷极限。

8 月 17 日对三子级(S-IVB)试车样机进行全时长(启动—关机—重启)试验。

12 月 16 日在马歇尔航天飞行中心完成 S-IC-T 静态点火试车，共进行 15 次点火试车，其中三次为全时长试车。

1966 年

2 月 17 日和 25 日 S-IC-1 在马歇尔航天飞行中心完成最后一次静态点火试车。

3 月 30 日在肯尼迪航天中心的火箭组装大楼内，完成了仪器舱(S-IU-500F)与土星 5 运载火箭的集成。

5 月 20 日在密西西比试验站进行飞行用二子级的首次全时长点火。

5 月 25 日利用履带车将阿波罗飞船和土星 5 运载火箭 AS-500F 运送到 39 号发射工位的发射台 A。

5 月 26 日完成土星 5 运载火箭首飞箭三子级 S-IVB-501 的全时长验收点火试车。

9 月 F-1 和 J-2 发动机经鉴定适用于载人飞行。

11 月 15 日在马歇尔航天飞行中心对土星 5 运载火箭首飞箭一子级进行静态点火试验。

12 月 1 日在密西西比试验站进行土星 5 运载火箭首飞箭二子级的初始静态点火试验。

# 第2章 一 子 级

## 2.1 一子级概述

土星5运载火箭的一子级(S-IC)主要由五个筒段和五台F-1火箭发动机构成。发动机上部结构依次为推力结构、燃料贮箱、箱间段、液氧贮箱及前短壳。一子级的总高度为42.06m(138ft),不计算尾翼的情况下直径为10.06m(33ft)。一子级起飞质量为2173.61t(4792000lb),能够产生33361.67kN(7500000lbf)的推力。土星5运载火箭一子级结构如图2.1所示。

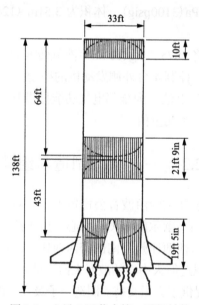

图2.1 土星5运载火箭一子级结构

### 1. 主要参数

质量:136.08t(300000lb)(结构质量);2173.61t(4792000lb)(起飞质量)。

直径:10.06m(33ft)。

高度:42.06m(138ft)。

工作时间:约2.5min。

推进剂耗尽时速度:约2682.24m/s(6000mi/h)。

推进剂耗尽时高度：约 61.16km（38mi）。

2. 主要结构部件

土星 5 运载火箭一子级结构主要结构部件包括推力结构、燃料贮箱、液氧贮箱、箱间段、前短壳等。

3. 主要系统

推进装置：五台 F-1 发动机。

总推力：33361.67kN（7500000lbf）。

燃料：煤油 768.44m³（203000gal）或 616.43t（1359000lb），液氧 1252.97m³（331000gal）或 1421.10t（3133000lb）。

压力：表压压力为 22.41MPa（3250psig）、体积为 35.96L（1.27ft³）的氮气；燃料增压表压压力为 21.37MPa（3100psig）、体积为 3.51m³（124ft³）或 288.48kg（636lb）的氮气。

液氧增压：发动机将 2875.78kg（6340lb）液氧转换为气态氧。

液压：启动发动机，控制 4 台外侧发动机的摆动。

电气：两块 28V 直流电池，为全部电气功能提供基础电力。

仪器：处理大约 900 个测量值。

## 2.2　一子级的制造与组装

一子级的设计、组装和试验由波音公司负责，开展上述活动的地点包括位于亚拉巴马州亨茨维尔市的马歇尔航天飞行中心、位于路易斯安那州新奥尔良市的米丘德组装厂以及位于密西西比州西南的密西西比试验站。一子级的发射操作支持由位于佛罗里达州肯尼迪航天中心的波音大西洋试验中心提供。一子级制造过程中，供应商为波音公司提供了大量支持。制造一子级飞行件前，波音公司首先制造了四个地面试验件。马歇尔航天飞行中心和米丘德组装厂共同组装四个地面试验件和前两个飞行件。后续的一子级飞行件均在米丘德组装厂组装。完成组装的一子级如图 2.2 所示。

### 2.2.1　推力结构

推力结构重 24t，是一子级最重的部段。它的直径为 10.06m（33ft），高度约 6.10m（20ft），主要部件如下：下推力环、中心发动机支撑组件、四个支撑柱、发动机推力柱、上推力环、过渡环及蒙皮壁板。上推力环保证推力结构外围波纹板蒙皮的稳定性。四台 F-1 发动机沿推力结构周向安装在推力柱上，第五台发动机安装在中心发动机支撑组件上。一子级的姿态控制通过外围四台发动机的摆动实现，中心发动机固定不能摆动。底部防热结构保护内部零件不受发动机热量的影响。四个支撑柱在火箭起飞前发动机推力增大时牵制火箭。推力结构支撑整个运载火箭的重量，并分散发动机产生的推力。推力结构相关组装活动如图 2.3 和图 2.4 所示。

图 2.2 完成组装的一子级

图 2.3 工人在推力结构壳体上覆盖铝蒙皮

图 2.4 推力结构移至垂直组装大楼，以便与一子级进行组装

### 2.2.2 燃料贮箱

燃料贮箱(图 2.5 和图 2.6)可容纳 768.44m³(203000gal)煤油，且内部含有五条液氧输送管。燃料贮箱的结构质量超过 12t，通过十条燃料输送管向发动机输送煤油，最大速度能够达到 5110.31L/s(1350gal/s)。液氧随输送管流经燃料贮箱，最终到达发动机。燃料贮箱的侧壁由八块铝蒙皮壁板熔焊而成，直径为 10.06m(33ft)，高 13.41m(44ft)。贮箱箱底为椭球形，是由八块瓜瓣拼成的圆顶形

结构。侧壁和箱底间的环形连接件称为 Y 形环。一子级的燃料贮箱和液氧贮箱都采用了 Y 形环结构,并在总装时通过 Y 形环连接到一子级的其他部段,如图 2.7 所示。

图 2.5 燃料贮箱(容积为 768.44m³(203000gal)的燃料贮箱以 4921.04L/s(1300gal/s)的速率向发动机输送煤油,图示为完工后吊起燃料贮箱放置在运输车上)

图 2.6 燃料贮箱内视图(含有水平隔板,用于防止燃料晃动)

图 2.7 燃料贮箱组装(工人将 68.58cm(27in)高的 Y 形环的底部焊接到燃料贮箱的侧壁筒段。Y 形环将燃料贮箱的侧壁和箱底与一子级的箱间段结构连接在一起)

### 2.2.3 液氧贮箱

容积为 1252.97m³(331000gal)的液氧贮箱(图 2.8)是一子级最大的部件,高度超过 19.51m(64ft),其贮存的液氧温度为−182.78℃(−297℉)。发动机在飞行过程中每秒消耗超过 7570.82L（2000gal）液氧。液氧贮箱的构造与燃料贮箱类似，底部连接有液氧输送管（图 2.9），并通过箱间段和燃料贮箱最终延伸到发动机。液氧贮箱的结构质量超过 19t。

图 2.8　液氧贮箱（容积 1252.97m³（331000gal）的液氧贮箱移至流体静力学试验设施进行查漏试验）

图 2.9　液氧管路（液氧贮箱的液氧沿五条 12.80m（42ft）长的管路流经燃料贮箱输送到发动机）

### 2.2.4　箱间段

箱间段（图 2.10）是燃料贮箱和液氧贮箱的连接件，重 6.5t，由 18 块波纹蒙皮壁板组成，内部含有五个环形框组件。液氧贮箱的后底伸入箱间段，而燃料贮箱的前底向上延伸到箱间段。箱间段的边缘附有 216 个接头，配合燃料贮箱和液氧贮箱的 Y 形环对贮箱进行连接。箱间段设有一个人员检修操作口。

### 2.2.5　脐带接口

箱间段设有一个脐带接口，为电气和仪器、应急液氧泄出、管路增压、电气管路以及释放内部压力提供接口。一子级还设有另外四个脐带接口，其中三个位于推力结构，最后一个位于前短壳。推力结构的脐带连接包括燃料管路、液氧管路和地面补给流体的管路，在火箭发射中止时提供必需的控制功能。

### 2.2.6　前短壳

前短壳（图 2.11）在土星 5 运载火箭一子级的顶部，作为一子级与二子级的连接件。前短壳结构重 2.5t，包含固定于三个支承环上的 12 块蒙皮壁板。前短壳上设有一个小型的人员检修操作口、一个脐带开口（用于遥测电缆、环境空气管路和小型气动管路），以及一个脐带断开门。

图 2.10　完工后的箱间段

图 2.11　前短壳(一子级液氧贮箱和二子
级发动机罩之间的连接件,图中正在
降低前短壳的高度进行尺寸检查)

### 2.2.7　尾翼和防护罩

　　四个防护罩连接在推力结构上,并部分覆盖一子级底部的外侧发动机。防护罩内部装有八枚反推火箭和伺服机构支撑结构。防护罩的形状类似于半锥体,所用材料为铝。防护罩可确保空气平稳地流过发动机。尾翼是防护罩的刚性翼型附件,能够提高运载火箭的飞行稳定性。采用钛蒙皮覆盖尾翼,以确保最高可达 1093.33℃ (2000℉)的高温不会对尾翼产生影响。反推火箭可在 2/3s 内持续提供约 385.22kN(86600lbf)的推力,并在点火后吹落防护罩的端部。反推火箭的推力随推进剂的温度变化而变化。防护罩和尾翼结构如图 2.12 所示。

　　米丘德组装厂制造区的总体情况如图 2.13 所示。另外,所有管路和阀门在组装前都要进行清洗,如图 2.14 所示。

### 2.2.8　垂直组装

　　一子级主要部件的组装在 NASA 米丘德垂直组装大楼进行,如图 2.15 所示。这幢单层建筑约 18 层楼高,利用一台桥式起重机将部件放置在总装工位。首先将推力结构放置在高于地面 6.10m(20ft)的四个重型支架上。

　　与此同时,燃料贮箱和液氧贮箱分段运输到垂直组装厂房,并分别在各自的组装间内组装。随后,将燃料贮箱、箱间段、液氧贮箱、前短壳连接到推力结构上。固定好前短壳后,一子级的高度可达 42.06m(138ft)。垂直组装完成后,利用

图 2.12　防护罩和尾翼组件（在每台外侧发动机上安装防护罩，使气流平稳。随后尾翼被固定在防护罩上）

图 2.13　米丘德组装厂的制造区平面图（前景为防护罩的组装）

图 2.14　管路和阀门清洁池（每个子级的部件在总装前都要利用清洗液进行清洗）

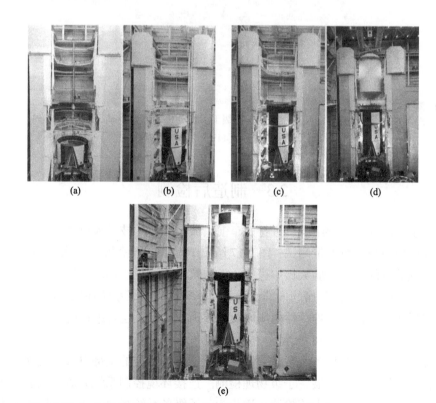

(a)　　　(b)　　　(c)　　　(d)

(e)

图 2.15　垂直组装（一子级的各个部段在垂直组装大楼内进行组装，(a)～(e)分别为推力结构、燃料贮箱、箱间段、液氧贮箱以及前短壳的组装图片）

载重 180t 的桥式起重机,通过固定于前短壳的前部吊环将一子级吊起并水平放回到 197.31t(435000lb)的运输装置上。

组装工作接近尾声时,开始安装内部系统和发动机(发动机装配如图 2.16 所示),并准备开展系统试验与检测。通过机械、液压和气动系统试验对推进剂系统和发动机进行泄漏和功能检测。随后通过检测来验证电气和测量系统工作状态。分系统操作检测完成后,在自动全系统检测中,将各系统作为一个集成系统进行检测。

图 2.16　发动机装配(正在安装一子级 F-1 发动机,五台发动机在 2.5min 内会消耗 2037.54t(4492000lb)推进剂)

## 2.3　制造后检测

一子级离开米丘德组装厂进行试车前,波音公司的技术人员和工程师会对其电气和机械系统进行大量测试,图 2.17 给出了准备进行检测的一子级。试验在拥有四个试验区的子级试验大楼中进行。该建筑物内部设有四间控制室、四间计算机机房以及两间遥测室。房间内部设备可用于验证一子级系统在集成后是否合格,试验包括遥测计校准、连续性检测以及离散函数监测,还要进行射频(RF)评估。性能检测的场景如图 2.18 所示。

确认试验与检测设备运行正常后,完成一子级所需的全部电气、气动和液压连接,进行检测,并开展一子级物理检测。连接环境控制系统并确认其能够正常运行,之后完成一子级电路检测。逐步为一子级各系统接通电源,并监测电力分配情况。一子级仪器传输系统同时在同轴线和射频链路上检测。图 2.19 是放置在试验台上的一子级。

图 2.17 移动(完工后的一子级准备好
迎接制造后检测)

图 2.18 性能检测(技术人员在子级试验控制
室内对进行模拟飞行的一子级进行性能检测)

图 2.19 试验台上的一子级

供配电系统检测包括对配电电路、加热器电源分系统、自毁系统、时序分系统、分离分系统和应急检测系统进行检测。另外，还要对安控系统开展完整的端到端检测，包括向安控指令接收机传输的射频命令，以及监控系统产生的警报、关机和自毁信号。一子级检测期间的测量系统试验包括数据信道识别、信号调节器增益调整，以及测量系统、遥测系统和射频工作系统的检测。

对燃料贮箱和液氧贮箱及相关管路、发动机、燃料和液氧输送系统、燃料和液氧增压系统以及压力控制系统进行压力和泄漏检测，包括燃料和液氧系统的校准压力开关模拟、加注和排放以及泵前阀运行。推进系统检测包括发射指令的准备和执行情况检测、"发射确认"之前的发动机关机、故障关机以及标准推进时序检测。需在静态点火试验前和试验后检测期间再次进行上述试验。

# 2.4　一子级系统

## 2.4.1　燃料系统

一子级燃料系统向 F-1 发动机供应煤油。该系统包括燃料贮箱、燃料加注和排放系统、燃料输送系统、燃料调节（鼓泡）系统、燃料液位监测和发动机关机系统、燃料增压系统，以及推进系统所需的相关硬件。

### 1. 燃料贮箱

如前文所述，燃料贮箱能够容纳 768.44m³（203000gal）煤油，并且可以通过十条燃料输送管路，每秒钟向发动机提供 5110.31L（1350gal）煤油。

### 2. 燃料加注和排放系统

燃料通过贮箱底部一条 15.24cm（6in）的管路加注到燃料贮箱中，如图 2.20 所示。燃料达到贮箱容积的 10% 前，加注速率保持在 757.08L/min（200gal/min）。此后直至贮箱完全注满，加注速率始终保持在 7570.82L/min（2000gal/min）。正常的非紧急燃料排放也通过该管路进行。可利用加注和排放管路上设置的球阀切断燃料供给。燃料加注和排放系统包括加注和排放管路、加注和排放阀、燃料液位传感器以及九个温度传感器。温度传感器在燃料加注过程中连续提供燃料温度信息，用于计算燃料密度。

燃料液位达到飞行要求的 102% 时，燃料液位传感器将显示过载。按要求调整燃料后，加注和排放阀关闭。排放燃料时，可以关闭燃料贮箱的排气阀，利用燃料贮箱预增压系统向贮箱输送增压气体，再打开燃料加注和排放阀完成燃料排放。

### 3. 燃料输送系统

十条燃料输送管（每台发动机两条）将来自燃料贮箱的燃料供应给五台 F-1 发动机。输送管的出口与 F-1 发动机的燃料泵入口直接相连，进行燃料供给，如图 2.21 和图 2.22 所示。每条管路都装有气动控制燃料泵前阀，进行燃料调节。泵前阀通常处于开启状态，作为主发动机燃料切断阀的应急备用元件，可切断流向发动机的燃料。

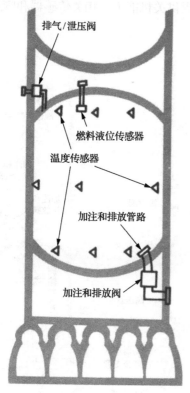

排气/泄压阀

燃料液位传感器

温度传感器

加注和排放管路

加注和排放阀

图 2.20 燃料的加注和排放

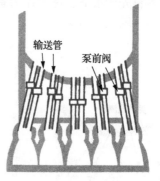

输送管

泵前阀

图 2.21 燃料供给

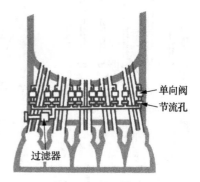

单向阀

节流孔

过滤器

图 2.22 燃料调节

### 4. 燃料调节(鼓泡)系统

燃料调节(鼓泡)系统通过燃料输送管路和燃料贮箱吹入气态氮,以防止在发射前出现燃料温度分层的情况。供氮管路装有金属丝网过滤器,可防止污染物进入燃料调节(鼓泡)系统。

燃料调节管路的出口处设有单向阀,防止燃料进入氮气管路。通过燃料调节单向阀附近的节流孔为燃料输送管路提供适当的氮气流。

### 5. 燃料液位监测和发动机关机系统

燃料达到预定的消耗水平后,安装在燃料贮箱底部的切断传感器提供信号电压切断燃料供给。飞行过程中,利用四个燃料晃动监测器和一个单独的液位监测器监测燃料。用电子方法监测燃料液位,并通过子级遥测系统上报结果。遥测信号通过射频或在发射之前通过同轴电缆传输给地面支持设备。燃料液位低于监测器上的两个监测点时,安装在燃料贮箱后底的切断传感器启动发动机关机程序。一般情况下,发动机关机程序由液氧系统中的传感器启动。燃料贮箱中的关机系统可在燃料先于液氧耗尽时作为备用系统提供关机能力。相关传感器和管道布局如图 2.23~图 2.25 所示。

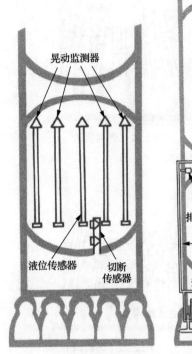

图 2.23　燃料液位监测和
发动机关机

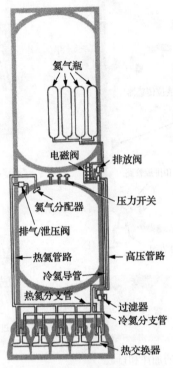

图 2.24　燃料增压

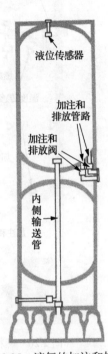

图 2.25　液氧的加注和排放

### 6. 燃料增压系统

　　燃料增压系统用于维持燃料贮箱内的压力水平，以便燃料泵通过适当的抽吸操作实现发动机的启动和运转。燃料增压系统包括氦气源、氦气流控制器、氦气加注和排放部件、预增压分系统、燃料贮箱排气阀以及相关管路。在液氧贮箱内利用四个 877.82L（31ft³）高压气瓶贮存氦气，在飞行过程中，为燃料贮箱气枕增压。利用高压管路为高压气瓶加注氦气，并引导氦气进入气流控制器。安装了电磁切断阀，以便在紧急情况下使用。氦气流控制器利用分支管中平行安装的五个电磁阀控制流向燃料贮箱气枕的氦气。冷氦导管引导来自氦气流控制器的氦气进入冷氦分支管。氦气随后通过分支管分别输送给五台 F-1 发动机的热交换器。热氦分支管从发动机的热交换器获得受热膨胀的氦气，并引导它们进入热氦管路，通过氦气分配器进入燃料贮箱气枕。燃料贮箱顶部安装有三个绝对压力开关，用于监控发动机点火前的燃料贮箱预增压、飞行期间的燃料贮箱增压以及过压情况。

液氧加注前，四个氦气瓶在大气温度下的设计强度大约为表压 11.45MPa（1660psig）。液氧加注后，当氦气瓶冷却时，压力会增加到大约表压 21.37MPa（3100psig）。氦气加注管路利用过滤器防止污染物进入飞行增压系统。

### 2.4.2 液氧系统

液氧系统为五台 F-1 发动机提供液氧。此系统包括液氧贮箱、液氧加注和排放系统、液氧输送系统、液氧调节系统、液氧增压系统以及相关的硬件。

#### 1. 液氧贮箱

除了前文所述的液氧贮箱部件外，贮箱内还有环形挡板，作为贮箱内壁板的内衬来提供支撑并防止液氧过度晃动。贮箱箱底上的十字形挡板限制了液氧的涡流。利用四个液氧液位监测器持续监控贮箱内的液氧液位。监测器由一系列连续电容式液位传感器组成，传感器被离散式液位传感器分隔开。

#### 2. 液氧加注和排放系统

液氧在压力的作用下，通过两条 15.24cm（6in）的液氧加注和排放管路以5678.12L/min（1500gal/min）的速率缓慢加注到贮箱内，直到液位达 6.5%。采用较低的加注速率是避免对液氧贮箱部件造成溅射损坏。目测检查无泄漏情况后，加注速率会提升到 37854.12L/min（10000gal/min），直到液位达到 95%。加注速率随后降低到 5678.12L/min（1500gal/min），直到液氧加注液位监测器探测到贮箱完全注满并停止加注。除了两条 15.24cm（6in）的液氧加注和排放管路外，还有第三条管路，可通过内部输送管路给贮箱加注液氧。为在海平面压力下保持液氧温度，即−182.78℃（−297℉），液氧需持续沸腾。在液氧加注以及贮箱预增压期间，需要通过加注和排放管路补充液氧。进行液氧排放操作前，必须先将液氧贮箱中氦气瓶的压力从大约表压 21.37MPa（3100psig）降低到大约表压 11.45MPa（1660psig）。液氧的排放通过打开加注和排放阀完成，但是从贮箱中排空液氧需要进行发动机排放或等待剩余液氧蒸发汽化。可以借助增压气体，通常为氮气，来加速排出液氧。

#### 3. 液氧输送系统

通过五条 43.18cm（17in）的输送管路将液氧输送至发动机，这五条管路分别设置在通过燃料贮箱的五条液氧管路中，如图 2.26 所示。液氧吸入管路构成从液氧贮箱到推力结构泵前阀的通道。这些管路安装有常平座和滑动接头，以消除振动和热胀冷缩。在管路内部，利用空气来隔离液氧管路和液态燃料管路。输送管路内的耗尽关机传感器确保能够安全关闭发动机，并在系统内保留最小量的未用液氧。紧急情况下，每条输送管路中的液氧泵前阀都可截断流向发动机的液氧。

### 4. 液氧调节系统

液氧不能超过−182.78℃(−297℉),否则会转化为气态氧。因为蒸发是一个冷却过程,热量增加将导致沸腾而不是温度升高。流体静压力的增加会导致过冷度提高。液氧输送系统中最有可能发生过热情况的位置是输送管路的内表面。另外,输送管路过于细长,内部不允许有对流。这种情况下,剧烈沸腾会导致液氧中出现间歇泉,损坏液氧贮箱的结构。此外,发动机入口附近的液氧温度过高可导致液氧泵出现气蚀现象,干扰正常的发动机启动。因此,液氧系统中采用了涌泉效应或热泵来避免这种情况。

鼓泡技术是将氦气送入全部五条输送管路来迅速冷却液氧。地面保障设备通过中心接头提供氦气,过滤器阀门和节流孔控制流入输送管的氦气量,如图 2.27 所示。"热泵"是指将温度相对低的液氧从液氧贮箱泵送到输送管路的过程。

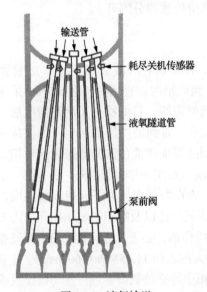

图 2.26　液氧输送

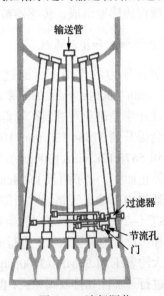

图 2.27　液氧调节

### 5. 液氧增压系统

液氧贮箱内使用氦气、气态氧和氮气作为增压气体。这些气体分别用于预增压、飞行增压以及贮存增压。发动机点火前 45s,需要对液氧贮箱进行预增压,以便获得足够的贮箱气枕压力,以启动发动机提高推力。氦气用作增压气体可以降低飞行重量,由地面保障设备通过氦气地面连接器提供。氦气沿气态氧管路通过增压消能器进入液氧贮箱。氦气流通过增压管路进行监控,在达到绝对压力 179.26kPa(26psia)的最大值时停止,并在发动机启动过程中压力下降到绝对压力

166.85kPa（24.2psia）时恢复。在起飞前始终从
地面供给氮气。向液氧贮箱中加入气态氧以便
在飞行时增压。每台发动机都进行气态氧增压。
流过发动机的部分液氧，质量约为 2875.78kg
（6340lb），从液氧分流装置进入发动机热交换
器，在热交换器处，各台发动机涡轮排出的热
气将液态氧转换成气态氧。氧气从各个热交换
器通过流量控制阀流入氧气管路分支管，通过氧
气管路，并且经过增压消能器进入液氧贮箱，如
图 2.28 所示。氧气流量大约为 18.14kg/s（40lb/s），
以便维持绝对压力 124.11～158.58kPa（18～23psia）
的液氧贮箱气枕压力。

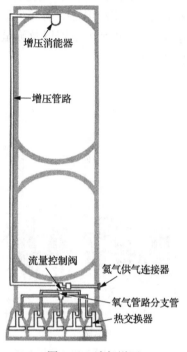

图 2.28　液氧增压

一子级存放或运输时，应留有少量的正氮
压，以保持干净和低湿的环境。飞行操作期间
会移除外部氮气压力源。

### 2.4.3　液压系统

土星 5 运载火箭一子级使用一种独特且便
利的液压系统。该系统伺服机构使用的液压介
质为煤油 RP-1 和煤油 RJ-1，而 RP-1 就是一子级使用的燃料。

通常情况下，液压系统会使用较为稀释的流体。因为一子级燃料系统不需要
独立的泵送系统。

液压系统提供地面和飞行期间的流体动力，用于阀门开启和推力矢量控制。
它主要为发动机启动系统和发动机转向系统提供动力。其液源为燃料系统。起飞
前由地面提供 RJ-1，飞行中由燃料贮箱提供 RP-1。地面供给的 RJ-1 以表压
10.34MPa（1500psig）输送给全部五台发动机，并最终返回地面源。点火后，RP-1
从高压燃料管路输送给伺服机构，以便液压动力固定发动机的位置。中心发动机
没有推力矢量系统，直接引导液压油通过供给管路和四通液压控制阀为燃气发生
器、燃料主阀及液氧主阀的闭合孔提供压力。燃料流经节流孔，经由管路通过地
面检测阀，然后通过回油管路返回地面源。四台外侧发动机引导 RJ-1 通过伺服机
构到达地面检测阀，然后从地面检测阀通过连接器返回地面源。液压系统示意图
如图 2.29 所示。

### 2.4.4　供配电系统

一子级的供配电系统（图 2.30）提供控制及测试运载火箭功能所需的电力。此

系统在静态点火试验、发射准备和检测、发射及飞行期间运行。供配电系统包括两块电池、主配电器、时序控制配电器、推进配电器、定时装置配电器、测量配电器、推力正常配电器以及测量电力配电器。一子级安装有两套独立的 28V 直流电源系统。

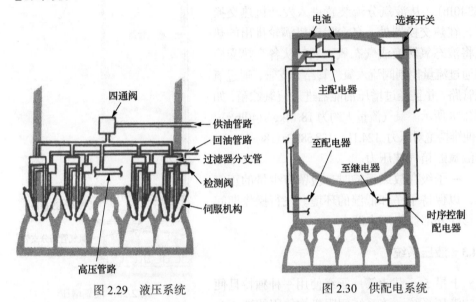

图 2.29　液压系统　　　　　　图 2.30　供配电系统

1 号电源系统为主电池,为一子级的控制提供电力。其额定容量为 10.67A·h,重 9.98kg(22lb),用于控制不同的电磁继电器。2 号电源系统为仪器设备电池,为飞行测量系统供电,同时为冗余系统供电以便实现更高的任务可靠性。其额定容量为 1250A·min,重 24.95kg(55lb)。安控系统的运行可以利用任何一块电池实现。飞行前,通过脐带连接器从地面设备供电。供给各系统的电力均为 28V。地面电源为加热器、点火器以及飞行期间不运行的阀门操纵机构供电。各配电器再将电路分为多个支路,并起到接线盒的作用。两套供配电系统共用相同的配电器。主电源配电器包含继电器、电源转换开关以及配电总线。继电器控制那些必须进行程序定时的电路。电动操纵的多触点电源转换开关将电源从地面转换到火箭上。倒计时期间会多次尝试转换,以校验操作。通过配电总线进行电力分配。选择开关由仪器舱驱动,控制时序和控制配电器,该配电器反过来放大接收到的信号。随后,时序和控制配电器为执行飞行大纲所需的各个电路继电器供电。开关选择器是用于控制时序和控制配电器的冗余低功率继电器和晶体管开关的集合,由来自仪器舱计算机的编码信号激活。推进配电器配有推进系统的监控电路。推进配电器主要用于发动机推力不足时关闭发动机的电路。三个推进配电器必须有两个工作,否则发动机将关机。定时装置配电器含有电路,用于延迟继电器阀和其他机电装置的运行。程序化的延迟是获得最佳性能和安全性所必需的。测量配电器通过电气总线传输来自测量架的数据，起到测量信号线路转接的作用，并实现硬件和遥测系统之间的数据传输。

### 2.4.5 测量系统

一子级的测量系统用于测量并报告一子级系统和部件的数据，并提供内外部环境数据。系统持续跟踪大约 900 个一子级测量数据的最新情况，如阀门位置、推进剂液位、温度、电压和压力等。测量值通过同轴电缆远程传输给地面保障设备，或通过无线电传给地面站。按仪器设备可分为参数测量系统、遥测系统、偏置多普勒跟踪系统和分离系统。远距自动校准系统提供测量值和遥测系统的远程快速检测。

1. 参数测量系统

参数测量系统负责测量环境情况以及一子级对环境的反应情况。该系统利用传感器、信号调节器、测量架、测量配电器以及远距自动校准系统的箭上部分在一子级飞行期间的多个时间段发挥作用，提供包括加速度、声音、电流、流量、飞行角、阀位置、压力、转速、应力、温度、振动和分离在内的测量值。

2. 遥测系统

遥测是一种利用无线电链路完成飞行数据远距离监测的方法。一子级遥测系统包含六条无线电链路。遥测系统的大部分部件都位于推力结构中。射频组件和磁带记录仪位于前短壳。遥测计利用两个共用天线系统传输数据。链路 F1、F2 和 F3 是相同的系统，用于传输窄带、频率式数据，如应变计、温度计和压力表的数据。系统可以利用分时技术处理 234 个测量值，以及连续传输 14 个测量值。可以采用 120 次/s 或 12 次/s 的频率进行数据采样。链路 S1 和 S2 传输振动传感器的宽带、频率等数据。

根据具体的测量计划，每条链路提供 15 条连续信道或最多 75 条多路复用信道。遥测计 P1 传输脉冲编码调制或数字类型数据，包括四个模拟复用器和一个数字复用器在内的五个多路复用器向脉冲编码调制（pulse code modulation, PCM）组件提供数据，这样会提供最精确的数据；另外，还能用于地面检测。利用遥测校准器可以提高遥测系统的精确度。校准器在一子级运行期间定期向遥测计提供已知电压，跟踪站接收后作为数据简化的有效参考。气枕效应和反推火箭点火衰减会在一、二子级级间分离期间严重干扰遥测传输。因此，用安装在前短壳的磁带记录仪记录延迟传输的数据，磁带记录仪根据仪器舱内数字计算机发出的命令运行。

### 3. 偏置多普勒跟踪系统

偏置多普勒跟踪系统(ODOP 系统)是一套椭圆跟踪系统，用于测量运载火箭飞向或飞离跟踪台时的运动速率。信号由一子级应答机接收和修改，然后重新发送回地面。重新发送的信号由三个跟踪台同时接收。利用一子级上单独天线接收及重新发送信号。

### 4. 分离系统

一、二子级分离采用冗余起爆系统。由仪器舱计算机设定起爆系统解除保险及点火的命令信号。液氧耗尽后，计算机发出信号来控制开关选择器中的继电器，并进行配电器的时序和控制以便控制爆炸桥丝点火元件。解除保险后，点火单元存储高压电荷。点火后，电荷启动分离装置。一子级上安装了两个点火元件用于为八枚反推火箭点火，二子级上安装了两个点火元件用于引爆分离装置。

## 2.4.6　安控系统

安控系统(图 2.31)的作用是使地面指挥人员能够在火箭出现飞行故障的情况下，通过关闭发动机，炸开推进剂贮箱并排出燃料的方式终止飞行。系统采用冗余设计，包括两套完全相同且彼此独立的系统，每套系统都配有电子和起爆分系统。从地面收到射频指令后，安控系统启动，飞行中止。利用天线接收地面安控发射机发出的调频射频信号，并采用混合环将其发送到安控指挥接收机。随后由接收机进行信号的调节、解调和解码。最终获得的信号使爆炸桥丝点火单元处于待发状态，同时关闭发动机。地面安控发射机还会发出另一个命令信号，点燃传爆系统(起爆引信和聚能炸药)来炸开推进剂贮箱。

## 2.4.7　供配气系统

控制压力系统提供增压气态氮，用于推进剂系统阀门的气压传动以及 F-1 发动机系统的吹除。完整的集成是指各个系统的目标都是向火箭系统包括一子级控制压力系统、地面控制压力系统以及箭上吹除压力系统上输送作动介质或吹除介质。

### 1. 箭上供配气系统

箭上供配气系统(图 2.32)包括高压氮气瓶、用于为氮气瓶充气的脐带连接器及管路组件、分支管组件以及位于各条氮气分配管路末端的控制阀。某些情况下，采用两个阀门与其他相关设备配合，组装成一个控制组件。箭上氮气瓶的容量为

62.30m³(2200ft³)，由钛合金制成，最大设计耐受压力为 34.47MPa(5000psig)。氮气瓶通过位于凸缘上的开口实现充气与放气。发射准备阶段，氮气瓶在倒计时前首先利用地面供给源填充到表压 11.03MPa(1600psig)。这一压力足以支持发射前的任何操作。第二个步骤发生在发射倒计时的最后一小时内，将氮气瓶的压力提升到正常表压(22.41±0.34)MPa((3250±50)psig)。分支管组件作为气态氮的接收和分配中心，以及过滤器、关断电磁阀、压力调节器、保险阀与压力传感器的基座。

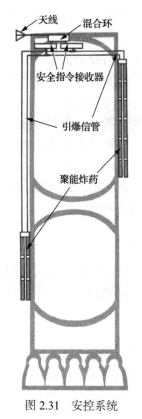

图 2.31 安控系统

图 2.32 箭上供配气系统

**2. 地面供配气系统**

地面供配气系统为一子级的部分气动阀门提供直接的地面压力供应。这些阀门涉及推进剂的加注和排放以及应急发动机关机系统的运行。直接进行地面控制可确保发生紧急情况时存在一套备用系统，且可减少火箭上的氮气供应。

**3. 箭上吹除压力系统**

箭上吹除压力系统包括三个与箭上控制压力气瓶相同的高压氮气瓶、用于填充氮气瓶的中心连接器和管路,以及用于接收及输送气体到发动机和热量计吹除系统的分支管组件及管路。吹除系统可在加注及整个飞行过程中清除泄漏的推进剂。

### 2.4.8 环境控制系统

环境控制系统(图 2.33)用于保护位于前短壳和推力结构区域内的设备不超过

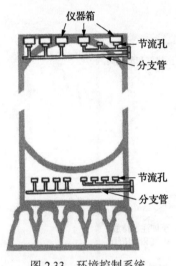

图 2.33 环境控制系统

其温度极限值,并在预点火和点火操作期间提供氮气吹除。从发射前大约 14h 开始,利用地面空气调节装置提供温控空气,直到发射前大约 6h。此后,将来自辅助供氮设备的气态氮引入系统,用于吹除及调节前短壳和推力结构区域,直至发射时断开脐带管缆。分支管通过节流孔将空气和气态氮送入推力结构,以保持适当的温度。空气和氮气来源于地面。系统还将空气和气态氮送入前短壳仪器箱。仪器箱内的温度保持在能够满足电气设备要求的水平。调节气体从仪器箱进入前短壳。

### 2.4.9 视频装置

视频装置用于在静态点火试验和飞行前及飞行过程中监控一子级的关键功能和飞行状态,计划在两个一子级飞行件上安装视频装置。

1. 胶片相机

一子级胶片相机用于在发射、飞行及分离期间拍摄液氧贮箱的内部情况。一子级共有四部胶片相机。两部液氧观察相机将提供电影级彩色照片,以给出液氧的状态、可能的波动或晃动以及贮箱内部的瀑布效应。用于放置相机的照相舱会在分离大约 25s 后自动弹出,并落入水中以便回收。一子级上除了两个观察液氧贮箱的飞行相机外,还有两个直接观察子级分离的飞行相机,安装在前短壳。贮箱观察光学透镜和两个频闪闪光灯组件安装在液氧贮箱顶盖中。利用光学组件连接位于远处的照相舱以及闪光灯头,包括固定于弹射管的耦合透镜、一条 2.74m(9ft)长的光纤以及安装到闪光灯头组件中的物镜。系统的其他设备,如电池、电源、计时器以及同步电路,安装在前短壳结构内部的环控设备架或设备箱中。组合式计时器和同步装置发挥两种作用:数字脉冲计时器提供实时相关脉冲,印刷在胶片的边缘；计时器还在胶片的另一边缘处提供事件标记脉冲，记录选定的重要事件，如起飞、发动机关机及级间分离。同步装置控制频闪灯提供间歇照光时间，以便在通过电影胶片快门时与旋转快门的张开部分保持一致。照相舱组件具有厚重的前缘部分以及石英窗，在返回大气层及与水面撞击时提供保护。包括照相机在内的照相舱主体部分通过密封实现防水。采用半潜式气球和阻力壳段辅助照相舱的下落

与漂浮。在照相舱上安装了无线电信标和频闪灯以便回收。

2. 视频系统

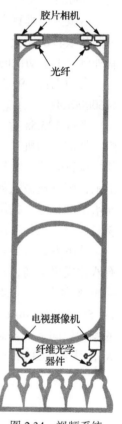

从推进剂加注开始到一子级分离为止，一子级上的视频系统(图 2.34)会提供四个有关发动机运转和其他发动机区域功能的视图。

系统使用两套分体式光纤观察系统以及两部电视摄像机。辐射热、声音和振动的极端条件导致无法在发动机区域内安装照相机，因此使用光纤束将图像传输给位于推力结构的照相机。通过石英窗来保护镜头。利用氮气吹除和擦拭作用防止保护窗出现烟尘堆积。

通过减少断裂光纤以及光纤之间的空隙增强光纤系统的图像。每个物镜后都有一片带有平行面的光学平圆片旋转。

辅助传动电动机与主传动电动机同步旋转。利用一台直交变换器为同步旋转的电动机供电。照相机控制组件内装有视频系统所需的放大器及反激、扫描和其他电路。视频寄存器每隔一帧(每秒 15 帧)对各个摄像机的输出(每秒 30 帧)进行放大与取样。由一台 2.5W 的调频发射机向防护罩覆盖的七元波道式天线阵列进行输出。

图 2.34 视频系统

## 2.5 一子级飞行

一子级在发射前约 12h 和 4h 分别加注 RP-1 燃料和液氧。当全部系统处于就绪状态时，向五台 F-1 火箭发动机发送启动信号，完成一子级点火。发动机液氧主阀首先开启，以便液氧逐渐进入主推力室。接下来启动发动机的燃气发生器和涡轮泵。发动机的涡轮泵组可提供约 44741.99kW(60000hp)的功率。通过将可自燃溶液注入发动机的主推力室并与已经存在的液氧发生反应来实现燃烧。燃料主

阀随后打开，同时燃料进入燃烧室以维持液氧和可自燃溶液之间的反应。随后，发动机推力迅速提高到全工况水平。五台发动机依次启动，首先是中心发动机，然后间隔 300ms 是外侧的两对发动机。发动机在建立起全推力的同时，牵制释放装置将一子级固定在发射台上。建立起全推力且全部发动机和箭上系统正常工作后，释放一子级。这一操作通过"缓释"机构完成。首先释放固定臂，之后运载火箭开始上升，但是锥形金属销从孔中拉出时会产生抑制力。这一"缓释"持续大约 500ms。

运载火箭垂直上升到大约 131.06m(430ft)的高度飞离脐带塔，随后开始通过俯仰和滚转动作获得所需的飞行方位角。随着飞行的继续，按预定的飞行轨迹控制外侧 F-1 发动机的转向，并通过仪器设备来控制运载火箭的轨迹。

大约飞行 69s 后，运载火箭进入最大动压状态，此时阻力约等于 2046.18kN(460000lbf)。

飞行 135.5s 后，大部分液氧和燃料耗尽，由仪器舱发出信号来关闭中心发动机。外侧发动机继续运转，直至监测到液氧或燃料耗尽。靠近外侧液氧吸入管顶部的位置安装有液氧耗尽关机传感器；如果两个或两个以上的传感器给出"耗尽"指示，则发送液氧耗尽信号。直接连接到燃料贮箱后底的冗余燃料耗尽关机传感器给出"耗尽"指示后，发送燃料耗尽信号。液氧耗尽关机作为主关机方式，而燃料耗尽关机是备用方式。

外侧发动机接收到关机信号 600ms 后，发出信号点燃一子级的反推火箭。共有八枚反推火箭，均可以在 0.666s 内持续提供平均 394.11kN(88600lbf)的推力。一子级在大约 62.48km(205000ft)的高度与二子级分离。随后继续上升到接近 111.56km(366000ft)的最大飞行高度并开始下降。下降过程中，一子级采用半稳定的发动机向下的姿态下落，并在沿发射方向距离肯尼迪角空军站(卡纳维拉尔角航天站)大约 563.27km(350mi)的位置落入大西洋。

# 第3章  F-1 发动机

## 3.1  发动机概述

F-1 发动机(液氧煤油发动机,见图 3.1)为单次启动双组元推进剂火箭发动机,可提供 6672.33kN(1500000lbf)固定推力。发动机呈钟形,面积膨胀比为 16:1。RP-1 与液氧在发动机推力室组件内混合并燃烧。燃烧气体膨胀通过喷管排出,从而产生推力。土星 5 运载火箭一子级采用的由五台发动机构成的发动机组产生 33361.67kN(7500000lbf)的推力。除一台发动机以外,其他发动机均完全相同。四台外侧发动机通过常平座固定,而中心发动机则不然。发动机系统包括推力室组件、涡轮泵、燃气发生器系统、推进剂输送系统、增压系统、供配电系统、液压控制系统以及飞行测量系统等。F-1 发动机主要性能参数如表 3.1 所示。

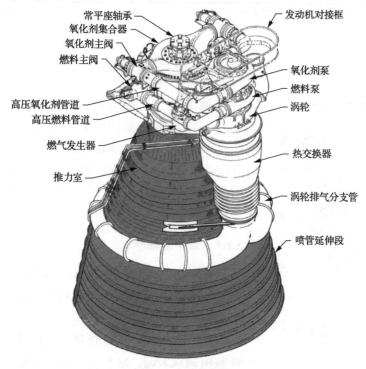

常平座轴承
氧化剂集合器
氧化剂主阀
燃料主阀
高压氧化剂管道
高压燃料管道
燃气发生器
推力室

发动机对接框
氧化剂泵
燃料泵
涡轮
热交换器
涡轮排气分支管
喷管延伸段

图 3.1  F-1 发动机

**表 3.1　F-1 发动机主要性能参数**

| 参数 | 取值 |
| --- | --- |
| 长度 | 5.79m(19ft) |
| 宽度 | 5.89m(19ft 4in) |
| 推力(海平面) | 6672.33kN(1500000lbf) |
| 比冲(最小值) | 260s |
| 额定运行时间 | 150s |
| 流速(氧化剂) | 1789.42kg/s(3945lb/s),或者 93.92m³/min(24811gal/min) |
| 燃料 | 788.34kg/s(1738lb/s),或者 58.56m³/min(15471gal/min) |
| 混合比 | 氧化剂与燃油混合比为 2.27∶1 |
| 燃烧室压力 | 绝对压力 6.65MPa(965psia) |
| 飞行状态下的质量 | 8.39t(18500lb)(最大值) |
| 膨胀面积比 | 16∶1(带有喷管延伸段)<br>10∶1(不带喷管延伸段) |
| 燃烧温度(推力室) | 3298.89℃(5970℉) |
| 燃气发生器 | 796.11℃(1465℉) |
| 最大喷管出口直径 | 3.53m |

注:从火箭 504(执行阿波罗 9 号飞船任务)开始,F-1 发动机的推力都增大至 6770.19kN(1522000lbf)。

# 3.2　推力室组件

推力室组件(图 3.2)包括常平座轴承、氧化剂集合器、推力室喷注器、推力室主体、推力室喷管延伸段以及隔热层。推力室组件接收来自涡轮泵泵压输送的推进剂,对其进行混合并使其燃烧,然后给排出的燃气施加高速度从而获得推力。推力室组件还可作为所有发动机硬件的支架或支撑。

### 3.2.1　常平座轴承

常平座轴承将推力室组件固定到运载火箭推力结构上,其自身则安装在氧化剂集合器上。常平座是一个球形的万向连接器,包括套接轴承,上有黏合式聚四氟乙烯玻璃纤维嵌件,用于提供低摩擦轴承表面。常平座轴承允许在 $X$ 轴和 $Z$ 轴

图 3.2　F-1 发动机的推力室组件在生产线组装完成

的任一方向上实现最大 6°的枢纽运动(与俯仰角和偏航角大体相似)，以便实现推力矢量控制。该常平座轴承将发动机推力传送给运载火箭，并提供定位和推力方向调节能力。

### 3.2.2　氧化剂集合器

氧化剂集合器作为分支管将氧化剂配送给推力室喷注器，为常平座轴承提供安装表面并将发动机推力传送给运载火箭结构。氧化剂以每分钟 93.92m³(24811gal)的体积流量通过两个呈 180° 分开的进口进入集合器，以保持推进剂的均匀分布。

### 3.2.3　推力室喷注器

推力室喷注器将燃料和氧化剂喷入推力室，确保其能够高效充分燃烧。喷注器表面由铜制燃料环和铜制氧化剂环构成(燃烧侧)，两类环上分别开有喷射燃料和氧化剂的孔口，形成喷射孔口的排列图案。表面上组装有径向和周向铜挡板，向下延伸，将喷注器表面分隔成若干部分。挡板及孔口环连同隔开的点火器燃料系统均安装在一个不锈钢主体内。氧化剂从氧化剂集合器进入喷注器。燃料通过推力室燃料进口分支管进入喷注器，为辅助发动机启动并减少压力损耗，部分燃料流直接引入推力室。其余燃料(由孔口控制)流经沿推力室主体壁面上纵向分布的管路到达喷管末端，然后进入回油分支管，经由推力室壁面上的其余间隔管路流回喷注器。

### 3.2.4　推力室主体

推力室主体包括燃烧室和喷管膨胀段，燃烧室为推进剂燃烧提供空间，推进剂燃烧产生的气体从喷管膨胀段高速排出，从而产生推力。推力室壁上装有管路，可通过再生燃料冷却，喷管呈钟形。推力室外附有四组支撑杆，其中两组支撑杆为涡轮泵支架，另两组为万向伺服机构提供安装点。推力室喷管出口处设有涡轮排气分支管，喷注器末端设有燃料进口分支管，将燃料直接引入燃料下行管路。焊接到推力室周围的加强"帽带"上的托架和螺柱为隔热层提供附接点。燃料通过两个径向相对设置的进口进入燃料进口分支管。在分支管处，70%的燃料沿燃烧室壁上纵向的 89 条间隔抗腐蚀"下行"管路流动。喷管出口处的分支管使燃料经由壁面上其余 89 条返回管路返回喷注器。发动机运转期间，流经燃烧室壁面管路的燃料对燃烧室壁进行再生冷却。推力室壁上的管路会在喷管膨胀比3:1 的位置进行分叉，将一条主管路分为两条次级管路。之所以采用分叉设计，是为了在整个钟形喷管的各个截面上，使管路的横截面积保持在预期值。由预成型金属薄板壳体制成的涡轮排气分支管在推力室主体末端周围形成环形管,接收热交换器的涡轮排气。进入分支管后,气体均匀分布。气体排出分支管,出口槽内的导流叶片确保喷管延伸段的静态压力能够均匀分布。径向膨胀节可以补偿排气分支管的热变形。

### 3.2.5　推力室喷管延伸段

推力室喷管延伸段将推力室的膨胀比从 10∶1 增大到 16∶1。它是一个可拆卸组件,通过螺栓连接到推力室的出口端环上。利用温度为 648.89℃(1200℉)的涡轮排气作为冷却剂,通过薄膜冷却使喷管延伸段的内部免受发动机排气环境的影响(3204.44℃(5800℉))。涡轮排气连续从外壁与内壁之间进入喷管延伸段,从壁板间的喷射槽流出,流过壁板表面,在喷管延伸部分内壁与主发动机燃烧室排出的热排气间形成一个边界层。喷管延伸段由高强度不锈钢制成。

### 3.2.6　自燃式燃料盒

自燃式燃料盒提供自燃液体,在推力室首先开始建立燃烧。燃料盒为圆柱形,一端焊接有爆破隔膜,内部装有自燃液,为 85%(质量分数,下同)三乙基硼以及 15%三乙基铝。流体在密封燃料盒内保持稳定,一旦与任何形式的氧接触便会自燃。在操作开始阶段,增大点火燃料系统内的燃料压力,使爆破隔膜破裂。自燃液和燃料通过喷注器内独立的点火燃料系统进入推力室并与氧化剂接触,发生自燃,完成推力室点火。

### 3.2.7　火工品点火器

火工品点火器利用电火花作为燃气发生器内推进剂的点火源,在富燃涡轮排气并从喷管延伸段排出时将其再次点燃。

### 3.2.8　隔热层

隔热层保护 F-1 发动机,防止发动机在多机并联工作过程中遭遇排气羽流和回流辐射导致的极端温度环境的危害,最高 1398.89℃(2550℉)。发动机具有两种类型的隔热材料——在复杂表面上使用箔棉条,在简单的大型表面上使用石棉垫。

隔热材料均由轻质材料制成,且配有各种安装设施,如金属扣眼、卡箍、螺柱以及安全钢丝系杆。

# 3.3　涡　轮　泵

F-1 涡轮泵(图 3.3)是一个直驱单元,包括氧化剂泵、燃料泵以及安装在公共轴上的涡轮。涡轮泵将燃料和氧化剂输送至燃气发生器和推力室。液氧通过单进口轴向进入涡轮泵,并通过双出口切向排出。燃料通过双进口轴向进入涡轮泵,并通过双出口切向排出。双进口和双出口设计平衡了泵内的径向载荷。

三个轴承组为轴提供支撑。成对串联的滚珠轴承被命名为 1 号轴承和 2 号轴承,在氧化剂泵和燃料泵之间提供对轴的支撑。滚子轴承(3 号)在涡轮与燃料泵之间提供对轴的支撑。轴承在泵运行过程中通过燃料冷却。轴承加热器模块为 1 号和 2 号轴承提供外部支撑,并在氧化剂泵液氧冷却过程中防止轴承结冰。安装在轴上的齿环可以与扭矩齿轮箱配合来手动旋转泵轴,也可与磁传感器结合监测轴

图 3.3　F-1 涡轮泵

转速。涡轮泵内有九个石墨密封件,包括:氧化剂主密封件、氧化剂中间密封件、1 号润滑密封轴承、2 号润滑密封轴承、燃料主密封件、燃料进口密封件、燃料进口油密封件、热气体辅助密封件以及热气体主密封件。主轴以及直接附接到主轴上的零件,需要在最终组装到涡轮泵上之前实现动态平衡。

## 3.3.1　氧化剂泵

氧化剂泵将氧化剂以 $93.92\text{m}^3/\text{min}\,(24811\text{gal/min})$ 的流速供应到推力室及燃气发生器内。该泵包括进口、诱导轮、叶轮、泵壳、多个轴承、密封件及垫片。氧化剂经进口进入泵内,进口通过管道连接到氧化剂贮箱上。进口内的诱导轮在氧化剂通过叶轮时增加其压力,防止气蚀。叶轮加快氧化剂增压速度,并通过相对设置的出口将氧化剂排入通向推力室和燃气发生器的高压氧化剂管路。氧化剂进口连接到通向氧化剂贮箱的管道上,并通过螺栓连接到氧化剂泵壳上。进口与泵壳之间的两个活塞环随温度变化膨胀和收缩,以保证进口高压侧与低压侧间的有效密封。进口低压侧的孔使得泄漏物经过密封环流入诱导轮的吸力面,从而保持低压。氧化剂泵壳通过销钉和螺栓固定到燃料泵泵壳上,以防止其旋转和轴向运动。氧化剂泵壳内的氧化剂主密封件和垫片防止燃料泄漏到主氧化剂密封排放腔内。氧化剂泵中间密封件使吹除气流直接进入主密封件和 3 号排放腔内,此时将

吹除作为屏障来实现氧化剂与轴承润滑剂的可靠分离。

### 3.3.2　燃料泵

燃料泵将燃料以 58.56m³/min(15471gal/min)的流速供应到推力室以及燃气发生器内。该泵包括进口、诱导轮、叶轮、泵壳、多个轴承、密封件以及垫片。燃料通过进口进入泵内。诱导轮在燃料通过叶轮时增加其压力,防止气蚀。叶轮加快燃料增压速度,并通过相对设置的出口将燃料排入通向推力室和燃气发生器的高压燃料管路。燃料泵壳通过螺栓连接到进口和连接环上,连接环再通过销钉连接到氧化剂泵壳上。安装在泵壳上的耐磨环与叶轮紧密配合。泵壳与叶轮之间形成平衡腔。平衡腔内的压力向燃料叶轮施加向下的力并抵消氧化剂叶轮向上的力,以控制轴施加给 1 号和 2 号轴承的轴向力大小。叶轮进口和出口之间的泄漏由耐磨环控制,耐磨环与叶轮紧密配合,起到孔口的作用。燃料泵壳为轴承挡圈提供支撑,支撑 1 号和 2 号轴承并容纳轴承加热器。3 号密封件安装在氧化剂中间密封件与 1 号轴承之间,用以防止轴承润滑油与氧化剂接触。燃料通过密封件时,吹除气流将燃料排出。在 2 号轴承的燃料侧,4 号润滑密封件的轴承腔内装有润滑剂。燃料泵壳内的其余密封件为主密封件,在平衡腔内装有受压燃料,保持所需的平衡腔压力并防止高压燃料进入低压侧。

### 3.3.3　涡轮

涡轮功率可达 41013.49kW(55000hp),以驱动燃料泵和氧化剂泵。该涡轮为两级复合速度涡轮,由一组定子隔开两个旋转冲击轮。涡轮安装在涡轮泵的燃料泵端,以便将涡轮泵中工作温度极值差异最大的两个元件分开,其中涡轮温度 815.56℃(1500℉),氧化剂泵温度-184.44℃(-300℉)。燃气发生器中的热气以 77.11kg/s(170lb/s)的流速通过进口分支管进入涡轮内,通过一级喷管直接接触具有 119 个叶片的一级旋转冲击轮表面,然后经过二级定子接触具有 107 个叶片的二级旋转冲击轮表面,再进入热交换器。此热气流使涡轮旋转,涡轮反过来使推进剂泵旋转。主级工作期间,涡轮转速为 5550r/min。

### 3.3.4　轴承冷却剂控制阀

此阀包括三个 40μm 过滤器、三个弹簧作动阀及一个限制器,具有两种功能。主要功能是控制冷却剂燃料向涡轮泵轴承的供应,次要功能是在两次静态点火间或在发动机贮存期间提供一种保存涡轮泵轴承的方法。发动机点火时,冷却剂提升阀打开,将过滤后的燃料输送到涡轮泵轴承冷却剂喷注器,然后限制器提供适当的涡轮泵轴承喷射压力。

# 3.4　燃气发生器系统

燃气发生器系统(图 3.4)利用热气驱动涡轮,从而驱动燃料泵和氧化剂泵。该系统包括燃气发生器阀、燃气发生器喷注器、燃气发生器燃烧室以及多条将 2 号涡轮泵燃料和氧化剂出口管路与燃气发生器连接起来的推进剂输送管路。推进剂从 2 号涡轮泵燃料和氧化剂出口管路供应到燃气发生器内。相对于发动机混合比,燃气发生器的氧化剂-燃料混合比不同,燃料所占比重非常大。未采用冷却措施的燃气发生器和涡轮可保持较低的燃烧温度。推进剂通过阀门和喷注器进入燃气发生器,通过双火工品点火器在燃烧室内点火。燃气发生器阀的液压操作通过液压控制系统的燃料压力实现。

图 3.4　包含控制阀的燃气
发生器组件 R-5

## 3.4.1　燃气发生器阀

燃气发生器阀为液压操作阀,控制推进剂依次进入燃气发生器。液压燃料通过阀室内的通道再次循环,以保证密封的完整性并防止燃料球壳内的燃料结冰。燃料还通过开口与闭口活塞内的通道再次循环,以防止活塞的 O 形环冷冻。

## 3.4.2　燃气发生器喷注器

燃气发生器喷注器将燃料和氧化剂直接引入燃气发生器燃烧室。燃气发生器喷注器是一个表面平整的多孔喷注器,包括圆盘、平板、环形分支管、五个氧化剂环、五个燃料环以及燃料盘。喷注器上装有燃气发生器阀以及燃气发生器喷注器燃料 T 形入口管。通过三通接头,燃料从燃气发生器阀进入喷注器,直接通过板的内部通道,经由燃料环和燃料盘内的孔口注入燃烧室。最外侧燃料环内的部分孔口还为燃烧室壁提供了燃料冷却膜。氧化剂通过氧化剂进口分支管从燃气发生器阀进入喷注器,氧化剂分支管直接通过板的内部通道,经由氧化剂环内的节流孔注入燃烧室内。

### 3.4.3　燃气发生器燃烧室

燃气发生器燃烧室为推进剂燃烧提供空间并将燃烧推进剂产生的气体排入涡轮泵涡轮分支管。燃气发生器燃烧室为单壁燃烧室,位于燃气发生器喷注器与涡轮泵进口之间。

# 3.5　推进剂输送系统

推进剂输送系统(图 3.5)将液氧和燃料从推进剂贮箱传送到泵内,并在泵的作用下进入通向燃气发生器和推力室的高压管路。该系统包括两个氧化剂阀、两个燃料阀、轴承冷却控制阀、两个氧化剂集合器吹除单向阀、燃气发生器和泵密封件吹除单向阀、多条涡轮泵出口管路、节流孔以及与各部件相连接的管路。另外,高压燃料还要从发动机推进剂输送系统供应到推力矢量控制系统。

### 3.5.1　氧化剂阀

两个完全相同的氧化剂阀(1 号阀和 2 号阀)控制液氧从涡轮泵流入推力室氧化剂集合器,再使液压燃料进入燃气发生器阀入口,如图 3.6 所示。阀门在额定发动机压力和流速下处于开启位置时,若液压燃料口没有压力,则不会关闭。氧

图 3.5　推进剂输送系统(左侧为液氧主阀及其高压管路,右侧为燃料主阀及其高压管路)

图 3.6　液氧分配(氧化剂由氧化剂集合器(中间偏下方)分配;液氧主阀如图左右两侧所示,上方为发动机对接框)

化剂阀均为液压作动、压力平衡提升式并带有机械操纵的时序阀。推进剂阀处于关闭位置时，弹簧作动阀允许液压燃料回流以实现再循环，但在氧化剂阀打开16.4%以前阻止燃料通过。随着氧化剂阀到达此位置，活塞轴开启闸门，使燃料流经时序阀，反过来打开燃气发生器阀。

位置指示器在发动机电控电路内提供继电器逻辑，并记录氧化剂提升阀的移动。氧化剂阀安装有两个氧化剂集合器吹除单向阀，允许吹除气体进入氧化剂阀，且防止氧化剂进入吹除系统。

### 3.5.2 燃料阀

推力室燃料进口分支管上装有两个完全相同但呈 180°分开的燃料阀（1 号阀和 2 号阀），控制燃料从涡轮泵流入推力室。当多个阀在额定发动机压力和流速下处于开启位置时，若液压燃料压力不足，则不会关闭。燃料阀内的位置指示器在发动机电控电路内提供继电器逻辑，并记录提升阀移动。

### 3.5.3 推力指示压力开关

推力室燃料分支管上的单分支管上装有三个推力指示压力开关，测量燃料喷射压力，可表征五台发动机是否处于良好运行状态。若燃料喷射腔内压力下降，开关会作动，从而断开接触并中断推力正常输出信号。

## 3.6 增 压 系 统

增压系统为气态氧和氦气加热，以便为火箭贮箱增压。增压系统包括热交换器、热交换器单向阀、液氧流量计以及多条热交换器管路。热交换器的液氧源由推力室氧化剂集合器分接而来，氦气由箭载氦气瓶供应。液氧从推力室氧化剂集合器流经热交换器单向阀、液氧流量计以及液氧管路，最终到达热交换器。

### 3.6.1 热交换器

气态氧和氦气通过螺旋管流经热交换器时，热交换器利用热涡轮排气对其进行加热。热交换器包括四个氧化剂螺旋管和两个氦气螺旋管，安装在涡轮排气管内。热交换器安装在涡轮泵分支管出口与推力室排气分支管进口之间。其外壳包含一个波纹管组件，用于在发动机运转过程中弥补热膨胀。

### 3.6.2 热交换器单向阀

热交换器单向阀防止气态氧或火箭预增压气体流入氧化剂集合器，包括管路组件以及摆动式单向阀组件，安装在推力室氧化剂集合器与热交换器液氧进口管路之间。

### 3.6.3　液氧流量计

液氧流量计是涡轮式容积液体流量传感器，包括两个拾波线圈。液氧流量计涡轮旋转，在拾波线圈输出端产生交流电压。

### 3.6.4　热交换器管路

液氧和氦气经由软管流入或流出热交换器。液氧和氦气软管连接到箭体上对应的接口。液氧软管将热交换器连接到热交换器单向阀。

## 3.7　发动机对接框

发动机对接框安装在涡轮泵液氧与燃料进口上方，为发动机与火箭间的电力连接提供位置。发动机对接框还为火箭柔性防热裙提供安装点。面板由耐热不锈钢铸件制成，分为三部分，通过铆钉和螺栓组装。

## 3.8　电　气　线　缆

电气线缆包括用于驱动发动机控制器的柔性线束(带外保护层)以及飞行仪器线束。

## 3.9　液压控制系统

液压控制系统在启动和关机期间操纵发动机推进剂阀，包括自燃燃料分支管、点火监控阀、单向阀、发动机控制阀以及相关的管路和连接器。

### 3.9.1　自燃燃料分支管

自燃燃料分支管将自燃液直接导入推力室喷注器内的独立点火器燃料系统，包括自燃燃料盒、点火监控阀、位置开关以及点火器燃料阀。自燃燃料盒位置开关和点火器燃料阀是自燃燃料分支管的内部零件。自燃燃料分支管内弹簧预紧的凸轮锁机构可在上游的自燃燃料盒隔膜破裂前，防止触动点火监控阀。该机构激励位置开关，显示自燃燃料盒安装已经完成。点火器燃料阀为弹簧作动单向阀，开启时燃料流入自燃燃料盒。点火器燃料阀开启时，自燃燃料盒隔膜会因合成压力冲击而破裂。

### 3.9.2　点火监控阀

点火监控阀为压力作动式三通阀，安装在自燃燃料分支管上，用于控制燃料阀的开启。燃料阀仅在推力室内充分燃烧的情况下开启。安装自燃燃料盒时，凸轮锁机构防止点火监控阀离开关闭位置。点火监控阀设有六个口，包括控制口、进口、两个出口、返回口以及大气参考口。控制口承受来自推力室自燃燃料分支管的压力。进口承受液压燃料压力，以打开燃料阀。点火监控阀处于关闭位置时，来源于进口的液压燃料被阻挡在提升阀处。自燃燃料盒隔膜破裂时，弹簧预紧凸轮锁收缩，以便点火监控阀自由移动。推力室压力(从推力室自燃燃料分支管直接到达控制口)增大时，点火监控阀转到开启(启动)位置，液压燃料通过出口直接进入燃料阀。

### 3.9.3　单向阀

单向阀包括球体、提升阀和制动器。单向阀为点火监控阀和燃料阀的地面检查做准备，并防止检查使用的地面液压回油进入发动机系统，进而进入火箭燃料贮箱。检查或维护发动机时，安置单向阀球体，使进入发动机液压返回进口的燃料直接通过单向阀球体并从地面支持设备返回口流出。在发动机静态点火试验或飞行过程中，安置单向阀球体，使进入发动机液压返回进口的燃料直接通过球体并从发动机返回出口流出。

### 3.9.4　发动机控制阀

发动机控制阀包括过滤器分支管、四通电磁阀以及两个摆动式单向阀。过滤器分支管有三个过滤器，其中一个安装在推进剂供应系统内，另外两个位于启闭压力系统内。过滤器可防止杂质进入四通电磁阀或发动机。供应系统过滤器内设有两个摆动式单向阀形成"三通"。为实施检查和维护程序，液压系统可使用地面供应的液压流体运行；而为了确保发动机可以正常运行，液压系统可使用发动机供应的液压流体。四通电磁阀由主阀芯以及多个套管构成，用于对液压液实施双向控制，使其流入燃料主阀、氧化剂主阀以及燃气发生器阀伺服机构。阀芯通过两个三通随动导向阀实现压力定位。随动导向阀装有电磁控制常开三通主导向阀。发动机控制阀的断开位置为所有发动机推进剂阀提供液压关闭压力。向启动电磁阀施加 28V 直流瞬时电压启动控制阀，最终定位主阀芯，从而将液压压力施加给开口并将先前施加给闭口的压力排入返回口。利用护罩的内部通道在开口与启动电磁阀的提动头之间保持相同的压力。启动电磁阀断电后，主阀芯在压力作用下停留在作动位置，从而使压力不断进入开口，而不需进一步施加启动电磁阀电信号。向停止电磁阀施加 28V 直流瞬时电压以启动控制阀，最终定位主阀芯，将压力从开口排出并施加给闭口。自动补偿作动器可随时通过远程压力供应装置启动，并在发生电力损耗的情况下对主阀芯重新定位并向闭口施加液压压力。若电力和液压动力均已移除，则阀会借助弹簧弹力返回断电位置。若随后重新施加液压压力，压力将被施加给闭口。若同时将电信号发送给启闭电磁阀，则停止电磁阀会对启动进行补偿，并使阀返回到预置位置。

### 3.9.5　摆动式单向阀

发动机控制阀上装有两个完全相同的摆动式单向阀。发动机启动过渡期间可使用地面液压燃料压力，发动机的正常工作阶段和关机阶段可使用液压燃料压力。一个单向阀安装在发动机液压燃料供应进口内，另一个安装在地面液压燃料供应进口内。

## 3.10　飞行测量系统

飞行测量系统包括多个压力传感器、温度传感器、位置指示器、流量测定装置、配电线路转接以及相关的电缆束，可监测发动机性能。飞行测量系统由主系统和辅助系统构成。主系统在发动机静态点火以及所有发射任务中都会发挥至关重要的作用；而辅助系统则是在发动机静态点火试验项目下的研究、开发以及验收阶段，以及火箭初始飞行任务中使用。飞行测量系统的部件如下所述。

### 3.10.1　主系统参数

主系统参数如下：
(1)燃料泵 1 号进口压力；
(2)燃料泵 2 号进口压力；
(3)液压返回压力；
(4)氧化剂泵轴承喷射压力；
(5)燃烧室压力；
(6)燃气发生器燃烧室压力；
(7)氧化剂泵 2 号排放口压力；

(8)燃料泵 2 号排放口压力；

(9)氧化剂泵 1 号轴承温度；

(10)氧化剂泵 2 号轴承温度；

(11)涡轮泵轴承温度；

(12)涡轮泵进口温度；

(13)涡轮泵转速。

### 3.10.2　辅助系统参数

辅助系统参数如下：

(1)氧化剂泵密封腔压力；

(2)涡轮出口压力；

(3)热交换器氦气进口压力；

(4)热交换器出口压力；

(5)氧化剂泵 1 号排放口压力；

(6)热交换器液氧进口压力；

(7)热交换器气态氧出口压力；

(8)燃料泵 1 号排放口压力；

(9)发动机控制器开启压力；

(10)发动机控制器关闭压力；

(11)热交换器液氧进口温度；

(12)热交换器气态氧出口温度；

(13)热交换器氦气出口温度；

(14)燃料泵 2 号进口温度；

(15)热交换器液氧进口流速。

### 3.10.3　主接线箱与辅助接线箱

飞行测量系统内有两个电气接线箱：主接线箱提供八个电连接器，辅助接线箱提供五个电连接器。两个接线箱均通过惰性气体焊接、封闭并增压，以防止污染物和水分进入。

## 3.11　发动机工作

发动机需要气动压力电源及推进剂实现持续运转。发动机启动需要地面液压源、推力室预填充、燃气发生器和涡轮排气点火器以及自燃液。触发启动按钮后，单向阀移动，将液压燃料回流从地面管路输送至涡轮泵低压燃料进口。对燃气发生器和推力室氧化剂集合器进行充分的氧化剂吹除。燃气发生器和涡轮排气点火器点火，发动机控制阀启动电磁阀通电。液压压力直接作用于氧化剂阀入口。氧化剂阀部分开启，液压压力直接作用于燃气发生器阀入口。燃气发生器阀打开，推进剂在贮箱压力作用下进入燃气发生器燃烧室，推进剂混合物通过燃气发生器点火器点火。燃气发生器排气通过导管经涡轮泵涡轮、热交换器以及推力室排气分支管进入喷管延伸段，富含燃料的混合物在此处通过涡轮排气点火器点火。涡轮使燃料和氧化剂泵加速，泵排放口压力增大，供应给燃气发生器的推进剂流速增大。涡轮泵继续加速，燃气压力增大，点火器燃料阀开启，使燃料压力增大，自燃燃料盒隔膜破裂。

自燃燃料盒隔膜在越来越大的燃料压力作用下破裂。自燃液进入推力室，点火燃料随后进入。自燃液进入推力室并与氧化剂接触后发生自燃，从而完成推力室点火。推力室压力通过传感线输送到点火监控阀隔膜。推力室压力增大时，点火监控阀启动，液压流体流到燃料阀开口。燃料阀打开，燃料到达推力室。

燃料进入推力室燃料进口分支管，流经推力室管路冷却，然后经过喷注器进入推力室燃烧区。随着推力室压力增大，压力开关启动，显示发动机处于良好运转状态。推力室压力继续增大，直至燃气发生器达到额定功率，在推进剂管路节流孔的控制下对燃气发生器进行供给。当发动机燃料压力超过地面供应液压压力时，液压压力供应源转变为发动机。

液压燃料通过发动机部件循环，然后通过发动机控制阀和单向阀返回涡轮泵燃料进口。燃料阀打开时，地面液压源设施断流阀被驱动至关闭位置，以确保发动机液压系统在关机序列期间能够供应液压压力。

## 3.12　发动机关机

发出关机信号时，氧化剂集合器开始氧化剂吹除，发动机控制阀停止电磁阀通电，使燃气发生器、氧化剂阀以及燃料阀保持开启状态的液压压力被输送到回路。同时，液压压力导入燃气发生器阀、氧化剂阀以及燃料阀。单向阀启动，氧化剂吹除流随推进剂压力衰减开始流动；点火器燃料阀和点火监控阀关闭。氧化剂阀到达全闭位置的同时，推力室压力到达零位。F-1 推进系统示意图如图 3.7 所示。

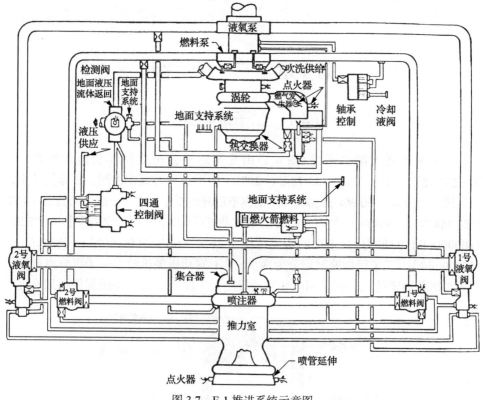

图 3.7　F-1 推进系统示意图

# 第4章 二 子 级

## 4.1 二子级概述

土星 5 运载火箭二子级 (图 4.1) 由北美航空公司空间部制造和组装,采用−252.78℃(−423℉)和−182.78℃(−297℉)的液氢和液氧推进剂。月球任务中,二子级在火箭到达 60.96km(200000ft)的高空后开始工作,将三子级与阿波罗飞船推至约 184.71km(606000ft)的高空。五台 J-2 发动机点火时,二子级产生超过 4448.22kN(1000000lbf)的推力。二子级的速度范围是 2682.24m/s(6000mi/h)至 6839.71m/s(15300mi/h)。二子级加速过程分为两步。F-1 发动机关机时,一子级分离。位于二子级底部周围的八台推进剂沉底发动机点火工作 4s,为二子级提供正加速度。

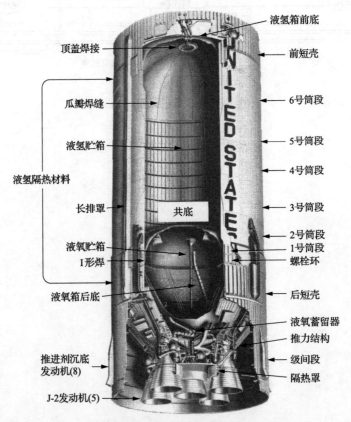

| 标注(左侧) | 标注(右侧) |
| --- | --- |
| 顶盖焊接 | 液氢箱前底 |
| 瓜瓣焊缝 | 前短壳 |
| 液氢贮箱 | 6号筒段 |
| 液氢隔热材料 | 5号筒段 |
| 长排罩 | 4号筒段 |
| 液氧贮箱 | 3号筒段 |
| I形焊 | 共底 |
| 液氧箱后底 | 2号筒段 |
| 推进剂沉底发动机(8) | 1号筒段 |
| J-2发动机(5) | 螺栓环 |
|  | 后短壳 |
|  | 液氧蓄留器 |
|  | 推力结构 |
|  | 级间段 |
|  | 隔热罩 |

图 4.1 土星 5 运载火箭二子级

一子级分离大约 30s 后,推进剂沉底发动机所处的二子级结构部分(级间段)点燃火工品分离。第二次分离时,随着二子级高速移动,级间段与发动机必须保持足够的间隙,应大于 0.91m(3ft)。

1. 主要参数

质量:43.09t(95000lb)(结构质量),470.38t(1037000lb)(加注后质量)。
直径:10.06m(33ft)。
高度:24.87m(81ft 7in)。
工作时间:约 6min(实际为 395s)。
速度:燃料耗尽时速度为 6839.71m/s(15300mi/h)。
高度:燃料耗尽时高度为 184.27km(114.5mi)。

2. 主要结构部件

土星 5 运载火箭二子级主要结构部件包括推力结构、共底、前底、后短壳、液氧贮箱、后底、前短壳、液氢贮箱、筒段。

3. 主要系统

推进装置:五台 J-2 发动机。
推力:超过 4448.22kN(1000000lbf),每台发动机最大推力为 1000.85kN(225000lbf)。
推进剂:液氢 984.21m$^3$(260000gal)、69.40t(153000lb),液氧 314.19m$^3$(83000gal)、357.88t(789000lb)。
供配电系统:六个电气总线系统,四个 28V 直流飞行蓄电池以及多个电机驱动式电源转换开关。
火工品系统:按操作时序,在五台主发动机点火前完成八台推进剂沉底发动机点火;二子级级间段的爆炸分离;二子级与三子级爆炸分离;四个反推火箭点火,以降低二子级的速度,从而完全分离。
测量系统:仪器、遥测和无线电分系统。
热控系统:对前、后短壳中的设备容器进行适当温度控制,该系统可在地面操作。
飞行控制系统:通过伺服机构完成推力矢量控制所需的四台外侧 J-2 发动机的转向,这些伺服机构由土星 5 运载火箭三子级上的仪器舱的飞行控制计算机发出信号,进行电气控制。二子级点火工作大约 6min,将有效载荷送入太空。飞行结束时,所有 J-2 发动机立即关机,二子级分离,三子级 J-2 发动机点火,同阿波罗飞船一起进入地球停泊轨道。高 24.69m(81ft)的二子级装载 427.28t(942000lb)推进剂且底部连接有发动机；推进剂占二子级总质量的 90% 以上。尽管二子级必须在发射和飞行期间承受极大的推进剂质量和飞行载荷，但二子级并没有设计内部桁架。二子级由轻质铝合金加筋壁板制造，以承受相应的载荷。为保持低温推进剂温度，避免其升温汽化，必须研发特殊的轻质化隔热材料。二子级采用的隔热材料厚度为 3.81cm(1.5in)，能够维持贮箱外部(21.11~26.67℃)与内部(-252.78℃)之间约 275℃的温差。二子级采用共底结构，该结构既是液氧贮箱的顶部又是液氢贮箱的底部。共底结构是二子级研制过程中的一个关键项目。相对较薄的共底结构包括两块由酚醛蜂窝芯隔热材料分隔的铝壁板，且必须保持两侧之间 52.22℃(126°F)的温差。满足此要求所用的隔热材料并不等厚，在边缘处厚 2.54mm(0.1in)，而在共底顶端处的厚度则为 12.07cm(4.75in)。共底将二子级质量减轻约4t，长度缩短 3.05m(10ft)以上。

## 4.2　结　　构

二子级结构(图 4.2)包括：连接一子级的级间段；支撑和容纳五台 J-2 发动机的推力结构与后短壳组件；椭球形的液氧贮箱；将液氧贮箱连接到二子级结构的连接环；焊接在一起形成液氢贮箱的六块铝合金筒段壁板；半球形的前底；与土星 5 运载火箭三子级相连的前短壳。

　　　　　　　　　　　　　　　　　　前短壳

　　　　　　　　　　　　　　　　　　液氢贮箱

　　　　　　　　　　　　　　　　　　液氧贮箱

　　　　　　　　　　　　　　　　　　推力结构与后短壳组件

　　　　　　　　　　　　　　　　　　级间段

图 4.2　二子级子组件

该结构的另一个重要部分是位于液氢贮箱外部的 18.29m(60ft)长排罩，后短壳与前短壳之间的所有电缆均通过长排罩进行敷设。

### 4.2.1  级间段

在北美航空公司的塔尔萨工厂制造的级间段采用半硬壳结构。半硬壳结构意味着蒙皮的结构更为紧凑。级间段的高度略大于 5.49m(18ft)，直径略大于 10.06m(33ft)。该结构具有内部环框与垂直方向的外部帽形截面，以提高结构刚度。在一子级燃料耗尽和首次分离后，等间距安装在级间段的八台推进剂沉底发动机点火大约 4s。这些发动机提供正加速度，产生压力迫使二子级推进剂进入 J-2 发动机的推进剂输送管路。该动作称为推进剂沉底。与一子级分离大约 30s 后，级间段与二子级分离。

### 4.2.2  后短壳

与级间段类似，后短壳(以及推力结构与前短壳)也在塔尔萨工厂制造并交付西尔滩总装。后短壳高 2.13m(7ft)，采用铝合金半硬壳结构，由具有外部纵梁与内部框架的四块壁板制成。

### 4.2.3  推力结构

推力结构由具有蒙皮-纵梁与内部框架结构的四块壁板组成。组装后形成倒锥体，上直径为 10.06m(33ft)，下直径为 5.49m(18ft)。帽形截面加强的四个支承环与外蒙皮构成了基本结构。

此外，八根推力纵梁(每块壁板两根)沿推力结构的锥面向上延伸。下部的周向环正置于外侧发动机的推力线上方，而中心发动机支承梁组件在中心发动机推力线的正上方。五台 J-2 发动机周围的刚性隔热罩安装在与推力结构相连的框架上，保护二子级的底部区域不受发动机热排气与热量再循环的影响。此隔热罩是带有低密度烧蚀(耐热)材料保护的轻型结构。尽管分别组装，但是后短壳和推力结构连接成为结构实体，共同支撑五台发动机，并承受和分配发动机推力。

除了发动机与发动机附件，级间段、后短壳与推力结构内部还装有电气和机械设备，如信号调节器与控制器、遥测电子设备、飞行控制电子设备、服务与连接脐带管缆、电源控制组件、电源配电器与蓄电池、推进剂管理电子设备、推进剂管路、火工品装置、液压泵和蓄电池。第二次分离后不需要的设备都位于级间段内，在二子级点火 30s 后完成分离。二子级飞行过程中所必需的设备位于后短壳、推力结构与前短壳中。

### 4.2.4  液氧贮箱

液氧贮箱(图 4.3)是 6.71m(22ft)高的椭球形容器，由椭球形的前半部和后半部组成。液氧贮箱的上半部称为共底，实际上是通过酚醛蜂窝隔热材料分隔并胶接在一起的两个箱底，分别作为液氧贮箱的前底与液氢贮箱的后底。

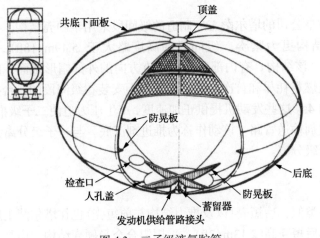

图 4.3　二子级液氧贮箱

液氧贮箱的两个箱底均通过将 12 个高能成型的瓜瓣焊接在一起而形成，每个瓜瓣长 6.10m(20ft)，宽 2.44m(8ft)。瓜瓣焊接在一起时，箱底的顶端形成一个开口。通过将 12 个瓜瓣焊接到称为"顶盖"的圆截面上封闭顶端开口。

### 1. 后底

与共底下面板相似，液氧贮箱的后底由焊接到机械轧制的网格板上的 12 个瓜瓣组成。网格板内为菱形网格。在中间部分(液氧贮箱最宽的部分)使用网格板，以提高结构强度。图 4.4 是工人对液氧贮箱人孔盖进行密封的场景。

图 4.4　贮箱制造(工人对液氧贮箱的人孔盖进行密封)

靠近共底下面板的挡板用于防止推进剂晃动。液氧贮箱底端设有防止涡流的挡板，由 4.27m(14ft)的十字形挡板(交叉布置的四个挡板)和 12 个更小的挡板组成，安装在蓄留器与发动机供给管路接头的上方。更小的挡板基本上是由十字形挡板中心延伸出的薄金属板，每块十字形挡板上延伸出三块薄金属板。

## 2. 共底

共底好比两个巨大的圆顶，一个圆顶位于另一个的内部，开口向下且两个圆顶之间有隔热层。顶部圆顶称为上面板，底部圆顶称为下面板。上面板具有 J 形边缘，焊接到液氢贮箱的 1 号筒段，如图 4.5 所示。最后组装时，将一个 38.10cm（15in），且包括 12 个部分的连接环用螺栓连接到后短壳与液氢贮箱的 1 号筒段上。共用 636 个螺栓将连接环连接到液氧贮箱上。使前、下面板隔热并连接起来形成共底。首先，将下面板置于粘接夹具上，安装多段酚醛蜂窝隔热材料并将其削成预设厚度。然后，通过多阶段的黏合过程将隔热材料粘接到下面板上，包括下面板的化学处理、胶黏剂的涂覆以及热压罐的增压与固化。接着，将上面板对接到下面板上方，再进行压痕检查以保证完全匹配。对上面板进行化学处理，下面板外露的隔热材料用胶黏剂处理，整个共底组件接合并置于热压罐中完成增压与固化。黏合过程中，需利用超声波设备进行检查以保证胶黏剂完全覆盖表面。组成下面板的瓜瓣部分如图 4.6 所示。

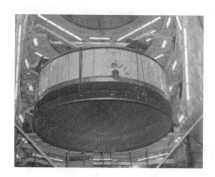

图 4.5　箱底(共底结构(对接之前
吊挂过程中)的下面板)

图 4.6　组装前共底下面板的瓜瓣部分

## 4.2.5　液氢贮箱

液氢贮箱的六个筒段构成了二子级的主要部分。其中五个筒段的高度均略大于 2.44m（8ft），而第六个筒段（1 号筒段）的高度是 68.58cm（27in）。每个筒段由四块弯曲的机械加工铝蒙皮焊接而成。纵梁和环形框按数字顺序机械轧制到弯曲蒙皮内部。带凸缘的铝制框架铆接到周向环形框，向内延伸大约 17.78cm（7in）。除了提高结构刚度外，这些框架还用作液氢的防晃板。二子级隔热材料（图 4.7）有助于将液氢保持在–252.78℃（–423℉），将液氧保持在–182.78℃（–297℉）。

图 4.7　蜂窝隔热材料

　　二子级不同部分的隔热材料（图 4.8）厚度不同。液氢贮箱箱壁的隔热材料厚度仅约有 3.81cm（1.5in）。液氢贮箱与液氧贮箱共底的隔热材料厚度从边缘处 2.54mm（0.1in）到舱壁顶端处约 12.07cm（4.75in）不等。

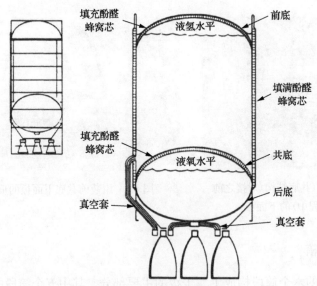

图 4.8　二子级隔热材料

　　液氢贮箱壁的隔热材料（图 4.9）由充满耐热异氰酸盐泡沫材料的酚醛蜂窝材料制成。蜂窝材料的顶部和底部利用酚醛层合板与一层 Tedlar（一种聚乙烯制成的薄膜）塑料薄膜密封。液氢加注过程中，持续将氦气吹入泡沫材料与蜂窝材料的通道(凹槽)以进行吹除。氦气吹除从液氢加注开始一直持续到发射前停止。

图 4.9　隔热材料(工人将隔热材料敷设于液氢贮箱筒段壁板上)

## 4.2.6　长排罩

长排罩是半圆形,宽 55.88cm(22in),长 18.29m(60ft)。管道垂直连接到筒段外壁,保护和支撑仪器、电缆和管路,并连接位于二子级两端的系统部件。

## 4.2.7　前短壳组件

前短壳(图 4.10)的半硬壳式结构是由高 3.51m (11.5ft)的四个弧形部分组装而成的,并具有四个内部支承环。垂直连接到外蒙皮的帽形截面加固了整个组件并为三子级和阿波罗飞船有效载荷提供结构支撑。前短壳的蒙皮和垂直构件可连接到液氢贮箱结构的前端,而前段的连接环可用于连接到三子级的连接环形件。

图 4.10　二子级前短壳

## 4.2.8　总装

土星 5 运载火箭二子级在美国国家航空协会西尔滩的垂直组装厂房内组装。基于模块化组装方案,采用垂直组装方式,在组装过程中,组装的载荷、周向的安装精度以及工装定位等都会因重力的均匀分配而受益。组装过程中,需使用特殊显微镜、水平仪和传统铅锤对工位平面和子级对准进行持续检查和验证。采用垂直组装的另一个原因是筒段和箱底的焊接。如果采用水平焊接,圆周上方由于温度梯度会导致二子级顶部附近发生热胀。

为便于大型部件与二子级移动，采用电动运输台在组装大楼外部和内部之间转运。组装顺序基本上开始于下部的两个筒段焊接。之后，共底焊接到该组件上。接下来，最上方的筒段焊接到液氢贮箱前底。将共底的液氧后箱底和下面板焊接在一起形成液氧贮箱，再将推力结构与后短壳组装到液氧贮箱上。将其余筒段焊接到二子级上，对接前短壳与二子级排气管。安装级间段前，对级间段的推力结构进行适应性检查。在整个组装和焊接操作过程中，利用液压、X 射线、着色渗透剂以及其他试验与质量控制装置进行检查，以确保满足规范要求。组装后对二子级的液氢贮箱以及液氧贮箱进行彻底的清洁。完成箱底焊接后，开展液压试验。完成二子级焊接后，对整个二子级进行打压试验。完成试验后，液氢贮箱和液氧贮箱应进行彻底清洁。组装后，将二子级移至垂直检测厂房进行最终检查。图 4.11～图 4.16 给出了二子级组装相关活动。

图 4.11　二子级的垂直组装

图 4.12　飞行件运至位于西尔滩垂直组装大楼中的新工位

图 4.13　重定位(二子级调整为水平组装状态以便进行检测操作)

图 4.14　发动机安装(J-2 发动机安装到二子级中)

图 4.15　二子级完成（飞行件从组装大楼转移到检测大楼）

图 4.16　管路的安装（正在安装液氢贮箱与某台发动机之间的输送管路）

# 4.3　推进剂系统

推进剂系统由七个分系统组成：吹除分系统、加注和补加分系统、排气系统、增压系统、推进剂输送分系统、再循环分系统和推进剂管理系统。

## 4.3.1　吹除分系统

推进剂加注前，吹除分系统使用氮气清理推进剂贮箱内的污染物。液氢贮箱中的主要污染物是氧气（液氢使氧气结冰，而结冰后的氧对冲击非常敏感），液氧贮箱中的主要污染物是水分。贮箱利用地面氦气吹除。交替对液氢贮箱和液氧贮箱进行增压和排气，以稀释污染物浓度。重复该操作，直至贮箱中排出的氦气试样表明污染物已经清除或减少至安全水平。

## 4.3.2　加注和补加分系统

二子级推进剂贮箱加注工作复杂且精确。由于二子级的金属贮箱为正常室外温度，必须在推进剂泵送到贮箱前冷却贮箱。因此，加注开始时，先将冷气引入贮箱、管路、阀门及其他可能接触到低温推进剂的组件上。在金属冷却至足以开始泵送推进剂之前，需持续循环输送冷气。加注和补加分系统操作包括五个阶段。

1. 冷却

首先以 1892.71L/min(500gal/min) 的速率将液氧泵送到液氧贮箱中，以 3785.41L/min(1000gal/min) 的速率将液氢泵送到液氢贮箱中。虽然已完成初步冷却，但贮箱温度仍远高于推进剂，推进剂进入贮箱中时会发生蒸发(转换为气态)。持续以此速率加注，直至足够多的推进剂能保持液态，推进剂液位达 5%。

2. 快速加注

推进剂液位达到 5%后，将液氧加注速率提高到 18.93m$^3$/min(5000gal/min)，将液氢的加注速率提高到 37.85m$^3$/min(10000gal/min)。此速率持续直至贮箱内液位达 98%。

3. 缓慢加注

液氧贮箱与液氢贮箱均以 3785.41L/min(1000gal/min)的速率加注，直至液位达 100%。

4. 补加

由于加注开始于起飞时间数小时之前，而低温液体会不断蒸发，所以后续的补加几乎持续到起飞(液氧为起飞前 160s，而液氢为起飞前 70s)。以最高 757.08L/min (200gal/min)的速率向贮箱加注液氧或以最高 1892.71L/min(500gal/min)的速率向贮箱加注液氢，这取决于贮箱内传感器发出的液位信号。

5. 101%停止加注

每个贮箱中的传感器均会发出信号指示液位已达 101%(超过正常的加注液位)；收到信号后，加注立即停止。

加注通过单独的连接器、管路和阀门完成。连接器的地面部分由特殊的护罩覆盖，加注期间护罩中一直有氮气循环。这为地面管路和贮箱之间的耦合处提供了惰性环境。加注管路和贮箱的连接部件在加注操作开始时通过手动连接；正常情况下，通过对连接部件施加气动压力并启动顶出机构，以远程解除连接状态。备用方法包括远程连接的系索，火箭起飞垂直上升时解锁连接部件。加注阀在设计上可保证阀门在氮气压力终端或电源断电的情况下自动关闭。二子级首先加注液氧，通过泵压的方式从地面的液氧贮罐输送到液氧贮箱中。液氢加注则利用氢气对地面液氢贮箱增压，将液氢输送到二子级中。加注液氧前，应先冷却液氢贮箱，以避免结构应力。完成加注后，关闭连接部件中的加注阀和液氧阀，不过仍保持液氢阀的开启状态。然后，将液氧加注管路排空，并利用氮气吹除。液氢管路吹除只需进行到连接器的部位。当接收到某一信号(一子级推力确认)时，液氢阀关闭，连接器与二子级分离。二子级贮箱可通过增压、打开阀门和反向加注操作泄出推进剂。

### 4.3.3　排气系统

排气系统在加注和飞行过程中运行。加注时，通过地面设备的电信号开启排气阀(每个贮箱设有两个排气阀)，将推进剂蒸发产生的气体排出贮箱。排气阀使用弹簧预紧，正常情况下闭合，若贮箱中的压力超过了特定值，则阀门开启。单个阀门即可放出足够气体以减小贮箱压力，第二个阀门备用。

### 4.3.4　增压系统

推进剂贮箱增压分为三个阶段。发射前，利用地面保障设备中的气态氦实现增压。J-2 发动机启动后，通过由液氧与液氢转化的气态氧和气态氢增压。推进剂增压系统如图 4.17 所示。

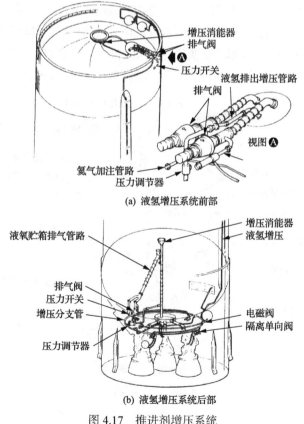

(a) 液氢增压系统前部

(b) 液氢增压系统后部

图 4.17　推进剂增压系统

发射前，氦气从地面贮箱进入二子级增压管路，为液氢、液氧贮箱增压。通过压力开关维持增压水平，液氧为绝对压力 255.11～268.90kPa(37～39psia)，液氢为绝对压力 213.74～227.53kPa(31～33psia)。上述增压状态一直保持到火箭起飞前。火箭起飞到二子级点火前，液体推进剂不断蒸发，维持了二子级液氢、液氧贮箱内的压力。二子级发动机点火后，氢气(由液态氢转化)通过分支管、增压管路以及调节器回流为液氢贮箱增压。部分液氧在到达燃烧室前通过热交换器分流出来，转化为气态并通过增压管路和调节器返回液氧贮箱，为液氧贮箱增压。J-2 发动机点火后 250s，受压气体流向液氢贮箱的速度加快，在发动机点火剩余时间内，气流持续增大，压力也持续增大。

### 4.3.5　推进剂输送分系统

推进剂输送分系统负责将液体推进剂从贮箱输送到 J-2 发动机中。贮箱内装有五个控制或阻止通过独立供给管路流向发动机的泵前阀。电磁阀控制氦气压力以开启和关闭这些阀门；如果压力或电源电压不足，阀门将自动保持开启。供给管路(除了中心发动机的液氧管路)直径为 20.32cm(8in)，带有真空夹套且隔热。中心发动机液氧管路直径为 20.32cm(8in)，但不隔热。真空夹套中的热电偶(温度测量装置)可定期检查真空状态；夹套中的爆破片可释放过压。供给管路带有波纹管，以应对热膨胀和自由活动。输送系统部件如图 4.18 所示。

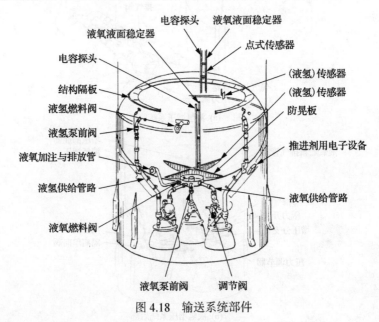

图 4.18　输送系统部件

### 4.3.6　再循环分系统

再循环分系统确保推进剂在发动机泵中持续流动。推进剂持续流过管路、阀和泵以冷却零部件。

液氢再循环分系统通过泵压的方式将推进剂输送到供给管路和阀门，并通过单个回油管路使其返回液氢贮箱。这些泵由位于级间段的 56V 直流蓄电池系统供电；在第一级分离后 30s，蓄电池与级间段一同弹射分离。火箭起飞前，液氢再循环分系统由地面设备供电。液氧再循环分系统则基于热虹吸原理工作；进入系统中的热量用于借助系统间的流体密度差提供抽吸作用。氦气用于补充密度差，从而改进抽吸作用。液氧在加注阶段开始循环，液氢在发射前开始循环。推进剂在一子级点火期间持续循环直至一子级与二子级分离。虽然分系统正在运行，但是通向燃烧室的液氢泵前阀关闭。一旦再循环分系统停机，液氢泵前阀开启，发动机点火。

### 4.3.7　推进剂管理系统

推进剂管理系统控制推进剂的加注、流动速度及测量，包括推进剂利用、推进剂加注、推进剂质量指示、发动机关机以及推进剂液位监控五个分系统。

1. 推进剂利用分系统

推进剂利用分系统用于控制液氢与液氧的流速，以保证二者同时耗尽。该系统控制混合比例，以便在发动机关机时将推进剂余量(留在贮箱中的推进剂)减至最少。液氧涡轮泵出口上的推进剂利用旁通阀控制与剩余液氢有关的液氧流动。发动机混合比控制提高了二子级的运载能力。推进剂利用分系统与推进剂加注分系统相互关联并共用部分贮箱传感器和地面检测设备。

2. 推进剂加注分系统

推进剂加注分系统用于实施推进剂加注控制并维持贮箱中的推进剂量。遍布在整个贮箱上的传感器监测贮箱中的流体质量并向箭载计算机发送信号，箭载计算机将信号传送到地面计算机以控制加注。传感器还向箭载计算机发送信号，帮助推进剂利用分系统控制流动速率。

3. 推进剂质量指示分系统

推进剂质量指示分系统与推进剂加注分系统集成，向飞行遥测系统发送信号以传输到地面。该系统利用推进剂加注传感器确定推进剂液位。

4. 发动机关机分系统

发动机关机分系统的主要功能是发出任一推进剂耗尽点的信号。它是一个独立分系统，由推进剂贮箱中的五个传感器与相关电子器件组成。如果同一个贮箱五个传感器中的两个发出推进剂耗尽信号，则传感器将发出发动机关机信号。

### 5. 推进剂液位监控分系统

推进剂液位监控分系统检查贮箱推进剂液位，为推进剂利用分系统和推进剂加注分系统的传感器提供测量值，并在发动机点火期间监控推进剂液位。这些功能由贮箱内的一系列传感器实现，传感器的电容探头安装在平行的连续凹槽上。每个凹槽上有 14 个传感器用于指示贮箱中的不同液位。

## 4.4　推进剂沉底发动机

一子级推进剂耗尽后，固体推进剂沉底发动机(图 4.19)通过瞬时加速为二子级提供人造重力。在空间失重环境下，需要瞬时推力确保二子级发动机推进剂在启动前处于适当位置上。

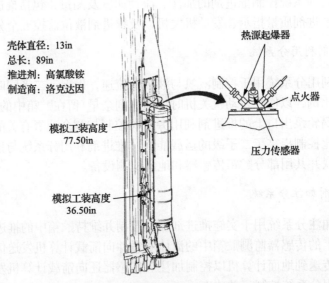

壳体直径：13in
总长：89in
推进剂：高氯酸铵
制造商：洛克达因

模拟工装高度 77.50in

模拟工装高度 36.50in

热源起爆器

点火器

压力传感器

图 4.19　推进剂沉底发动机(模拟工装高度以火箭底部基准平面为 0，
向上以英寸递增，下同)

二子级配有八台推进剂沉底发动机，分别安装在一、二子级级间段上。发动机直径为 31.75cm(12.5in)，长 2.26m(89in)，可提供 100.08kN(22500lbf)推力，持续约 4s。发动机采用专门研制的 Flexadyne 固体推进剂，以便在空间环境下提供高性能力学特性。推进剂沉底发动机的喷管倾斜 10° 以减少排气对级间段结构的冲击。

## 4.5 热 控 系 统

热控系统由地面操作，用于维持仪器设备在前、后短壳区域的温度。推进剂加注之前，利用预热空气冷却前、后短壳。准备加注时，将空气更换为氮气，以实现前、后短壳的惰化与加热。前、后短壳区域采用了独立的热控系统。热控系统包含连接分支管、固定流量节流孔以及泄放孔。前、后短壳的隔热和热惯性能够防止过大的温度变化。

## 4.6 飞行控制系统

二子级通过四台 J-2 发动机的推力矢量控制系统实现飞行控制。外侧四台发动机可以摆动，而位于中心的第 5 台 J-2 发动机是固定的。外侧发动机有独立的发动机作动系统，以提供发动机摆动动力。摆动通过液压驱动的伺服机构实现，该伺服机构通过位于仪器舱中的飞行控制计算机生成的电信号控制。每个转向伺服机构的液压动力由独立的液压泵提供，这些液压泵都由发动机驱动。液压系统为独立系统，工作压力为 24.13MPa（3500psi）。液压系统部件固定于外侧发动机上方的推力结构上。主液压泵由各自发动机上的液氧涡轮泵驱动。外侧发动机外侧有两个伺服机构，用于控制发动机转向。一个伺服机构位于俯仰平面，另一个位于偏航平面。伺服机构可使发动机在俯仰或偏航方向上独立偏转 ±7°，或者在两个方向同时转动 ±10°，以至少 8（°）/s 的速率纠正滚转误差。飞行期间，制导系统基于运载火箭的位置、速度与加速度确定最优命令。制导系统位于仪器舱中，制导信号处理器向仪器舱飞行控制计算机发送姿态修正信号。这些信号以电信号的形式生成、放大和合成。而后，合成的误差信号传往伺服机构放大器，驱动二子级中相应的伺服机构，以调整发动机的角度。

## 4.7 测 量 系 统

仪器系统中使用了各种转换器与信号调节器，向遥测系统发出信号以传输到地面。仪器传感器监控贮箱内的压力、温度与推进剂流动速率。其他传感器记录振动量与噪声量以及飞行位置与加速度。测量系统包含遥测分系统（图 4.20）和无线电分系统（图 4.21），这两个分系统将各类数据信号传输至地面接收站，进行实时性能评估，以及飞行任务结束后的性能评估。用于遥测分系统与无线电分系统的天线嵌装在前短壳上，在覆盖范围内是多向的。

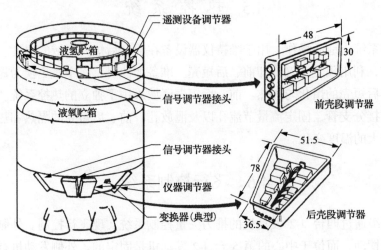

图 4.20　遥测分系统(图中数据的单位为 in)

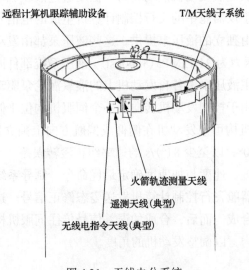

图 4.21　无线电分系统

## 4.8　供配电系统

飞行中二子级供配电系统由操作四个直流母线系统的四个 28V 直流蓄电池供电。主要直流总线为增压系统与推进剂管理系统的电控制器、J-2 发动机控制器以及时序控制器供电。仪器直流总线为仪器和遥测系统供电。点火与再循环直流总线系统为飞行操作供电。主系统和仪器总线系统由单独的 28V 直流氧化银-锌蓄电池供电。再循环直流总线系统由两个串联的 28V 直流氧化银-锌蓄电池供电。该系统向 5 个冷却循环-电动机逆变器供电。该逆变器将 56V 转化为液氢冷却循环系统上的交流感应电动机的三相 400Hz 准方波。点火系统通过电源转换开关由再循环系统飞行蓄电池上的连接器接收电源。飞行电源总线系统装有电源转换开关——一种电动机械装置,用于将系统从地面服务设备电源(发射前)转换为飞行中用的箭上蓄电池电源。飞行前,电源系统及其电控制器均由地面服务设备电源供电。

## 4.9 火工品系统

一、二子级分离为二次分离。一子级推进剂耗尽,发出发动机关机信号。使用桥带线起爆器的线形聚能装药解锁一、二子级连接。同时,一子级反推火箭点火,一子级减速完成分离,同时为保证一子级分离后推进剂向二子级 J-2 发动机流动,一、二子级级间段的八个推进剂沉底发动机点火,以保证运载火箭正向加速和推进剂下沉。二子级外侧发动机达到最大推力的 90%时,传送有关启动级间段分离的信号。爆炸装药将级间段与二子级后短壳分离。二子级推进剂耗尽前 10s,信号激活分离系统,二、三子级分离。二、三子级级间段内装有四个反推火箭,反推火箭点火,二子级减速。火工品系统和分离系统如图 4.22 和图 4.23 所示。

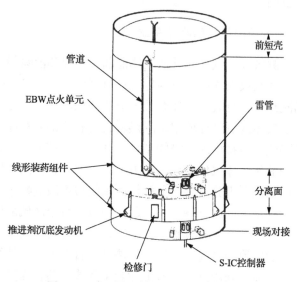

图 4.22 火工品系统(EBW 指爆炸桥丝)

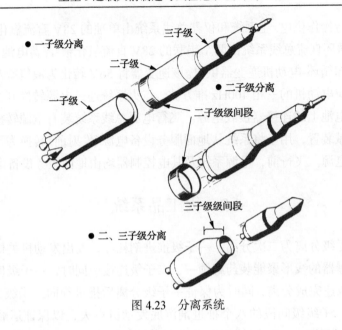

图 4.23　分离系统

# 4.10　地面保障

地面保障在二子级运行准备阶段发挥重要作用。地面保障包括检测(通过复杂的电子设备和计算机程序激励子级系统并分析响应)、泄漏检测、隔热材料吹除以及发动机舱环境调节。

### 4.10.1　泄漏检测系统与隔热材料吹除系统

此系统用于检测氢气、氧气或其他气体泄漏,稀释和消除漏气,并防止气体在加注期间液化。涉及液氢的操作较为危险;氧气中存有液氢可引发爆炸或造成火灾。如果贮箱隔热材料有裂缝,那么液氢形成的低温环境将导致气体在箱壁上液化凝固。在液态气体或氧气环境中,隔热材料的有机部分对冲击非常敏感;被低温气体侵蚀的隔热材料将增加子级的重量,并且可能在推进剂泄出时对隔热材料造成损坏,因为液化气体汽化可导致压力增大。因此,检测、控制与消除二子级与地面设备中的氢泄漏十分重要。泄漏检测系统检查液氢贮箱、贮箱隔热材料以及共底。分开检查每个区域(箱壁、箱底与共底),每个区域都设有进气道与出口连接器。吹除气体推动氢气通过隔热材料后,气体分析仪确定吹除气体(氦气)中的氢浓度,从而确定泄漏情况。从液氢加注开始直至发射,持续吹除共底隔热材料与共底的危险气体。利用真空设备消除剩余气体,防止隔热材料和箱底压力增大。隔热材料的吹除防止气体进入隔热材料导致损伤。

### 4.10.2 发动机舱空调

此系统用于加注前、后的发动机及级间段区域易爆混合物吹除,并确保二子级尾舱关键区域温度正常。系统包括直径为33cm(13in)的供给管路、分支管、管道及位于发动机舱和后短壳的一系列排气口。该系统用于J-2发动机液压系统及某些部件的温度控制。吹除气体通过分支管中的节流孔进入需要加热的区域中,包括推力结构与液氧贮箱间的区域、推力结构的底部(包括推力锥的下表面)、后短壳和级间段及隔热罩的顶部。排气孔位于后短壳外侧支撑帽的下方,以防气流、雨水和灰尘进入发动机舱。排气口所在位置有助于执行良好的热控制,同时还能排出危险气体。后短壳和级间段利用热氮气(26.67~121.11℃)吹除。氮气通过供给管路送入分支管,而后通过管道进入温度敏感区域。发动机舱维持98%氮气水平,确保所需温度并将由推进剂漏泄导致的火灾或爆炸危险的可能性降至最低。

# 第5章 三 子 级

## 5.1 三子级概述

土星 5 运载火箭三子级(图 5.1)即 S-IVB，采用铝合金框架结构，由单台 J-2 氢氧发动机提供动力。该发动机推力 1000.85kN(225000lbf)。二子级能够装载 103.42t(228000lb)的燃料和氧化剂。

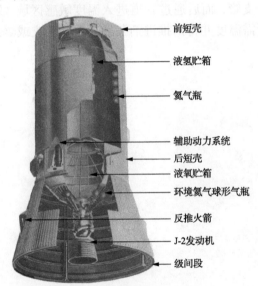

图 5.1  土星 5 运载火箭三子级

1. 主要参数

质量：15.42t(34000lb)(结构质量)，包括 3.49t(7700lb)的级间段，加注推进剂后 118.84t(262000lb)。

直径：6.60m(21ft 8in)。

高度：17.86m(58ft 7in)。

工作时间：第一次点火约为 2.75min，第二次点火约为 5.2min。

速度：燃料耗尽时，第一次点火后速度约为 7823.20m/s(17500mi/h)，第二次点火后速度约为 10952.48m/s(24500mi/h)(典型的登月任务脱离速度)。

燃料耗尽时高度：第一次点火后为 185.07km(115mi)，第二次点火后进入月球转移轨道。

**2. 主要系统**

推进装置：一台双组元推进剂 J-2 发动机。

总推力：1000.85kN(225000lbf)(最大)。

推进剂：液氢为 238.48m³(63000gal)、16.78t(37000lb)，液氧为 75.71m³(20000gal)、86.64t(191000lb)。

液压：提供动力来控制 J-2 发动机的转向。

电气：一块 56V、三块 28V 直流电池，为全部电气功能提供基础电力。

遥测和仪器系统：五个调制分系统，用于将飞行数据传输至地面站。

环境控制系统：为后短壳、级间段和前短壳中的设备提供温控环境。

火工品系统：为级间分离、反推火箭点火、推进剂沉底发动机点火和分离以及安控要求提供爆炸源。

飞行控制系统：提供箭上姿态控制和推进剂沉底功能。

## 5.2　三子级的制造与组装

三子级结构(图 5.2)包括前短壳组件、推进剂贮箱、推力结构、后短壳组件和级间段。推进剂贮箱被共底分隔成燃料箱和氧化剂箱。

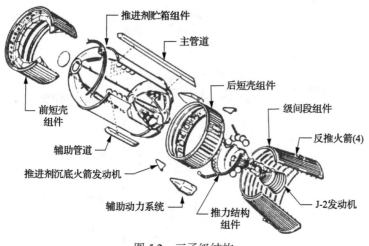

图 5.2　三子级结构

### 5.2.1　前短壳组件

前短壳组件(图 5.3)由筒段和桁条组成，为仪器舱提供连接点。此外，用于环境调节的电气和电子设备也安装在前短壳内，结构外围安装有安控和遥测天线。电子设备的环境调节通过冷板实现，这些冷板使用仪器舱温度调节系统提供的冷却介质。

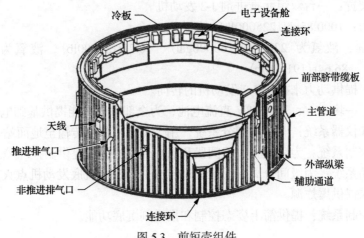

图 5.3　前短壳组件

### 5.2.2　推进剂贮箱

推进剂贮箱（图 5.4）的结构元件包括筒段、共底、后底和前底。筒段由七块经过机械加工的铝合金壁板组成。在每块铝合金壁板上铣出网格，以减轻重量，

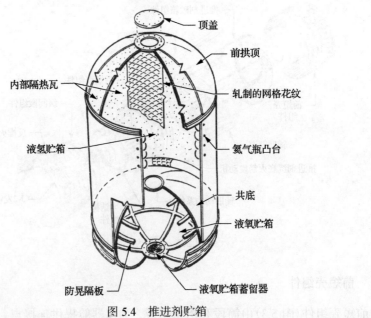

图 5.4　推进剂贮箱

提高刚度。筒段铝合金壁板完成机械加工后，在 Pandjiris 焊机上进行单道内部焊接，形成完整筒段。在冲压成型设备上制造前后箱底的瓜瓣，并由箱底焊机将瓜瓣焊接起来。箱底在工装上旋转，上方是静止的焊接设备焊头，焊头通过伺服控制的传感单元自动定位。为闭合半球形结构，用螺栓将 1.09m(43in) 的顶盖固定在箱底顶部中央。随后，采用机械化焊接安装贮箱连接管线的配件。三子级制造流程如图 5.5 所示。

共底是半径为 3.30m(130in) 的半球，包括被玻璃纤维蜂窝芯材分离并隔热的两个铝合金圆顶，它将液氧贮箱与液氢贮箱分离。蜂窝芯材在加热加压条件下粘接在两个圆顶之间。将外围两个 T 形件的边缘焊接在一起，对蜂窝芯材进行密封。将共底与后箱底连接起来便完成了液氧贮箱局部组装。液氧贮箱内设有防晃隔板，由 A 形框架支撑的四个环形件组成。

### 5.2.3 推力结构

推力结构(图 5.6)确保 J-2 发动机的推力分布到整个贮箱上。此外，液压系统部件、推进剂管路、推进剂贮箱外部的球形氦气增压气瓶、气动部件以及支持发动机运转的其他部件均安装在推力结构上。

### 5.2.4 后短壳组件

后短壳(图 5.7)为圆柱形结构，由带有加强桁条的铝蒙皮板制成，为级间段与推进剂贮箱组件提供结构接口。二子级推进剂耗尽后，在后短壳组件上的分离面处与三子级分离。后短壳装有两个辅助动力系统(APS)发动机模块、两个推进剂沉底发动机、级间分离系统、尾部脐带连接器板以及相关的支持系统设备。

### 5.2.5 级间段

级间段(图 5.8)为截锥形结构，由铝蒙皮和桁条制成。该部段连接在三子级后短壳上，提供了与二子级的结构接口。级间段内部还装有二子级反推火箭。

### 5.2.6 总装

三子级推进剂贮箱的总装在组装焊接塔中完成。组装完毕的贮箱由塔上取下后运送至隔热室大楼，以安装液氢贮箱隔热板，将玻璃布衬里安装到隔热层上，并用密封剂密封。完成液氢贮箱绝热层发泡后，安装推进系统部件。液氢贮箱包含防晃隔板和阻波系统，有助于飞行中燃料贮箱的推进剂沉底。同时，液氢贮箱内还装有八个用于液氧贮箱增压的球形冷氦气瓶。将发泡后的贮箱结构送回组装塔，安装前后短壳和推力结构。

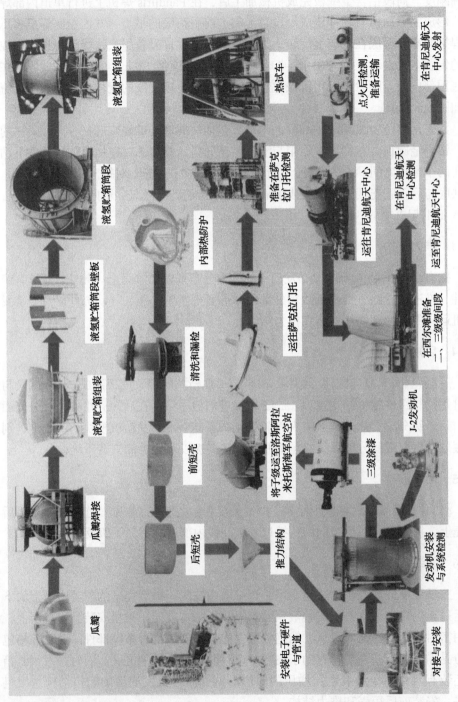

图5.5　三子级的制造流程

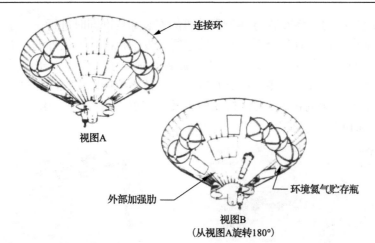

图 5.6 推力结构

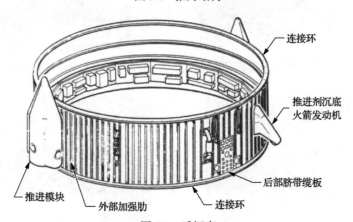

图 5.7 后短壳

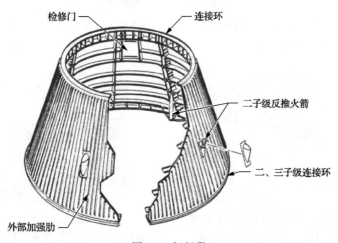

图 5.8 级间段

分系统部件的最终安装与 J-2 发动机的安装和校准同时进行。三子级在检测塔中处于垂直位置，对各分系统和系统进行除发动机实际点火外的所有试验。检测合格后，将三子级从检测塔中移出，放置在拖车上，并在三子级的两端安装地面支撑环。然后进行喷漆、称重并准备运至道格拉斯萨克拉门托试验中心进行辅助动力系统发动机和 J-2 发动机的模拟及静态点火试验。三子级的组装活动如图 5.9～图 5.14 所示。

图 5.9 亨廷顿滩的推进剂贮箱组装区

图 5.10 修整焊接台架上的贮箱筒段

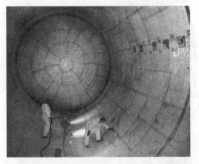

图 5.11 液氢贮箱(工人将树脂涂在液氢贮箱中的隔热瓦上)

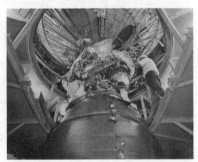

图 5.12 安装发动机(在亨廷顿滩的总装塔中将 J-2 发动机固定至三子级)

图 5.13 防晃隔板(将水平圆环安装到液氢贮箱内以便在飞行中稳定推进剂)

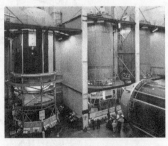

图 5.14 三子级进入组装收尾阶段，在 35.05m 高的垂直组装焊接塔中进行总装和检测

# 5.3 三子级系统

三子级的主要分系统包括推进系统、飞行控制系统、供配电系统、仪器和遥测系统、环境控制系统和火工品系统。

## 5.3.1 推进系统

推进系统包括 J-2 发动机、推进剂系统、氧化剂系统、燃料系统、推进剂利用系统和气动控制系统,详见图 5.15。J-2 发动机以液氧为氧化剂、液氢为燃料,其名义混合比为 5∶1(质量比)。燃料系统和氧化剂系统都采用贮箱增压系统并具有排气和泄压能力,以防止推进剂贮箱超压。气动控制系统对氧化剂系统和燃料系统进行调整和控制。推进剂利用(PU)系统通过控制发动机混合比保证燃料和氧化剂同时耗尽。

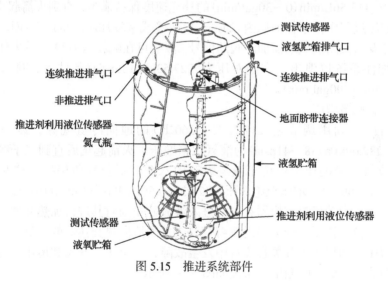

图 5.15 推进系统部件

1. J-2 发动机

发动机系统由 J-2 发动机、推进剂系统、启动系统、燃气发生器系统、控制系统和飞行测量系统组成。推进剂系统利用独立驱动的直驱式燃料和氧化剂泵向发动机燃烧室输送具有适当混合比的推进剂。J-2 发动机系统的更多信息详见第 6章 J-2 发动机。

2. 推进剂系统

推进剂系统由用于支持 J-2 发动机第一次点火和二次点火的装置组成,包括增压系统、补压系统、贮箱排气系统和冷却再循环系统。

3. 氧化剂系统

液氧在-182.78℃(-297℉)下由加注和排放管路组件加注到液氧贮箱,火箭起飞后,加注和排放管路组件自动断开。液氧贮箱容量为 80.08m³(2828ft³),可容纳约 86.64t(191000lb)或 75.71m³(20000gal)液氧。该贮箱利用气态氦增压至 262.00～282.69kPa(38～41psia),并在起飞、加速和子级发动机运转过程中保持该压力水平。

1)加注和排放

液氧加注操作包括吹除、冷却贮箱和加注(加注过程分为四个阶段:缓慢加注、快速加注、补加和增压)。加注开始时,地面控制的组合排气和安全阀通过气动方式打开。液氧先以 1892.71L/min(500gal/min)的速度缓慢加注,液位达到 5%后开始以 3785.41L/min(1000gal/min)的速度快速加注。液氧加注量达 98%时,加注速度降至 0～1135.62L/min(0～300gal/min)。液氧贮箱加满后,根据补偿液氧汽化的需要以 0～113.56L/min(0～30gal/min)的补充速度保持满位,直到火箭起飞。液氧贮箱在加注过程中由于任何原因(如排气口故障或液氧加注流量过大)而超压,压力开关将发出关闭液氧地面加注阀的信号。液氧可在贮箱压力和/或重力作用下反向流过加注系统以泄出。在绝对压力 227.53kPa(33psia)条件下,排放能力为 1892.71L/min(500gal/min)。

2)液氧贮箱增压

发射前,利用调节至-217.78℃(-360℉)的地面冷氦气源,以绝对压力 262.00～282.69kPa(38～41psia)为液氧贮箱增压。火箭起飞后直到三子级发动机点火,液氧贮箱的压力由位于液氢贮箱中八个球形氦气瓶保持。这些气瓶在-217.78℃(-360℉)下增压至绝对压力(21.37±0.69)MPa((3100±100)psia)。J-2 发动机工作时,发动机热交换器在氦气进入液氧贮箱前对其进行加热并使一部分氦气膨胀。贮箱气枕压力开关通过按需打开或关闭流向热交换器的冷氦在飞行过程中控制增压。如果压力开关在飞行中发生故障,一个压力开关和增压室将充当备用压力调节器。液氧贮箱增压系统如图 5.16 所示。

3)液氧贮箱补压

在滑行阶段,液氧贮箱增压系统在 J-2 发动机二次点火之前不工作,液氧贮箱压力衰减,因此需启动液氧贮箱补压系统增压。补压系统所使用的氦气由推力结构上的两个外部球形氦气瓶提供。补压氦气供应量由液氧补压控制模块控制。受控补压一直持续到发动机完成二次点火。在二次点火后以及整个二次工作阶段,液氧贮箱采用冷氦气增压,氦气由液氢贮箱气瓶供应,通过发动机热交换器加热。

4)液氧贮箱排气-泄压系统

液氧贮箱排气-泄压系统包括带有气动操作排气阀和备用安全阀的三通组件。液氧排气作动模块利用气动控制系统供应的氦气完成气动操作。排气阀在地面加

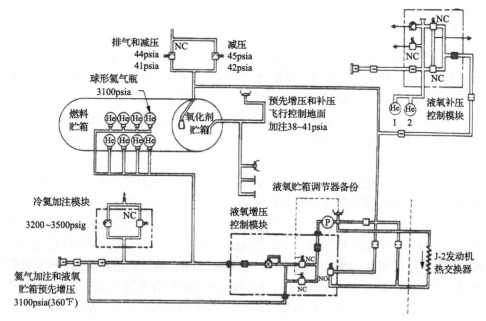

图 5.16　液氧贮箱增压系统（NC 为常闭阀门，NO 为常开阀门）

注过程中打开，在增压前关闭。加注操作过程中，排气阀能够释放所有液氧蒸气。安全阀备用系统在绝对压力 310.26kPa（45psia）时自动泄压并在绝对压力 289.58kPa（42psia）时复位。在起飞和三子级不工作阶段，一般不用考虑泄压或排气。但如果液氧贮箱超压，则排气系统开始工作。

5）液氧输送系统

运载火箭起飞前以及发动机在二次点火前，J-2 发动机液氧涡轮泵组件的所有液氧输送系统部件必须冷却至工作温度以正常工作。液氧输送系统的冷却由闭式循环预冷系统完成。收到仪器舱命令时，液氧供给管路中的泵前阀关闭，旁通断流阀打开。安装在液氧贮箱中的辅助电动离心冷却泵启动，液氧冷却循环开始。液氧从液氧贮箱开始循环，通过低压供给管路，流向 J-2 发动机的液氧泵和泄出阀，然后通过回流管路流回液氧贮箱。液氧泵能够在绝对压力 172.37kPa（25psia）条件下提供 117.35L/min（31gal/min）的最低流速。循环冷却在上升阶段继续进行，直到 J-2 发动机点火。紧急情况下，冷却系统断流阀在收到仪器舱的命令时关闭。低压供应管路在−182.78℃（−297℉）温度条件和绝对压力超过 172.37kPa（25psia）的条件下以 177.35kg/s（391lb/s）的流速将液氧从贮箱输送到发动机。液氧供给阀是个 10cm 的蝶形阀，分两步开启：第一步，部分打开；第二步，完全打开。液氧供给阀由电磁铁控制。在需要时，发动机时序器的信号会激活液氧供给阀电源，进入稳态运行。稳态运行时，液氧的供给由推进剂利用阀调节，该阀控制流向发动机的氧化剂流量。关于发动机运转的完整描述见第 6 章 J-2 发动机。

4. 燃料系统

液氢在-252.78℃(-423℉)下通过加注和排放阀组件加注到绝热液氢贮箱,火箭起飞后,加注和排放阀组件自动断开。液氢贮箱容量为295.80m³(10446ft³),能够容纳约16.78t(37000lb)或238.48m³(63000gal)可用燃料。起飞前,利用地面氦气源以绝对压力213.74~234.42kPa(31~34psia)为贮箱增压。在起飞、加速和子级发动机运转过程中,液氢贮箱压力保持在193.05~213.74kPa(28~31psia)。

1)加注和排放

液氢加注操作包括吹除和冷却贮箱以及加注过程(分为缓慢加注、快速加注、补加(补足)和增压四个阶段)。液氢加注到贮箱前,组合排气阀通过气动方式打开。然后以1892.71L/min(500gal/min)的速度加注,液位达到5%后开始快速加注。快速加注过程中,液氢以11.36m³/min(3000gal/min)的速度流向贮箱。加注量达98%时,加注速度降至0~1892.71L/min(0~500gal/min)。液氢贮箱加满后,根据补偿液氢汽化的需要以0~1135.62L/min(0~300gal/min)的补充流速保持满位。在最终补加操作过程中,关闭液氢贮箱排气系统,同时利用地面氦气源为贮箱增压。如果在加注或上升阶段发生贮箱超压,利用弹簧预紧安全阀(在绝对压力255.17kPa条件下打开并在绝对压力234.48kPa条件下关闭)释放多余压力。液氢贮箱可通过加注系统完成推进剂泄出。液氢可在贮箱压力和/或重力作用反向流过加注系统以完成泄出。

2)液氢贮箱增压

在贮箱初次增压过程中,将贮箱外连至地面氦气源。在-217.78℃(-360℉)以表压4.14MPa的压力向燃料贮箱供给氦气。贮箱气枕压力达到最大绝对压力213.74~234.42kPa(31~34psia),压力开关将发出关闭地面增压阀信号,表明已获得满足要求的起飞压力,从而停止增压。液氢贮箱增压系统如图5.17所示。

在起飞阶段,不需要在J-2发动机启动前进行额外增压,贮箱气枕压力通过液氢汽化保持。发动机启动时,在-162.22℃(-260℉)下以绝对压力5.17MPa(750psia)引入气态氢,以便在燃料消耗过程中提供气枕压力。从发动机引入液氢贮箱的压力由增压控制模块控制。

3)液氢贮箱补压系统

在三子级滑行阶段,发动机重启前不需为液氢贮箱增压。贮箱通过液氢汽化增压,汽化的液氢通过排气推进系统不断排出,该系统设计能够满足推进剂沉底的最小推力要求。额外的压力通过液氢贮箱排气-泄压系统释放。J-2发动机重启前,排气系统和贮箱排气-泄压系统在增压控制模块中关闭。利用安装在推力结构上的七个球形氦气瓶中的氦气为贮箱重新增压至绝对压力213.74~234.42kPa(31~34psia)。发动机重启后,在整个二次点火工作阶段,利用从发动机引入的气态氢

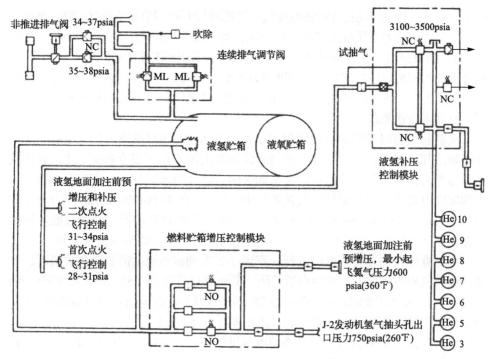

图 5.17　液氢贮箱增压系统

为液氢贮箱增压。

4) 液氢贮箱排气-泄压系统

液氢贮箱排气通过液氢贮箱排气-泄压系统完成，该系统可释放由于超压或液氢汽化在液氢加注和飞行操作过程中积累的多余压力。液氢加注过程中，汽化的液氢通过位于前短壳中的自密封连接器排出。起飞和飞行过程中，气体通过推力式排气装置排到箭外。排气系统包括作动控制模块、排气阀和非推进式箭外排气装置。液氢加注过程中，排气阀作动通过外部地面信号控制；在起飞和飞行过程中，通过飞行时序器控制。排气阀在收到命令后最长 0.1s 内打开。作为排气阀故障时的备用阀，安全阀在绝对压力 262.00kPa(38psia) 时打开，在 241.32kPa(35psia)时复位，在海平面高度上具有 0.91kg/s(2lb/s) 的流量/泄压能力。换向阀在加注过程中通过地面切断开关来引导多余压力，在起飞和飞行过程中通过非推进式排气系统引导多余压力。非推进式排气系统从换向阀延伸到两个 10.16cm(4in) 的排气管路，排气管路的末端为非推进式排气口。两个排气口在前短壳呈 180°分开设置，用于引导废气，以消除总推力。

5) 液氢连续排气推进系统

在滑行过程中，连续排气系统为推进剂沉底提供推力。该系统包括排气管路，该管路起始于排气阀，终止于呈 180°分开设置的两个小推力喷管，并在前短壳上朝向尾部安装。利用气动操作的连续排气推进模块控制和调节连续排气。第一次点火结束后,辅助动力系统推进剂沉底发动机启动,液体推进剂在关机阶段下沉。连续排气推进系统排出液氢贮箱压力,为子级提供连续的推进剂沉底推力,确保对贮箱内推进剂的控制。过渡完成后,辅助动力系统发动机关机,推进式排气在整个滑行阶段持续工作。连续排气推进模块将排气量控制在 20.41~3.18kg(45~7lb)。

6)液氢输送系统

火箭起飞前以及发动机重启前,J-2 发动机涡轮泵组件的所有液氢输送系统部件必须冷却,以保证正常工作。液氢系统冷却由闭式循环预冷系统完成。收到仪器舱命令时,液氢供给管路中的泵前阀关闭,冷却断流阀打开。安装在液氢贮箱中的辅助电动液氢冷却泵使液氢在系统中循环,可在 42.06kPa(6.1psi)压力下实现511.03L/min(135gal/min)的最低流速。液氢从液氢贮箱开始循环,通过低压供给管路,流向 J-2 发动机燃料泵和泄出阀,然后通过回流管路流回液氢贮箱。

循环冷却在加速阶段继续进行,直到 J-2 发动机点火。需要紧急关机时,冷却系统断流阀收到仪器舱的命令后关闭。低压供应管路在−252.78℃(−423℉)、绝对压力 193.05kPa(28psia)的条件下以 36.74kg/s(81lb/s)的流速将液氢输送到 J-2 发动机。该管路位于液氢贮箱侧壁中的共底接缝上方,安装有波纹管以补偿热运动。发动机时序器发出的信号根据需要使液氢供给阀通电,以实现稳态运行。发动机的完整描述见第 6 章 J-2 发动机。

5. 推进剂利用系统

推进剂利用系统(图 5.18)通过控制流向 J-2 发动机的液氧流速来保证推进剂

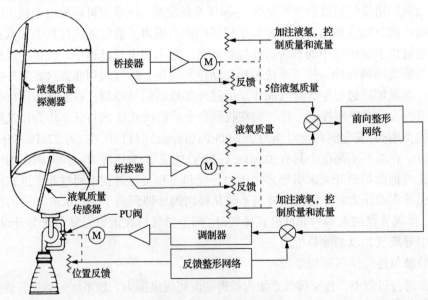

图 5.18　推进剂利用系统

同时耗尽。推进剂利用系统还提供推进剂质量信息,以便在推进剂加注过程中控制加注和补加阀。该系统包括液位传感器、电子组件和安装在发动机上的混合比阀。加注过程中,推进剂质量由液位传感器确定,误差在 1% 以内。如果加注系统未能停止加注,贮箱加注传感器将作为备份。

在整个三子级动力飞行过程中,传感器会提供连续的液氢和液氧余量读数信号。对液位传感器感应到的燃料和氧化剂质量读数之间的差异进行分析,然后利用该数据控制氧化剂泵的旁通流速,并调整发动机混合比。换流器提供操作推进剂利用系统所需的模拟电压。开关选择器和时序器组合控制"开"和"关"。

6. 气动控制系统

气动控制系统利用氦气压力操作三子级气动操作阀。氦气由推力结构上的球形气瓶提供。推进剂加注前,利用地面气源在 21.11℃(70℉)温度条件下增压至绝对压力(21.37±0.69)MPa((3100±100)psia)。起飞前,球形气瓶利用环境控制系统预先调节到 21.11℃(70℉)以上。气动控制系统为液氢和液氧排气阀、液氢换向阀、液氧和液氢加注和排放阀以及气态氦发动机启动系统排气阀提供表压(3.28±0.17)MPa((475±25)psig)的控制压力。气动控制系统还为液氢和液氧涡轮泵涡轮吹除模块、液氧冷却泵吹除模块控制装置、液氧和液氢泵前阀、液氧和液氢冷却断流阀以及液氢连续排气推进模块提供工作压力。气动控制分系统利用敏感下游压力的常开式电磁阀防止过压。压力大于绝对压力 $3.69^{+0.10}_{-0.07}$ MPa($535^{+15}_{-10}$ psia)时,压力开关启动,阀门关闭。压力小于绝对压力 $3.10^{+0.10}_{-0.07}$ MPa($450^{+15}_{-10}$ psia)时,压力开关断开,电磁阀开启,从而用作备用调节器。

## 5.3.2 飞行控制系统

飞行控制系统(图 5.19)提供三子级推力矢量控制和姿态控制。子级推力矢量

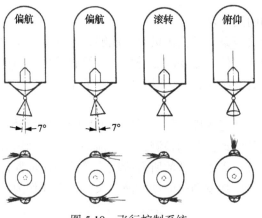

图 5.19 飞行控制系统

控制通过摆动 J-2 发动机实现。液压伺服机构组件提供与仪器舱控制信号校正值成正比的 J-2 发动机偏转速率。动力飞行中的子级滚转姿态通过启动辅助动力系统姿态控制发动机来控制。

## 1. 液压系统

液压系统在收到仪器舱指令时完成发动机定位，主要部件包括由 J-2 发动机驱动的液压泵、两个液压伺服机构组件和蓄留器-储油箱组件，如图 5.20 所示。在火箭起飞前启动电动辅助液压泵，以实现液压系统增压。液压泵电力由地面电源提供。起飞时，液压泵切换至三子级的蓄电池电源。通过为液压系统增压，将 J-2 发动机限制在相对于三子级中心线的零位，以防止发动机由于在起飞和加速过程中受力而发生偏转。三子级点火工作时，液压系统接收仪器舱命令后，完成 J-2 发动机摆动，最大摆动角度为 7°。

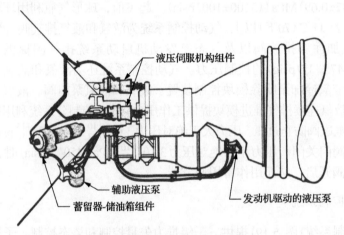

图 5.20　J-2 发动机液压系统部件

### 1）发动机驱动的液压泵

发动机驱动的液压泵是可变排量泵，能够在连续系统压力下提供液压油并根据操作液压伺服机构组件的需要改变排量。该泵直接由发动机氧化剂泵驱动。系统中的隔热层控制着液压油温度，以确保正常工作。

### 2）辅助液压泵

辅助液压泵是电动可变排量泵，可持续为液压系统供给恒定的最低液压油量。该泵还用于飞行前的发动机摆动检测，在火箭加速阶段利用液压将发动机锁定在零位，在除了三子级点火工作外的所有阶段将系统液压油保持在工作温度，并在三子级点火工作阶段增强发动机驱动的液压泵。该泵还作为液压系统的应急备用液压油动力。

3) 液压伺服机构组件

两个液压伺服机构组件直接连接至 J-2 发动机和推力结构，并接收仪器舱命令信号以使发动机摆动。液压伺服机构组件是相同且可互换的。

4) 蓄留器-储油箱组件

蓄留器-储油箱组件是安装在推力结构上的一整套部件。储油箱部分是液压油的贮存区；蓄留器部分能够满足系统液压油的峰值压力要求并抑制系统中的高压波动。

2. 辅助动力系统

辅助动力系统为三子级提供控制三轴姿态和气枕的辅助推力。两个模块呈 180°分别安装在后短壳组件上。两个固体推进剂火箭发动机呈 180°分别安装在后短壳组件上的模块之间，以提供额外的推力实现推进剂沉底。

辅助动力系统模块（图 5.21）包含三台 667.23N（150lbf）推力的姿态控制发动机和一台 311.38N（70lbf）推力的沉底发动机。姿态控制发动机收到仪器舱的命令后进行短时点火，以便在轨道滑行阶段对三子级进行姿态控制。最短的发动机点火脉冲持续时间大约为 70ms。姿态控制发动机长约 38.10cm（15in），喷管直径约为 6.5cm。发动机采用烧蚀冷却。辅助动力系统如图 5.22 所示。

在 J-2 发动机第一次点火结束到滑行阶段，沉底发动机在收到仪器舱命令后点火，以防贮箱内推进剂气液掺渗。沉底发动机点火工作大约持续 50s，直到液

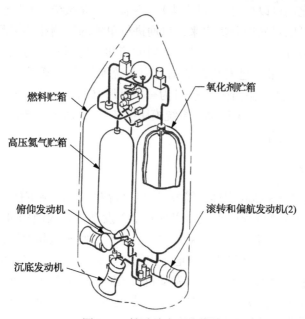

图 5.21 辅助动力系统模块

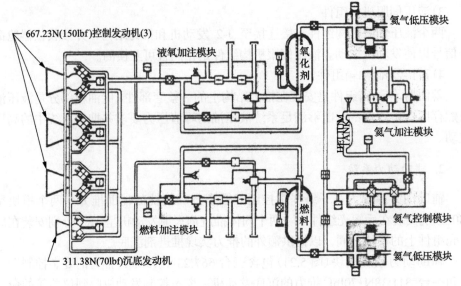

图 5.22　辅助动力系统示意图

氢连续排气推进系统启动。三子级滑行结束，J-2 发动机重启前，沉底发动机再次点火，以确保推进剂在贮箱补压过程中位于供给管路入口处的适当位置。沉底发动机与姿态控制发动机类似，长约 38.10cm(15in)，喷管直径约 14.61cm (5.75in)。发动机利用烧蚀冷却。辅助动力系统模块包含氧化剂系统、燃料系统和增压系统。因为燃料和氧化剂可以自燃(自动点火)，不需要点火系统，所以辅助动力系统模块是独立的，可以轻松地分离出来，以便进行单独的检测和环境测试。氧化剂四氧化二氮($N_2O_4$)在室温下是稳定的。燃料贮箱和氧化剂贮箱为独立的排放波纹管类型，与高压氦气瓶一起安装在辅助动力系统模块内，氦气瓶为推进剂贮箱及相关管道和控制系统提供增压。燃料为一甲基肼($CH_3N_2H_3$)，在振动以及极热或极冷条件下都是稳定的。辅助动力系统模块携带约 52.16kg(115lb)的可用燃料和约 68.04kg(150lb)的可用氧化剂。

### 3. 推进剂沉底

两台 Thiokol TX-280 固体火箭发动机(每台发动机的额定推力为 15.08kN)在二子级与三子级分离过程中点火，以便在 J-2 发动机点火前约 4s 进行推进剂沉底。这一推力在分离过程中产生额外的正向加速，使液氧和液氢推进剂沉底。此外，推进剂蒸气从三子级前端安全地排出箭体。贮箱出口是封闭的，以确保推进剂泵的气蚀余量(NPSH)，防止 J-2 发动机启动时出现泵气蚀。沉底发动机在收到子级时序器的命令时点火，并工作约 4s。点火后约 12s，包括支架在内的整个沉底发动机组件在收到子级时序器的命令时与三子级分离。

### 5.3.3 供配电系统

三子级采用四个由电池驱动的电力系统供电(图 5.23)。1 号前端电力系统包括 28V 直流电池及遥测配电设备、1 号安控指令接收机、前部电池加热器和位于前短壳的电源开关选择器。2 号前端电力系统包括 28V 直流电池及推进剂利用组件配电设备、变流器和 2 号安控指令接收机。1 号后端电力系统包括 28V 直流电池及 J-2 发动机配电设备、增压系统、辅助动力系统、T/M 信号电源、后部电池加热器、液压系统阀和子级时序器。2 号后端电力系统包括 56V 直流电池及辅助液压泵配电设备、氧化剂冷却变流器和燃料冷却变流器。供配电系统所用的锌-氧化银电池是手动激活的。这些电池为 "一次性" 装置,并且由于具有不同的载荷要求而无法互换。起飞前,供配电系统根据命令通过尾部脐带缆从地面电源切换至电池。

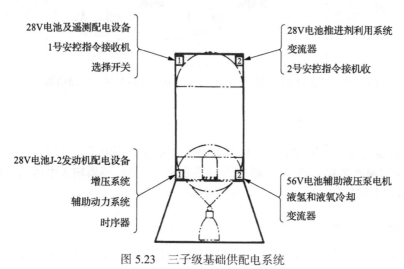

图 5.23 三子级基础供配电系统

### 5.3.4 仪器和遥测系统

无线电遥测系统用于将子级仪器信息传输至地面接收站。使用两套独立天线系统的五台发射机能够在三子级飞行过程中返回 45 个连续输出数据通道的信息。遥测传输链路包括五个分系统,这五个分系统采用三种基本调制方案:脉冲幅度调制/频率调制/频率调制(PAM/FM/FM)、单边带调制/频率调制(SS/FM)和脉冲编码调制/频率调制(PCM/FM)。有三个独立的分系统采用 PAM/FM/FM。数字数据采集系统(DDAS)的箭载磁带记录仪用于存储级间分离阶段和超视距轨道期间丢失的采样数据,并在地面站可接收的范围内回传信息,如图 5.24 所示。

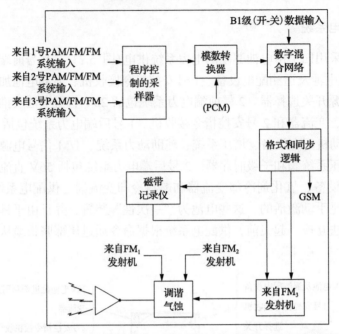

图 5.24　基本 PCM 的数字数据采集系统(GSM 指全球移动通信系统)

**1. PAM/FM/FM 系统**

传感器输入信号构成了 PAM 输入。PAM 系统采用电子交换网络,该网络以 120 次/s 的速度采集多达 30 个通道的传感器输入。将传感器输入电压的偏差表示为变化幅值的输出脉冲,以便进行后续评估。

**2. SS/FM 系统**

SS/FM 系统是为相关的研究需求预留的。载人飞行发展所需的振动和声学数据将由该系统传输。

**3. PCM/FM 系统**

PCM/FM 系统(DDAS)在自动检测过程中使用,为地面检测计算机提供数据。该系统还用于在飞行过程中提供关于环境和系统性能的精确信息。

### 5.3.5 环境控制系统

**1. 后短壳和级间段温度调节及吹除系统**

温度调节及吹除系统主要用于在火箭发射倒计时阶段清除后短壳和二、三级级间段中的可燃气体,并将温度受控的空气或氮气分散到后短壳中的电气设备周围。地面气源通过脐带供应的吹除气体穿过电气设备，并流入二、三子级级间段区域。部分气体通过辅助动力模块和排气口进入级间段。后短壳分支管上的一个分支管道将空气或氮气引导至推力结构分支管。部分空气或氮气从推力结构分支管流至覆盖液压蓄留器-储油箱的护罩。温度控制由位于辅助动力模块排气流中的两个双元件热敏电阻组件完成。将元件串联起来，以感知平均温度。形成了两个串联电路，每个电路利用热敏电阻组件的一个元件。一个串联电路用于温度控制，另一个用于温度记录。

### 2. 前短壳温度调节系统

三子级前短壳中的电气设备通过热传递系统利用"冷板"进行温度调节，该冷板上安装有电子部件，且冷却剂通过冷板循环。冷却剂从仪器舱中泵出并返回仪器舱。固定于冷板上的电气设备产生的热量通过安装支架和冷板传导到流体上而消散。关于仪器舱环境调节系统的完整描述见第 7 章仪器舱。前短壳环境控制系统如图 5.25 所示。

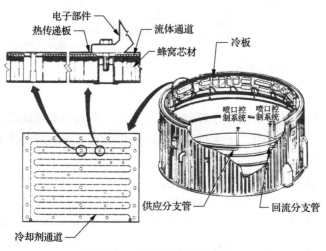

图 5.25　前短壳环境控制系统

### 3. 前短壳吹除系统

用氮气对前短壳进行吹除，以便在推进剂加注或三子级贮存推进剂期间最大限度地避免火灾和爆炸危险。氮气由地面气源提供并远程控制。

## 5.3.6　火工品系统

火工品系统主要用于实现级间分离、反推火箭点火、推进剂沉底发动机点火和抛放及安控功能。

1. 级间分离系统

级间分离系统(图 5.26)包括保护罩、柔性导爆索(MDF)、爆炸桥丝(EBW)、雷管和爆炸桥丝点火元件。

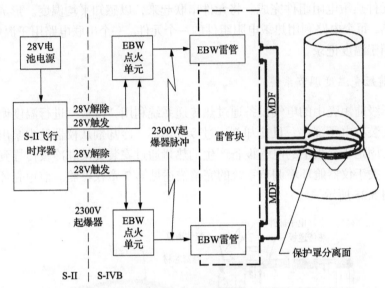

图 5.26　级间分离系统

保护罩将两根冗余柔性导爆索固定在分离面上后短壳和级间段之间的 V 形槽中。柔性导爆索点火是由二子级时序器发出的信号在二子级发动机关机后大约 3s 内通过爆炸桥丝和点火元件触发的。

柔性导爆索包括连续柔性金属护套，护套内有一根高爆材料连续芯。一旦引爆，柔性导爆索的爆炸力将以 7010.49m/s(23000ft/s)的速度传播。引燃爆炸桥丝雷管，以启动柔性导爆索传爆序列。向小电阻导线和火花隙施加 2300V 直流脉冲。越过火花隙的高压电弧引燃高爆材料炸药，从而引爆柔性导爆索。点火对于高压脉冲的要求确保该系统免受任何地面或运载火箭电源的影响。收到命令后，爆炸桥丝点火元件提供所需的高压和电流，以便引燃特定的爆炸桥丝雷管。

2. 反推火箭点火系统

四个采用固体推进剂的反推火箭(图 5.27)等距安装在二、三子级级间段周围；点火时，分离后的二子级减速，以确保三子级与二子级完全分离。每个反推火箭的额定推力为 155.69kN(35000lbf)，额定质量为 174.18kg(384lb)，额定工作时间约为 1.5s。

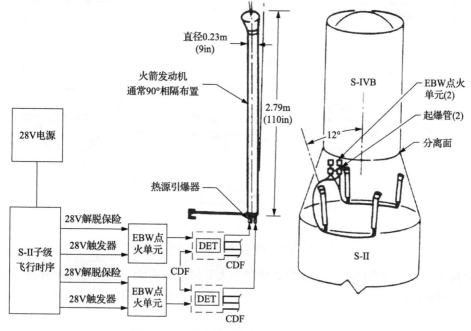

图 5.27 反推火箭系统(DET 指电能传输)

二子级发出的信号使位于二、三子级级间段的两个爆炸桥丝点火元件启动。点火元件引燃两个分支管,通过一对冗余限制性导爆索(CDF)和热源起爆器来引燃反推火箭。

### 3. 沉底发动机点火和分离系统

爆炸桥丝起爆器收到子级时序器的信号后,位于三子级后短壳的级间分离面正前方的两个固体推进剂沉底发动机点火。工作结束后,沉底发动机壳体和防护罩分离,以减轻子级重量。收到子级时序器的命令后,用于固定火箭发动机和防护罩的两个前、后分离螺母又限制性导爆索引爆,整个组件与运载火箭分离。推进剂沉底火箭系统如图 5.28 所示。

### 4. 安控系统

安控系统在收到安控官的命令后终止运载火箭飞行,通过冗余系统保证可靠性。安装在三子级前短壳周围的四根天线为前短壳组件中的两个冗余安控指令接收机馈电。两个接收器具有独立的电源和电路。独特的编码信号组合必须经过传输、接收和解码,以便自毁系统通电。安全与解除保险装置通过在爆炸桥丝雷管与传爆系列之间提供可靠的隔离来防止无意间引燃传爆系列,直到收到解除保险命令。在发射中心任何时候都可以看到"安全"和"解除保险"状态的视觉和远

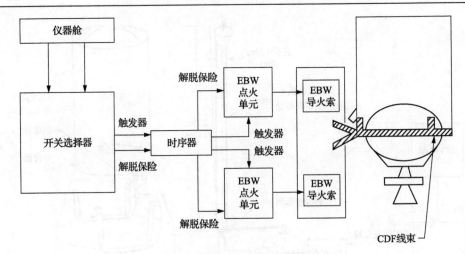

图 5.28　推进剂沉底火箭系统

程指示。收到适当的命令后，爆炸桥丝点火元件触发雷管。由安全与解除保险装置引爆的限制性导爆索引爆柔性线形炸药，从而割破贮箱蒙皮，以泄出燃料和氧化剂。

# 第6章 J-2 发动机

## 6.1 发动机概述

洛克达因公司研制的 J-2 发动机为高性能上面级推进系统，采用液氢和液氧推进剂，最大真空推力为 1000.85kN(225000lbf)。交付时，所有 J-2 发动机配置相同，可供二、三子级使用。发动机可在飞行过程中重启，该能力只在三子级飞行阶段使用。三子级配备的 J-2 发动机由常平座固定，可在飞行中转动并实现子级调姿。二子级配备五台 J-2 发动机。其中四台外缘发动机由常平座固定，以便控制运载火箭的俯仰、偏航和滚转。中心发动机安装在固定的位置。J-2 发动机的主要分系统包括推力室和常平座组件系统、推进剂输送系统、燃气发生器和排气系统、电气和气动控制系统、启动贮箱组件系统以及飞行测量系统。J-2 发动机及其主要参数如图 6.1 和表 6.1 所示。

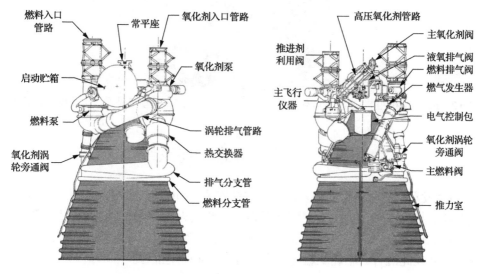

图 6.1 J-2 发动机

表 6.1 J-2 发动机主要性能参数

| 参数 | 取值 | 参数 | 取值 |
|------|------|------|------|
| 长度 | 3.38m(11ft 1in) | 宽度 | 2.03m(6ft 8in) |
| 喷管出口直径 | 1.96m(6ft 5in) | 飞行构型干重 | 1.58t(3480lb) |

续表

| 参数 | 取值 | 参数 | 取值 |
|---|---|---|---|
| 推力 | 1000.85kN (225000lbf) | 混合比 | 氧化剂与燃料混合比为 5.5∶1 |
| 比冲 | 424s(混合比为 5∶1 时 427s) | 额定运行时间 | 500s |
| 氧化剂流速 | 204kg/s (449lb/s, 2847gal/min)氧化 | 燃料流速 | 37kg/s (81.7lb/s, 8365gal/min) |
| 膨胀面积比 | 27.5∶1 | 燃烧温度 | 3176.67℃ (5750℉) |

注：用于后续型号的 J-2 发动机，推力最高增至 1023.09kN (230000lbf)。

发动机组装线及完成组装的发动机如图 6.2 所示。

图 6.2　J-2 发动机组装(土星 5 运载火箭二、三子级组装的 J-2 发动机是在该组装线上完成的)

# 6.2　推力室和常平座系统

J-2 发动机推力室可充当发动机部件的安装架，由以下部件构成：推力室主体、集合器、推力室喷注器、常平座和增强型火花点火器(ASI)。推力通过常平座传递至运载火箭推力结构。推进剂(氧化剂和燃料)通过双涡轮泵系统进入推力室喷注器，并在此混合、燃烧。燃气高速排出，从而产生推力。

### 6.2.1　推力室主体

推力室由壁厚 0.03cm (0.012in)的不锈钢管制成。热传导要求管壁不可过厚。推力室管纵向堆叠并以钎焊方式焊接在一起形成一个独立单元。为确保高空运行效率，推力室采用钟形结构(膨胀面积比为 27.5∶1)，并利用燃料进行再生冷却。

燃料由分支管(位于推力室喉部与出口之间)进入，压力超过 6.89MPa (1000psi)。

推力室冷却过程中，燃料通过 180 根管路向下流动，然后通过 360 根管路全部向上返回至推力室喷注器。

### 6.2.2　集合器

喷注器和氧化剂集合器位于推力室的顶部。集合器装有分支管，将液氧分配至喷注器，并作为万向轴承和增强型火花点火器的安装架。

### 6.2.3　推力室喷注器

推力室喷注器以最大燃烧效率对推进剂进行雾化和混合。614 根空心氧化剂柱经加工构成喷注器组成部分。在燃料喷管上制螺纹，并将其安装在氧化剂柱上，形成同心孔口。喷注器表面是多孔结构，由多层不锈钢金属网制成，且其边缘与喷注器主体焊接相连。燃料喷管模压在喷注器表面。喷注器从集合器分支管接收液氧并通过氧化剂柱将其喷注到推力室燃烧区。自推力室上燃料分支管接收的燃料通过同心孔口均匀喷注，以确保充分燃烧。

### 6.2.4　常平座

常平座为紧凑的高载荷(137.90MPa(20000psia))万向接头，包括覆有特氟龙/玻璃纤维复合材料涂层的球窝轴承，该涂层可保持轴承表面干燥并减小摩擦。常平座还装有横向调节装置，用于推力室和运载火箭的对齐。常平座将喷注器的推力传递至火箭推力结构，并提供用于推力矢量偏转从而控制运载火箭的飞行姿态。常平座安装在喷注器和氧化剂集合器的顶部。

### 6.2.5　增强型火花点火器

增强型火花点火器安装在喷注器表面，其产生的火焰可点燃推力室中的推进剂。发动机启动时，火花激励器为安装在点火器室侧面的两个火花塞通电。同时，氧化剂和燃料在控制系统的作用下流向火花点火器，并在火花点火器燃烧室混合、燃烧。火花点火器中装有点火监控器，可显示是否正常点火。点火器在整个发动机工作过程中持续工作，无须冷却，且可在不同环境条件下进行多次再点火。

## 6.3　推进剂输送系统

推进剂输送系统由独立的燃料泵和氧化剂泵、燃料主阀、氧化剂主阀、推进剂利用阀、燃料和氧化剂流量计、燃料和氧化剂泄出阀以及互连管路组成，如图 6.3 所示。

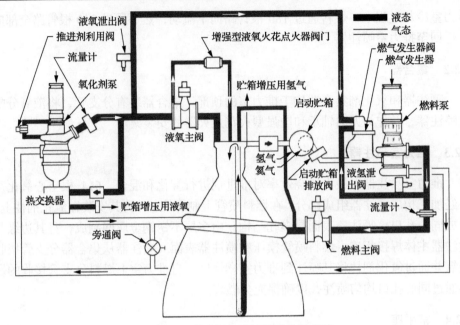

图 6.3　J-2 发动机气液输送系统示意图

### 6.3.1　燃料泵

　　安装在推力室上的燃料泵是由涡轮驱动的轴流泵单元，由诱导轮、七级转子和定子总成组成。燃料泵为高速泵(转速 27000r/min)，可通过高压管路，以高流速(可产生 5816.46kW(7800bhp))将液氢压力从 206.84kPa(30psia)增至 8.45MPa(1225psia)。涡轮泵通过高速双级式涡轮获取动力。燃气发生器产生的高温气体流向涡轮进口分支管，该分支管将气体分配至入口喷管，气体在入口喷管处膨胀并高速流至一级涡轮叶轮。穿过一级涡轮叶轮后，气体在定子叶片作用下改变方向，进入二级涡轮叶轮，而后通过排气管道离开涡轮。泵内装有三个动态密封件防止涡轮泵工作液与涡轮气体混合。涡轮产生的动力通过整体式传动轴传递至涡轮泵。

### 6.3.2　氧化剂泵

　　氧化剂泵是由涡轮直接驱动的单级离心泵，安装在推力室上与燃料泵在直径上对置。氧化剂泵为液氧增压并通过高压管将液氧泵送到推力室。氧化剂泵和两个涡轮叶轮同轴安装，可在 7.45MPa(1080psia)的排气压力下以 8600r/min的转速运转，功率 1640.52kW(2200bhp)。氧化剂泵通过高速双级式涡轮获取动力，该涡轮由燃气发生器排出的气体驱动。氧化剂泵和燃料泵的涡轮通过排气管路相连，该排气管路将排出的气体从燃料泵的涡轮引向氧化剂泵涡轮分支管入口。泵内装有一个静态密封件和两个动态密封件，防止涡轮泵氧化剂液体与涡轮气体混合。涡轮泵开始运转后，高温气体进入喷管，而后进入一级涡轮叶轮。穿过一级涡轮叶轮后，气体在定子叶片作用下改变方向，进入二级涡轮叶轮，而后通过排气管离开涡轮，穿过热交换器，并通过燃料入口分支管正上方的分支管进入推力室。涡轮产生的动力通过整体式传动轴传递至涡轮泵。穿过诱导轮和叶轮过程中，液氧流速提高。进入出口泵壳后，液氧的流速转换成压力，在高压下进入出口管路。

液氢和液氧泵中的轴承由泵送的液体进行润滑，因为工作温度极低，无法使用润滑剂或其他液体。

### 6.3.3　燃料主阀

燃料主阀是蝶形阀，通过弹簧加压移动至关闭位置，利用气动操作移动至打开位置，并利用气动辅助移动至关闭位置。该阀门安装在燃料泵的燃料高压管路与推力室组件的燃料入口分支管之间。燃料主阀控制流向推力室的燃料流量。发动机启动过程中，气动控制模块上的点火阶段控制阀产生的压力将打开燃料主阀，而后燃料流向燃料入口分支管。

### 6.3.4　氧化剂主阀

氧化剂主阀(MOV)是蝶形阀，通过弹簧加压移动至关闭位置，利用气动操作移动至开启位置，并利用气动辅助移动至关闭位置。该阀门安装在氧化剂泵的氧化剂高压管路与推力室组件上的氧化剂入口之间。主级控制电磁阀常闭端口的气动压力转移至氧化剂主阀的一级和二级开启伺服机构。以这种方式施加开启压力，并通过热补偿孔对氧化剂主阀关闭压力进行受控泄压，可以保证在所有温度范围内开启氧化剂主阀。MOV 组件内的副控阀向燃气发生器控制阀的开启控制部件提供气动压力，并通过孔板向氧化剂涡轮旁通阀的关闭部件提供气动压力。

### 6.3.5　推进剂利用阀

推进剂利用阀是由电机驱动的电动两相氧化剂输送阀，位于氧化剂泵出口泵壳处。推进剂利用阀可确保推进剂贮箱的液氢和液氧同时耗尽。发动机运转过程中，运载火箭推进剂贮箱中的推进剂液面传感装置控制阀门开关位置，以便调整氧化剂流量，从而保证燃料和氧化剂同时耗尽。推进剂利用阀的另一项功能是改变推力，以最大限度地提高有效载荷运载能力。例如，二子级在超过 70% 的工作时间里是在推进剂利用阀处于关闭位置的状态下运行的。推进剂利用阀处于该位置时，在发动机混合比(氧化剂与燃料的质量比)为 5.5∶1 的情况下，发动机将提供 1000.85kN(225000lbf)的推力。在随后的飞行阶段，推进剂利用阀位置改变，贮箱推进剂同时耗尽。三子级在大部分工作时间里以较大推力运行，以获得较大推力效益。发动机在推进剂利用阀处于关闭位置时的准确运行时长随着不同任务要求和推进剂贮箱液面的变化而变化。推进剂利用阀全开时，混合比为 4.5∶1，推力为 778.44kN（175000lbf）。推进剂利用阀及其伺服电机由发动机提供动力。位置反馈电位计也是推进剂利用阀组件的一部分。推进剂利用阀组件与子级或安装在设备上的控制系统一起组成了推进剂利用系统。

### 6.3.6　燃料和氧化剂流量计

燃料和氧化剂流量计是带有螺旋叶片的转子式流量计，位于燃料和氧化剂高压管路中。流量计测量高压推进剂管路中的推进剂流速。液氢系统中的四叶片转子每旋转一次产生四个电脉冲，并在名义流量条件下以大约 3700r/min 的速度旋转。液氧系统中的六叶片转子每旋转一次产生六个电脉冲，并在名义流量条件下以大约 2600r/min 的速度旋转。

### 6.3.7　燃料和氧化剂泄出阀

燃料和氧化剂系统中使用的推进剂泄出阀都是通过弹簧加压移动至常开位置并利用压力驱动至关闭位置的提升阀。两个推进剂泄出阀均安装在引导管路上靠近各自的涡轮泵排气法兰的位置。推进剂在泄出阀的作用下在推进剂输送系统管路中循环，以便发动机启动前可达到适当工作温度。泄出阀由发动机控制。

发动机启动时，气动控制模块中的氦气控制电磁阀通电，从而通过气动压力关闭泄出阀，并使其在发动机运转过程中保持关闭。

## 6.4　燃气发生器和排气系统

燃气发生器和排气系统由燃气发生器、燃气发生器控制阀、涡轮排气系统、热交换器和氧化剂涡轮旁通阀等组成。

### 6.4.1　燃气发生器

燃气发生器焊接在燃料泵涡轮分支管上，是燃料泵组件的一部分。燃气发生器由包含 2 个火花塞的燃烧室、包含燃料和氧化剂口的控制阀以及喷注器组件组成，其产生的高温气体可驱动燃料和氧化剂涡轮。发动机启动时，电气控制包中的火花激励器通电，为燃气发生器燃烧室中的火花塞提供能量。推进剂通过控制阀流入喷注器，进入燃烧室出口，并流至燃料涡轮，之后流至氧化剂涡轮。

### 6.4.2　燃气发生器控制阀

燃气发生器控制阀为气动操作提升阀，通过弹簧加压移动至关闭位置。燃料和氧化剂提升阀由伺服机构机械连接。燃气发生器控制阀控制通过燃气发生器喷注器的推进剂流量。收到主级信号时，向燃气发生器控制阀伺服机构施加气动压力，使活塞移动并开启燃料提升阀。燃料提升阀处于开启状态时，伺服机构接触活塞，开启氧化剂提升阀。随着开启气动压力的减小，通过弹簧加压关闭提升阀。

### 6.4.3　涡轮排气系统

涡轮排气管和涡轮排气缸由金属板焊接而成。部件连接处采用了双密封法兰(Naflex)。排气管将涡轮废气排至推力室排气分支管，该分支管位于喉部与喷管出口间。废气穿过热交换器并通过推力室管之间的 180 个三角形开口排入主推力室。

### 6.4.4　热交换器

热交换器是壳状组件，包括管路、波纹管、法兰和盘管。热交换器安装在氧化剂涡轮排气分支管与推力室之间的涡轮排气管道上。热交换器对三子级使用的氦气进行加热并使其膨胀，或将二子级的液氧转化成气态氧以保持火箭氧化剂贮箱加压。发动机运转过程中，要么液氧从氧化剂高压管路流出，要么子级提供氦气并流向热交换器盘管。

### 6.4.5　氧化剂涡轮旁通阀

氧化剂涡轮旁通阀为常开式弹簧闸门阀，安装在氧化剂涡轮旁通管中。阀门闸板安装有喷管，喷管的尺寸在发动机校准过程中确定。该阀处于开启位置时，氧气泵在启动过程中速度降低；处于关闭位置时，可作为涡轮泵性能平衡的校准装置。

## 6.5　控 制 系 统

控制系统包括气动系统和固态电时序控制器，控制器由用于燃气发生器和推力室火花塞的火花激励器、互连电缆和气动管路组成。

### 6.5.1　气动系统

气动系统包括高压氦气贮箱、调节器(用于将压力降至可用水平)和多个电气电磁控制阀(用于将中心气体引向不同气动控制阀)。

### 6.5.2　电时序控制器

电时序控制器是自给式固态系统，仅需要直流电源以及启动和停止命令信号。

在发动机启动前，需要监测所有重要的发动机控制功能状态，以便提供"发动机就绪"信号。收到"发动机就绪"和"启动"信号后，电磁控制阀按照 6.8 节"发动机运行"规定的精确时间顺序通电，以使发动机完成点火和过渡，进入主级运转阶段。发动机关机后，系统自动复位，以便随后重启发动机。

## 6.6　启动贮箱系统

启动贮箱系统为一体式氦气、氢气启动贮箱，其贮存的氦气和氢气可启动发动机，并使之运行。气态氢在燃气发生器燃烧之前将初始自旋力传递到涡轮和泵上，而氦气则用在控制系统中，对发动机阀门进行时序控制。

球形氦气贮箱位于氢气贮箱内，以简化发动机设计。氦气贮箱可以容纳 $0.0164m^3(1000in^3)$ 氦气。较大的球形氢气贮箱容量为 $0.1189m^3(7257.6in^3)$。发射前，两个贮箱均由地面气源加注，在发动机运转过程中，液氢贮箱通过推力室燃料入口分支管进行补加，以便随后在三子级飞行过程中重启。

## 6.7　飞行仪器系统

飞行仪器系统由主仪器设备和辅助设备构成。

### 6.7.1　主仪器设备

主仪器设备用于测量所有对发动机静态点火及火箭发射至关重要的参数，包括约 70 个参数，如压力、温度、流量、速度以及发动机部件的阀门位置，并可将信号传递给地面记录系统或遥测系统。测量系统可在整个发动机生命周期内使用。

### 6.7.2　辅助设备

辅助设备在运载火箭飞行初期使用。推进系统可靠性确定后，可以取消辅助设备。辅助设备具有较大的灵活性，可以根据附加试验的需要删除、替换或添加参数。最终，取消辅助设备不会影响主仪器设备的测量能力。

## 6.8　发动机运行

### 6.8.1　启动程序

启动程序第一步是为燃气发生器和增强型火花点火器的四个火花塞供电，以点燃推进剂。第二步是驱动两个电磁阀门：一个用于控制氦气，另一个用于控制点火相位。利用氦气使推进剂泄出阀处于关闭位置，并对推力室氧化剂集合器、液氧泵中间密封件以及燃气发生器氧化剂通道进行吹除。此外，燃料主阀门和增强型火花点火器的氧化剂阀门打开，在增强型火花点火器的燃烧室中产生点火火焰，该点火火焰穿过推力室喷注器的中心。延迟 1s、3s 或 8s 后，燃料在推力室中循环，发动机启动，而后启动贮箱排气阀打开，涡轮开始旋转。提前供应燃料的时长取决于土星 5 运载火箭一子级飞行时长。土星 5 运载火箭二子级使用 J-2 发动机时，需要提前 1s 供应燃料，而土星 5 运载火箭三子级初次启动时需提前 3s 供应燃料，发动机重启时则需提前 8s 供应燃料。间隔 0.45s 后，启动贮箱的排气阀关闭，主级控制电磁阀启动，以便实现以下步骤：

(1)关闭燃气发生器，停止推力室氦吹除。

(2)将燃气发生器控制阀移至阀位 1(此时燃气发生器产生的高温气体驱动涡轮泵)。

(3)将氧化剂主阀移至阀位 1(14°)，液氧流向集液器，与循环的燃料一起燃烧。

(4)关闭氧化剂涡轮旁通阀(用于驱动氧化剂泵一部分气体在点火阶段分流)。

(5)从氧化剂阀门气动伺服机构关闭的一侧释放压力，从而控制该阀门缓慢开启，以平稳过渡到主级运转阶段。火花塞断电，发动机以额定推力运转。发动机运转初期，需重启的发动机中的气态氢启动贮箱需进行补给。通过排出推力室燃料入口分支管和喷注分支管的液氢混合物(喷注分支管内液氢温度较高)实现氢气贮箱补压。

### 6.8.2 飞行阶段的运行

飞行过程中，发动机推力在 778.44～1000.85kN(175000～225000lbf) 内变化。该推力变化通过推进剂利用阀实现，此阀门可增大或减小氧化剂流量，从而改变发动机推力。这对飞行轨迹和整体任务性能有利，可提高有效载荷运载能力。

### 6.8.3 关机程序

电气控制器收到发动机关机信号后，主级和点火阶段电磁阀断电，氦气控制电磁阀的断电计时器通电。关闭压力依次传递至燃料主阀、氧化剂主阀、燃气发生器控制阀和增强型火花点火器阀。氧化剂涡轮旁通阀和推进剂泄出阀开启，燃气发生器和氧化剂集合器开始吹除。

### 6.8.4 发动机重启

为实现土星 5 运载火箭三子级重启，J-2 气态氢启动贮箱需在上一次点火后 60s 内，发动机运转状态稳定后，进行再填充(不需要对氦气贮箱进行再填充，因为最初的地面加注足以满足三次启动)。发动机重启前，子级推进剂沉底火箭点火，推进剂贮箱中的推进剂下沉，液体流向涡轮泵入口。同时，发动机推进剂泄出阀开启，子级循环预冷阀打开，泵前阀关闭，在发动机泄出系统作用下，液氧和液氢循环 5min，将发动机维持在适当温度，确保其正常运行。收到子级发出的"发动机就绪"信号后，发动机开始重启。关机与重启间的等待时间最短 1.5h，最长 6h，取决于月球转移轨道最佳进入窗口所需的地球轨道数目。

# 第 7 章 仪 器 舱

## 7.1  仪器舱概述

土星 5 运载火箭的仪器舱(图 7.1)由 NASA 马歇尔航天飞行中心设计,由土星 1 运载火箭的仪器舱改进而来。IBM 的联邦系统部负责仪器舱的制造、组装、系统测试以及与火箭的最后组装检测。IBM 还负责组装和交付支持仪器舱所必需的计算机程序,这些程序用于:

(1)IBM 位于亨茨维尔的自动化系统检测计算机。在仪器舱交付给 NASA 之前,该系统验证了仪器舱分系统的完整性。

(2)IBM 位于亨茨维尔的仿真实验室中,验证仪器舱中的火箭数字计算机程序的飞行准备状态,以及仪器舱中模拟飞行控制计算机中包含的无源滤波器。

(3)在肯尼迪航天中心运行用于自动发射的计算机系统,该计算机系统用于起飞前自动检测火箭的飞行准备状态。

(4)在飞行中运行仪器舱的火箭数字计算机和 NASA 将使用的程序,以开展运载火箭环境和性能数据的飞行后分析。

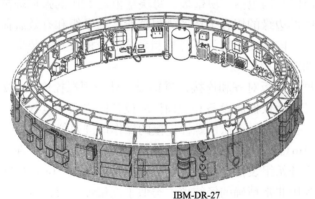

IBM-DR-27

图 7.1  仪器舱

仪器舱是土星 5 运载火箭的神经中枢,包括制导、外测以及生成和传输运载火箭环境及性能数据所需的电子电气设备。仪器舱还包括用于温度控制的环境控制设备、电池以及为电子设备提供工作电流的电源。仪器舱的结构直径为 6.60m(260in)、高 0.91m(36in),是运载火箭的承重部分,支撑着仪器舱内的设备和飞船重量。

1. 主要参数

直径：6.60m(260in)。
高度：0.91m(36in)。
质量：2.04t(4500lb)。

2. 主要系统

环境控制系统：为三子级仪器舱和前舱内的电子模块和部件制冷。

制导和控制系统：确定土星 5 运载火箭的飞行轨迹，并调整轨迹使之达到任务要求。

测量系统：测量运载火箭在执行任务期间的状况和反应，并且将该信息传达给地面以便进一步分析，同时提供地面站和运载火箭之间的通信。

供配电系统：为仪器舱内的所有电子电气设备提供基本的工作电流；同时监测运载火箭的性能；如果出现紧急情况，可以启动自动任务中断。

结构系统：作为运载火箭的承重部分，可以承载仪器舱内的部件和宇宙飞船；由三块 120°的弧形蜂窝夹层板制成，厚度约 0.03m(1in)。

## 7.2　仪器舱制造

仪器舱的筒段结构包括三块壁板，每块壁板是 120°的弧形蜂窝夹层板。连接在筒段顶部和底部边缘的铝合金环形为仪器舱、三子级和有效载荷适配器提供了配合面。安装后，内蒙皮支架为环境控制系统的冷板及其安装提供了连接点。仪器舱制造流程如图 7.2 所示。

壁板间通过拼接板对齐和连接，拼接板内外采用螺栓连接，如图 7.3 所示。弹簧预紧的脐带口为仪器舱设备和地面试验设备区之间的电气连接提供接口。运载火箭集成后，工作人员可从用螺栓连接的操作口进入仪器舱。

三块高 0.91m(3ft)、长 4.27m(14ft)的壁板交付后，IBM 将在位于亚拉巴马州亨茨维尔的厂房开始组装仪器舱。每块壁板的质量为 63.50kg(140lb)。

拼接前，利用非常精确的经纬仪，类似于测量经纬仪，将三块壁板校准成圆形。为便于操作，用金属拼接板将三个筒段连接起来，并且在结构的顶部和底部边缘钻孔，以便将仪器舱连接到运载火箭的配合面，拼接操作如图 7.4 所示。

用螺栓将保护环固定在边缘上以加强结构。拼接板固定好后开始钻天线孔。结构制造完成后，进行模块和部件组装。将温度传感器固定在内蒙皮上，安装环境控制系统(ECS)冷凝板，用螺栓将电缆托架固定在结构顶部。将部件安装在冷凝板上，并安装环境控制系统泵、贮箱、热交换器和管道。安装两个供氮系统：

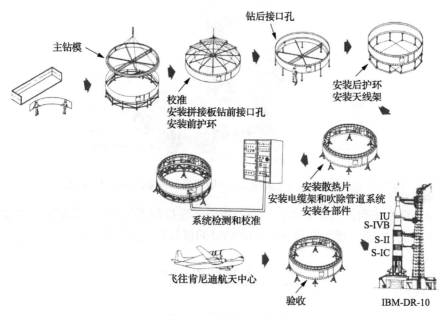

图 7.2　仪器舱制造流程

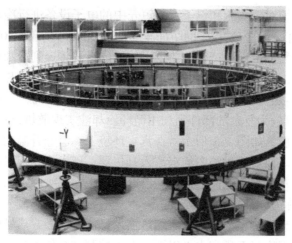

图 7.3　结构壁板(拼接前，筒段内表面可见热调节壁板的安装支架，弹簧预紧的脐带口在右侧中心处可以看到弹簧式中央舱门的外部和检修口盖)

图 7.4　拼接操作(拼接接头的最终打磨确保了拼接板组装前表面光滑)

一个用于惯性平台的气体轴承，另一个用于环境控制系统增压。最后安装管道、管路和电缆，至此，质量超过 1.81t(4000lb)的仪器舱制造完毕，可开展后续试验。

# 7.3　仪器舱分系统

## 7.3.1　环境控制系统

环境控制系统对仪器舱和三子级前短壳中的电子设备进行冷却。每个子级安装 16 个冷板。仪器舱内贮箱中的防冻冷却剂由 60%的甲醇和 40%的水构成，通过冷板循环。安装的部件所产生的热量以传导的方式传递到冷却剂。发射前，由地面支持设备提供的飞行前热交换器完成冷却剂热量转移。起飞 163s 后，环境控制系统的升华器-热交换器接管温度控制工作。制导计算机、飞行控制计算机和 ST-124-M 平台等较为复杂的部件则利用循环冷却液实现散热，ST-124-M 平台附近设有球形氮气瓶，如图 7.5 所示。在真空环境下，已经升温的冷却剂离开冷凝板，流至升华器。仪器舱贮箱中的水流入升华器，通过多孔板暴露在外界的低温和低压环境中冷却。冷却剂的热量传递给冷板后，由冰吸收，而后直接转换为水蒸气(这个过程称为"升华")。

该系统为自动调节系统。散热率随热输入量改变，随着热量的产生增大或减小。如果冷却剂温度降至预定水平以下，电子控制阀会使冷却剂混合物绕过升华器，直到温度上升到需要进一步冷却为止。在轨期间，使用氮气为冷却剂溶液和升华器水箱进行人工增压。冷却剂循环泵以及控制流量所需的阀门和管路共同构成了环境控制设备。

图 7.5　球形氮气瓶(在靠近 ST-124-M 惯性平台的适当位置,该球形气瓶装有 0.06m³(2ft³)用于平台气体轴承的气体,还能看到压力调节器、加温气体热交换器以及压力指示器)

### 7.3.2　制导和控制系统

仪器舱的制导和控制系统(图 7.6)负责土星 5 运载火箭的导航(确定运载火箭

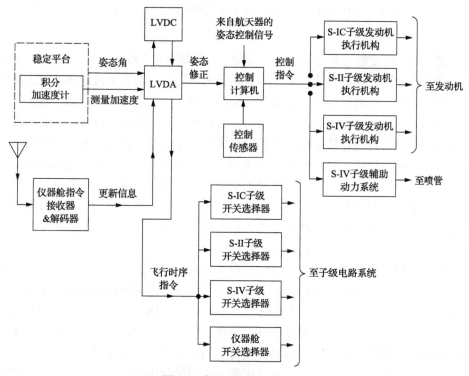

图 7.6　制导和控制系统框图

的位置和速度)、制导(确认姿态修正信号)和控制(确定并向发动机伺服机构发送控制命令)。这些自给式分系统用于测量加速度和运载火箭的姿态;确定速度和位置及二者对任务的影响;计算姿态修正信号;同时确定并向发动机伺服机构发送控制命令,旨在确保运载火箭处于理想姿态,以达到完成任务所需的速度和高度。主要部件包括惯性平台(图 7.7)、运载火箭数字计算机(LVDC)、运载火箭数据转换器(LVDA)、模拟飞行控制计算机以及控制和速率陀螺仪。

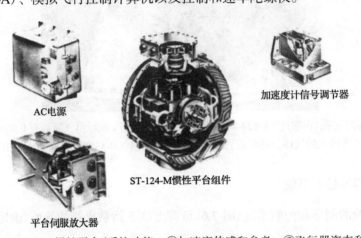

AC电源

加速度计信号调节器

ST-124-M惯性平台组件

平台伺服放大器

图 7.7　ST-124-M 惯性平台(系统功能:①加速度传感和参考;②飞行器姿态和规划;
③制定参考坐标系)

　　起飞前,将发射参数输入运载火箭数字计算机(图 7.8)中。起飞前 5s,惯性制导平台和计算机脱离地面控制。随着运载火箭爬升,制导平台检测运载火箭的加速度和姿态,并通过运载火箭数据转换器将测量结果发送给计算机。转换器结合测量结果和飞行时间,确定运载火箭与起点和目的地的相对位置。而后,利用存储器中存储的数据计算运载火箭的理想姿态,理想姿态和实际姿态之间的差值即所产生的姿态修正信号。该信号发送到模拟飞控计算机,与速率陀螺仪的信息相结合。飞行控制计算机利用这些数据来确定并发出发动机摆动命令并改变推力方向。每个任务至少分三个阶段:大气层内动力飞行、进入空间后的上升段以及滑行段。上升段动压增加会增加运载火箭需承受的载荷。在此期间,制导系统主要用于检查运载火箭的完整性,并按照程序将该压力降至最低。

　　脱离发射设备前,运载火箭应保持起飞方向,然后滚转机动至飞行方位角方向。滚转机动后启动时间俯仰角变化程序。俯仰角通过俯仰角变化程序来调节,与导航测量结果无关。但是,平台释放开始后(即起飞前 5s),需在整个飞行过程中进行导航测量和计算。仪器舱收到贮箱燃料水平达到预定点的信号后,一子级发动机关机,级间分离。二子级动力飞行期间,运载火箭数字计算机指导运载火箭通过最佳轨迹实现任务目标。在轨期间,地面站利用仪器舱无线电指令系统以

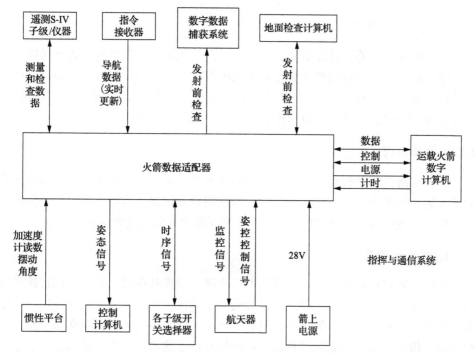

图 7.8　制导和控制（制导系统的数字计算机和数据适配器部分如图所示，数字计算机通过数据适配器接收运载火箭各个部分的信息，然后依次发出命令）

数据传输的方式更新计算机中的导航和制导信息。计算机每隔 2s 就会利用迭代制导或者"闭路"制导计算飞行结束时运载火箭需达到的位置和状态（速度、高度等），并生成姿态修正信号命令发动机摆动，以使运载火箭到达其预定的停泊轨道。

　　仪器舱收到二子级推进剂已达预定水平的信号后，二子级发动机关机，级间分离。这时，运载火箭已经到达近似的轨道高度，三子级仅需提供飞行至圆形停泊轨道的推力。

### 1. 三冗余

　　为确保制导信息的准确性和可靠性，运载火箭数字计算机的主要电路一式三份。三重模块冗余（TMR）即三冗余提供三个相同的电路以修正故障或误差。每个电路产生一个输出，然后投票表决。若存在差异，则采用少数服从多数的原则，可以忽略随机故障或错误。此外，计算机具有双套内存。如果一部分内存出现错误，可从另一部分获得所需输入，并将正确的信息读入两个内存中，从而纠正错误。ST-124-M 惯性平台提供显示运载火箭姿态的信号。鉴于信号错误会造成最终位置出现巨大变化，必须尽量减小部件的摩擦。因此，平台轴承在干氮薄膜内浮动，此薄膜在一定的氮气压力和流速（由仪器舱的气源提供）条件下形成。

2. 发射前的功能

除了制导计算外，计算机和转换器还具有其他功能。发射前，各单元执行试验程序。起飞后，由这些单元来控制发动机点火、关机和级间分离，并对运载火箭的性能进行合理性检测。地球轨道飞行阶段，计算机进行姿态控制，进行试验，对故障进行隔离，并且控制数据传输以及所有事件的顺序。

### 7.3.3 测量系统

运载火箭性能分析和未来任务规划的基本要求是了解各个飞行阶段的情况和运载火箭如何做出反应。仪器舱的测量和遥测设备记录了这些事实。测量传感器遍布整个运载火箭(图 7.9 和图 7.10)，监测环境和各分系统的性能。

1. 测量和遥测

测量结果包括机械运动、大气压力、声级、温度和振动，并将它们转换成电信号。测量结果还包括用于确定级间分离、发动机关机和其他飞行时序以及确定箭载设备性能的电信号，如电压、电流、频率。仪器舱需进行几百次参数测量。利用多种传感器获得所需的各种信息：声传感器监测声级；电阻传感器或热敏电阻传感器监测温度环境；弹簧管传感器或波纹管传感器测量压力；力平衡加速度传感器或压电加速度传感器测量临界点的力等级；流速计测量液体流动速率。

不同的测量装置产生多种结果。有效利用这些结果前，必须实现某种程度的标准化。通过信号调节模块使传感器输出结果适用于 0~5V(DC)的统一范围。不同类型的数据需要通过不同的方式传输，系统的遥测部分可以提供三种方式：

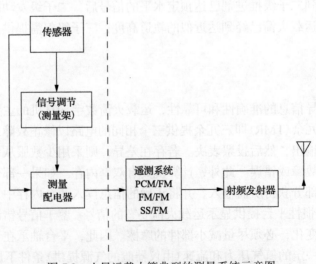

图 7.9　土星运载火箭典型的测量系统示意图

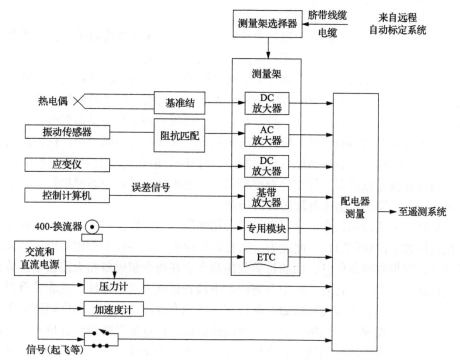

图 7.10 土星运载火箭典型的测量系统流程图

SS/FM、FM/FM 以及 PCM/FM。每种信息都传输到最适宜的遥测设备；通过仪器舱内的测量架布线。为了充分利用传输设备，一些遥测信道采用多路传输。不同测量装置生成的信息由多路转换器反复取样，并且将不同来源的连续采样结果传输给地面。通过任意信道发送的信息显示在运载火箭的不同位置的一系列测量结果。这种分时可以利用最少的设备处理大量的数据。火箭数字计算机还有助于数据传输，例如，运载火箭处于地面接收站的接收范围之外时，计算机会存储重要的 PCM 数据用于以后传输。一旦运载火箭离开地球大气层，需要空气媒介的声级消失。计算机向测量配电器发出信息，切换到优先级更高的测量。

用于级间分离的反推火箭点火后，火焰衰减将破坏或使遥测传输失真，此时，信号将由箭载磁带记录设备自动记录，然后传输。要监测运载火箭的性能，地面人员必须随时了解运载火箭的准确位置。仪器系统的无线电部分提供了这种能力，并可在飞行中连接仪器舱的制导和控制设备。

2. 跟踪系统

安装了若干种跟踪系统即外测系统来追踪火箭在上升和轨道运行期间的轨迹。整合这些数据不仅能提高数据的可靠性，还能提供最佳的轨迹信息。运载火箭的天线和应答器组成了仪器舱的追踪设备，能够扩大地基跟踪系统的范围，提升追踪的精确度。

地面站会向运载火箭方向发送单个脉冲或一系列无线电能量脉冲,与箭载应答机通信。应答机产生单个或系列脉冲作为回应。准确定位的地面站之间的三角网确定了应答脉冲的原点,并确定了运载火箭的位置。三个追踪系统与土星 5 运载火箭仪器舱配合使用:方向-速度-高度(AZUSA)天线、C 波段雷达以及指挥和通信系统(CCS)的 S 波段部分。两个 C 波段应答机为该系统提供追踪能力,而不受运载火箭姿态的影响。单个应答机与 AZUSA 天线系统一同使用。仪器舱通过无线电指令链路接收更新制导系统所需的实时导航。但在信号发射箭上使用之前,地面设备和仪器舱仪器会仔细检查更新信息的准确性。传输中即便最轻微的错误也可能产生比原始数据未处理还大的问题。

信息从天线传到指令接收器进行放大和解调,而后传输到解码器,破解成原始模式的数字位(图 7.11)。此处为首次有效性检查,只要有 1 个比特出现错误或者缺失,则拒收整条信息,而通过验收的命令会在指令解码器和火箭数字计算机中进行进一步检查。首先,在指令解码器中检查运载火箭的地址。这非常重要,因为仪器舱设备和宇宙飞船的命令都使用相似的命令链路。若识别出阿波罗飞船的地址,则仪器舱忽略该条信息。通过该试验后,信息被发送到计算机。计算机收到信息后,对其进行测试以确定信息是否正确。若正确,则指令解码器通过遥测线路向地面站发送脉冲,证实信息已验收。若信息未通过试验,则火箭数字计算机将拒收,并用遥测发射器传送错误信息。根据不同任务,可以处理几种类型的信息,如更新命令、试验命令、执行特殊子程序或特殊操作模式的命令、转储或清除计算机内存某些扇区的命令或者将计算机内存中的特定地址转发到地面的命令。根据规定,如有必要可扩大信息类型的数量。

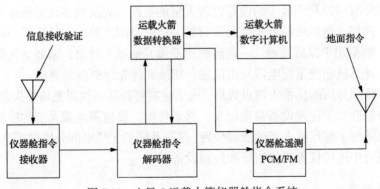

图 7.11　土星 5 运载火箭仪器舱指令系统

3. 开关选择器

所有子级以及仪器舱都装有开关选择器。该装置的电子和机电元件可对运载火箭数字计算机/运载火箭数据转换器顺序命令进行解码，并将这些命令切换到每个子级的相应电路。该系统具有以下几个优点：减少子级接口线，提高计时和排序方面的灵活性，以及在运载火箭数字计算机/运载火箭数据转换器中保留了离散输出电路。排序命令的速度可以达到每 100ms 一次。采用继电器作为输入电路，保持开关选择器中的子级功率隔离。继电器由仪器舱电源驱动，而解码电路和驱动器输出由对应子级供电。输入和输出通过继电器触点耦合。这些触点驱动解码八位输入码时所用的二极管矩阵，并选择输出驱动器，产生开关选择器输出。开关选择器中还组装检查和处理系统。选定开关选择器继电器后，所接收信息的补充信息会反馈到运载火箭数据转换器/运载火箭数字计算机进行检查。若反馈较好，则发出读取命令。若存在不一致，则发送一条新消息来完成同样的功能(注：为了实现冗余，为每个开关选择器输出分配两条消息的代码)。

## 7.4　供配电系统

供配电系统为仪器舱设备供电。与仪器舱大多数系统一样，供配电系统的工作分为两个阶段：发射前和飞行中。发射前，地面电源通过集成管束供电。大约在起飞前 25s，电源转移到四块 28V(直流)的仪器舱电池上。每台电池的容量为 350A·h。有两种特殊的电源：5V 的主测量电压源，将 28V(直流)主电源转换为高稳压 5V(直流)，作为测量部件的参考电压和供电电压；56V 电源，用于制导系统 ST-124-M 惯性平台和平台交流电源的运行。为了最大限度地利用电池中存储的能量，任务进行过程中，计算机和转换器会关闭未使用或不重要的电路，以便为更重要的应用提供支持。

土星 5 运载火箭安装了大量用于检测故障的设备。其中一些设备用于检查发动机推力，并监测制导计算机的状态、姿态变化率、攻角和中止请求。这种应急检测信息会传入仪器舱，并在仪器舱中传输给供配电系统中的应急检测配电器(EDS)。EDS 是内部连线和转接点，设有决定紧急程度的逻辑电路。如果出现故障，设备将打开宇航员前方的故障灯。如果宇宙飞船的中止选择开关处于自动中止位置，则该行为在无人参与的情况下进行；宇航员不能中止该行动。但如果选择开关处于手动位置，则宇航员可在请示 NASA 的飞行指挥官后决定是否中止任务。

# 第8章 设 施

土星 5 运载火箭的组装、测试和发射设施包括该项目启动前就已经存在的设施和为实施该项目而专门修建的设施。这些设施中包括 NASA 为满足规模大、复杂性高的土星系列运载火箭计划而建造的设施。马歇尔航天飞行中心包括：位于亚拉巴马州亨茨维尔的设施，用于火箭研制；位于路易斯安那州新奥尔良市的米丘德组装厂，用于火箭制造和组装；位于密西西比州圣路易湾海岸的密西西比试验站，用于开展试验。发射设施位于佛罗里达州的 NASA 肯尼迪航天中心。土星系列运载火箭体积庞大、运输困难，所以制造和试验设施都设立在水运便利的地方。设施内的工作人员都是土星 5 运载火箭各子级和部件主承包商的公司雇员。其他设施包括主承包商和分包商的基地，位于全国各地。驳船港和主要运输用驳船如图 8.1 和图 8.2 所示。

图 8.1　驳船港(在米丘德组装厂，将一子级装到驳船上，然后经水路从新奥尔良运输到亨茨维尔、密西西比试验站和肯尼迪航天中心)

图 8.2　专用驳船(六艘专用驳船中的四艘用于运载土星运载火箭子级，并排停靠在米丘德组装厂，从左侧起分别是"小湖号"、"承诺号"、"海神号"和"帕莱蒙号")

## 8.1 波音公司设施

波音公司在位于新奥尔良市的米丘德组装厂负责生产土星 5 运载火箭一子级，米丘德组装厂占地 3.64km²(900acre)。工厂生产面积约 0.19km²(2000000ft²)，办公面积约 67819.22m²(730000ft²)。约 60%的生产面积为波音公司所占用。

该工厂在设计上可以实现码头和总装厂间的高效物流。与物流并行的是返工和改装区以及试验和测试区。工厂内工装区占地 4645.15m²(50000ft²)。

在环境可控的小型组装区内，包括用于预制金属型材(装货码头接收)热处理、化学清洗、转换涂层和焊接的设施。推进剂贮箱的最后组装以及主要部件和子级的组装在垂直组装厂房中进行。垂直组装厂房高度相当于 18 层楼。180t 的桥式起重机将一子级的五个大型圆柱形部段放置于垂直组装位置。垂直组装厂房、试验设施和工程与办公楼的建造，以及米丘德组装厂原有的设施的翻修共耗资 5000 万美元。对该子级的检测在试验设施的 4 个大型试验工位中进行。试验工位为 25.30m×58.22m×15.54m(83ft×191ft×51ft)。每个试验工位都具有单独的试验和检测设备。一子级通过与密西西比河或墨西哥湾相连通的水路出入米丘德组装厂。

## 8.2 北美航空公司空间部设施

土星 5 运载火箭二子级的制造和试验设施遍布全美国，主要制造和试验设施位于加利福尼亚州西尔滩，大约在唐尼以南 24.14km(15mi)处，是北美航空公司空间部(SD)总部。SD 将工程的重要部分分包给北美航空公司位于洛杉矶和俄克拉何马州塔尔萨以及麦卡莱斯特的工厂。西尔滩的综合设施都是专门为二子级建造的，1967 年年中再建成产权属于北美航空公司的三座大楼，这三座大楼可供在唐尼研制二子级的所有行政、工程和辅助人员办公，主要布局如图 8.3 所示。西

图 8.3 全视图(北美航空公司西尔滩工厂，包括半成品保管车间(左)、箱底制造车间(中)、垂直总装大楼(最右)气压试验和包装车间(右中)以及结构试验塔(右前))

尔滩的工厂包括箱底制造车间、38.10m(125ft)高的垂直组装厂房、35.36m(116ft)高的垂直检测厂房、气压试验和包装车间以及其他建筑。箱底制造车间为大型、高度专业化的建筑，专门用来建造和组装二子级的三个箱底。其中还包括一个直径约为 12.19m(40ft)的热压罐，该热压罐的拱形结构(12.19m(40ft))可用于弯曲大型箱底。

垂直总装大楼内设有六个工位。组装后，二子级移至垂直检测厂房进行最终安装以及分系统和部件的最终试验。最后，将每个子级运至气压试验和包装车间，水平放置，进行气压试验、喷漆和运输前准备。

西尔滩的其他设施可供组件和机器加工、贮存以及工具车间维修。二子级发动机(J-2)试验就在洛克达因公司位于圣苏珊娜的工厂进行(图 8.4)。北美航空公司空间部管理的位于圣苏珊娜的 C 试验区为满足二子级需求进行了重建。同时，空间部还管理着密西西比试验站和肯尼迪航天中心的设施，提供管理和运营支持服务。图 8.5 给出了土星 5 运载火箭二子级从西尔滩运往码头的过程。

图 8.4　火箭准备就绪(技术人员正在　　　图 8.5　宽体卡车(将二子级从西尔滩运输到
　　开展热试车相关准备工作)　　　　　　　海军码头，然后经水路运至密西西比试验站)

## 8.3　道格拉斯飞行器公司设施

道格拉斯航天系统中心位于加利福尼亚州亨廷顿滩，是设计和制造土星 5 运载火箭三子级的主要地区。道格拉斯航天系统中心是 NASA 导弹和空间系统部的总部，同时还作为总部指导了土星运载火箭在加利福尼亚州圣塔莫尼卡和萨克拉门托以及佛罗里达州肯尼迪航天中心的其他公司设施中的活动。

土星 5 运载火箭三子级初始部件制造在圣塔莫尼卡工厂完成。该厂生产从微电子元件到完整的液氧贮箱的零件和组件。

　　三子级的最后组装和工厂检测都是在道格拉斯航天系统中心(图8.6)进行的。中心内设置了用于生产推进剂贮箱、壳段以及级间段的高跨间制造区,还设有八个塔式试验台,用于对子级进行垂直组装和检测。三子级的大部分试验都在圣塔莫尼卡工厂的实验室设施中进行。土星运载火箭的多个部件和组件在80个不同实验室完成鉴定试验。其他试验设施包括航天系统中心的空间模拟实验室,在实验室中,土星运载火箭的主要组件放置在直径为11.89m(39ft)的真空室中一段时间,真空室能够模拟距离地球804.67km(500mi)高度的真空条件。另外,航天系统中心的结构测试实验室还可对推进剂贮箱、壳段和级间段等运载火箭主要结构进行结构试验。航天系统中心的两个垂直检测塔用于最终出厂试验,该试验在点火试验前进行。垂直检测实验室装有两套完整的自动检测设备。各个子级的真实地面点火试验都是在道格拉斯萨克拉门托试验中心完成的(图8.7),而且每个子级都是在亨廷顿滩工厂完成组装和检测后才会交付至该中心。位于萨克拉门托的土星运载火箭主要设施包括一对45.72m(150ft)高的钢筋混凝土试验台。三子级都要在试验台进行最终验收试验——全时长、全功率静态点火,模拟实际发射操作。

图8.6　道格拉斯航天系统中心组装检测塔

图8.7　三子级在萨克拉门托的静态点火试验

　　作为世界上最大的飞机,"超级古柏"(图8.8)主要负责将三子级从道格拉斯亨廷顿滩的工厂运输到萨克拉门托试验中心再运输到肯尼迪航天中心。"超级古柏"由美国波音公司研制,用于运输大型宇宙飞船部件,内径为7.62m(25ft),总长度为42.98m(141ft),尾部高度为14.02m(46ft),约5层楼高。机身的内部空间为1409.89m³(49790ft³),是目前大多数喷气式运输机的5倍。"超级古柏"配有四台涡桨

图8.8　"超级古柏"飞机

发动机，总动力为 20593.97kW（28000bhp）。

# 8.4　IBM 设施

IBM 位于亨茨维尔的三栋建筑构成了航天系统中心，仪器舱的部件试验、制造、最后组装和系统检测即在此完成，相关活动如图 8.9～图 8.11 所示。组装和大部分试验工作都在亨茨维尔研究园内面积为 $0.01km^2$（$130000ft^2$）的建筑中进行。接收部件后，首先进行检查，而后转移到其中一个实验室进行详细的质量和可靠性试验。完成部件试验后，再将零件入库，直到组装。

图 8.9　仪器舱组装和试验（所有仪器舱组装工作和大多数试验都在 IBM 位于亨茨维尔研究园内的建筑中进行，建筑的后面是进行组装的高跨间区）

图 8.10　自动检测（模拟任务前，技术人员模拟监测系统检测试验，同时另一技术人员正在进行惯性制导平台的光学调整）

图 8.11　仿真实验室（在 IBM 位于亨茨维尔的工程大楼中，对土星 5 运载火箭飞行制导和导航程序以及发射计算机程序进行试验，图为技术人员检查仿真任务的计算机读数）

　　组装后，将仪器舱移至系统检测试验台，两个系统检测试验台分别用于土星 1B 运载火箭和土星 5 运载火箭。

　　完整的系统检测是自动进行的。两套数字检测计算机系统由地下钢索吊起，用来检查仪器舱。将仪器舱作为一个整体进行试验前，应对每个分系统进行试验。因为配有独立的计算机，两个仪器舱可以同时进行系统试验。

## 8.5　北美航空公司洛克达因设施

　　土星 5 运载火箭的 F-1 和 J-2 发动机是在加利福尼亚州卡诺伽帕克的洛克达因公司主楼内设计的。F-1 静态点火试验在爱德华兹实验室进行，实验室位于洛杉矶东北约 201.17km（125mi）的 NASA 火箭发动机试验场内，而 J-2 静态点火试验在距离卡诺伽帕克 16.09km（10mi）的洛克达因公司圣苏珊娜野外实验室（SSFL）进行，相关试验活动如图 8.12～图 8.16 所示。尼欧肖工厂（密苏里州）由洛克达因公司管理，负责 J-2 和 F-1 发动机部件的生产和试验。两种发动机的部件制造和最后组装均在卡诺伽帕克综合设施中的八个大楼内进行。这些设施都配备了用于精密和重型加工的通用机床以及约 20 台用于多种程序化机械操作的数控机床，同时还配备了用于钎焊推力室管路和喷注器的最大的两个燃气钎焊炉，以及用于超净组装操作、金属板制作、精细清洗和验收的八个超声波清洗组件、21 个 γ 射线和 X 射线检查装置与 50 多个环控区。

　　工程开发实验室提供专业设施，保障生产计划，包括用于检查推进剂系统的大流量水试验设施、12 个用于进行危险试验的混凝土浮桶、28 个环境实验室、一个光弹性实验室、两个气动流体工作台、六个振动实验室以及其他用于检查部件和完整发动机的装置。F-1 涡轮组件、燃气发生器、热交换器、密封件等的研发

图 8.12　F-1 试验台（在 NASA 火箭发动机试验场的鸟瞰图中，可以看到用于试验 F-1 发动机或部件的六个试验台中的三个）

图 8.13　F-1 试验点火（F-1 发动机在 NASA 火箭发动机试验场进行试验）

图 8.14　F-1 飞行发动机点火

图 8.15　泵试验(F-1 发动机涡轮泵试验时气体燃烧产生的火焰在空中超过 45.72m(150ft))

图 8.16　J-2 试验(J-2 氢氧发动机在圣苏珊娜进行试验)

试验在圣苏珊娜的两个试验台和三个部件实验室中进行。完整的 F-1 发动机和喷注器试验则使用爱德华兹实验室的六个大型试验台(总计八个试验位置)以及相关车间和保障设备。

## 8.6　亨茨维尔设施

在亚拉巴马州亨茨维尔的马歇尔航天飞行中心建造了用于土星 5 运载火箭的新设施,包括一子级静态点火试验台、F-1 发动机试验台(图 8.17)、土星 5 运载火箭动力学试验台、J-2 发动机设施以及地面保障和部件试验工位。马歇尔航天飞行中心为土星 5 运载火箭一子级和 F-1 发动机的静态点火试验设施追加了 3900 万美元以修建西部试验区，试验区内最大的结构就是一子级试验台（图 8.18）。一子级试验台于 1964 年完工，总高度为 123.44m（405ft）。

图 8.17　振动试验件（土星 5 运载火箭一子级的地面试验件穿过马歇尔航天飞行中心的西部试验区。大型动力学试验件主要用于振动和弯曲试验。右侧的试验台为单台 F-1 发动机试验设施）

图 8.18　静态点火（1965 年 5 月 6 日，土星 5 运载火箭 S-IC-T 5 台 F-1 发动机静态点火试验，持续 16s，而后再次点火持续 41s）

　　附近的单台发动机试验台用于 F-1 发动机（推力 6672.33kN（1500000lbf））的研制试验。一子级和 F-1 发动机试车台的监控设备位于该区域的中央发射管制台。

　　试验台尾焰导流板所需的冷却水抽取自附近的高压工业给水站。111.25m（365ft）高的土星 5 运载火箭立于马歇尔航天飞行中心的另一个试验设施——动力学试验台上。土星 5 运载火箭和阿波罗飞船的集成试验在此进行，以确定其弯曲和振动特性。动力学试验台为马歇尔航天飞行中心最高的检测塔，占地 9.10m$^2$（98ft$^2$）。在此之前，J-2 发动机已在此开展多次试验。J-2 发动机试车台高 47.55m（156ft），底座为 10.36m×20.73m（34ft×68ft），位于马歇尔航天飞行中心的东部试验区。

　　肯尼迪航天中心的部分设备在马歇尔航天飞行中心的地面保障设备试验设施进行验证，用于检测 39 号发射工位上连接阿波罗飞船/土星 5 运载火箭和脐带塔的巨型服务臂。设施占地面积为 72843m$^2$（18acre），有八个服务臂试验工位和阿波罗飞船进入机械臂的试验工位。同时，在马歇尔航天飞行中心的东部试验区还建造了 F-1 发动机涡轮泵试验台，并在推进装置与运载火箭工程实验室建造了载荷试验设施。

马歇尔航天飞行中心的新型土星 5 运载火箭"电模拟器"或电路试验板设施用于模拟火箭的电气操作。

模拟对象包括一子级、二子级、三子级和仪器舱。马歇尔航天飞行中心用于土星 5 运载火箭的其他设施包括一个子级检测区、两个新建组装区以及一个部件验收大楼。

## 8.7　密西西比试验站设施

NASA 建造了密西西比试验站(译者注：1988 年 5 月更名为斯坦尼斯航天中心)作为土星 5 运载火箭的一、二子级的试验场所。一子级和二子级的验收试验在造价为 3 亿美元的设施内进行。此外，J-2 发动机的部分维修和改装工作也在密西西比试验站实施。相关试验活动如图 8.19～图 8.21 所示。

图 8.19　密西西比试验站的一子级试验台

图 8.20　吊装(将二子级的全系统试验件吊装到密西西比试验站的试验台)

图 8.21　静态点火(首次静态点火试验，巨大的蒸汽喷向天空。1966 年 4 月 23 日，北美航空公司研制的土星 5 运载火箭二子级持续点火 15s)

根据与 NASA 的主合同,通用电气公司负责设施的操作和维护,并向 NASA 以及承包商和其他租户提供现场服务、技术系统和试验支持。北美航空公司凭借其空间部成为二子级研制和验收试验的主要承包商。空间部的工作人员在二子级综合试验设施内进行试验。波音公司是一子级研制和验收试验的主要承包商,其生产的子级将在一子级综合试验设施内进行试验。美国陆军工程兵团是 NASA 土地征用、设计工程和施工的代理商。

在 1967 年的建造和研制工作完成后,密西西比试验站的管理、操作和支持人员达到约 3000 人。

选定的密西西比试验站场地之所以能够从 34 个备选区域中脱颖而出,主要是因为该场地距离水路很近,且靠近新奥尔良州的米丘德组装厂(水路距离 72.42km (45mi))。国有收费区占地 54.33km$^2$(13424acre),四周是噪声缓冲区,涵盖了汉考克(Hancock)和珀尔里弗县以及圣塔马尼教区的 520.13km$^2$(128526acre)的土地。

密西西比试验站主要由三个区域构成,包括大约 60 幢建筑。土星 5 运载火箭综合设施中的三个巨型试验台尤为引人注目。有两个单独的试验台用于二子级试验。一子级试验台是一个高 121.92m(400ft)的双工位结构,带有桥式起重机。实验室和工程综合大楼是工程、行政和技术人员的办公地点,楼内拥有多种设施,供现场和试验保障维护所需的设备及人员使用。NASA 指派给密西西比试验站的工作人员负责对承包商的工作进行总体管理和监督,同时还要负责静态点火试验的最终评估,并负责向子级承包商发放适飞证。

## 8.8 肯尼迪航天中心设施

土星 5 运载火箭在肯尼迪航天中心的 39 号发射工位进行组装、检测和发射。39 号发射工位采用新的移动发射操作方案,通过在受控环境中进行组装和检测实现高可靠性并节约时间,该方案将实际在发射台上的时间减少 80%,继而提高发射率。此外,该方案可以更经济的方式满足未来任务需求,例如,土星运载火箭/阿波罗飞船计划使用的维护工作台可以用于构型类似的其他火箭,并且可供最大推力为 177928.87kN(40000000lbf)的火箭使用。

39 号发射工位的主要组成部分包括:①火箭组装大楼,在该设施内进行运载火箭的组装和准备;②移动发射平台,火箭竖立在该装置上进行检测和发射;③慢速道(crawlerway,专门为土星 5 运载火箭建的慢速道),集成后的火箭由运输车沿慢速道运至发射工位;④移动勤务塔,提供进入火箭的外部入口;⑤运输车,将运载火箭、移动发射平台以及移动勤务塔运至发射工位的不同位置;⑥运载火箭发射区。

### 8.8.1 火箭组装大楼

　　火箭组装大楼由 160.02m (525ft) 高的高跨间区、64.01m (210ft) 高的低跨间区和通过闭式廊桥连接到高跨间的四层发射控制中心 (LCC) 组成，如图 8.22～图 8.24 所示。火箭组装大楼的体积为 3681184m³ (130000000ft³)，占地 32374.85m² (8acre)，是世界上体量最大的组装大楼。高跨间区内设有四个组装和检测跨间。低跨间区内设有八个组装子级接口模拟系统的子级准备与检测间。发射控制中心配备有用于检测和发射操作的显示、监控和控制设备，还有四个发射间，分别对

图 8.22　火箭检测 (土星 5 运载火箭从火箭组装　　　　图 8.23　肯尼迪航天中心首次展示的
大楼向发射台移动，旨在检测设施、培训发射　　　　　　　　　　土星 5 运载火箭
班组并验证肯尼迪航天中心发射程序)

图 8.24　肯尼迪航天中心火箭组装大楼

应高跨间和检测区。安装于高跨间区内墙壁上的工作平台将不同工作区分离开来。平台展开或收起的时间小于 10min，并采用 20t 的液压千斤顶进行校准。

移动发射平台通过发射前检测后，利用运输车将土星 5 运载火箭经由倒置 T 形舱门运出火箭组装大楼。舱门高 138.99m(456ft)，底座宽 45.42m(149ft)，高 34.44m(113ft)；其余部分宽 23.16m(76ft)。火箭组装大楼中有四个这样的舱门，高跨间区内的四个组装和检测跨间各有一个舱门。舱门能承受 55.9m/s(125mi/h) 的气流。火箭组装大楼中有 141 个起吊装置，从 1t 的机械吊机到 2 台 250t 的高升程桥式起重机，种类丰富。每对高跨间共用一台桥式起重机。该起重机的提升高度为 138.99m(456ft)，移动距离为 131.37m(431ft)。

### 8.8.2　发射控制中心

发射控制中心位于火箭组装大楼的东南方向，这个四层建筑是 39 号发射工位的 "计算机"，土星 5 运载火箭的倒计时和发射控制均在这里进行。火箭组装大楼进行火箭最后组装时，发射控制中心可开展多项检测和试验操作。两个独立的自动计算机系统用于检测和土星 5 运载火箭的发射倒计时，校验设备(ACE)用于阿波罗飞船。土星 5 运载火箭地面计算机系统用于火箭的不同子级，其核心位于发射控制中心，检测和飞行前倒计时即在此进行。土星 5 运载火箭地面计算机系统将两台 RCA 110A 计算机作为其 "大脑"，一台 RCA 110A 计算机位于发射控制中心，另一台位于移动发射平台中。

各子级均通过过程控制系统检查，发动机数据以及制导、飞行控制、推进剂、测量与遥测系统数据均由该系统提供。土星 5 运载火箭地面计算机系统还包括位于发射控制中心中的 DDP 224 显示计算机，最多可驱动 20 个可见阴极射线显示管。RCA 110A 计算机可向火箭传送 2016 个离散信号，移动发射平台中的计算机可以返回 1512 个离散信号。数字数据验收系统用于收集箭上模拟数据并将之传输至计算机，供其使用。

用于离散输出信息的三冗余系统具有高可靠性。有 1512 个信号进入移动发射平台，显示 "on" 和 "off" 指令。如果一个信号失效或出现一个错误命令，且其他两个信号传输另一个指令，那么多数指令将在显示器中示出并传送至火箭。每个发射控制中心发射间中装有 15 个显示系统，每个系统都能够提供数字信息。60 台电视摄像机定位在土星 5 运载火箭周围，利用 10 条通道传送图像。发射控制中心包含几百条内部通信通道，发射组和发射负责人可利用这些通道与宇航员进行语音联络。阿波罗飞船的自动检测通过校验设备实现。借助计算机、显示控制台与记录设备，校验设备能够瞬时、精确地进行飞船飞行前试验。飞船承包商工厂和休斯敦载人航天中心的试验也使用了校验设备。

对土星 5 运载火箭各子级和阿波罗飞船校验设备系统的计算机化检测通过仪器联系在一起。土星 5 运载火箭各子级均采用完全自动化的计算机控制检测系统。该分系统使用计算机程序与相关电子设备对各子级及其不同分系统与部件进行完整倒计时检测。它贯穿倒计时始终,试验工程师可监控操作的每一个步骤,并在必要时操控计算机功能。为监控土星 5 运载火箭三个子级的燃料和氧化剂质量,使用推进剂贮存计算机系统(PTCS)。该系统控制推进剂贮箱的加注与补充。必须持续补充液氧与液氢,从而弥补汽化损耗。

### 8.8.3　推进剂贮存与输送

39 号发射工位的推进剂设施包括液氧系统、RP-1 系统、液氢系统、推进剂贮存计算机系统、飞船保障系统以及数据传输系统。推进剂贮存计算机系统能够在加注燃料期间监控加注量,并且还在贮箱加注与补加的最终阶段准确地控制液位。数据传输系统能够准确地将推进剂与环境控制系统电信号从发射工位传输到发射控制中心。液氧系统负责土星 5 运载火箭三个子级氧化剂的加注与排放,包括贮箱、蒸发器、两个补给泵、多条传输管路、排放管路与排水池,以及用于监控和启动气动控制系统的电气线路。球形液氧贮箱容积为 $3406.87m^3$(900000gal),位于与发射工位相距 441.96m(1450ft)的位置上。贮箱的不锈钢内壁直径为 21.26m(69ft 9in)。贮箱内外表面间的空间中填充有隔热用的气态氮与珍珠岩。加注液氧时,发射控制中心液氧控制面板生成命令。信号通过数据传输系统传送到移动发射平台,然后传送到液氧贮存区。电信号转换为气动压力以操控阀门,液氧开始从贮箱流入蒸发器。蒸发器将液氧转化为气态氧,气态氧再流回贮箱以进行加压,使压力保持在 68.95kPa(10pisg)。

液氧输送泵启动后,通过传输管路将液氧泵送至火箭。RP-1 系统为一子级提供燃料加注、排放和过滤能力,包括三个容积为 $325.55m^3$(86000gal)的贮箱,多条传输管路、发射工位设施以及电气线路。液氢系统为二子级和三子级提供燃料加注和排放能力,包括容积为 $3217.60m^3$(850000gal)的贮箱、蒸发器、多条传输管路以及燃烧多余推进剂的燃烧池。双层壁贮箱距离发射工位 441.96m(1450ft),不锈钢内壁直径 18.75m(61ft 6in),内、外壁间的空间填充有珍珠岩。

### 8.8.4　尾焰导流板

为了消散火箭尾焰,发射区中使用了尾焰导流板、导焰槽(图 8.25)和喷水散热系统。倒置的 V 形钢制尾焰导流板覆有可更换的陶瓷前缘。外侧发动机的排气冲击导流板，与此同时，喷水散热系统会将大量的水喷向导流板。中心发动机排气冲击陶瓷前缘。耐热的陶瓷表面在发射产生的强劲气流中缓慢腐蚀。

超热粒子带走了巨大的热能。排气与粒子通过导焰槽偏转，二者产生的能量在导焰槽中消散。可移动导流板重 317.51t（700000lb），并沿轨道系统移至发射基座下方的位置上。每个发射区装有两个导流板，发射仅使用一个即可。

### 8.8.5 发射区

火箭的最终准备在发射区进行，包括推进剂与火工品装填、最终检测与倒计时。

目前 39 号发射工位内有两个发射区，皆为多边形，每个发射区两端的直线距离大约为 914.4m（3000ft）。安全起见，发射工位之间相隔 2.66km（8736ft），可独立进行发射台操作。液氧、RP-1 和液氢贮存在发射工位周边。氦气与氮气在 68.95MPa（10000psig）压力条件下贮存在中心附近。高出地面的钢与混凝土硬面层位于每个区域的中心，移动发射平台和移动勤务塔的钢支架接头就锚固在此硬面层上。导焰槽贯穿硬面层的中心，在发射前，会将楔形尾焰导流板沿轨道移动至导焰槽。液氧系统由容积为 3406.87m$^3$（900000gal）的贮存设施和传输系统组成。RP-1 系统由贮存区（包括三个 325.55m$^3$（86000gal）贮箱）和传输系统组成。这些贮箱都采用碳钢壳体和胶接的不锈钢内衬。

气态氮与氦气在 41.37MPa（6000psig）条件下贮存在发射台附近的地面容器中。火箭的发射前自动检测将提高任务置信度等级并提升发射率，而自动检测系统的核心是计算机系统。

土星 5 运载火箭从 39A 发射台进行发射，有关 39A 发射台的相关情况如图 8.26 和图 8.27 所示。

图 8.25 导焰槽　　　　　　　　图 8.26 39A 发射台

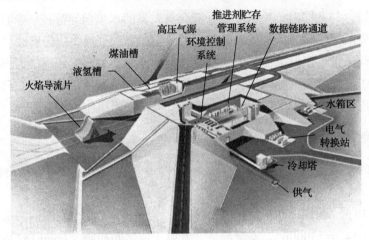

图 8.27　39A 发射台剖视图

### 8.8.6　履带运输车

履带运输车主要用于将移动发射平台和火箭运送到相隔约 5.63km(3.5mi) 的发射工位上。装载火箭的履带运输车以最高 0.45m/s(1mi/h) 的速度移动,卸载后,以 0.90m/s(2mi/h) 的速度移动。运输车长 39.93m(131ft),宽 34.75m(114ft),依靠 4 个双轨装置移动,每个装置高 3.05m(10ft),长 12.19m(40ft),由一台电机驱动。16 台直流电机为运输车提供牵引力,每台电机由两台柴油驱动直流发电机进行供电。发电机的额定功率为 1000kW,由 2050.67kW(2750bhp)柴油发动机驱动。运输车的速度可通过改变发电机磁场来控制。这些磁场由两个 750kW 的供电装置供电,这些供电装置同样也为泵、照明、仪器和通信系统供电。履带运输车是迄今为止最大的陆地运输工具之一。然而,在运输中,运输车水平的角度必须保持在 10° 以内,并可在发射场和火箭组装大楼中为自己定位,误差小于 0.05m(2in)。

### 8.8.7　移动勤务塔

通过移动勤务塔可从外部进入土星 5 运载火箭。钢制桁架结构比地面高 121.92m(400ft)以上,比移动发射平台台面高 106.68m(350ft)。移动勤务塔的五个回转平台将火箭围住,其中两个回转平台依靠电力上下移动,其余回转三个平台可再定位,但不可自供电。机械设备室、操作保障室、通信和电视设备室以及其他不同的设备舱均位于底座。服务塔通过运输车往返于发射台。一旦到达发射台或停放区域的适当位置,移动勤务塔将固定于发射台上。服务结构在发射台停留至 $T$–7h(指发射前 7h),随后移至距离发射台 2.13km(7000ft)的区域停放。

### 8.8.8 移动发射平台

移动发射平台是装有脐带塔的活动发射台，底座面积 2023.43m²(0.5acre)，为双层钢结构。115.82m(380ft)高的钢结构塔架安装在底座上，支撑供电和流体管路。底座与塔架重 4762.72t(10500000lb)，距离地面的高度为 135.64m(445ft)。移动发射平台设计的主要考虑因素是人员安全与撤离措施，以及保护平台和设备免受发射产生的气流与声波的损伤。人员可通过高速电梯从脐带塔的上部工作平台撤离，电梯下降速度为 3.05m/s(600ft/min)。离开电梯后，人员可通过柔性金属滑道进入发射台硬地面底座内的防爆和耐热空间。移动发射平台提供物理支撑，是用于火箭检测的主要设施。移动发射平台底座的顶层装有数字采集装置、计算机系统、驱动服务臂控制器、通信设备、喷水散热壁板与其他控制装置，底层则包括多个液压加注装置、环境控制系统、电气测量设备以及仪器和通信接口终端室。四个火箭固定及支撑臂和三个尾端支持柱安装在底座的顶部甲板上。脐带塔是一个开放式钢结构，为 9 个脐带服务臂、18 个作业平台，以及推进剂管路、气动管路、电气管路、供水管路、通信管路及其他服务管路提供支持。250t 的塔式起重机安装于脐带塔的顶上。点火后，火箭还将在发射装置上停留大约 5s，以增大推力并验证发动机状态。牵制释放阶段的设计"推力上限"为 13344.67kN(3000000lbf)。如果一台或多台发动机未能产生最大推力，则火箭起飞程序停止，所有发动机自动关机。

# 第9章 试 验

鉴于土星 5 运载火箭高额的研制费用,为确保其在飞行期间按计划工作,增加了大量地面试验,其规模前所未有。此外,所有部件和分系统的可靠性必须高于实际所需的标准。与早期计划相比,土星 5 运载火箭地面试验相对增多而飞行试验相对减少。F-1 和 J-2 发动机的地面试验充分体现了试验工作的全面性。J-2 发动机共完成 2500 次地面试验,累计点火超过 63h。F-1 发动机共完成 3000 余次地面试验,累计点火 43h。早期火箭项目,如"红石"、"雷神"和"丘比特",一般要进行 30~40 次飞行试验。

土星 1 运载火箭计划更重视飞行阶段前的地面试验,研制飞行试验次数为 10 次。前 6 次飞行取得成功后,NASA 宣布火箭投入使用。基于土星 1 运载火箭改进的土星 1B 运载火箭,在完成 3 次飞行试验后,NASA 宣布可执行载人飞行任务。在实现"载人构型"前,按计划土星 5 运载火箭只进行 2 次飞行试验,但火箭检测项目非常全面,具体如下:

(1)使用 X 射线扫描多个熔焊焊缝、100 个铸件以及 5000 个晶体管与二极管。

(2)利用声音技术(超声波)检验 402.34m(0.25mi)长的焊缝和 8.05km(5mi)长的管材,并对面积 4046.86$m^2$(1acre)的胶接件进行了相同类型的检验。

(3)对 9.66km(6mi)长的管材采用电流检验法,对 4.02km(2.5mi)长的焊缝进行了染料渗透试验。每个承包商都有自己的传统试验方法。首先进行研究,以验证将采用的特定原则和材料。在生产开始后,每个承包商都会对飞行件进行鉴定试验、可靠性试验、研制试验、验收试验以及飞行试验。

图 9.1 给出了土星 5 运载火箭组装和试验顺序。

## 9.1 鉴 定 试 验

零件和组件的鉴定试验旨在确保各部件能够满足飞行要求,包括在振动、高强度噪声、高温和低温条件下进行的试验。

## 9.2 可 靠 性 试 验

对火箭零件和组件进行可靠性分析旨在确定每个部件的故障范围或误差幅度。

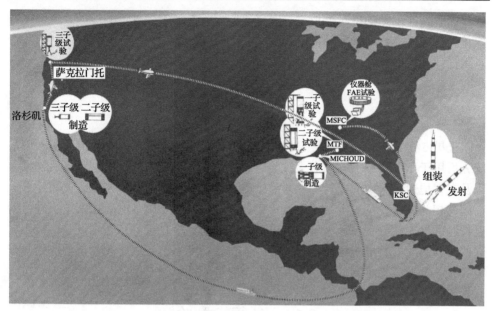

图 9.1　土星 5 运载火箭的运输路线(描述了土星 5 运载火箭组装、
试验顺序及火箭的运输路线，KSC 指肯尼迪航天中心，MICHOUD 指米丘德组装厂)

## 9.3　研　制　试　验

　　试验件比飞行件更加坚固，用于验证飞行件的主要设计参数。试验件验证了推进剂加注、贮箱和输送操作以及发动机点火技术。发动机试验完成后将开展全系统试验，例如，一子级四个地面试验件之一在马歇尔航天飞行中心完成了 15 次点火。这表明一子级及其分系统的设计与制造均满足要求。之后，三个子级、仪器舱以及阿波罗飞船组成的整个阿波罗飞船/土星 5 运载火箭在马歇尔航天飞行中心的动力学试验台进行最后组装。动力学试验的目的是确定运载火箭的弯曲与振动特性，以验证控制系统设计。110.95m(364ft)的组装件置于液压轴承或"浮式平台上"。火箭在机电激振器作用下振动，模拟预期的飞行力响应。

## 9.4　验　收　试　验

　　完成的工作需经功能检测，以保证满足运行要求。从各类组件的连续性与兼容性到全系统都要进行试验。流体管路部件必须具备承受超出正常要求的压力，而结构部件要接受目视和 X 射线检验。同时，各种仪器模拟飞行条件，以评估机电设备的总体性能。交付到子级承包商之前，火箭发动机要进行静态点火试验。

这些试验验证了发动机在模拟飞行温度、压力、振动等条件下的性能。每个飞行件首先要完成一系列全工况系留验收点火试验。之后，在进入肯尼迪航天中心前，对飞行件进行整修并进行点火后检测。

## 9.5  自 动 检 测

土星 5 运载火箭所有主要部段都安装有计算机控制的全自动检测系统。该系统先后用于出厂检测、静态点火试验的点火前准备和点火倒计时、点火后检测，以及在肯尼迪航天中心进行的发射前检测和发射操作。自动检测系统使用计算机程序与相关电子设备对土星 5 运载火箭各子级进行完整倒计时。检测系统进行精确控制的检测试验程序，试验过程可重复。并对每个功能进行逐点试验，指明对这些试验的响应并准确定位出现的故障。自动检测系统还可指明错误响应的复查方式，基本上消除了倒计时期间人为失误的可能性。

## 9.6  飞 行 试 验

飞行试验旨在提供未来发射所需的火箭性能信息。每个子级均配备完整的测量系统，以测量和记录系统、分系统和重要部件的性能。

## 9.7  试 验 文 档

土星 5 运载火箭从地面研制到飞行整个研制周期的试验结果记录与数据采集同等重要。必须对每一个零件、部件、组件、分系统和系统的研制过程进行准确详细的说明并永久记录。这些记录为工程师评估零件与分系统的性能提供依据。而评估则提供了每一枚运载火箭的最大置信度。记录任务难度较大，需通过建立试验数据库来完成。试验或飞行中发生故障时，试验数据库是非常宝贵的参考资料。

# 第 10 章  运载火箭组装和发射

## 10.1  组装和检测

土星 5 运载火箭子级由远洋船或特殊设计的飞机运至肯尼迪航天中心。阿波罗飞船空运交付肯尼迪航天中心的载人飞船操作大楼,进行箭船集成前的检修和检测。土星 5 运载火箭子级进入火箭组装大楼低跨间,开始准备检测。火箭各子级在高跨间起竖前,首先进行接收检验和低跨间检测操作。牵引至高跨间区并定位在 250t 的架空桥式起重机下方后,固定于一子级的吊索轮箍通过起重机钩起。先将一子级定位在移动发射平台上方的位置,之后将一子级固定于四个固定/支撑臂。固定/支撑臂在发射准备期间支撑整个运载火箭并对火箭执行牵制释放。之后,将发动机防护罩安装在一子级上,尾翼移动到位并与四个外侧发动机安装在一条直线上。肯尼迪航天中心火箭组装大楼内部结构如图 10.1 所示。

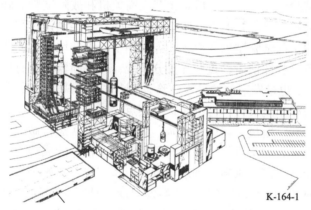

K-164-1

图 10.1  肯尼迪航天中心火箭组装大楼内部图解

移动发射平台的电气地面保障设备通过高速数据链路连接到发射控制中心,真实发射控制设备首先进行试验。在此之前,所有低跨间试验完成,准备二、三子级与一子级的对接。在不产生干扰的情况下,当二、三子级开始对接后,脐带连接工作也随即开始。各子级对接完成后,火箭垂直度调整。

火箭准备就绪后,阿波罗飞船被运入火箭组装大楼与火箭集成。与此同时,在高跨间中对所有分系统进行检测。首轮试验为火箭加电及预冷性能,确认连接件并固定仪器。随后,开始系统试验。条件允许的情况下,系统试验由发射控制中心控制与监测。子级验证完毕后，进行数据审查，开始为综合系统试验做准备。

综合系统试验验证整个火箭的飞行准备情况，包括故障时序测试、火箭总体试验、飞船总体试验以及模拟试飞。模拟试飞前，需完成火工品安装。模拟试飞后，检查垂直度情况，进行数据判读，确保火箭做好运输至发射区的准备，包括断开移动发射平台与火箭组装大楼间的气动、液压与电气连接。断开连接后，运输车移动至移动发射平台下方。液压千斤顶的接头与移动发射平台啮合，并将发射平台顶起约 0.91m(3ft)，以便安装机构分离。之后，运输车离开火箭组装大楼，经由慢速道运输到发射台。

## 10.2　发射场试验

在发射台，履带运输车将移动发射平台运送到指定位置，并固定在一组安装机构上。运输车移到移动勤务塔的停放区域，将服务塔架转移到土星 5 运载火箭旁边，以便进行发射台操作。连接数字数据链路、通信电路、气动供给管路、推进剂管路、环境控制器与电源线路。再次为火箭通电，并验证控制与监控链路。尽量减少发射区试验。运载火箭转场后，高跨间在发射区操作期间为空置状态。飞船系统验证试验最先进行，之后是运载火箭关机和故障试验。确定电磁兼容性并为最终飞行准备试验做好准备，包括时序试验、真实倒计时和飞行中操作与之并行。休斯敦的东部试验靶场和综合任务控制中心内各地面站的兼容性也将得到验证。飞行准备试验评估后，重新配置分系统，并重新验证所有插头。随后进行倒计时验证试验，也是发射前的最终试验。倒计时验证试验包括真实发射倒计时、推进剂加注、搭载宇航员等，但不包括真实点火。倒计时验证试验调动了所有分系统、发射团队和宇航员，帮助"团队"为后续的真实运行做准备。此"正式预演"有助于暴露紧急关头可能出现的问题，提高了任务的成功率。一旦完成倒计时验证试验，运载火箭可重新回到准备倒计时状态，并开始为发射操作倒计时阶段做准备。完成倒计时验证试验与开始发射前倒计时之间的正常再循环时间是 48～72h。阿波罗飞船的推进剂在发射之前加注，燃料为混肼(肼和偏二甲肼的混合物 Aerozine 50)，氧化剂为四氧化二氮，此外，还要加注三子级反推控制系统的自燃燃料并连接火工品。运载火箭低温推进剂加注开始于发射当天的 $T-7h$(煤油在发射前一天加注)。先加注液氧。贮箱在加注液氧前应进行预冷，一个贮箱预冷的同时可对另一个贮箱进行加注。首先为二子级加注液氧到 40%，再为三子级加注液氧到 100%，再将二子级加注到 100%。一子级加注最后进行。二子级加注完毕前可检查液氧是否泄漏。液氧以 $3.79m^3/min$(1000gal/min)的流速泵送到三子级中，二子级和一子级流速分别是 $18.93m^3/min$(5000gal/min)和 $37.85m^3/min$(10000gal/min)。而后加注液氢，先将二子级加注到满液位，后为三子级加注。液氢以 $37.85m^3/min$

（10000gal/min）的流速泵送到二子级，再以 $37.85m^3/min$（10000gal/min）的流速泵送
到三子级。

　　发射前需对运载火箭低温贮箱进行持续补加。从开始加注到完成加注，低温
加注的总时长是 4h 30min。在约 $T–90min$ 时，推进剂加注完成后，宇航员从移动
发射平台经由摆杆通道进入飞船。

## 10.3　发　　射

　　在余下的时间进行最终系统检查。火箭贮箱开始加压，而后一子级发动机点火。
F-1 发动机建立推力期间，将会检查发动机运行情况。确认推力达到要求后，向
固定臂发送发射确认信号，运载火箭起飞。图 10.2 给出了火箭在发射台上的场景。

图 10.2　组装完毕的土星 5 运载火箭抵达 39A 发射工位

# 第11章 计划管理

土星5运载火箭研制项目在NASA载人航天飞行办公室(华盛顿)的指导下进行。该办公室将研制工作委派给马歇尔航天飞行中心。肯尼迪航天中心负责土星5运载火箭的发射(阿波罗飞船,即土星5运载火箭首个有效载荷的研制工作由载人航天中心负责)。

超过125000名主承包商和分包商雇员以及7500名行政部门雇员参与土星运载火箭计划。土星运载火箭研制活动遍布全美,但主要集中在三个区域:

(1)东北部,电子产业群;

(2)东南部,进行生产、试验和发射操作;

(3)西海岸,从事设计、生产和试验工作的航空航天工业。

此外,承担不同研究项目的科研机构以及承担土星运载火箭计划生产任务的分包商分布于全美各地。

土星运载火箭产业活动分布广泛,需要采用极为全面且可靠的管理系统与控制技术,以便更有效地进行项目管理。土星运载火箭研制、试验等地点地理位置较为分散,需要极佳的通信系统,马歇尔航天飞行中心必须了解其他NASA中心,特别是管理阿波罗飞船项目的载人航天中心以及负责土星运载火箭/阿波罗飞船发射的肯尼迪航天中心所开展的相关计划。为此,马歇尔航天飞行中心设置了"计划控制中心"。

土星5运载火箭计划办公室及其他主要团队均设有"计划控制中心"。马歇尔航天飞行中心的财年预算约为17亿美元,控制中心必须具有完善的人员组织,以便对项目中可能发生的诸多变化做出响应。

作为马歇尔航天飞行中心的两大部门之一,产业运作部负责管理NASA载人空间飞行办公室的土星运载火箭研制计划。亚瑟·鲁道夫博士是产业运作部主管土星5运载火箭的项目经理,负责项目工作、计划和预算。对于运载火箭问题的技术解决方案,亚瑟·鲁道夫博士将从研发运行实验室获得帮助。研发运行实验室是马歇尔航天飞行中心的另一个大部门,直接向中心主管报告。由于各子级之间以及子级与地面保障设备间具有多个接口,产业运作部的管理职责包括制定规范和程序,以确保物理与功能的兼容性。以往,各子级与主要分系统的总体设计在马歇尔航天飞行中心内部完成,但随着项目不断深入,特别是对于分系统与部件,项目经理专注于功能性能,将细节留给了承包商,确保工程师完全处于技术设计活动的主导位置。因此，产业运作部项目经理非常积极地参与试验要求、鉴定试验、生产控制、系统工程、项目控制以及飞行操作等领域。

马歇尔航天飞行中心研发运行实验室面向机械工程、电子与飞行力学等主要学科。这些实验室深厚的科学技术底蕴为马歇尔航天飞行中心项目的成功奠定了基础。

土星 5 运载火箭项目办公室由项目经理领导。五个火箭主要分系统有各自的子级经理或项目经理。子级经理主要与主承包商打交道。项目管理是项目经理的职责。NASA、项目管理，主要集中在子级或项目层面上。项目经理和子级经理全面负责技术可行性、性能可靠性，并负责管理承包商活动。项目经理必须具备强大的技术能力支持。技术能力支持部分来自于项目经理办公室中主管技术和业务人员，更多则来自于研发运行部门。每个承包商工厂均有一名质量代表来代表马歇尔航天飞行中心的"官方"态度，马歇尔航天飞行中心向承包商发出的所有指令均由质量代表传达。马歇尔航天飞行中心通过质量代表与承包商直接接触，并了解所有重要计划的状态。

马歇尔航天飞行中心实验室的技术人员被指派为质量代表的工作人员，他们被分配到质量代表办公室，帮助质量代表解决技术问题并确保马歇尔航天飞行中心技术实验室直接获知领域技术成果。实验室的参与程度取决于项目管理需要。

项目管理、技术与承包商人员构成了组织严密的团队，能够管理美国大型运载火箭计划。

## NASA 管理人员

乔治·E·穆勒博士任 NASA 总部载人航天飞行副行政官

萨缪尔·C·菲利普斯少将任 NASA 总部阿波罗计划主管

维纳·冯·布劳恩博士任马歇尔航天飞行中心主任

库尔特·H·德布斯博士任肯尼迪航天中心主任

亚瑟·鲁道夫博士任马歇尔航天飞行中心土星 5 运载火箭计划办公室主任

罗科·A·佩特龙任肯尼迪航天中心发射操作主任

## 波音公司管理人员

L·A·伍德任航空航天主管

G·H·斯托纳任航天部主管兼总经理

R·H·纳尔逊任发射系统分部总经理

A·M·特克斯约翰斯顿任波音公司
大西洋试验中心主任

## 道格拉斯飞行器公司管理人员

查尔斯·R·埃布尔任导弹和空间系统主管

杰克·L·布朗伯格任导弹和空间系统部主管
兼副总经理

西奥多·D·史密斯任土星运载火箭/阿波罗飞船
计划高级主管、导弹和空间系统部总经理助理

马库斯·F·库珀任导弹和空间系统部
佛罗里达试验中心高级主管

A·P·奥尼尔任土星研制工程主任

## IBM 管理人员

麦克莱恩·B·斯密斯任副总裁兼集团执行长官

鲍勃·O·埃文斯任联邦系统部主管

阿瑟·E·库珀任马里兰州贝塞斯达空间系统
中心联邦系统部副主管和总经理

克林顿·H·格蕾丝任亚拉巴马州亨茨维尔
空间系统中心设施经理

亚扪·G·贝尔曼任空间系统中心、肯尼迪航天中心设施经理

## 北美航空公司空间部管理人员

威廉·B·卑尔根任北美航空公司副总裁、
加利福尼亚州唐尼空间部主管

罗伯特·E·格里尔任空间部副主管、
土星运载火箭二子级项目经理

威廉·F·帕克任土星运载火箭二子级
副项目经理

巴斯蒂安·布兹·哈罗任佛罗里达空间部
发射操作副主管兼总经理

## 洛克达因公司管理人员

塞缪尔·K·霍夫曼任洛克达因公司总裁兼北　约瑟夫·P·麦克纳马拉任液体火箭部主管领
美航空公司副总裁　　　　　　　　　　　　导兼总经理

保罗·D·卡斯滕霍尔茨任 J-2 发动机项目经理　诺曼·C·鲁埃尔任液体火箭部总经理助理

大卫·E·奥德里奇任 F-1 发动机项目经理

# 第 12 章 飞 行 史

## 12.1  AS-501（阿波罗 4 号飞船）

首枚阿波罗飞船/土星 5 运载火箭 AS-501 实现了所有任务目标。AS-501 于 1967 年 11 月 9 日上午 7 时从 NASA 佛罗里达州肯尼迪航天中心 39 号发射工位升空。火箭系统和分系统均表现"正常"，且地面保障设备性能符合要求。就火箭而言，主要任务目标包括：验证火箭及其三个子级和仪器舱性能，验证三子级（S-IVB）在轨重启能力；验证 39 号发射工位和地面支持系统。三个子级的飞行基本正常，飞行轨迹接近预计轨迹，且三个推进系统没有出现明显异常。仪器舱系统在飞行期间稳定运行。一子级（S-IC）飞行接近预期。$T$+135.5s 时，S-IC 中心 F-1 发动机在计时器发出指令后关机。$T$+150.8s 时，由于液氧耗尽，S-IC 外侧发动机关机，同时 AS-501 在 61.64km（38.3mi）的高空达到 9695.65km/h（6024.6mi/h）的速度。一、二子级（S-II）的第一分离面和第二分离面在 1.2s 的时间内相继分离成功，达到预期目标。S-II 的照相机拍摄到了顺利分离的画面。S-II 子级的发动机、子级推进剂利用系统、增压系统、气压控制系统、摄像弹出系统和氦气喷注系统正常运行。5 台 J-2 发动机在发动机启动和燃烧期间正常运行。地面控制器发现推力室外壳升温速度略高于预期速度，且发动机启动气瓶压力略高于预计的瓶压，但是两者均在规定的限制范围内。S-II 子级在 519.8s 时关机，比预计迟 3.5s。S-II 子级的液氢贮箱绝缘材料表现良好，在倒计时期间或飞行中无明显缺陷。

S-IVB 的第一次点火和第二次点火分别比预计长 6.2s 和短 15.2s。在 520.7s 时，开始首次点火。665.6s 时，制导系统关闭 J-2 发动机，比预计迟 9.6s。AS-501 的飞行速度为 7791.10m/s（17428.2mi/h），飞行高度为 190.87km（118.6mi）。S-IVB 在地球轨道上旋转两圈后，在美国东部上空再次点火。制导中断了第二次发动机点火，比预计工作时间短 15.2s，在 J-2 发动机重启前，在肯尼迪航天中心记录了低温液氢气枕压力读数（0.12kN（28lbf）），而预计最小压力为 0.14kN（31lbf）。这并未影响发动机运行。S-IVB 重启准备期间，氦气瓶中的压力明显低于预计压力，但是发动机还是实现了再次点火。所有子级的液压系统运转没有出现超差情况。S-IC 上的最大发动机偏转 0.6°，而 S-II 子级上的最大发动机偏转 0.8°。土星 5 运载火箭结构未出现任何问题。

70s 与 80s 之间出现了最大弯矩。整个飞行过程中，纵向载荷接近额定，而 S-IC 子级中心发动机关机时的纵向加速度为 4.15g，非常接近预期值。本次飞行中，仪器舱最先接受试验，因为增加了外部结构加强筋来减小惯性平台的振动效应。相应地，惯性平台中的振动低于土星 1B 运载火箭之前飞行的振动。土星 1B 运载火箭和土星 5 运载火箭上的仪器舱基本相同。动力飞行的前 560s 采用的遥测表明制导与控制为标称值。火箭的应急检测系统为"开环式"，所有迹象表明系统运行良好。针对阿波罗飞船载人飞行研制了 EDS，以便宇航员和地面控制人员可以及时了解火箭中即将发生的故障，并采取纠正措施。阿波罗 4 号飞船仅经历几次测量失败。从飞行时大约 2862 次测量中识别出两次已知的测量失败和 40 次误测量。造成的损失不足 2%。查看一子级和二子级分离的箭载相机记录了优质的图像。相机溅落大西洋后不久被找回。

# 12.2　AS-502(阿波罗 6 号飞船)

　　尽管第二枚土星 5 运载火箭 AS-502 实现了大部分任务目标并将超过 119.75t (264000lb)载荷送入地球轨道，但也并非完全成功。AS-502 于 1968 年 4 月 4 日从 NASA 肯尼迪航天中心 39 号发射工位发射。一子级(S-IC)按计划运转，液压系统性能良好，子级推力正常；然而，一子级飞行后半段遭受了 5Hz 的纵向振动 (POGO 效应)。AS-501 飞行期间，就出现了明显的 POGO 现象，但在 AS-502 上 POGO 现象更加明显。二子级 2 号和 3 号发动机分别在起飞后 408.7s 和 410s 提前关机，导致二子级工作时间延长了 58s。在一子级飞行、二子级(S-II)点火和动力飞行初期，二子级性能良好。最早观测到的偏差是 5 号发动机上的氧化剂主阀及其控制线温度降低和 2 号发动机偏航伺服执行机构压力不断增加，这些情况都在 278.4s 时出现。2 号发动机接收到关机信号前，推力瞬时减少 22.24kN(5000lbf) 且在 318s 时出现了其他偏差。关机信号还导致 3 号发动机关机，因为向 2 号发动机传送关机指令的电线接到了 3 号发动机上。直到 2 台发动机提前关机前大约 140s，二子级液压系统运行正常。此时，偏航和俯仰方向伺服执行机构压差增加。三子级(S-IVB)的第一次点火比计划长 29.2s，以弥补二子级发动机提前关机。最终火箭达到了较高的关机速度，且到达椭圆停泊轨道。验证了土星 5 运载火箭设计的灵活性。

　　所有发动机和子级重启条件似乎都是正常的，但 S-IVB 的 J-2 发动机并未在轨道中重启。重启会将 S-IVB 和阿波罗飞船推至模拟月球转移轨道中。在第一次点火和轨道惯性飞行过程中，三子级运转良好。入轨后不久，观察到冷氢供应泄漏，但是瓶压足以满足二次点火要求。即使发动机和子级启动条件正常，发动机成功接收启动信号且发动机阀门正常打开，发动机也并未再次点火。对 S-IVB 再次点火问题的研究表明，两根通向 J-2 发动机增强型火花点火器的推进剂管路中的一根管路发生泄漏。在这种情况下，到达火花塞的推进剂在混合状态下不足以达到适当的启动条件。第一次点火过程中，三子级液压系统性能正常。飞船分离前不久，发出启动辅助液压泵的程序指令，但是该泵未能运转。飞船分离后的地面指令也未能启动该系统。发动机重启不要求泵运转。制导和其他仪器舱功能良好。二子级 2 号发动机关机之前，飞行轨迹正常。

二子级关机时，飞船所处高度较高，速度较低，因此延长了三子级点火时间，并使速度保持略高于正常值，以实现三子级和飞船进入椭圆轨道。发射前，放弃了 29 个测量参数。飞行期间，最初计划的约 2800 个测量参数中 9 个出现已知故障，另有 19 个出现问题。所有链路上的遥测性能良好。箭载电视摄像机提供了较好的数据。6 个箭载胶卷相机中只有 2 个被找回。这 2 个相机均观察到一子级和二子级分离。对二子级上的 2 号 J-2 发动机和三子级上的 J-2 发动机故障的研究表明，通向发动机增强型火花点火器的推进剂管路断裂。已经重新设计了这些管路，去除出现断裂的挠性段，新管路已通过试验，具有足够的安全裕度，可满足要求，J-2 发动机将使用这些新管路。一子级出现的振动问题引起广泛关注，由此决定在通向 4 台 F-1 发动机的液氧(LOX)输送管加设"减振器"，即通过将氦气注入现存液氧泵前阀内的气蚀中来降低液氧冲击。

# 第二篇　生产与试验

# 第 13 章　设　　施

## 13.1　NASA 马歇尔航天飞行中心

马歇尔航天飞行中心成立于 1960 年 7 月 1 日,中心内人员和设施均调自美国陆军弹道导弹局。土星 5 运载火箭整个计划由亚拉巴马州亨茨维尔 NASA 马歇尔航天飞行中心负责,由维纳·冯·布劳恩领导。

马歇尔航天飞行中心为土星 5 运载火箭专门建造了新的设施,该设施包括一子级静态点火试验台、F-1 发动机试验台、土星 5 运载火箭动力学试验台、J-2 发动机试验台以及地面保障和组件试验工位。

新区包含土星 5 运载火箭一子级试验台和 F-1 试验台,又称西试验区,用于补充原有东试验区。东试验区纳入了双工位土星 1/1B 运载火箭试验台(设施 4572),改造后可开展 F-1 发动机静态点火试验。附近建有 J-2 发动机试验台(设施 4520)。

除静态点火试验台,马歇尔航天飞行中心最大的试验设施是动力学试验台(设施 4550),该试验台建于 1964 年,用于土星 5 运载火箭的垂直方向振动试验,高 109.73m(360ft),底座尺寸为 37.19m×29.87m(122ft×98ft),可以从六自由度、偏航、俯仰和滚转方向施加振动载荷。动力学试验台在 1986 年 1 月 22 日成为美国国家历史地标。

S-IC 试验台(设施 4670)建于 1964 年,总高度为 123.44m(405ft),底座支架为 5443.11t(12000000lb)混凝土。该试验台于 1974 年接受改造,增加液氢试验能力,以适应航天飞机外贮箱验证试验需要;在 1986 年得到进一步升级改造,旨在增加技术试验平台发动机试验能力,以满足航天飞机主发动机衍生型试验需要。至此,S-IC 试验台更名为先进发动机试验设施。1993 年 10 月 28 日,该设施被指定为国家历史地标。

马歇尔航天飞行中心不仅是基本型 S-IC 的制造和试验中心,还负责前两个 S-IC 飞行件的制造以及前三个 S-IC 飞行件的静态点火试验。

## 13.2　NASA/波音公司米丘德组装厂

NASA 米丘德组装厂(MAF)占地 3.37km²(832acre),地处路易斯安那州新奥尔良市,位于新奥尔良市区以东大约 24.14km(15mi)处,是 NASA 自有设施且多年以来一直由若干承包商运营。阿波罗飞船登月计划期间,克莱斯勒公司在米丘德组装厂制造土星 1/1B 运载火箭子级,土星 5 运载火箭一子级也在此制造。

米丘德组装厂得名于安东尼·米丘德。19 世纪中叶,他在该区经营了一家甘蔗种植园和炼糖厂。原炼糖厂的两根砖砌烟囱仍然伫立在米丘德组装厂前方。1940 年,政府收购了 4.05km²(1000acre)的土地,并同时在此地建造了世界上最大的单体建筑,占地 174014.83m²(43acre),用于制造货机和登陆艇。朝鲜战争期间,米丘德组装厂曾用于生产坦克发动机。1961 年 9 月 7 日,NASA 接管米丘德组装厂,在此设计并制造土星 5 运载火箭一子级。米丘德组装厂配套有深水通道港口,用于运输大型航天结构;高跨间,即垂直组装厂房,18 层楼高的单层结构用于土星 5 运载火箭的一子级 S-IC 垂直组装。

S-IC 电气和机械系统的检查在米丘德试验大楼的 4 个试验间进行。每个试验间长 25.60m(84ft),宽 59.44m(195ft),高 15.54m(51ft),分别安装有独立的试验和检测设备。

各飞行件通过与密西西比河或墨西哥湾相连通的水路出入米丘德组装厂。

1973 年,阿波罗登月计划接近尾声,克莱斯勒公司和波音公司为洛克希德·马丁公司让路,洛克希德·马丁公司在米丘德组装厂设计并制造航天飞机外贮箱。当时用于运输土星运载火箭的驳船继续被用来运输外贮箱。

在米丘德组装厂制造的 S-IC-15 现正水平停放在围栏内,路过老让蒂尔路时仍然可以看到。

# 13.3　西尔滩北美航空公司

土星 5 运载火箭二子级制造与试验设施位于西尔滩北美航空公司的空间和信息部,地处洛杉矶市东南方向,邻近亨廷顿滩的道格拉斯工厂。

位于西尔滩的二子级主要制造厂归 NASA 所有,由北美航空公司运营。北美航空公司部分办公室位于西尔滩。位于西尔滩的工厂拥有箱底制造车间、38.10m(125ft)高的垂直组装厂房、35.36m(116ft)高的垂直检测厂房、远程绝热层充气试验区以及其他设施。

组装二子级的垂直组装厂房包括 6 个工作站,用于依次安装二子级的主要部件。组装后,二子级被运送到垂直检测厂房,完成最后安装以及系统和部件的最终试验。检查后,二子级会通过公路运输到附近的海军坞,通过海运到达密西西比试验站的静态点火试验设施,再从该处直接运送至肯尼迪航天中心。

在土星 5 运载火箭实施期间,空间与信息部合并为空间部,也是在此期间,北美航空公司合并成为北美洛克维尔公司。西尔滩组装厂现归波音公司所有。

## 13.4 亨廷顿滩道格拉斯飞行器公司

道格拉斯飞行器公司(简称道格拉斯)坐落于洛杉矶南部的亨廷顿滩,并在此处设计及制造土星 5 运载火箭的三子级 S-IVB。中心是导弹和空间系统部的总部。

三子级的初始部件制造是在道格拉斯的圣塔莫尼卡厂完成的,而最后组装和检测在亨廷顿滩的航天系统中心完成,恰好在圣塔莫尼卡的海岸沿线。推进剂贮箱、壳段以及级间段在高跨间厂房生产。可用于垂直安装和火箭检测的试验塔台共 8 个。运载火箭主要部件(如推进剂贮箱、壳段和级间段)的结构试验在航天系统中心的结构实验室进行。

三子级在离厂去往点火试车设施前在亨廷顿滩的两个垂直塔架上进行出厂试验。完工的三子级通过公路运输到附近的洛斯阿拉米托斯海军航空站,利用"超级古柏"空运至道格拉斯的萨克拉门托试验站(SACTO)进行静态点火,随后从萨克拉门托直接运送至肯尼迪航天中心。

1967 年,道格拉斯飞行器公司合并为麦克唐纳·道格拉斯公司,亨廷顿滩组装厂现归波音公司所有。

## 13.5 卡诺伽帕克洛克达因公司

洛克达因公司负责土星 5 运载火箭的所有发动机(F-1 和 J-2)的设计、制造和试验。在土星 5 运载火箭实施期间,洛克达因公司还是北美航空公司的一个分部。其主要的工程设计和制造厂均位于洛杉矶西北部的卡诺伽帕克。洛克达因公司在1955 年兴建了占地面积 206389.68m²(51acre)的工厂。该公司为美国设计研制了多款火箭发动机。

F-1 和 J-2 发动机及其部件在卡诺伽帕克的八个大楼中进行制造和最后组装。除机械加工设施外,还有两个大型的钎焊炉,用于推力室管路和喷注器钎焊。这里同时还设有专用区域进行精细清洗、组装以及各类无损检测。工程开发实验室具备试验设施,可支持制造生产。发动机点火试验主要在卡诺伽帕克附近的洛克达因公司的圣苏珊娜试验站以及 201.17km(125mi)以外沙漠中的爱德华兹实验室进行。

1996 年,洛克达因公司被波音公司收购,后于 2005 年被转售给普拉特·惠特尼集团公司。普拉特·惠特尼-洛克达因公司在洛杉矶的西山区和德索托还拥有其他设施。到卡诺伽帕克参观的游客都会注意到其入口处展示的 1 台全尺寸 F-1发动机。这是从美国史密森国家博物馆借来的模型。

# 13.6　NASA 密西西比试验站

　　NASA 密西西比试验站位于密西西比州西南部的汉考克,距新奥尔良市 88.51km(55mi),是 NASA 火箭推进试验中心所在地。1961 年 10 月 25 日,联邦政府宣布选择在该地区为阿波罗登月计划使用的运载火箭建设静态点火试验设施。当时,该工程是密西西比州的最大施工项目,也是美国的第二大施工项目。

　　便利的水路交通确保了大型土星运载火箭各级在制造厂和发射场间的便利运输。该区域还提供了占地面积 54.34km$^2$(13428acre)的试验区,声音缓冲区面积达 507.65km$^2$(125442acre)。

　　1962 年 4 月 18 日,美国陆军工程兵团成立基础建设项目办公室,开始土地征购谈判。次年 5 月 17 日,工人砍掉了第一棵树,开始清理试验区进行施工。一条 12.87km(8mi)长、配有河闸控制系统的运河挖掘建成,将各试验台与东珍珠河连接起来。

　　该设施最初被称为密西西比试验活动场(MTO),但在 1965 年 7 月 1 日改名为密西西比试验站。

　　1965 年,专为土星 5 运载火箭建设了三个大型试验台。双工位 B-1/B-2 试车台(4220 号大楼)用于土星 5 运载火箭一子级 S-IC 静态点火试验。B-2 试车台适用多种工况。此试验台高 124.05m(407ft),由钢铁和混凝土在 1600 根钢桩上建造而成,每根钢桩长 29.87m(98ft)。该试验设施还包括一个配有必要设备的试验控制中心。

　　单工位 A-1(4120 号大楼)以及 A-2(4122 号大楼)试车台高 46.94m(154ft),用于土星 5 运载火箭二子级 S-II 的静态点火试验。1966 年 4 月 23 日,A-2 试车台进行土星运载火箭子级的首次点火试验,完成 S-II-T 静态点火试验。1970 年 10 月 30 日,A-2 试车台完成最后一次 S-II 点火试验。1970 年 9 月 30 日,在 B-2 试车台实施了最后一次 S-IC 点火试验。随后,A-2 试车台接受改造升级,增加扩压器,具备了高空点火试验能力。扩压器可模拟 19.81km(65000ft)高度的压力条件。推进剂驳船可对贮箱进行再补给。A-2 和 B-1 试车台现用于发动机点火试车。这些试验台现已被列为美国国家历史地标。B 试验台如图 13.1 所示,A-1 和 A-2 试车台如图 13.2 所示。

　　土星 5 运载火箭在密西西比试验站进行试验期间,NASA 记录了 160 起噪声投诉,其中 18 起涉及了经济赔偿,总额达 39405 美元。

　　1974 年 6 月 14 日,密西西比试验站更名为美国国家空间技术实验室(NSTL),并于 1975 年 6 月 24 日开始进行航天飞机主发动机试车。1988 年 5 月 20 日,中心更名为 NASA 斯坦尼斯航天中心,截至 2004 年 1 月 21 日,中心实现了累计 1000000s 的航天飞机主发动机试验和飞行操作。它现为 NASA 试验研究中心,先前是马歇尔航天飞行中心的分支机构。

图 13.1 航天系统中心的 B 试验台　　图 13.2 航天系统中心 A-1(右侧)和
　　　　　　　　　　　　　　　　　　　　　A-2(左侧)试车台

## 13.7 道格拉斯萨克拉门托试验站

20 世纪 60 年代，道格拉斯在加利福尼亚州萨克拉门托市外的兰乔科尔多瓦经营了一家名为"萨克拉门托试验站"的试验设施。该设施曾完成许多试验，但其中大部分都与 S-IV 和 S-IVB 的静态点火试验有关。

火箭子级在亨廷顿滩工厂完成制造和功能检验后用拖车短距离运送至洛杉矶沿岸的洛斯阿拉米托斯海军航空站，然后由"超级古柏"运往萨克拉门托试验站外的马瑟空军基地，最后用卡车沿公路运至试验站。

萨克拉门托试验站有若干试验工位。与土星 5 运载火箭计划相关的工位如下所示：

(1)α-1 的 3 号工位，主要用于 S-IVB 辅助动力系统振动试验。

(2)α-2-B，主要用于燃气发生器点火试验。

(3)α-4 号工位，主要用于低温贮箱试验。

(4)β-1，主要用于 S-IVB 静态点火试验。

(5)β-3，主要用于 S-IVB 静态点火试验。

(6)γ-3 号工位，主要用于 S-IVB 辅助动力系统点火试验。

(7)κ-A 工位，主要用于燃料泵前阀试验。

S-IVB APS 在萨克拉门托 Y3 试验间进行点火试验如图 13.3 所示。S-IVB 氢氧燃烧室在萨克拉门托 α-2-B 进行点火试验如图 13.4 所示。

除点火试验工位外，还有用于处理、试验和贮存各级的建筑设施，主楼是大型的垂直检测实验室(VCL)。

该试验设施现归美国航空喷气公司所有，用于各种推进技术研究工作。

图 13.3　S-IVB APS 在萨克拉门托 Y3　　　图 13.4　S-IVB 氢氧燃烧室在萨克拉门托
　　　　试验间进行点火试验　　　　　　　　　　　α-2-B 进行点火试验

## 13.8　洛克达因公司圣苏珊娜野外实验室

　　圣苏珊娜野外实验室是洛杉矶外的一个火箭试验设施。该设施在土星 5 运载火箭研发和制造阶段参与了大量工作,完成所有 J-2 发动机的鉴定和验收试验以及 S-II 样机试车。该设施位于文图拉郡的西米山地区,在洛杉矶西北部 48.28km (30mi)处。试验设施坐落于山脊上,海拔 499.87~685.80m(1640~2250ft),向北俯视西米谷,向东南方向俯视圣费尔南多谷。该设施邻近卡诺伽帕克洛克达因公司制造厂。该设施自 1948 年起便一直用于试验火箭发动机、部件以及子级。圣苏珊娜野外实验室于 1950 年 11 月 15 日投入使用,首次成功对美国设计和制造的大型液体火箭发动机进行了试车。该场地因其荒凉的偏远山区形象而被许多好莱坞电影制片商用作电影和电视连续剧的场景。实验室总体布局如图 13.5 所示。

　　圣苏珊娜野外实验室目前为波音公司(1、3 和 4 号区域)和 NASA 的马歇尔航天飞行中心(2 号区域)共同所有。在土星运载火箭研制期间,这里归 NASA 和当时是北美航空公司分部的洛克达因公司所有。圣苏珊娜野外实验室包括 4 个功能区域,用于研究、研制和试验操作,在南侧和西北边界上设置有缓冲区。

　　1 号区域在东侧,其中 2594035m²(641acre)归洛克达因公司所有,169968m² (42acre)归 NASA 所有(以前归美国空军所有)。1 号区域包括三个曾经的火箭发动机试验区,其中两个用于土星系列运载火箭和土星时代项目。

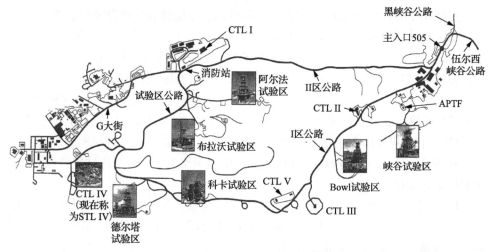

图 13.5 圣苏珊娜野外实验室

1. 盆地

正如其名，这是一个天然的盆地地貌，边缘周围有试验工位。该盆地是第一个启用的试验区，原来建造了 5 个试验台。此区域用于对宇宙神、那伐鹤、红石和土星 J-2 发动机进行试验。J-2 发动机在垂直试验台 2（VTS-2）、垂直试验台 3A（VTS-3A）以及垂直试验台 3B（VTS-3B）点火试验。J-2 推力室组件在水平试验台点火试验。试验台 3A（针对高空试验）的独特之处在于其具有专用的真空扩压器可进行高空模拟点火试验，适用于 J-2 任务。原那伐鹤和红石均在垂直试验台 1（VTS-1）点火试验。盆地区域现已停工，尽管并未完全关闭。

2. 峡谷

与盆地相似，这是另外一个自然地貌，包含若干个试验台。在 20 世纪 50 年代中期到末期，继盆地区域之后，启用了峡谷区域。峡谷曾用于朱庇特、雷神和土星 H-1 发动机试验。这里有一个双工位试验台（水平和垂直）以及一个单工位试验台（垂直）曾用于 H-1 发动机试验。峡谷区域现已关闭。

此外，1 号区域还包括实验室设施。土星运载火箭组件曾在这些设施进行试验。其中组件实验室 III（CTL III）主要用于 F-1 燃气发生器/热交换器、J-2 涡轮泵、J-2 增强型火花点火器和 J-2 燃气发生器试验；组件实验室 V（CTL V）主要用于 J-2 涡轮泵试验。

2 号区域占地 1.66km²（410acre），在中北部，归 NASA 所有，由洛克达因公司运营。该区域包含 4 个试验区，分别是 A、B、C、D 区，其中的两个区如今仍然在使用。

A 区用于 RS-27 德尔塔、宇宙神、那伐鹤、朱庇特和雷神发动机试验。

B 区用于宇宙神、那伐鹤、雷神、土星 E-1(前 F-1)以及土星 5 运载火箭 F-1 组件(推力室组件和涡轮泵)试验。1965 年 10 月 7 日，在 B 区的 1C 试验台进行热交换器验收试验期间，一个燃气发生器爆炸。B 试验区现已关闭。

C 区用于宇宙神、航天飞机主发动机、S-II-TS-B 和土星 S-II 试车样机试验。S-II 试车样机试验在 C 区的 I 号工位进行，该工位在 1964 年 11 月启用。C 区的 4 号工位设计用于 S-II-T 全系统试验件试验。然而，S-II-T 全系统试验件试验最终决定在密西西比试验站进行。C 区 4 号工位用于 S-II-TS-B 结构试验件试验。C 试验区现已关闭。

D 区用于宇宙神、朱庇特、雷神、土星 5 运载火箭 J-2 和土星 E-1(前 F-1)试验。从 1963 年 12 月开始，D 2A 和 D 2B 试验台用于 J-2 发动机的研制、鉴定和验收点火试验。D 试验区现已关闭。

从 1959 年到 1971 年，B 区试验台进行土星 5 运载火箭 F-1 组件试验。

从 1960 年到 1971 年，C 区和 D 区试验台进行土星 5 运载火箭 J-2 发动机试验。

3 号区域占地 0.46km²(114acre)，在西北部，归洛克达因公司所有和运营。此区域并未参与土星运载火箭相关工作。

4 号区域占地 1.17km²(290acre)，归洛克达因公司所有和运营，有 0.36km²(90acre)租赁给美国能源部。美国能源部在此区域建设了多个核反应堆工厂，现已被列为严密监管对象，以确保地面和周围区域无污染。1959 年 7 月 26 日，也是在此区域，钠反应堆试验发生了燃料损坏"熔化"。

西北部和南部的缓冲区分别包括 0.71km²(175acre)和 4.61km²(1140acre)未开发的土地。

随着洛杉矶地区以及西米谷附近居民区的逐步扩张，圣苏珊娜野外实验室作为偏远试验场地开展危险性推进剂火箭发动机试验的情况逐步减少。已经对周围区域的地面污染进行了若干次研究，尤其是寻找高氯酸盐样品。从长远来看，随着发动机试验逐步转移到 NASA 斯坦尼斯航天中心等专用设施，圣苏珊娜野外实验室很可能会关闭。

## 13.9　空军研究实验室——爱德华兹空军基地

爱德华兹空军基地位于莫哈韦沙漠，在洛杉矶东北部 201.17km(125mi)处，因其与航空航天的渊源而闻名。不过，该设施在土星 5 运载火箭发动机试验计划中所起的作用却鲜为人知。F-1 发动机研制和所有点火验收试验均在此处完成。

由于 F-1 发动机推力较大，圣苏珊娜野外实验室因靠近居住区而被叫停试验。F-1 发动机试验需要一个更加偏远的场地。爱德华兹空军基地完全符合 F-1 发动机试验要求。

美国空军研究实验室(AFRL)位于爱德华兹空军基地东侧，占基地面积约 168.35km²(65mi²)。美国空军研究实验室火箭试验站的建设始于 1949 年末，首个试验台于 1952 年启用。试验工位间隔 1.61km(1mi)，其排列方向与盛行风方向垂直。

1963~1987 年，该试验站被称为"空军火箭推进实验室"(AFRPL)，也被称为"火箭发动机试验场"(RETS)。在此期间，多种构型的火箭发动机在此试验。1963~1969 年，所有 F-1 发动机均在本试验场内的大推力发动机专用试验台接受点火验收试验。F-1 发动机试验一直在此地进行，直到 1973 年 4 月开展 F-1A 研制及飞行保障工作。

F-1 发动机仅在土星 5 运载火箭一子级上使用，且在地面点火，因此 F-1 发动机不需要进行真空环境下的点火试验。出于此，所有 F-1 试验均在海平面条件下进行。美国空军研究实验室内的 F-1 试验台结构相对简单，发动机能够从自然山脊上向下垂直点火。

为了进行 F-1 发动机点火试验，建造并使用了 5 个试验台，共 6 个工位。这些试验台被分成两个试验区，位于卢曼(Luehman)山脊东北端。

1-120 区，现被称为先进发射系统设施。此区包括 3 个液体火箭试验台，有 5 个工位、1 个控制中心以及各支持设施。垂直试验台 1-A 是一个单工位试验台，可用于推力为 680.39t(1500000lb)的火箭试验。垂直试验台 1-B 是一个双工位试验台，可用于推力为 272.16t(600000lb)的火箭试验。3 个工位(1-A、1-B1 和 1-B2)均用于 F-1 火箭试验。1-A(用于宇宙神)和 1-B(用于雷神)试验台从 20 世纪 50 年代开始使用，1961 年为适应 F-1 点火试验进行改造。1964 年春，由于火焰导流板及其附近的腐蚀地面需要修复，1-A 试验台进行了改造升级。此试验设施中的第 3 个试验台，即 2-A 试验台，是一个双工位水平试验台，设计用于 340.19t(750000lb)推力组件试验。该试验台仅用于 F-1 推力室组件试验，从未用于 F-1 发动机点火试验。2-A 试验台经历了一次耗费 1850 万美元、为期 18 个月的升级改造和整修，工程在 2004 年 1 月完工。

1-125 区，现被称为"大型系统试验设施"。此区包括 3 个大型火箭试验台和必要的支持结构及设备。此试验设施专为 F-1 发动机试验而建，于 1964 年中启用。垂直试验台 1-C 于 1964 年 6 月 10 日启用，如今可支持推力高达 725.75t(1600000lb)的固体火箭发动机试验。垂直试验台 1-D 能对推力高达 680.39t(1500000lb)的发动机进行点火试验。该试验台建于 1964 年上半年，于 1964 年 7 月 1 日对 F-1 发动机进行首次点火试验。垂直试验台 1-E 的技术性能与试验台 1-D 的相同，但现为国家悬停试验站(NHTF)所在地。此试验台于 1964 年 9 月启用。1964 年 10 月 9 日，NASA 在维纳·冯·布劳恩的见证下通过点火仪式正式接管该设施。这 3 个试验台(1-C、1-D 和 1-E)均用于 F-1 发动机点火试车。除 F-1，还有一些土星早期 H-1 发动机点火试车也在此进行。

在空军火箭推进实验室总共进行了 5000 多次 F-1 和与 F-1 相关的点火试车。除了几次验证点火在亨茨维尔的 NASA 马歇尔航天飞行中心的两个试验台上实施以外，所有单台 F-1 发动机点火均在空军火箭推进实验室内实施。

# 13.10　阿诺德工程发展中心

阿诺德工程发展中心(AEDC)有世界上最多样化的航空航天地面试验设施，位于田纳西州中部，距 NASA 马歇尔航天飞行中心不远，由美国空军装备司令部运营。阿诺德工程发展中心可以模拟火箭发动机高空点火试车。为了保持必要的真空条件，需要强有力的蒸汽扩压器系统来将火箭发动机排出的气体抽离燃烧室。阿诺德工程发展中心可模拟大推力发动机的高空点火试车。

由于其独特性能，阿诺德工程发展中心被选用于一系列与土星 J-2 发动机相关的点火试验，J-2 发动机是一种在飞行中仅在真空和近真空环境条件下点火的发动机。批量生产的 J-2 发动机是在洛克达因公司圣苏珊娜野外实验室的环境和半真空试验台内进行验收试验的，该地点邻近卡诺伽帕克的制造厂。然而，为在高真空环境内进行试验，J-2 发动机在阿诺德工程发展中心进行点火试车，这使得圣苏珊娜野外实验室点火试验能够与全真空条件相关联。阿诺德工程发展中心还用于第二代 J-2S 发动机研制试验。

针对高空火箭发动机试验，阿诺德工程发展中心目前有 4 个主要的试验台，分别是 J-3、J-4、J-5 和 J-6。J-3 用于阿波罗服务舱试验，即 AJ10-137 发动机；J-4 用于土星 5 运载火箭的 J-2 发动机试验。J-4 试验台设计可在模拟 30.48km(100000ft) 高度条件下进行大型液体发动机试验。J-4 试验台于 1964 年开始投入使用，到目前为止已对 400 多台火箭发动机进行了试验；直径为 14.63m(48ft)，可用内部高度为 24.99m(82ft)；能对高达 680.39t(1500000lb) 推力的发动机进行点火试验。不过，该试验设施目前仅限于此等级的三分之一推力。该设施具有独特的温度调节系统，可在 10~43.33℃(50~110℉) 范围内进行试验。J-4 于 1976 年进行了最后一次低温发动机试车。

# 第 14 章 运 输 设 备

## 14.1 驳船和船舶

驳船和船舶用于土星 5 运载火箭的三个子级、F-1 发动机以及各部件在整个美国的制造和试验设施之间运输。S-IVB 三子级主要采用空运，水运作为备用的运输方式。F-1 发动机以前也通过空运或陆路运输。

下列驳船用于运输土星 5 运载火箭部段和组件。

### 14.1.1 "海神号"

"海神号"是一艘改装的海军大型有盖驳船，可在河流和海洋航行，用于在密西西比试验站和马歇尔航天飞行中心与肯尼迪航天中心之间运输 S-IC 和 S-II 级，现如今仍用于在米丘德组装厂与肯尼迪航天中心之间运输外贮箱。

### 14.1.2 "猎户座"

"猎户座"是一艘改装的海军大型有盖驳船，用于在米丘德组装厂和密西西比试验站与肯尼迪航天中心之间运送土星 5 运载火箭 S-IC 级和 S-II 级，后用于在米丘德组装厂与肯尼迪航天中心之间运输航天飞机外贮箱。

### 14.1.3 "小湖号"

"小湖号"是一种开放式甲板驳船，为一艘改装的海军大型有盖驳船，用于在米丘德组装厂与密西西比试验站之间运输 S-IC 级和 S-II 级。

### 14.1.4 "珍珠河号"

"珍珠河号"是一种开放式甲板驳船，为一艘改装的海军大型有盖驳船，用于在米丘德组装厂与密西西比试验站之间运输 S-IC 级和 S-II 级，后用于运输航天飞机外贮箱。

### 14.1.5 "巴罗角号"

"巴罗角号"建于马里兰州巴尔的摩的马里兰造船及船埠公司，于 1957 年 5 月 25 日启用，1958 年 5 月 28 日投入使用，从事北极服务，命名为"巴罗角号"（T-AKD-1）。后来，"巴罗角号"尽管也会从事其他航线来支持土星运载火箭计划，但其主要用于在西尔滩海军坞、米丘德组装厂以及肯尼迪航天中心之间运输 S-II 级以及 F-1 发动机。"巴罗角号"为重要的火箭硬件提供了一个稳定的有顶的运输设施。

大约在 1974 年,"巴罗角号"作为深潜支援船,并更名为"诺马角号"(T-AGDS-2)。1993 年 9 月 28 日,其被从海军装备中划掉,随后报废。

## 14.2　飞　　机

在土星 1/1B 运载火箭计划中,"大腹古柏"飞机已用于将 S-IV 从圣塔莫尼卡运至萨克拉门托的试验场地,然后转运至肯尼迪航天中心。该飞机最初在土星 5 运载火箭计划中使用,但这次用于将 F-1 发动机从洛克达因公司空运至马歇尔航天飞行中心和米丘德的 S-IC 制造厂。后来,这些发动机通过更加经济的手段来运输。土星 5 运载火箭的 S-IVB-500 通过投入使用的第二个运输机"超级古柏"进行空运。

F-1 发动机从 LAX 货运码头空运至新奥尔良海军航空站(运往米丘德组装厂)或红石机场(运往马歇尔航天飞行中心)。S-IVB-500 从洛斯阿拉米托斯海军航空站空运至马瑟空军基地,在萨克拉门托进行试验。随后运输到达肯尼迪航天中心的降落跑道。

### 14.2.1　美国航空航天公司"大腹古柏"377PG

"大腹古柏"由同温层巡航者波音 B-377 NX1024V 的零件制成,该飞机已于 1947 年 10 月 7 日实现首飞。与原型机相比,"大腹古柏"长度和宽度均有所增大,并在 1962 年 9 月 19 日实现了首飞,后续用于运输土星 5 运载火箭 F-1 发动机和试验级。之后,"大腹古柏"运载的更多是散货,直至 1979 年退役并报废。

### 14.2.2　美国航空航天公司"超级古柏"377SG

随着"大腹古柏"飞机成功投入使用,美国又建造了更大型的第二代飞机"超级古柏"。1965 年 8 月 31 日,"超级古柏"(由 1949 年建造的飞剪式结构 N1038V 改进而来)从范纳斯机场起飞,实现了其首次飞行。1966 年 3 月,该飞机被首次用于将 S-IVB 运至马歇尔航天飞行中心。退役后,"超级古柏"一直被闲置于皮玛空军基地的库房内。

# 第15章  F-1发动机生产与试验

## 15.1  简  介

F-1发动机设计为土星5运载火箭的一子级提供推力。一子级采用5台发动机，每台发动机的额定推力为680.39t（1500000lb），比冲为265s；燃料为RP-1煤油，氧化剂为液氧。该发动机由洛克达因公司研制，研制地点在洛杉矶西北部的卡诺伽帕克工厂内。

## 15.2  研  制  背  景

F-1发动机由E-1发动机演变而来，E-1发动机于20世纪50年代初设计，推力约为181.44t（400000lb）。1956年1月10日，该方案在圣苏珊娜野外实验室进行首次试验，完成研制点火试验。F-1的研制工作始于1958年6月23日。8月6日，北美航空公司洛克达因分部获得F-1的初步合同。1959年1月19日，合同号为NASw16的全面研制合同宣布签订。3月6日，F-1发动机的推力室在圣苏珊娜野外实验室成功完成静态点火试验。1961年2月10日，在爱德华兹空军基地进行了首次发动机推力室主级试验。7月11日，F-1发动机样机开始在爱德华兹空军基地进行点火试验。8月16日，F-1发动机进行了首次全系统点火试验，一年后进行了首次额定推力和长时试车。1962年5月26日，F-1的首次额定推力和长时试车在爱德华兹空军基地持续了2.5min。

## 15.3  飞行标准发动机

1963年10月29日，首批生产的发动机F-1001交付NASA。该发动机现归美国史密森国家博物馆所有。1964年3月30日，洛克达因公司获得第一批F-1发动机生产合同，共计76台，合同编号为NAS8-5604。组件研制工作继续推进，其间在1964年2月和4月发生了多起重大故障，如涡轮泵爆炸。这些问题导致试验推迟。11月和12月期间，飞行准备就绪试验（FRT）完成，涉及发动机F-2004和F-2006。上述试验证实了整个发动机所选的设计方案，并为全面鉴定试验铺平了道路。F-1发动机的试验和展出情况如图15.1~图15.10所示。

图 15.1　1962 年 6 月 7 日，F-1 发动机在
爱德华兹空军基地进行点火试验

图 15.2　F-4028 发动机于 2004 年在
亨茨维尔的美国航天与火箭中心展出

图 15.3　1963 年 12 月 17 日，F-1001 发动机
在东试验区的 S-IB 静态试验台进行点火试验

图 15.4　1964 年 3 月，F-1001 发动机在
马歇尔航天飞行中心东试验区的 S-IB
静态试验台内进行点火试验

图 15.5　马歇尔航天飞行中心发动机准备
车间内的 9 台 F-1 发动机（1965 年 3 月 19 日）

图 15.6　F-104-4 发动机在爱德华兹空军
基地进行验收点火（1967 年 8 月）

图 15.7　F-6073（S-IC-10）发动机由"巴罗角号"送抵米丘德组装厂，这是通过海运运输的第 1 台发动机（1968 年 2 月 16 日）

图 15.8　F-1 发动机在马歇尔航天飞行中心西试验区的 F-1 试验台内进行点火试验（1968 年 5 月）

图 15.9　卡诺伽帕克的 F-1 发动机最后组装线（1969 年 4 月）

图 15.10　F-1001 发动机在马歇尔航天飞行中心东试验区 S-IB 静态试验台进行 10s 点火试验（1963 年 12 月 5 日）

　　1965 年年中，首次发动机鉴定试验顺利进行，使用的发动机是 F-2009。可靠性鉴定计划从 1965 年 10 月持续到 1966 年 2 月。1966 年 7 月，组件鉴定完成，1966 年 9 月 6 日，第二次发动机鉴定完成，将推力提升至 690.37t（1522000lb），采用的发动机是 F-5037 和 F-5039。1967 年 5 月，初始合同 NASw16 完成。后续合同 18734A 包括了延长寿命验证以及进一步的产品交付和飞行保障。

　　洛克达因公司共制造并交付 98 台批量生产的 F-1 发动机，其中 65 台发动机随 S-IC 一起发射；10 台发动机安装在飞行级，但未发射；10 台或 11 台发动机入库或单独陈列在博物馆中；2 台或 3 台发动机在博物馆中的 S-IC-D 动力学试验件上；2 台发动机在博物馆中的 S-IC-T 静态点火试验件上；8 台发动机已报废或用掉。此外，还有 2 台发动机(F-3T1 和 F-4T2)被 NASA 用备件制成，用于学习演练。发动机 F-3T1 在博物馆的 S-IC-T 静态点火试验件上。最后，有 7 个具有编号的实体模型。这些发动机中，有 2 台或 3 台在博物馆的 S-IC-D 动力学试验件上，2 台在博物馆的 S-IC-T 静态点火试验件上，1 台已损耗，其余 1 台或 2 台单独陈列在博物馆中。

## 15.4  发动机序列编号

F-1 采用洛克达因公司和 NASA 两个序列编号系统。发动机标牌上呈现的编号为 NASA 编号，并非洛克达因公司编号。表 15.1 为洛克达因公司和 NASA 分别为 F-1 发动机编制的序列号。

**表 15.1  F-1 发动机编号**

| 序号 | 洛克达因序列号 | NASA 序列号 | 首次飞行 |
| --- | --- | --- | --- |
| 1 | F-1001～F-1002 | F-1001～F-1002 | 无 |
| 2 | F-2003～F-2010 | F-2003～F-2010 | 无 |
| 3 | F-2011～F-2016 | F-3011～F-3016 | 阿波罗 4 号飞船 |
| 4 | F-2017～F-2028 | F-4017～F-4028 | 阿波罗 6 号飞船 |
| 5 | F-2029～F-2042 | F-5029～F-5042 | 阿波罗 9 号飞船 |
| 6 | F-2043～F-2098 | F-6043～F-6098 | 阿波罗 11 号飞船 |

## 15.5  发动机构型变化

F-1 构型主要包含 6 种，各构型间的主要发动机序列号如表 15.2 所示。

**表 15.2  F-1 发动机 6 种构型**

| 构型 | 洛克达因公司序列号 |
| --- | --- |
| 1 | 预生产研发 |
| 2 | F-1001～F-1002 |
| 3 | F-2003～F-2016 |
| 4 | F-2017～F-2028 |
| 5 | F-2029～F-2042 |
| 6 | F-2043～F-2098 |

1. 构型 1 到构型 2 的变化

外装柔性高压管替换为内装高压管。此做法简化了结构，并将组件数量从 8 个减少到 3 个。

由于易于发生振动损坏和热损坏，不再将电线束松散地连接成捆。采用带保护绝缘层的防护装甲线束。

液压控制系统管线不再通过易于泄漏的扩口管、B 形螺母和接头连接。用栓接法兰接头和密封板替代焊接接头和分支管管路。

恒定流通面积涡轮排气分支管替换为恒压涡轮排气分支管，以便使气体更好地分布到推力室喷管延伸段，从而消除局部热点。

这 3 台发动机无保护隔热层，原因是这 3 台发动机计划仅用于单台点火试验，且无对接框，因为对接框仅作为与火箭一子级的热和电接口使用，而这 3 台发动机不用于一子级。

2. 构型 2 到构型 3 的变化

由于使用火花点火系统时振动会出现问题，将燃气发生器火花点火系统替换为火工品点火器。

重新设计了液氧贮箱箱底入口，以改善流动特性并降低涡轮泵转速要求。

增加了冗余传感器，以确保在早期飞行期间获得发动机性能数据。

由于这些发动机将作为一子级试验的一部分且需要与附近发动机隔开，增加了隔热层。

横跨常平座平面增加了环绕式管路，以便在运载火箭与发动机之间提供必要的液压和气体供应和返回管路。

增加了铸造对接框，以便为一子级与发动机之间提供电气连接接口，并作为一子级与发动机之间的隔热罩。

3. 构型 3 到构型 4 的变化

经证实，因为先前的管道因电子束焊接问题而难以制造，所以将内装高压管替换为刚性高压管。

因对接框尺寸较大，制造出现问题，将铸造对接框替换为组装式对接框。

增加一子级静态点火测量仪器，以便提供额外的一子级静态点火试验数据。

4. 构型 4 到构型 5 的变化

增加推力 "OK" 压力开关，以提供飞行箭载发动机监控能力。

对零部件进行改进, 以提高发动机的可靠性。

### 5. 构型 5 到构型 6 的变化

由于从早期飞行中获得了足够的数据, 去除了冗余飞行设备, 从而降低了其相关密封件接口数量, 提高了发动机的可靠性。

除发动机构型外, 发动机参数也发生了变化。首批交付的 28 台发动机额定推力为 680.39t(1500000lb)。从 F-5029 开始, 推力增大到 690.37t(1522000lb)。

## 15.6　一子级 F-1 发动机位置布局

四台外侧发动机的位置被确定为 101~104, 可摆动, 中心发动机被固定在位置 105, 如图 15.11 所示。

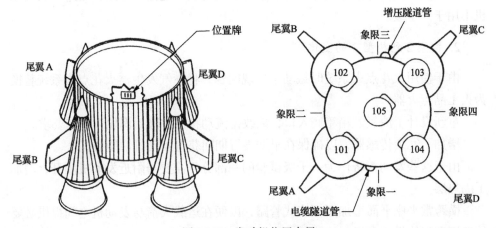

图 15.11　发动机位置布局

## 15.7　发动机的用途

首批研制用发动机采用了不同的编号序列, 用于在爱德华兹空军基地进行 F-1 方案试验。发动机 F-1001~F-2010 用于单台发动机研发试验、飞行就绪试验以及鉴定试验。这批发动机中有两台安装在 S-IC-T 全系统试验件内。发动机 F-1001~F-2010 在爱德华兹空军基地进行了验收试验, 并在爱德华兹空军基地和马歇尔航天飞行中心进行了研发和鉴定试验。从序列号 F-3011 开始的发动机用于运载火箭。这些发动机均在爱德华兹空军基地进行了验收试验, 但是如果认为有必要进一步验证性能, 有些发动机还需要在马歇尔航天飞行中心再次进行点火试验。

## 15.8　发动机的后勤保障

所有 F-1 发动机均在卡诺伽帕克的洛克达因公司研制与制造厂进行制造和组装。每台发动机均通过卡车运送到莫哈韦沙漠，在爱德华兹空军基地的火箭推进实验室进行验收试验。随后，卡车将发动机运回卡诺伽帕克，完成最终交付就绪检查以及试验结果评估。在 NASA 验收之后，每台发动机均被运送到下一目的地，随着目的地不同，其运输方式也有差别。

地面试验用发动机将被留在卡诺伽帕克或通过"大腹古柏"飞机运至亨茨维尔市的红石机场进行单台发动机试验。其中两台发动机被运往马歇尔航天飞行中心，用于 S-IC-T 地面试验件。由于前两发土星 5 运载火箭的一子级(S-IC 级)在马歇尔航天飞行中心组装，后续飞行任务中的 S-IC 级在米丘德组装厂组装，所以 F-3011～F-4021 发动机经空运发往马歇尔航天飞行中心，安装到前两次飞行任务中使用的 S-IC 上；后续发动机被运至新奥尔良市，安装到后续 S-IC 级上。发动机经空运抵达新奥尔良市区以南的新奥尔良海军机场，然后通过卡车短距离运至米丘德组装厂。

为降低成本，运输方式曾发生两次变化。最初发动机通过古柏飞机运至马歇尔航天飞行中心或米丘德组装厂，飞机通常从洛杉矶起飞。随后，发动机通过卡车运输，因为此方式价格低廉且途中振动载荷较低。后来，S-II 级需用船从制造地西尔滩运至米丘德组装厂。人们想到，可以把 F-1 发动机放在船上同 S-II 级一起运输。这样只需把 F-1 发动机用卡车从洛杉矶运至城南西尔滩的海军码头。F-1 随 S-II 到达米丘德组装厂后，把 F-1 发动机卸下，再把 S-II 级装到驳船上，短途运送至密西西比试验站(该设施无法接纳大型远洋船)。

通常情况下，每个 S-IC 级都配备 6 台 F-1 发动机，其中 1 台备用。出于种种原因，备用发动机被频繁调用，而后再配备 1 台新的备用发动机。

# 第16章 J-2 发动机生产与试验

## 16.1 简 介

J-2 发动机设计用于土星 1B 运载火箭二子级、土星 5 运载火箭二子级及三子级。除土星 5 运载火箭二子级使用 5 台 J-2 发动机外,其他子级都只用 1 台 J-2 发动机。土星 5 运载火箭需要 J-2 发动机具备重启能力,以实现将阿波罗飞船送入地月转移轨道(TLI)。每台 J-2 发动机最初推力为 90.72t(200000lb),随后提升至 104.33t(230000lb)。J-2 发动机燃料为液氢,氧化剂为液氧。该发动机由洛克达因公司在洛杉矶西北部的卡诺伽帕克工厂研制。

## 16.2 研 制 背 景

1960 年,洛克达因公司获得 J-2 发动机的研发合同 NAS8-19。1964 年 6 月 24 日,洛克达因公司获得 55 台飞行发动机的生产合同,编号为 NAS8-5603。8 月 24 日,NASA 宣布其将再采购 102 台 J-2 发动机。

研制用发动机点火试验在圣苏珊娜野外实验室的洛克达因公司试验站进行,距离洛杉矶的卡诺伽帕克的研制与制造总部不远。

研发阶段的设计改进包括增加刚性 T 形环装置,用以加强推力室,从而防止在重复点火受力期间发生变形。1964 年 5 月,发动机系统试验集中于消除燃料泵在飞行级进气条件下的失速现象。此时要解决的主要部件问题是燃料泵的性能。为了使发动机获得稳定的性能,对各种推力室喷注器进行了试验。

在圣苏珊娜野外实验室试验和改进的其他发动机组件包括液氧泵诱导轮、燃料泵膜片、增强型火花点火器以及热交换器。

## 16.3 飞行标准发动机

洛克达因公司原计划在 1964 年 6 月用 J-2004 或 J-2005 备用发动机开始飞行准备就绪试验。但两台发动机均在验收试验期间损坏,因此不得不返回洛克达因公司。J-2 发动机和组件及其试验情况如图 16.1~图 16.10 所示。

1964 年 11 月,使用发动机 J-2008 完成了飞行准备就绪前期试验。1964 年

12 月 11 日，J-2 实现了重大里程碑，验证了发动机的重启能力。在历时 165s 的点火以及 75min 的模拟滑行段飞行后，发动机重启 7s，然后进入 6min 的关机状态，最终再次点火 310s。1965 年，利用发动机 J-2023 和 J-2022 完成了飞行准备就绪试验。1965 年 12 月 13 日，使用发动机 J-2032 完成了第一次鉴定试验。发动机共点火 30 次，累计持续时间 3774s。1966 年 3 月 14 日，洛克达因公司成功完成 J-2 发动机中 104.33t(230000lb) 构型的可靠性验证。8 月 22 日，利用发动机 J-2072 完成了第二次鉴定。

图 16.1　2004 年在亨茨维尔市美国航天与火箭中心展出的 J-2010 发动机(涂白色漆的版本)

图 16.2　J-2 发动机在圣苏珊娜野外实验室 VTS-3A 试验台上(1963 年 2 月)

图 16.3　准备从洛克达因公司装运的 J-2 发动机 J-2118(S-II-11) (1967 年 8 月 29 日)

图 16.4　J-2 发动机在圣苏珊娜野外实验室的 VTS-3A 试验台进行点火试验(1963 年)

图 16.5 J-2 喷注器在圣苏珊娜野外实验室垂直
试验台进行试验(1967 年 10 月)

图 16.6 在圣苏珊娜野外实验室
点火试验期间的 J-2S 发动机
J-113A(1969 年 4 月)

图 16.7 S-II-15 J-2 发动机 J-2152 正在圣苏珊娜
野外实验室进行最终验收点火试验
(1970 年 1 月 2 日)

图 16.8 不执行飞行任务的 J-2 发动机
J-2148 在圣苏珊娜野外实验室 D2 试验
台进行点火试验(1969 年 8 月)

图 16.9　卡诺伽帕克的 J-2 批量生产　　　图 16.10　批量生产的 J-2 成品发动机 J-2152 在
发动机组装区（1969 年 8 月）　　　　　卡诺伽帕克交付给 NASA（1970 年 1 月 28 日）

洛克达因公司共制造并交付 152 台 J-2 发动机，其中 65 台发动机随 S-II 级一起发射；9 台发动机随 S-IVB-200 一起发射；12 台发动机随 S-IVB-500 一起发射；10 台发动机安装在 S-II 飞行级上，但未发射；2 台发动机安装在 S-IVB-500，但未发射；1 台发动机安装在 S-IVB-200，但未发射；20 台发动机陈列在展览馆；5 台发动机在博物馆的 S-II-F 设施试验件/ S-II-D 动力学试验件上；24 台发动机已报废或用掉或被拆卸成备件；4 台发动机下落不明。

## 16.4　发动机序列编号

在土星 1B 运载火箭和土星 5 运载火箭上，J-2 发动机编号从 J-2001 到 J-2152 连续排列。

## 16.5　发动机构型变化

J-2 发动机共有六种主要构型。各构型的主要发动机序列号如表 16.1 所示。

**表 16.1　J-2 发动机六种构型的发动机序列号**

| 构型 | 洛克达因序列号 |
| --- | --- |
| 1 | 预生产研发 |
| 2 | J-2001～J-2011 |
| 3 | J-2012～J-2019 |
| 4 | J-2020～J-2059 |
| 5 | J-2060～J-2139 |
| 6 | J-2140～J-2152 |

### 1. 构型 1

早期研制用发动机设计采用贮箱压头启动。由于失速问题以及随后出现过热现象，需要对安装在发动机上的启动燃料贮箱进行更改。

需要将氦气控制气体保持在较低温度，防止气体消散。氦瓶与氢启动贮箱一体化设计解决了这一问题。

添加一个氧化剂涡轮旁通阀，以调整涡轮泵转速。

### 2. 构型 2

该构型发动机用于地面试验。

### 3. 构型 3

第一批生产用发动机。

排放系统的直径增加到 3.81cm(1.5in)。

燃气发生器与燃料泵合为一体，并采用改进后的薄膜冷却燃烧室。

火花去激励计时器从 5s 缩减到 3s，启动燃料贮箱排出延时器从 0.50s 变更为 0.64s。

在气动控制系统中增加储压器。

### 4. 构型 4

启动燃料贮箱隔离。

增加高性能 T/C 喷注器。

电气控制组件的镀金电路板替换为镀锡板。

推力室白色涂装——删除 J-2038 和后续发动机的要求，改进从燃料吸入分支管到推力室出口的脱漆情况。

增加子级静态仪器。

增加冗余的主级 "OK" 压力开关。纳入有防护装甲层的线束。

### 5. 构型 5

发动机推力提升到 104.33t(230000lb)。

在氧化剂主阀伺服机构的闭合侧加入恒温控制孔，旋转顺序阀。

提高氧化剂和燃料泵的功率。

### 6. 构型 6

移除额外的、冗余的仪器设备。

## 16.6  二子级 J-2 发动机位置布局

四台外侧发动机的位置分别指定为 201～204。这几台发动机可以倾斜。中心发动机被固定在位置 205。

## 16.7  发动机的用途

首批研制用发动机没有进行编号，用于圣苏珊娜野外实验室的 J-2 方案试验。J-2001～J-2014 发动机用于发动机地面试验和子级地面试验。J-2015 发动机是首台用于飞行任务的发动机，于 1966 年 2 月 22 日随 S-IVB-201 发射升空。其他发动机用于 S-II、S-IVB-200 和 S-IVB-500 以及地面试验和作为备件。

## 16.8  发动机的后勤保障

J-2 发动机都在洛克达因公司位于卡诺伽帕克的设计与制造厂完成制造和组装。每台发动机都利用卡车运输到洛克达因公司附近的圣苏珊娜野外实验室进行验收试验。实验室拥有一个试验台，可以利用蒸汽引射系统模拟高空试验。完成试验后，J-2 发动机被运回卡诺伽帕克，接受最终交付准备检查以及试验结果评估。通过 NASA 验收后，发动机会被运到下一个目的地，通常是在西尔滩完成 S-II 级组装或在亨廷顿滩完成 S-IVB 级组装。这两个地点都在大洛杉矶地区，距离卡诺伽帕克仅有几小时的车程。一些发动机安装在试车样机中，并在圣苏珊娜野外实验室、马歇尔航天飞行中心、萨克拉门托和阿诺德工程发展中心进行试验。与 F-1 发动机不同，J-2 发动机不需要进行长距离的空运、海运或陆路运输，因为 S-II 级和 S-IVB 子级制造商的所在地邻近洛克达因公司的工厂。

# 第 17 章　一子级生产与试验

## 17.1　S-IC-S

### 17.1.1　概述

S-IC-S 为结构试验件，在马歇尔航天飞行中心接受验收试验，曾在 1966 年发生过一次结构性试验失败。

### 17.1.2　相关试验活动

结构试验件 S-IC-S 是马歇尔航天飞行中心制造的两个地面试验件中的一个。该试验件分段制造，用于不同的结构试验。

燃料贮箱试验件 S-IC-C 是马歇尔航天飞行中心土星 5 运载火箭研制计划中的第一个结构试验件。技术人员于 1964 年年初在马歇尔航天飞行中心的垂直组装设施内进行燃料贮箱的组装。随后对燃料贮箱进行了清洗，并安装了尾段以及特殊的半级间段。1964 年 3 月 6 日，燃料贮箱被运送到动力和飞行器工程(P&VE)实验室的载荷试验楼，由波音公司负责完成载荷验证试验。

1964 年 8 月 4 日，S-IC 燃料贮箱试验件在马歇尔航天飞行中心进行了静水压试验。在此期间，燃料贮箱的前底发生了局部塌陷。燃料贮箱返工，并成功通过了于 9 月 28 日再次进行的静水压试验。随后在当年 10 月份开始进行惯性载荷试验。其他结构试验一直持续到 1965 年。

马歇尔航天飞行中心的制造工程实验室从 1964 年 3 月开始焊接 S-IC-S 结构试验件的箱底。波音公司在制造燃料贮箱支架和瓜瓣时遇到了困难，导致这一结构试验件的组装进度滞后。截至 1964 年 6 月，出现焊接缺陷以及波音公司交付了有缺陷的零件并且未能按期交付零件，导致 S-IC-S 结构试验件燃料贮箱的相关工作比原定时间晚了 10 周。

波音公司于 1964 年 9 月在米丘德组装厂向马歇尔航天飞行中心交付了 S-IC-S 箱间段。同年 11 月 20 日，马歇尔航天飞行中心的制造工程实验室利用垂直组装设施完成燃料贮箱焊接。马歇尔航天飞行中心的技术人员于 1964 年 12 月 1 日进行了燃料贮箱的静水压试验。液氧贮箱的下半部于 12 月在马歇尔航天飞行中心组装完成，随后移入垂直组装设施安装隔板和氦气瓶。

　　由推力结构和燃料贮箱组成的后段于 1965 年 2 月 19 日从制造工程实验室移入动力和飞行器工程实验室的载荷试验楼，并交由波音公司完成试验前的准备工作。工人将这一结构试验件安装到模拟的固定臂上，在 1965 年 4 月、5 月和 6 月进行了模拟各种静态点火条件的载荷试验。这些试验模拟最大推力和平衡载荷。1965 年 6 月 21 日进行了最后一次系留点火试验，当时结构承受的载荷达到设计载荷的 140%。随后，工作人员在后段中增加了箱间段，用于飞行模拟试验。同时，准备了固定装置用于试验尾翼和防护罩组件以及顶端瓜瓣材料试样。

　　波音公司在 1965 年 10 月成功地完成了后段的发射台备用载荷试验，实现了所需的 140%极限载荷。同年 10 月 28 日，在燃料贮箱排空和未增压的状态下，工作人员进行了 140%的地面风载荷试验。1965 年 11 月 19 日，在燃料贮箱充满水的状态下进行的发射系留试验证明了在 135%设计极限载荷下的完整性。

　　由液氧贮箱、箱间段和前短壳组成的 S-IC-S 组件于 1965 年 3 月在马歇尔航天飞行中心交付动力和飞行器工程实验室，随后被竖直存放在外部存放区。试验人员在 1966 年 1 月将 S-IC-S 氧化剂贮箱组件移入马歇尔航天飞行中心的垂直组装厂房安装所需仪器设备，以便开始在载荷试验楼中的相关试验。1966 年 2 月至 3 月，对 S-IC-S 燃料贮箱/推力结构箱间段组件进行结构试验。2 月，一子级在最大载荷因子下开展了两次试验。3 月 1 日，成功对飞行终止条件进行了重新试验。试验期间载荷达到了设计极限的 140%。重新试验的原因是，前一次试验期间在 130%时发现了高应力，导致试验终止。3 月 17 日同时完成了缓释装置和防热罩载荷试验条件试验。1966 年 4 月 13 日，工作人员在马歇尔航天飞行中心的载荷试验楼中拆除燃料贮箱/推力结构/箱间段组件，并移除了 S-IC-S 燃料贮箱。

　　1966 年上半年进行了尾翼和防护罩的结构载荷试验，下半年进行了 S-IC-5 氧化剂贮箱组装试验。7 月 12 日在 140%的载荷下进行了关机空载试验。8 月之前完成第二次和第三次试验，即关机满载和发射系留试验。

　　S-IC-S 氧化剂贮箱组件在 8 月 17 日从垂直组装厂房移入载荷试验楼。1966 年 10 月 5 日到 7 日，达成了首批 9 个试验条件中的前 7 个。随后进行惯性加载和爆破试验。燃料贮箱的爆破试验从 1966 年年底推迟到 1967 年年初。

　　中心发动机的推力结构校准试验于 1966 年 9 月 29 日进行，最终达到设计极限的 140%。试验开始于 1966 年 7 月，对 5 个瓜瓣材料试样中的第一个进行试验。7 月 20 日，上部液氧贮箱底瓜瓣材料试验完成。其他试样试验持续到 1967 年 1 月。

防护罩与 S-IC-S 的连接接头试验于 1966 年 7 月 21 日成功完成,接头失效时达到设计极限载荷的 253%。

S-IC/S-II 接口试验模拟 S-IC 在燃料耗尽时的载荷。部段对接于 1966 年 9 月 23 日开始。10 月 12 日,完成对接的试样交付马歇尔航天飞行中心的载荷试验楼。五部段试验于 12 月 13 日开始。然而在 1966 年 12 月 15 日进行的第三次试验中,S-IC/S-II 接口试验件的 S-II 级部分在达到设计极限载荷的 127%时出现了失效。试样被压缩了大概 10.16cm(4in)。

1967 年 3 月 10 日,马歇尔航天飞行中心的试验人员将 S-IC-S 燃料贮箱安装到 S-IC 试验台上,准备开展系列静水压试验。波音公司将利用试验数据来评估燃料贮箱设计。4 月 28 日,马歇尔航天飞行中心的试验台对 S-IC-S 燃料贮箱进行了静水压试验。1967 年上半年,S-IC-S 完成液氧贮箱极限压力试验,标志着结构试验计划的 16 项试验全部完成。但在 1967 年 7 月初增加一项试验,即顶端瓜瓣试验,这是因为此前的试验被闪燃打断。当时,闪燃毁坏了顶部的防水布以及试验设施中的大部分电线。本次试验于 7 月 10 日顺利完成,达到设计载荷的 225%。7 月 31 日,堵塞螺母构型孔的修复试验完成,达到设计载荷的 225%,因此不需要增加额外试验。

## 17.2 S-IC-F

### 17.2.1 概述

S-IC-F 是在米丘德组装厂制造的设施检测件,是土星 5 运载火箭 AS-500F 的一子级。AS-500F 火箭于 1966 年到达 39 号发射台,是第一个运送到该发射台的土星 5 运载火箭。

### 17.2.2 发动机

S-IC-F 安装了 4 个简单的空壳模型以及一个发动机实体模型 FM-105。

### 17.2.3 制造

S-IC-F 设施检测件由波音公司在米丘德组装厂制造。由于米丘德组装厂在焊接 S-IC-D 的箱底时出现了问题,与 S-IC-F 设施检测件相关的工作在 1964 年被迫推迟。S-IC-F 的主要组装工作开始于 1965 年年初。波音公司在 1965 年的第一季度焊接燃料和液氧贮箱的箱底与蒙皮组件。燃料贮箱于 6 月 14 日完工,随后进行了静水压试验。7 月 16 日将燃料贮箱移到组装区。液氧贮箱于 7 月初完成组装,

8 月 11 日进行了静水压试验。与前短壳相关的工作于 6 月 30 日完成，与推力结构相关的工作于 7 月初完成。

垂直组装从 7 月 15 日开始，直到 8 月 25 日完成。此后，S-IC-F 被移到水平组装区，安装到固定支承夹具上。这些夹具从运输车拆下来，用于 S-IC-2 的水平组装。

9 月系统总装时，由于台风"贝特西"的袭击，液氧贮箱上出现雨斑，安装工作推迟三天。后由于受到 9 月中旬工人罢工的影响，该试验件的相关工作进一步延迟。

波音公司在 1965 年 10 月将 F-1 发动机实体模型 FM-105 安装到 S-IC-F 上。安装前利用发动机安装工具和发动机模拟件进行了若干次演练，但从拖车上提升起 FM-105 并将其放置在 S-IC-F 上后，发现安装工具无法移动。波音公司只得移除该工具。随后，在安装工具和发动机间的接触区域发现了大面积的推力室管路压痕。波音公司对该现象进行了调查并同时对安装工具和程序进行了改进。1965 年 12 月 16 日，利用改进后的工具和工序，将发动机 FM-105 成功安装到该试验件上。

完成水平组装和系统安装后，在 1965 年 11 月 19 日将 S-IC-F 移到系统试验间进行制造后检测。

### 17.2.4　试验

波音公司在米丘德组装厂的工作人员完成了 S-IC-F 的集成试验，包括发动机实体模型 FM-105 和 4 个空壳模型的最终组装。

尽管存在零件短缺的问题，但仍在 1966 年 1 月进行了制造后检测。集成试验于 1 月 6 日完成，随后该设施试验件从 1 号试验间移到 2 号试验间进行称重及装运前的准备工作。米丘德组装厂于 1966 年 1 月 13 日完成了制造后检测。随后该设施试验件被送到米丘德的码头，但驳船的 GN2 增压系统受到了污染，需要重新制造并安装一套替代系统。

1966 年 1 月 14 日，S-IC-F 被装载到"海神号"驳船上运往肯尼迪航天中心。它于 1 月 15 日离开米丘德码头，并在 1 月 19 日到达肯尼迪航天中心。2 月 7 日，S-IC-F 被移入火箭组装大楼的低跨间(图 17.1)，准备对接，于 3 月 15 日安装到发射脐带塔上。3 月 25 日，二级 S-II-F 与一级 S-IC-F 的对接在火箭组装大楼内完成。3 月 28 和 29 日，肯尼迪航天中心的技术人员将三级 S-IVB-F 安装至一级 S-IC-F 和二级 S-II-F 组合体的顶部，并在接下来的一天将 S-IU- 500F 安装到火箭上。

对火箭 AS-500F 组装完工后，在 1966 年 5 月 13 日进行了首次通电。系统试验于 5 月 24 日完成，并在第二天将火箭从火箭组装大楼运往 39A 发射台。火箭

图 17.1　在肯尼迪航天中心的火箭总装厂房中，将 S-IC-F 垂直放置到移动发射平台之上
（注意单独的发动机实体模型以及四个空壳模型）(1966 年 3 月 14 日)

采用 1 号履带式运输车运输，整个过程持续了大半天时间。6 月 8 日，由于台风"阿尔玛"来临，AS-500F 在 LC-39A 的处理和试验工作被迫中断。作为预防措施，火箭被重新运回火箭组装大楼。两天后，随着台风的警报解除，AS-500F 火箭再次被运回 39A 发射台。这一过程耗时约 8h。

1966 年 8 月 19 日在肯尼迪航天中心的 LC-39A 进行一级 S-IC-F 液氧加注试验期间，液氧系统发生故障，导致二级 S-II-F 贮箱加注的进度延后。液氧贮箱的一条 45.72cm(18in) 柔性管路断裂，贮箱遭到破坏。随后进行的检验显示，共损失了约 3029L(800gal) 的液氧，液氧贮箱在某一区域向内塌陷约 4.88m(16ft)。通过液压增压对贮箱进行修复，使其恢复了原来的形状。

从 1966 年 8 月 12 日开始燃料的自动加注，并于当月 24 日顺利完成。S-IC-F 的手动液氧加注试验在 9 月 20 日完成。自动液氧加注于 10 月 3 日完成。10 月 8 日在尝试失败后，AS-500F 火箭的液氧和液氢自动加注于 10 月 12 日顺利完成。火箭推进剂泄出顺利完成，先是液氧排放前的准备、人工泄出 S-IVB 和 S-II 的液氢，同时自动泄出 S-IVB 液氧、S-II 液氧和 S-IC 液氧。至此，AS-500F-1 的加注试验顺利完成。

完成发射台试验后，AS-500F 在 1966 年 10 月 14 日被运回火箭组装大楼。转运过程中，履带式运输车出现了轻微的轴承过热问题。回到火箭组装大楼后，技术人员立即对火箭进行了共振试验，并将逃逸系统从火箭上拆解下来。10 月 21 日，肯尼迪航天中心的技术人员在火箭组装大楼中完成了 AS-500F 火箭的拆卸工作。10 月 15 日，开始拆卸指令服务舱和仪器舱，然后在 16 日拆卸 S-IVB-F 和 S-II-F，最后拆卸 S-IC-F。拆卸完成后，使 S-IC-F 做好运往米丘德组装厂进行存放的准备。S-IC-F 于 12 月 10 日通过"海神号"驳船运输至米丘德组装厂进行存放。

　　为解决 S-IC 级 POGO 振动问题，1968 年 5 月在米丘德组装厂移除了 S-IC-F 液氧管路(图 17.2)。波音公司于 1969 年 9 月 29 日将 S-IC-F 交付马歇尔航天飞行中心。利用"海神号"驳船将 S-IC-F 从米丘德组装厂运出(图 17.3)。

图 17.2　为解决 POGO 问题，将液氧管道从 S-IC-F 上移除(1968 年 5 月)　　　图 17.3　在米丘德组装厂将 S-IC-F 搭乘"海神号"驳船运往马歇尔航天飞行中心(1969 年 9 月)

# 17.3　S-IC-D

### 17.3.1　概述

　　S-IC-D 是米丘德组装厂制造的第一个 S-IC 级，用于 AS-500D 土星 5 运载火箭动力学试验件。目前，S-IC-D 在亨茨维尔市的美国航天与火箭中心进行展示。

### 17.3.2　发动机

　　初始和最终的发动机构型如下。

　　位置 101：模型发动机。

　　位置 102：质量模拟件。

　　位置 103：质量模拟件。

　　位置 104：质量模拟件。

　　位置 105：质量模拟件。

　　在亨茨维尔市美国航天与火箭中心展示的 S-IC-D 的发动机布局如下。

　　位置 101：FM-102。

　　位置 102：FM-105。

　　位置 103：F-2007。

位置 104：F-2009-1。

位置 105：F-2003 或 FM-104。

### 17.3.3　制造

S-IC-D 动力学试验件是波音公司在 NASA 米丘德组装厂制造和组装的第一个 S-IC 级。

波音公司从 1964 年 4 月开始制造 S-IC-D。1964 年下半年，米丘德组装厂的贮箱箱底组装工作出现延期。年末的时候，工作人员继续进行 S-IC-D 液氧和燃料贮箱的组装工作。波音公司在 1965 年年初完成了推力结构的制造并于同年 3 月 24 日在米丘德垂直组装厂房内进行了安装。将燃料贮箱安装到静水压试验塔中并在 1965 年 5 月 6 日进行了试验。随后完成了液氧贮箱的最终焊接和组装工作，并在 5 月 26 日进行了液氧贮箱的静水压试验。

S-IC-D 于 1965 年 5 月 28 日至 6 月 16 日在垂直组装厂房内完成了前部组件及后部的最终组装，并且在经历了地面支持系统配件返工导致延期后于 6 月 27 日从垂直组装塔中移出。随后在 6 月末将 S-IC-D 运往水平组装区域。8 月 25 日完成了在水平组装全部工作，并随后对 S-IC-D 进行了制造后试验。

### 17.3.4　试验

受台风"贝特西"的影响，S-IC-D 的相关工作被推迟。为对台风损坏的检测大楼进行维修，9 月 13 日，S-IC-D 被移出。9 月 20 日 S-IC-D 被运回检测大楼，以便完成试验和称重，准备运往马歇尔航天飞行中心进行动力学试验。

S-IC-D 在 1965 年 10 月 6 日 14:17 搭乘"海神号"驳船离开米丘德码头，并在 10 月 14 日 5:45 抵达马歇尔航天飞行中心。这是"海神号"驳船的首航。抵达当天的 12:30 开始卸载，并在 16:15 将 S-IC-D 移入制造工程实验室，即 4755 号大楼存放。11 月 23 日进行的设施检查为准备将 S-IC-D 安装到动力学试验台上扫清了障碍。12 月 7 日，全部模拟发动机都被安装到 S-IC-D 上。其中 4 处位置使用了质量模型，剩余的一处位置使用了发动机模型。

工人在 1966 年 1 月 13 日将 S-IC-D 从制造工程试验楼中移出，并吊装到动力学试验台上。从 11 月 24 日开始进行阻尼试验。2 月 11 日至 18 日进行了 S-IC-D 悬挂系统和阻尼试验。技术人员从 3 月份开始在其上安装垂直尾翼、防护罩和反推火箭。6 月 24 日完成了 S-IC-D 动力学试验件的初始阶段现场集成试验。8 月 11 日开始在动力学试验台上进行推力矢量控制(TVC)试验。其中燃料箱完全注满，液氧贮箱加注到下部 Y 形环的位置。由于发现两台伺服机构存在缺陷，推力矢量控制试验无法完成。解决伺服机构问题的同时，开始了发动机横向模态(ELM)试验。由于冷却系统内部的水泵被烧坏，对激振器的试验进一步推迟。进行发动机横向模态试验时发动机保持工作状态，但是常平座锁未正常工作。9 月 12 日尝试了常平座锁处于工作状态下的发动机横向模态试验，这项试验在用于模拟标准发动机重量的四个铅锤松动后停止。

从 9 月 13 日起重新进行了激振器试验与评估并持续到 9 月 27 日。发动机横模试验于 9 月 27 日重新开始并持续到第二天，试验期间发动机转向伺服机构进行了机械锁闭。S-IC-D 的尾翼和防护罩试验从 9 月 29 日开始并于 10 月 3 日结束。开始纵向试验前，发现上推力环拼接接头的支架出现裂纹，因此进行了更换。10 月 17 日完成了子级配重操作并在动力学试验台上开始纵向试验。由于各种原因导致试验暂停了两次，包括需要采用模拟发动机重新完成发动机横向模态试验。该试验在 11 月 12 日最终完成。

11 月 22 日，波音公司驻亨茨维尔市的工作人员在土星 5 运载火箭的动力学试验设施中将 S-II-F/D 安装到 S-IC-D 上。S-IVB-D 级间段的对接开始于 11 月 23 日，结束于 11 月 28 日。11 月 30 日，安装了 S-IVB-D；12 月 3 日，安装了阿波罗飞船的指令服务舱和逃逸系统，AS-500D 动力学试验箭完成组装。

动力学试验活动被归类为 AS-500D 构型 I 系列试验。构型 I 为完整的土星 5 运载火箭。试验开始于 1967 年 1 月初，1 月 7 日完成了滚转试验。试验过程中发现，试验用火箭与用于实际飞行的火箭相比存在结构构型方面的差异，于是决定改进构型后重新试验。

构型 I 系列试验项目包括 1967 年 1 月 16 日完成的滚转试验、从 1 月 20 日持续到 23 日的俯仰试验、2 月 15 日完成的偏航试验以及 2 月 26 日完成的纵向试验。最后的纵向试验中发生了液氧排放管路断裂。马歇尔航天飞行中心在 3 月 6 日提供了备用的排放管路，并增加了一次构型 I 试验来验证飞行控制系统。该试验一直持续到 3 月 11 日。3 月下旬开始 AS-500D 火箭进行拆解。截止到 3 月 30 日，逃逸系统、指令服务舱、仪器舱、S-IVB-D 和 S-II-F/D 已全部完成拆解。随后在 4 月 4 日从动力学试验塔架上拆除了 S-IC-D（图 17.4），准备将其运往密西西比试验站的库房中存放。4 月 15 日，S-IC-D 抵达密西西比试验站，并被放在一子级存放区，直到 1967 年 11 月 10 日被移出并安装到 B-2 试验台上（图 17.5）。S-IC-D 在 12 月 14 日进行了推进剂加注试验，并从 19 日开始进行了一系列燃料贮箱排放试验。

1968 年 1 月 29 日，波音公司的工作人员在米丘德组装厂完成 S-IC-D 燃料贮箱防晃隔板改进措施的验证工作。他们在试验中进行了 4 次燃料贮箱排放试验。2 月 1 日，从密西西比试验站的 B-2 试验台上拆除 S-IC-D。4 月 19 日，"海神号"

驳船搭载着 S-IC-D 前往马歇尔航天飞行中心（图 17.6）。位于亨茨维尔市的美国航天与火箭中心于 1968 年 7 月破土动工。接下来的一年，S-IC-D 被转移到户外展示区存放，并安装 5 台发动机。1969 年 6 月 26 日，S-IC-D 被移到马歇尔航天飞行中心邻近航天实验室的位置。两天后，美国中部夏令时 6 月 28 日早上 5:00，S-IC-D 沿莱德奥特公路被运往博物馆。运输过程中，切断大量电网，拆卸若干路标和电线杆。博物馆于 1970 年对外开放，S-IC-D 一直存放至今（图 17.7～图 17.9）。1987 年 7 月 15 日，土星 5 运载火箭被指定为美国国家历史地标。S-IC-D 于 2005 年开始整修。2008 年 2 月，整修一新的 S-IC-D 在亨茨维尔的美国航天与火箭中心的戴维森分部对外展出。

图 17.4　将 S-IC-D 从土星 5 运载火箭动力学试验台上拆除（1967 年 4 月 4 日）

图 17.5　由密西西比试验站将 S-IC-D 安装到 B-2 试验台上（1967 年 11 月 10 日）

图 17.6　在密西西比试验站将 S-IC-D 转移到"海神号"驳船以便运往马歇尔航天飞行中心（1968 年 4 月 19 日）

图 17.7　2004 年在亨茨维尔美国航天与火箭中心展出的 S-IC-D 后视图

图 17.8 2004 年在亨茨维尔美国航天与 火箭中心展出的 S-IC-D 尾部侧视图

图 17.9 2004 年在亨茨维尔美国航天与 火箭中心展出的 S-IC-D 侧视图

## 17.4 S-IC-T

### 17.4.1 概述

S-IC-T 全系统试验件是在马歇尔航天飞行中心和密西西比试验站进行 S-IC 级 和 F-1 发动机静态点火试验时使用的试验件。该试验件是马歇尔航天飞行中心制 造的第一个土星 5 运载火箭一子级，也是第一个进行点火试验的土星 5 运载火箭 一子级。

### 17.4.2 发动机

S-IC-T 采用了多个不同的发动机，清楚起见，本节列出了全部的构型。

首批制造和 S-IC-01 至 S-IC-03 的试验位置如下。

位置 101：F-2005，已安装但并未点火。

位置 102：F-2007，已安装但并未点火。

位置 103：F-2008，已安装但并未点火。

位置 104：F-2010，已安装但并未点火。

位置 105：F-2003。

S-IC-04 至 S-IC-08 的试验位置如下。

位置 101：F-2005。

位置 102：F-2007。

位置 103：F-2008。

位置 104：F-2010。

位置 105：F-2003。

S-IC-09 至 S-IC-10 的试验位置如下。

位置 101：F-2005。

位置 102：F-2010。

位置 103：F-2008。

位置 104：F-2007。

位置 105：F-2003。

S-IC-11 至 S-IC-15 的试验位置如下。

位置 101：F-4T2。

位置 102：F-2003。

位置 103：F-2008。

位置 104：F-2007。

位置 105：F-3T1。

接口试验位置如下。

位置 101：F-2003。

位置 102：F-2007。

位置 103：F-2008。

位置 104：无发动机。

位置 105：F-3T1。

S-IC-T1 至 S-IC-T2（密西西比）和 S-IC-20 至 S-IC-22 的试验位置（马歇尔）如下。

位置 101：F-2003。

位置 102：F-2007。

位置 103：F-2008。

位置 104：F-2010。

位置 105：F-3T1。

肯尼迪航天中心土星运载火箭中心当前展出的布局如下。

位置 101：FM-106。

位置 102：FM-101。

位置 103：F-2008。

位置 104：F-2010。

位置 105：F-3T1。

注：位置 101 和 102 的发动机可以互换。

### 17.4.3　制造

S-IC-T 全系统试验件由亨茨维尔的马歇尔航天飞行中心制造。它是马歇尔航天飞行中心制造的第一个土星 5 运载火箭一子级，也是其制造的两个地面试验件中的一个。

马歇尔航天飞行中心在 1964 年初进行的 S-IC-T 组装工作比原计划落后几个月，主要是由于焊接方面的问题影响了整体进度。在 3 月中旬将防晃隔板安装到燃料贮箱的上半部分，同时将燃料泄出管安装到燃料贮箱的下半部分。马歇尔航天飞行中心还在 1964 年 3 月开始了液氧贮箱的组装。波音公司在米丘德组装厂进行前短壳和箱间段组件的制造。由于垂直组装设施内的自动焊接设备发生故障，直到 4 月末才完成燃料贮箱的制造工作。推力结构在 6 月 18 日被安装在组装台上。截止到 6 月底，燃料贮箱完成了静水压、容积标定和渗漏检查；部分内部组件被安装到燃料贮箱内部；已完工的液氧贮箱被放置到垂直试验台上等待功能性压力试验。

技术人员发现并修复了液氧贮箱和燃料贮箱箱底上出现的众多细小焊接裂纹。1964 年 8 月完成了液氧贮箱的静水压试验，11 月完成了燃料贮箱的静水压试验。由米丘德组装厂制造的 S-IC-T 前短壳和箱间段在 1964 年 7 月运抵亨茨维尔进行再加工和组装。前短壳在 1964 年 10 月 18 日同液氧贮箱完成连接，燃料贮箱在 11 月 24 日同推力结构完成连接。液氧输送管路在 12 月 3 日制造完毕。在 1964 年 12 月 18 日燃料贮箱和液氧贮箱与箱间段完成连接。1965 年初，在制造工程实验室进行了 S-IC-T 前后段的最终水平组装。1965 年 2 月 27 日和 28 日开始准备将 S-IC-T 运往马歇尔航天飞行中心西试验区的 S-IC 静态点火试验台。

### 17.4.4 试验

未安装发动机的 S-IC-T 静态点火试验件于 1965 年 3 月 1 日抵达 S-IC 西部试验台。安装到试验台的过程耗时约 2.5h。在试验台中完成了一子级的对准、定位以及预夹紧。手动地面支持系统的安装与检测于 3 月 8 日完成，比原计划提前了将近 11 周。3 月 8 日至 10 日完成了结构的载荷试验。3 月 24 日将液氧加注到 15%。3 月 25 日进行了贮箱增压和渗漏检查。3 月 27 日至 30 日完成了全部 5 台 F-1 发动机的安装工作。计划采用中心发动机 F-2003 完成首次热试车。

1. S-IC-01 点火试验

美国中部夏令时间 1965 年 4 月 9 日 16:20 进行了单台发动机的点火试验。试验持续了 3s(计划时间为 7s)，试验中止，当时推力达到 40%。

2. S-IC-02 点火试验

美国中部夏令时间 1965 年 4 月 9 日 18:45 进行了单台发动机的点火试验。试验持续了 2.5s(计划时间为 7s)。这次试验在前一次试验 2h 后进行,被安全电路自动终止,因为该电路不能确认 1 号主燃料阀(MFV)已经打开。这种情况是由 XLR接头中的导线发生断裂导致的。

### 3. S-IC-03 点火试验

美国中部夏令时间 1965 年 4 月 10 日 17:10 进行了单台发动机的点火试验。试验持续了 16.73s(计划时间为 15s)。首次单台动机点火试验通过控制台按计划终止。

### 4. S-IC-04 点火试验

美国中部夏令时间 1965 年 4 月 16 日 14:58 进行了 5 台发动机的点火试验。试验持续 6.5s(计划时间为 7s)。S-IC 首次 5 台发动机点火试验是土星运载火箭的重大里程碑事件,比原计划提前两个月完成。性能符合预期,并利用计时器终止了试验。

### 5. S-IC-05 点火试验

美国中部夏令时间 1965 年 5 月 6 日 15:10 进行了 5 台发动机的点火。试验持续了 15.55s(计划持续时间为 15s)。此次试验期间,101 发动机(F-2005)采用常平座进行了固定。性能符合预期,并按计划利用点火时序器终止了点火。

### 6. S-IC-06 点火试验

美国中部夏令时间 1965 年 5 月 20 日 14:58 利用 5 台发动机进行了试验。试验持续了 40.84s(计划时间为 40s)。此次试验前移除了阻火网。按计划通过控制台终止了试验。

### 7. S-IC-07 点火试验

美国中部夏令时间 1965 年 6 月 8 日 16:08 利用 5 台发动机进行了试验。试验持续了 41.1s(计划时间为 90s)。由于发生了抽吸装置回流,此次试验提前终止。

### 8. S-IC-08 点火试验

美国中部夏令时间 1965 年 6 月 11 日 14:59 利用 5 台发动机进行了试验。试验持续了 90.9s(计划时间为 90s)。按计划通过控制台终止了点火。试验后的检验表明,位于 101、102、104 和 105 位置的发动机主喷管出现了裂纹。因此,需要拆除上述发动机来更换喷管。完成修复后,将这些发动机重新安装在试验件上,并将位于位置 102 和 104 的发动机进行了对调。

### 9. S-IC-09 点火试验

美国中部夏令时间 1965 年 7 月 29 日 17:56 进行了 5 台发动机的点火试验。试验持续了 17.6s(计划持续时间为 40s)。为了进行此次试验,安装了液氧贮箱增压系统。负责监控液氧泵进口压力的传感器发现发动机 103 出现了低压,随后启动了发动机关机程序。气态氧流量控制阀(GFCV)和辅助液氧增压功能没有正常运行。

### 10. S-IC-10 点火试验

美国中部夏令时间 1965 年 8 月 5 日 16:02 利用 5 台发动机进行了试验。试验分别持续了 143.6s(内侧发动机)和 147.6s(外侧发动机)。试验按计划进行至液氧耗尽为止。这是首次发动机的全时长试验,并且完全取得成功。液氧耗尽后,传感器根据液氧泵进口温度的提示发出指令,试验随即终止。发动机的关机顺序为1-2-2。这一试验后,S-IC-T 的手动配置点火全部完成。

技术人员将试验件从试验台上拆除,并于 8 月 12 日将其运回制造工程实验室来进行改装,以便完成自动点火。技术人员在 9 月 7 日完成了电气改装,在 10 月初完成了机械改装。随后再次将 S-IC-T 运回西试验区的静力试验塔架。

### 11. S-IC-11 点火试验

美国中部夏令时间 1965 年 10 月 8 日 16:41 利用 5 台发动机进行了自动点火试验。试验分别持续了 42.38s(内侧发动机)和 47.80s(外侧发动机)。原计划试验持续到液氧耗尽为止,预计耗时 45s。这是首次自动配置点火并且完全取得了成功。此次试验前,重新安排了 S-IC-T 的发动机布局,包括加入两台新的发动机。这两台发动机从备件库中选出,用于进行试验。负责监控液氧泵进口温度的传感器监测到液氧耗尽,随后启动了发动机关机程序。发动机的关机顺序为 1-2-2。

### 12. S-IC-12 点火试验

美国中部标准时间 1965 年 11 月 3 日 16:40 利用 5 台发动机进行了自动点火试验。试验持续了 90.5s。原计划试验持续到液氧耗尽为止,预计耗时 145s,但是只持续了 90.5s 便因负责监控液氧贮箱气枕压力的传感器故障而被终止。这是首次由波音公司的工作人员在马歇尔航天飞行中心实验室的监督下开展试验。

### 13. S-IC-13 点火试验

美国中部标准时间 1965 年 11 月 24 日 13:07 利用 5 台发动机进行了自动点火试验。试验分别持续了 148.4s(内侧发动机)和 153.4s(外侧发动机)。原计划试验持续到液氧耗尽为止,预计耗时 145s。与平常不同的是从 11 月 23 日夜间起到试验当天为止，未泄出推进剂。试验取得圆满成功，由负责监控液氧耗尽的传感器按计划终止。发动机的关机时序为 1-2-2。

### 14. S-IC-14 点火试验

美国中部标准时间 1965 年 12 月 9 日 16:09 利用 5 台发动机进行了自动点火试验。试验分别持续了 146.07s(内侧发动机)和 150.02s(外侧发动机)。计划的持续时间为 150s。这次试验取得了成功，由控制台操作员按计划终止。

### 15. S-IC-15 点火试验

美国中部标准时间 1965 年 12 月 16 日 15:00 利用 5 台发动机进行了自动点火试验。试验分别持续了 40.96s(内侧发动机)和 45.96s(外侧发动机)。计划的持续时间为 40s。这次试验取得了成功，由控制台操作员按计划终止。这一试验后，S-IC-T 的自动点火程序全部完成，累计点火时间达到 867.1s。通过一系列试验，总共 67 个推进试验目标中有 57 个完全达成，另外有 5 个目标部分达成；3 个目标被取消，1 个未达成，还有 1 个因为可能给试验件和设施带来危险而没有进行。

点火试验完成后，对泵前阀和流量计进行了检查。随后，对自动程序进行了最终检查，并拆除了四台发动机以便安装镀金的喷注器固定板。1966 年 1 月 19 日将 S-IC-T 从试验台上移除，以便腾出空间对前三个 S-IC 飞行件进行验收点火。S-IC-T 被移入库房内存放，后续计划改装成 S-IC-4 构型。S-IC-T 在 1966 年 7 月 7 日被送回马歇尔航天飞行中心的 S-IC 试验台，并在 7 月 29 日移除前进行了短暂的接口检查。原计划对其进行 40s 的点火试验以及燃料和液氧加注试验，但由于急需对密西西比试验站的试验台进行检查，很多点火试验被迫推迟。其间，S-IC-T 上只安装了 4 台发动机，而且相比于 7 个月前的最后一次自动点火试验，部分发动机所在的位置已经发生了改变。完成空气动力布局试验后，发动机 F-2010 被安装到 104 位置，准备在密西西比试验站进行静态点火试验。

### 16. 将 S-IC-T 运送到密西西比试验站

S-IC-T 改装成 S-IC-4 构型后，于 1966 年 10 月 17 日从马歇尔航天飞行中心启程，搭乘"海神号"驳船前往密西西比试验站。它利用全新的 B-2 试验台进行了为数不多的几次验证点火试验。试验目的是与马歇尔航天飞行中心的试验结果进行比较，鉴定 B-2 试验台在一子级接口和性能测定方面的性能。S-IC-T 于 1966 年 10 月 23 日抵达密西西比试验站，随即被存放起来等待 B-2 试验台竣工。在密西西比进行试验的构型被确定为 S-IC-T/4。1966 年 12 月 16 日将 S-IC-T 从存放地移出，并在次日安装在 B-2 试验台上，为静态点火试验做准备。

静态点火试验前，S-IC-T 完成了一系列静态点火前的试验。这些试验包括电气试验(总线电阻、总线电压、总线绝缘、电能传输、电加热器、推力矢量控制、时序、安全范围)、力学试验(外部渗漏检查、阀座泄漏检查、螺栓法兰处的流速计主密封泄漏检查、安全阀装置、调节器装置、压力开关装置、阀定时)和设备检测(液位初始化、测量仪器功率、测量范围)。

### 17. S-IC-T1 点火试验

S-IC-T1 在密西西比试验站准备进行首次点火试验前，分别在 1967 年 2 月 14 日和 25 日进行了两次推进剂加注试验。3 月 2 日加注了燃料，试验当天加注了液氧。美国中部标准时间 3 月 3 日 17:21 进行了点火试验，这标志着 B-2 试验台正式投入使用。从模拟起飞至关机，整个试验持续了 15.2s(计划时间为 15s)。发动机系统性能达到预期。但在试验过程中也遇到了一些小问题：发动机 105 推力低；发动机 101 在关机后发生起火；预增压和脐带式管缆的压力低于规定值；派克公司排气阀的运行极其缓慢；地面支持系统液氧贮箱底吹除封闭压力超过规定值；地面支持系统和设施电气端子板中的若干锥形销在点火过程中由于振动而松动，导致试验件和地面设施间的某些电信号丢失；通过试验后检验发现发动机 101 上出现若干处燃料泄漏。

虽然有一些小问题，但试验期间并未出现结构缺陷。供配电系统符合要求，遥测系统也符合要求。通过静态点火试验获得的发动机数据用于验证发动机推力、比冲、发动机环形分支管温度、燃料泵平衡气蚀压力以及热交换器性能是否在规定范围内；用于验证推力矢量控制、增压、电源、控制压力、GN2 吹除、飞行测量、安控、推进剂加注、时序和 POGO 抑制系统是否在规定界限内执行。

在 S-IC-T1 最终进行点火试验前，工作人员对其进行了有限的点火后检查。

### 18. S-IC-T2 点火试验

进行此试验的试验件同样采用 S-IC-4 功能构型。试验开始于美国中部标准时间 1967 年 3 月 17 日 15:16。从模拟起飞至关机，整个试验持续了 60.184s(计划持续时间为 60s)。通过试验，得出以下具体结论：

(1)发动机系统满足了静态点火试验的目标。

(2)试验件推进剂加注和输送系统符合要求。

(3)试验件吹除和控制压力系统符合要求。

(4)推力矢量控制系统符合要求。

(5)供配电系统符合要求。

(6)没有任何结构缺陷。

(7)遥测系统处于工作状态，但是并未接受评估。地面支持系统和设施系统满足此次点火试验的要求，但是进行飞行件点火试验前需要采取纠正措施。

(8)通过点火后检查来确认点火试验对试验件系统未产生不利影响。

总体来说,试验取得了圆满成功,并验证了密西西比试验站的 B-2 试验台适用于 S-IC 飞行件,特别是验证了 B-2 试验台的火焰导流板水流流态。

1967 年 3 月 24 日,S-IC-T 从 B-2 试验台上拆下。拆除工作由于密西西比试验台主吊杆的电控制器发生故障而延迟。修复吊杆控制系统并进行了载荷试验,验证通过后从试验台拆除 S-IC-T。3 月 31 日,S-IC-T 由"珍珠河号"驳船从密西西比运送至米丘德组装厂,并装载到"海神号"平底驳船上运往亨茨维尔。S-IC-T 在 4 月 1 日离开米丘德组装厂,并于当月 9 日抵达马歇尔航天飞行中心后存放到制造工程实验室进行相关试验。6 月 1 日将 S-IC-T 重新安装到 S-IC 试验台,并完成最终的 40s 静态点火试验,以便证明 S-IC-T 在完成一系列试验后仍能保持所需的性能,以及验证 S-IC 试验设施和 S-IC-T 的就绪程度,并为肯尼迪航天中心的发射人员提供培训。原计划只进行 1 次试验,但在前两次尝试期间由于地面传感器无意进行了终止,最终共进行了 3 次试验。发动机布局与 1966 年年中进行试验的构型相同。

### 19. S-IC-20 点火试验

美国中部夏令时间 1967 年 8 月 1 日 15:00,5 台发动机进行了试验。试验仅持续了 2.15s(计划时间为 40s)后,102 号发动机涡轮温度传感器意外终止。为解决该问题并防止复现,更改了 10 条燃烧室压力通道中的 5 条。

### 20. S-IC-21 点火试验

美国中部夏令时间 1967 年 8 月 3 日 15:00,5 台发动机进行了试验。试验持续了 3.60s(计划时间为 40s)后,105 号发动机燃料泵进口压力的传感器意外终止。试验后进行了传感器检查,显示 5 个原始的燃烧室测量结果间存在差异。S-IC-21 点火试验后更换的 5 个传感器工作正常。为了进一步找出问题,在 S-IC-22 点火试验前又更换了一个燃烧室压力传感器。

### 21. S-IC-22 点火试验

美国中部夏令时间 1967 年 8 月 3 日 19:23,5 台发动机进行了试验。这是为了完成 40s 的点火而在同一天进行的又一次尝试。这次试验取得了成功,点火持续 41.74s。由终端关机时序器按计划进行了自动关机。这一试验标志着 S-IC-T 完成了最终的静态点火试验。在马歇尔航天飞行中心共进行了 18 次点火,在密西西比试验站进行了 2 次点火。

马歇尔航天飞行中心对 S-IC-T 进行了一系列液氧贮箱加注与排放试验来评估肯尼迪航天中心采用的液氧输送和排气程序。前两次试验在 1968 年 1 月进行,第三次和最后一次试验在 1968 年 2 月进行。1968 年 5 月在马歇尔航天飞行中心进行了新的液氧加注试验。根据试验结果，建议对 S-IC 做出两项更改，即在加注前使液氧在输送管中停留 1h 来消除液氧贮箱的负压力；通过提高氦气排气速率来提供额外的安全裕度防止喷涌。马歇尔航天飞行中心材料实验室在 1968 年 7 月 10日提交了一份 S-IC-T 液氧防晃隔板的样品，用于评估应力腐蚀裂纹。

根据有限的资料，无法获得 S-IC-T 在 1968 年至 20 世纪 70 年代中期的去向，但随后它被运往肯尼迪航天中心以便在火箭总装厂房外进行土星 5 运载火箭的展示。从 1976 年 4 月开始一直采用未对接的水平构型进行展出。从 1979 年起，S-IC-T所有权归属美国史密森国家博物馆，并由其保存至 1996 年，然后被运至 3.22km（2mi）之外的新家中。S-IC-T 在那里得到了整修，配置为 S-IC-6 飞行件，并随着肯尼迪航天中心全新的土星 5 运载火箭室内中心于 1996 年 12 月 5 日对外开放而向公众展出。S-IC-T 组件安装、试验及展出情况如图 17.10～图 17.27 所示。

图 17.10　前短壳与液氧贮箱连接

图 17.11　液氧贮箱和燃料贮箱

图 17.12　已组装完的 S-IC-T 液氧贮箱（1964 年 11 月 3 日）

图 17.13　将 S-IC-T 的燃料贮箱组件运送到马歇尔航天飞行中心的 4705 内，以便与液氧贮箱连接（1964 年 12 月 9 日）

图 17.14　S-IC-T 的燃料贮箱组件
（1964 年 12 月 9 日）

图 17.15　S-IC-T 的燃料贮箱和液氧贮箱在
马歇尔航天飞行中心的 4705 大楼进行组装
（1964 年 12 月 18 日）

图 17.16　组装完成的 S-IC-T（1964 年 12 月 21 日）

图 17.17　S-IC-T 与 F-1 发动机试安装

图 17.18　未安装发动机的 S-IC-T 后视图
（1965 年 1 月 11 日）

图 17.19　S-IC-T 从制造工程实验室运往西试
验区 S-IC 试验台（1965 年 3 月 1 日）

图 17.20　将 S-IC-T 吊升进入 S-IC 静态
试验台 1（1965 年 3 月 1 日）

图 17.21　将 S-IC-T 吊升进入 S-IC 静态
试验台 2（1965 年 3 月 1 日）

图 17.22　将 F-1 发动机安装到位于 S-IC 静
态试验台的 S-IC-T 上（1965 年 3 月 27 日）

图 17.23　在 S-IC-T 上安装 F-1 发动机，
可见另 1 台发动机的延伸段连接器
（1965 年 3 月 27 日）

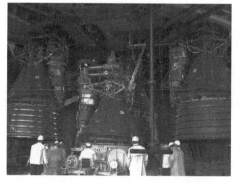
图 17.24　将 F-1 发动机安装到 S-IC-T
（1965 年 3 月 30 日）

图 17.25　五台发动机联试，持续 6.5s

图 17.26　在肯尼迪航天中心户外展出的
S-IC-T（1991 年）　　　　　　　图 17.27　　在肯尼迪航天中心土星运载
火箭中心展出的 S-IC-T（2001 年）

## 17.5　S-IC-1

### 17.5.1　概述

　　S-IC-1 为第一个 S-IC 飞行件。有 1 台发动机在安装到该飞行件之前进行了调整（位置 103 处原来的 F-3014 发动机被替换为 F-3016）。其中的两台发动机在安装前在马歇尔航天飞行中心经过了单台热校准检查。该飞行件点火后，从其上拆下另 1 台发动机，并在重新安装在该飞行件之前，对该发动机进行单台发动机验证。土星 5 运载火箭仅有 2 个一子级曾进行过 2 次静态点火试验，S-IC-1 就是其中之一，另一个是 S-IC-11。

### 17.5.2　发动机

　　最初的发动机如下。

　　位置 101：F-3013。

　　位置 102：F-3015。

　　位置 103：F-3014，位置改变并替换为 F-3016。

　　位置 104：F-3012。

　　位置 105：F-3011。

　　备用发动机：F-3016，替换为 F-3014。

　　一子级热点火和最终飞行时的发动机如下。

　　位置 101：F-3013。

　　位置 102：F-3015。

　　位置 103：F-3016。

　　位置 104：F-3012。

位置 105: F-3011。

### 17.5.3 制造

到 1964 年年中时, S-IC-1 在马歇尔航天飞行中心初具雏形, 燃料贮箱的 2 个箱底已完成部分焊接。到 1964 年年底, 燃料贮箱前底完工, 当时防晃隔板安装正在进行。

燃料贮箱箱底组件在 1965 年 2 月 3 日被移至马歇尔航天飞行中心的垂直组装厂房中。在将两个组件连接形成贮箱后, 工人在 3 月 5 日安装了防晃隔板。之后将液氧隧道管焊接到贮箱上。1965 年 1 月 27 日从波音公司运至米丘德组装厂的推力结构经历了重要的改进。4 月 27 日, 燃料贮箱与推力结构开始进行组装。5 月 10 日, 组装完的组件被移至制造工程实验室的水平组装区。1965 年 4 月 26 日, 液氧贮箱组装完成, 6 月 1 日完成了该贮箱的静水压试验和清洗。6 月 1 日至 9 日进行前短壳的对接, 6 月 9 日至 25 日进行箱间段的安装。随后, 液氧贮箱被移到马歇尔航天飞行中心的 4705 号大楼, 与燃料贮箱推力结构组件进行对接。

在 1965 年的第二季度, 马歇尔航天飞行中心以电缆长度问题拒收了由波音公司在亨茨维尔为 S-IC-1 推力结构制造的所有电缆。波音公司在米丘德制造的新电缆于使用前在位于亨茨维尔的 S-IC 实体模型上进行了检测。合格电缆短缺的情况一直持续到 1965 年年底。

由于 S-IC-T 安控火工品防护罩在静态点火期间损坏, 需要重新设计该防护罩。工程师将额外的粘接式托槽安装到推进剂贮箱蒙皮上, S-IC-1 防护罩返工。

在 1965 年整个 7 月和 8 月以及 9 月的大部分时间内进行了水平组装工作。在 8 月 18 日到 9 月 1 日, 该飞行件内安装了 5 台 F-1 发动机。1965 年 9 月 27 日, 马歇尔航天飞行中心工作人员按期完成了水平组装并将该飞行件运至 4708 号大楼的质量实验室。在 S-IC-1 质量检验期间, 后期交付的零件和系统以及改装套件均未按顺序安装。

### 17.5.4 试验

作为第一个 S-IC 飞行件, S-IC-1 于 1966 年 1 月 16 日在马歇尔航天飞行中心完成了制造后检测(PMC)。

1965 年 12 月 16 日, S-IC-T 静态点火试验件在马歇尔航天飞行中心的 S-IC 试验台进行了的最终点火试验, 试验台得到验证, 飞行件静态点火试验的方法也得到验证。1966 年 1 月 24 日, S-IC-1 吊至试验台顶部。在对所有系统进行了验证(包括压力试验和发动机校准检查)后, 先加注燃料再加注液氧, 为 S-IC-16、S-IC-17 两次点火试验做准备(译者注: 部分一子级是同时试验的, 因此序号是按

照时间先后顺序进行排列的。S-IC-T 进行了前 15 次试验，因此此处使用 S-IC-16
试验代号）。

### 1. S-IC-16 试验

在美国中部标准时间 1966 年 2 月 17 日 15:18 进行点火试验。点火持续时间
为 40.79s（计划时间为 40s），实现了所有主要目标。根据试验日志，为拆除输送管
滤网，对发动机位置进行了调整。试验人员按计划中止试验。

### 2. S-IC-17 试验

在美国中部标准时间 1966 年 2 月 25 日 14:59 进行点火试验。点火持续时间
为 83.2s。原计划该试验持续约 125s，并在液氧泵进口压力传感器发现液氧耗尽后
关机。然而，发动机 101 的主要和冗余系统的燃烧室压力测量故障导致发动机提
前关机。随着 S-IC-17 累计点火时间达到 123.99s，认为这一总持续时间足够且
不再进行点火。

通过静态点火试验获得的发动机数据用于验证发动机推力、比冲、发动机环
形分支管温度、燃料泵平衡气蚀压力以及热交换器性能是否在规定范围内；用于
验证级推力矢量控制、增压、电源、控制压力、GN2 吹除、飞行测量、安控、推
进剂加注、时序和 POGO 抑制系统是否在规定范围内。

在完成点火评估后，1966 年 3 月 14 日 S-IC-1 飞行件被从试验台上拆除，放
置在马歇尔航天飞行中心新的制造工程实验室（4755 号大楼）进行修复，之后开始
静态点火后检测。由于对 101 发动机（F-3013）存疑，1966 年 4 月 7 日将该发动机
从 S-IC-1 上拆下，对其进行单台发动机试验。在 1966 年 5 月 12 日完成静态点火
修复后，S-IC-1 被移动至质量实验室进行检测。8 月 9 日完成检测后，该飞行件
于 10 日被交给制造工程实验室，为运至肯尼迪航天中心做准备。8 月 26 日，S-IC-1
搭乘"海神号"驳船驶离马歇尔航天飞行中心，开始其首次运输。"海神号"驳船
因 Towing 分包商与工会之间的冲突而在新奥尔良逗留，9 月 7 日离开新奥尔良，9
月 12 日到达肯尼迪航天中心。

S-IC-1 最终作为 AS-501 的一子级，该火箭于 1967 年 11 月 9 日发射了阿波罗
4 号飞船。

## 17.6　S-IC-2

### 17.6.1　概述

S-IC-2 是由 NASA 马歇尔航天飞行中心建造并进行热试车的最后一个一子

级。尽管后续的飞行件也在马歇尔航天飞行中心进行了试验，但却是在 NASA 米丘德组装厂进行建造的。S-IC-2 飞行件的 1 台发动机在静态点火试验后拆下进行重新试验，并重新安装在该级的相同位置上。

### 17.6.2　发动机

初始和最终飞行时的发动机如下。

位置 101：F-4017。

位置 102：F-4018。

位置 103：F-4019。

位置 104：F-4021。

位置 105：F-4020。

备用发动机：F-4028，未使用。

### 17.6.3　制造

1965 年初，将用于 S-IC-2 的燃料贮箱与液氧贮箱瓜瓣部分焊接在一起。燃料贮箱的封顶焊接于 5 月 28 日完成。液氧贮箱组装完成后，于 6 月开始安装防晃隔板。9 月 18 日在马歇尔航天飞行中心的制造工程实验室垂直组装厂房中完成了燃料贮箱与推力结构的对接。第二天，在 4755 号大楼内开始进行水平组装。其是第一个使用大楼 4755（多用途运载火箭组装大楼）的 S-IC 级。

11 月 8 日，将推力结构组装到燃料贮箱上。液氧贮箱静水压试验和清洗在 1965 年 9 月 28 日至 10 月 18 日之间进行。10 月 25 日将前短壳和液氧贮箱组件连接在一起。箱间段于 10 月 18 日完工，在 10 月 25 日至 11 月 8 日之间连接到前短壳/液氧贮箱组件上。12 月 4 日，将此前段由垂直组装塔移动到马歇尔航天飞行中心的水平组装区（大楼 4705），转运之后，对接该飞行件的前段和后段。5 台 F-1 发动机是在 12 月 6 日至 11 日之间安装在该飞行件上的。因为被液压油污染，这些发动机随后被拆下，并在 1966 年 4 月 7 日至 14 日进行了清洗和重新安装。

1966 年 1 月 17 日在马歇尔航天飞行中心制造工程实验室完成了 S-IC-2 的水平组装。

### 17.6.4　试验

制造和组装完成之后，该飞行件被移至质量和可靠性保证实验室进行制造后检测（PMC）。

S-IC-2 状态检查于 1966 年 2 月 1 日完成，并在两天后进行通电测试。同年 4

月，飞行件重新安装发动机，并在 4 月 25 日运回实验室继续进行制造后检测，这一检测于 1966 年 5 月 12 日完成。5 月 17 日将 S-IC-2 移至静态试验台并进行安装。5 月 26 日至 27 日进行了推进剂加注试验。在对所有系统进行验证后，开始进行推进剂加注，为点火试验做准备。

S-IC-18 试验过程如下。

美国中部夏令时间 1966 年 6 月 7 日 18:43 进行静态点火试验。点火持续时间为 126.3s（计划的持续时间为 125s）。对于此试验，发动机倾斜，以拆除输送管滤网。由试验人员按照计划中止发射。

通过静态点火试验获得的数据用于验证发动机推力、比冲、发动机环形分支管温度、燃料泵平衡气蚀压力以及热交换器性能是否在规定范围内；用于验证级推力矢量控制、增压、电源、控制压力、GN2 吹除、飞行测量、安控、推进剂加注、时序和 POGO 抑制系统是否在规定范围内。

在完成点火后进行检测，S-IC-2 于 1966 年 6 月 16 日从试验台上拆除，转移到制造工程实验室进行修复。因为推力偏大，将 101 发动机（F-4017）从该飞行件上拆下，并于 1966 年 7 月 25 日、8 月 23 日以及 8 月 24 日在马歇尔航天飞行中心对其进行了 3 次单台发动机静态点火试验。在进行了问题纠正和性能验证之后，该发动机于 1966 年 8 月 27 日重新安装在 S-IC-2 上。

马歇尔航天飞行中心的制造工程实验室工作人员在 1966 年 8 月 10 日完成了 S-IC-2 飞行件的整修，并将其移至质量实验室进行静态点火后检测。受硬件变更与文档延迟的影响，原计划 10 月和 11 月完成的检测被迫延期。该飞行件的配电器在检验后被拒收。为了对配电器进行修复和重新安装，静态点火后检测直至 11 月 21 日才进行。S-IC-2 的模拟飞行试验开始于 11 月 30 日，并于 12 月 2 日完成。

长期推迟的静态点火后检测于 1966 年 12 月 12 日最终完成，切断该飞行件电源并移至制造工程实验室进行改装。1967 年 2 月 6 日，该飞行件在马歇尔航天飞行中心的质量实验室进入最终检测环节。在 2 月 13 日完成必要的系统试验后，S-IC-2 于 2 月 21 日由质量和可靠性保证实验室返回制造工程实验室。完成静态点火检测后，又对配电器进行了重要改进。S-IC-2 飞行件搭乘"海神号"驳船驶离马歇尔航天飞行中心。3 月 3 日，该驳船离开港口驶往肯尼迪航天中心，并于 3 月 13 日到达。

S-IC-2 最终用作 AS-502 的一子级，该火箭于 1968 年 4 月 4 日发射了阿波罗 6 号飞船。

# 17.7　S-IC-3

## 17.7.1　概述

S-IC-3 是在 NASA 马歇尔航天飞行中心进行热试车的最后一个一子级飞行件。它是唯一一个随后用于载人发射并在马歇尔航天飞行中心热试车的 S-IC 子级，也是米丘德组装厂建造的首个 S-IC 飞行件，它还是唯一一个米丘德组装厂制造却在马歇尔航天飞行中心进行热试车的一子级，同时也是唯一装配特殊发动机的一子级，这种特殊发动机在不同时间安装于 S-IC 子级的不同位置上。该飞行件的两个发动机均因缺陷而被替换。最终，该飞行件在静态点火试验后更换了 1 台发动机，这意味着一子级上的 1 台发动机未经过飞行级水平的静态点火试验。

## 17.7.2　发动机

最初的发动机布局如下。

位置 101：F-4023。

位置 102：F-4022。

位置 103：F-4025。

位置 104：F-4026。

位置 105：F-4024，替换为 F-4027。

备用发动机：F-4027，最终用于替代 F-4023。

用于静态点火试验的发动机布局如下。

位置 101：F-4023，替换为 F-4024。

位置 102：F-4022。

位置 103：F-4025。

位置 104：F-4026。

位置 105：F-4027。

最终飞行时的发动机布局如下。

位置 101：F-4024。

位置 102：F-4022。

位置 103：F-4025。

位置 104：F-4026。

位置 105：F-4027。

### 17.7.3　制造

S-IC-3 是第三个 S-IC 飞行件,也是由米丘德组装厂建造的首个飞行件,于 1964 年年底开始组装,相关工作持续到 1965 年年初。液氧贮箱与燃料贮箱组件的焊接于 6 月结束。波音公司工作人员在 8 月 30 日制造完成推力结构,并在 9 月 10 日完成箱间段。受"贝特西"台风和工人罢工影响,前短壳组装工作推迟到 10 月 9 日才完成。垂直组装厂房屋顶因台风损毁后,燃料贮箱与液氧贮箱受雨水与落石影响出现腐蚀与凹坑损伤。

燃料贮箱的静水压试验于 10 月 4 日完成,液氧贮箱的类似试验于 10 月 11 日完成。该飞行件的垂直组装于 12 月 8 日完成,之后,飞行件移至水平组装区。

1966 年 1~2 月,为 S-IC-3 安装了 5 台 F-1 发动机。出于种种原因,其中 2 台发动机随后从该飞行件上拆除。

### 17.7.4　试验

1966 年 3 月 9 日,S-IC-3 于米丘德组装厂检测大楼进行制造后检测。由于硬件短缺和设计更改,组装时间推迟,未完工的 S-IC-3 飞行件于 3 月 19 日移至系统试验区,完成其余 162 项安装。3 月 23 日开始通电。5 月 15 日,为适应飞行件改进周期,制造后检测在完成约 50%后中断。完成 21 条指令更改后,6 月 6 日米丘德组装厂恢复对 S-IC-3 的制造后检测。最终,制造后检测于 8 月 24 日成功完成。S-IC-3 是首个在米丘德组装厂完成检测的 S-IC 子级。图 17.28 为 S-IC-3 从米丘德组装厂制造大楼的贮存区移出。

图 17.28　S-IC-3 从米丘德组装厂制造大楼的贮存区移出

第三个飞行件 S-IC-3 由米丘德组装厂装运至马歇尔航天飞行中心进行静态点

火试验，S-IC-3 在 1966 年 9 月 22 日由驳船运离米丘德组装厂，于 10 月 2 日到达马歇尔航天飞行中心。10 月 3 日，将其安装在试验台上。10 月 10 日飞行件通电，开始机电联合试验。GN2 吹除系统试验在 10 月 20 日完成。S-IC-3 推进剂加注试验于 10 月 25 日开始，并在第二天成功完成。静态试验前，发现 105 位置的发动机 F-4024 存在问题，怀疑发动机燃料系统受到污染。11 月 4 日将该发动机拆下并替换为单独运至马歇尔航天飞行中心的备用发动机 F-4027，该备用发动机于 11 月 1 日启程运往马歇尔航天飞行中心，并于 11 月 6 日到达。备用发动机于 11 月 7 日安装在飞行件上。完成全系统验证后，先加注燃料再加注液氧，为点火试验做准备。

S-IC-19 试验过程如下。

点火试验于美国中部标准时间 1966 年 11 月 15 日 15:38 进行，恰在 105 发动机被替换的一周后。点火持续 121.7s（原计划点火 125s）。试验中，发动机倾斜，以拆除输送管滤网，发射按计划中止。试验确定激励"燃烧时间"为 127.3s。该段时间是指从开启指令到第一个"四通阀"启动电磁线圈，直至最终发动机关机时燃压衰减达到子级值 10% 的时间。

通过静态点火试验获得的发动机数据用于验证发动机推力、比冲、发动机环形分支管温度、燃料泵平衡气蚀压力以及热交换器性能是否在规定范围内；用于验证级推力矢量控制、增压、电源、控制压力、GN2 吹除、飞行测量、安控、推进剂加注、排序和 POGO 抑制系统是否在规定范围内。

完成点火后检测后，于 1966 年 11 月 21 日将 S-IC-3 从试验台上移开。第二天，该飞行件由"海神号"驳船运回米丘德组装厂，并于 11 月 27 日到达。这是首个在米丘德组装厂进行整修和静态点火后检测的 S-IC 子级。

该子级移至试验大楼进行整修。整修完成后，于 1966 年 12 月 17 日开始检测。

1967 年 2 月 3 日，波音公司在米丘德组装厂完成了 S-IC-3 静态点火后检测。2 月 16 日，S-IC-3 由子级试验大楼移动到垂直组装厂房，以便调整安装角。相关工作于 2 月 27 日完成，之后，子级返回试验大楼进行称重并安装继电器与配电器。

NASA 在 1967 年 3 月 15 日对该子级进行了验收。3 月 28 日，NASA 将该级放置在米丘德组装厂制造大楼的库房中，等待装运至肯尼迪航天中心。波音公司将在此期间完成对该子级的静态点火后改造。

多余物控制已落实到位，以便更换液氧贮箱中的氦气瓶。由于氦气瓶易受应力腐蚀裂纹影响，此项工作十分必要。7 月 17 日，用起吊装置从液氧贮箱中吊起第一个氦瓶。

在 8 月的第一个星期内完成了氦气瓶的更换。8 月 22 日，波音公司工作人员将 S-IC-3 由子级试验大楼移动至制造大楼存放。9 月 12 日，S-IC-3 由库房移至米丘德组装厂子级试验区进行存放后改造和试验。

11 月 13 日，波音公司在米丘德组装厂重启 S-IC-3 试验，以验证自 NASA 验收该子级起纳入的多个工程变更程序。12 月 5 日的 S-IC-3 模拟试飞是系列试验的最后一次，因为验收后存放周期较长，工作人员在这段时间完成了子级的肯尼迪航天中心适应性改进。

系列试验在 12 月 8 日完成，NASA 批准该子级在 12 月 11 日"准备装运"。12 月 14 日在子级试验大楼的 1 号试验间进行最终称重，质量是 141507.21kg（311970lb）。

12 月 21 日，S-IC-3 搭载"海神号"驳船前往肯尼迪航天中心。该驳船在 12 月 23 日离开港口，于 12 月 27 日到达。S-IC-3 飞行件的故事尚未结束，后续还需更换发动机，且这种情况在土星运载火箭计划中，在发射场上出现。101 发动机（F-4023）存在问题，于 1968 年 5 月 31 日完成拆卸，并替换为 F-4024。

S-IC-3 飞行件最终用作 AS-503 的一子级，该火箭于 1968 年 12 月 21 日搭载阿波罗 8 号飞船发射升空。

# 17.8　S-IC-4

## 17.8.1　概述

S-IC-4 在米丘德组装厂制造并在密西西比试验站进行静态点火试验，并用于发射阿波罗 9 号飞船。

## 17.8.2　发动机

初始和最终飞行时的发动机如下。

位置 101：F-5029。

位置 102：F-5032。

位置 103：F-5031。

位置 104：F-5033。

位置 105：F-5030。

## 17.8.3　制造

1965 年第二季度，S-IC-4 飞行件开始在米丘德组装厂进行焊接操作。推力结构组装于 8 月 13 日如期进行，但受工人罢工的影响，完工时间被推迟。在"贝特西"台风到来前，燃料贮箱虽已基本完工，但台风还是对燃料贮箱的上底造成了腐蚀与凹坑损伤。9 月底，液氧贮箱基本完工。年底，燃料贮箱被安装在静水压试验塔内，开始与液氧贮箱组件进行连接和焊接工作。

S-IC-4 飞行件的推力结构在 1966 年 1 月 10 日完工，并于 1 月 20 日完成箱间段组装，2 月 8 日完成前短壳组装。2 月 10 日进行了燃料贮箱的静水压试验。2 月 28 日，S-IC-4 开始在米丘德组装厂进行垂直组装。6 月 16 日至 27 日，S-IC-4 飞行件安装了 5 台 F-1 发动机。

### 17.8.4 试验

1966 年 8 月 3 日，S-IC-4 飞行件移至米丘德子级检测大楼开始制造后检测，并于 12 月 1 日完成检测。12 月 16 日，S-IC-4 被存放于米丘德库房中。1967 年 1 月 11 日，波音公司将 S-IC-4 移至垂直组装厂房，以便对其进行改进以解决应力腐蚀问题。改进主要对上部和下部推力环的 32 块拼接板进行更换。2 月 15 日，S-IC-4 完成改进工作并存放在米丘德组装厂，等待密西西比试验站的 S-IC 试验台完成检测后进行运输。4 月 4 日，S-IC-4 飞行件由"珍珠河号"驳船运至密西西比试验站。第二天，该飞行件安装于 B-2 试验台并进行静态点火前试验。这些试验与在米丘德组装厂进行的制造后检测基本一致。

S-IC-4-1（表示第一次）点火试验过程如下。

S-IC-4 是在密西西比试验站进行试验的首个一子级飞行件。1967 年 4 月 14 日首次通电。5 月 5 日进行推进剂加注试验。5 月 15 日，燃料加注，并在点火试验当天加注了液氧。5 月 16 日，点火试验开始，持续时间为 125.096s（计划的持续时间（125±2）s）。

点火试验验证了飞行件的相关系统，包括推力矢量控制系统、燃料和液氧系统、吹除和控制压力系统、环境控制系统、供配电系统、安控系统、飞行件遥测系统等。子级结构未出现任何缺陷，但一些参数在试验前或试验期间超过了其门限值：氦流控制阀打开时间、预增压期间的液氧贮箱气枕压力、液氧热交换器的温度限制、液氧排放阀的关闭时间、GN2 球形气瓶的压力与性能极限、地面支持系统供应的气体超过前舱脐带缆的门限值、箭上磁带录音机回放启动时间超过最大时限、液氧贮箱底吹除封闭压力超过最高限值、静态点火前检测期间发动机 101 的俯仰伺服机构锁定零位超过最大限值。

通过静态点火试验获得的发动机数据用于验证发动机推力、比冲、发动机环形分支管温度、燃料泵平衡气蚀压力以及热交换器性能是否在规定范围内；用于验证级推力矢量控制、增压、电源、控制压力、GN2 吹除、飞行测量、安控、推进剂加注、时序和 POGO 抑制系统是否在规定范围内。

完成点火后进行检测，为确定点火未对系统产生不利影响，使用约 105 个试验和操作程序完成密西西比试验站的相关试验。

为进行发动机校准光学检查，S-IC-4 飞行件从试验台上拆除时间进一步延后。1967 年 6 月 7 日，S-IC-4 从 B-2 试验台上拆除，并用"珍珠河号"驳船将其运回米丘德组装厂进行整修，并完成静态点火后检测，为运至肯尼迪航天中心做准备。

　　S-IC-4 移至米丘德组装厂子级试验大楼进行检测。在检验期间，发现该飞行件发动机伺服机构回流管上存在漏焊。随即拆下这些回流管并返给供应商进行返工。S-IC-4 飞行件安装了其他备用回流管，加快了组装进度。7 月下旬，在对液氧贮箱环形件进行检验时发现存在断层破裂段。拆下该断层破裂段进行改进，随后的研究表明部件存在疲劳缺陷。决定用前三枚土星 5 运载火箭上所使用的更厚部件替换该段。

　　1967 年 8 月 16 日，波音公司在米丘德组装厂完成 S-IC-4 的静态点火后检测并将其存放于库房。8 月 21 日，在子级试验大楼 1 号试验间内对 S-IC-4 进行了长达 16 小时的操作，并进行了称重（图 17.29）。第二天，S-IC-4 被运到制造大楼。8 月 28 日，NASA 对该飞行件进行验收。9 月 12 日，按照 NASA 要求，S-IC-4 被存放于米丘德组装厂库房，以便马歇尔航天飞行中心能够集中力量保障肯尼迪航天中心的 S-IC-1 和 S-IC-2 飞行件以及米丘德组装厂内的 S-IC-3 飞行件的相关操作。11 月 1 日，S-IC-4 由库房中移出，波音公司开始安装所商定的改装件。12 月 27 日，波音公司将该飞行件从米丘德组装厂制造区中的验收后库房运到子级试验大楼，开始实施装运到肯尼迪航天中心前的再试验。

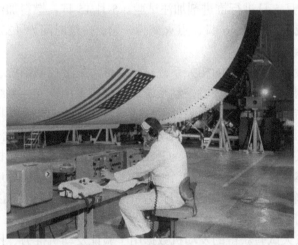

图 17.29　S-IC-4 飞行件在米丘德组装厂子级试验大楼的 1 号试验间称重（1967 年 8 月 21 日）

　　1968 年 3 月 8 日 S-IC-4 进行了仿真飞行试验，并于 3 月 15 日进行预验收审查，3 月 22 日通过 NASA 验收。由于该飞行件设计有所改进，在完成静态点火后检测之后，又对 S-IC-4 进行了两次试验。第一次试验于 3 月 22 日开始，8 月 16 日结束。8 月 23 日，该飞行件移至米丘德组装厂试验台开始第二次试验，即系统再确认试验。飞行件全部试验于 9 月 19 日完成后，通过 NASA 验收。9 月 24 日，S-IC-4 搭乘"猎户座"驳船在米丘德组装厂离港，运往肯尼迪航天中心。这次运输受恶劣天气影响而推迟，最终于 9 月 30 日到达肯尼迪航天中心码头。

S-IC-4 飞行件最终用作 AS-504 的一子级，该火箭于 1969 年 3 月 3 日发射了阿波罗 9 号飞船。

## 17.9　S-IC-5

### 17.9.1　概述

S-IC-5 飞行件在运至密西西比试验站进行静态点火试验前几天更换了发动机。采用该飞行件的土星 5 运载火箭发射了阿波罗 10 号飞船。

### 17.9.2　发动机

最初的发动机如下。

位置 101：F-5035。

位置 102：F-5041。

位置 103：F-5040。

位置 104：F-5042。

位置 105：F-5036，从 S-IC-5 上拆下，放置在库房中。

备用发动机：F-5034，用于替代 F-5036。

静态点火与最终飞行时的发动机布局如下。

位置 101：F-5035。

位置 102：F-5041。

位置 103：F-5040。

位置 104：F-5042。

位置 105：F-5034。

### 17.9.3　制造

S-IC-5 飞行件的制造与组装于 1965 年下半年开始。到 1965 年年底，已完成 4 个 Y 形环中的三个；有关燃料贮箱箱底的工作仍在进行中；推力结构的组装开始于 1965 年 12 月 8 日。

1966 年 3 月 31 日，在米丘德组装厂进行推力结构、箱间段和前短壳的组装。4 月 29 日马歇尔航天飞行中心发生了试验故障，导致计划用于 S-IC-5 飞行件的燃料贮箱箱底严重变形。官方认为箱底无法修复，需要更换。在 7 月的静水压试验期间，燃料贮箱的清洗与涂漆均在米丘德组装厂完成。8 月 11 日，在米丘德垂直组装塔内进行 S-IC-5 箱间段与燃料贮箱组装。燃料贮箱已在前一天与推力结构一同移至塔内工位。

8 月,在马歇尔航天飞行中心完成 S-IC-5 液氧贮箱组件的结构试验。8 月 17 日,液氧贮箱与箱间段完成组装。8 月 19 日,完成前短壳与 S-IC-5 飞行件组装。9 月 12 日,S-IC-5 完成垂直总装。随后 S-IC-5 从塔架上拆下,并移至制造大楼。11 月,S-IC-5 安装 5 台 F-1 发动机。

### 17.9.4　试验

1966 年 12 月 16 日,S-IC-5 完成组装后被移至检测大楼的 2 号试验间进行制造后检测。检测工作于 12 月 21 日开始。S-IC-5 在 12 月 27 日首次通电,开始检测。

1967 年 4 月 20 日,技术人员拆除在可靠性试验中被污染的推进装置配电器。在完成发动机扭矩检查后,S-IC-5 于 5 月 8 日被从米丘德组装厂子级试验大楼转至垂直组装厂房,以更换上部和下部推力环的 32 片拼接板。由于 NASA 要求拆除两台发动机进行液氧泵密封件检验,这些拼接板的加装被延后。在发现垂直组装厂房出现机械问题后,工作人员决定进行 S-IC-5 拼接板更换工作,在密西西比试验站试验台完成对铰。然而,F-1 发动机需要在米丘德组装厂总装区进行更换。在装运前,工作人员拆除了 NASA 要求检验的那两台发动机,并进行了检查,将发动机 105(F-5036)拆下并替换为备用发动机(F-5034)。6 月 21 日,S-IC-5 由"珍珠河号"驳船从米丘德组装厂运送至密西西比试验站,并存放在其库房内,并于 6 月 29 日安装到 B-2 试验台。S-IC-5 进行了静态点火前改进和试验。这些试验与先前在米丘德组装厂进行的制造后检测基本一致。7 月 25 日,应急燃料排放管道的塌陷迫使 S-IC-5 首次加注试验终止。塌陷主要是由应急排放管路中燃料再循环产生真空导致的。针对这一问题,工作人员更换了燃料贮箱应急排放管道、排泄阀以及燃料加注与排放管路。对液氧预增压过滤器的检验显示出过滤器组件中缺少 O 形环。经研究决定按照原样使用过滤器。

S-IC-5-1 点火试验过程如下。

S-IC-5 是在密西西比试验站内进行试验的第二个一子级飞行件。推进剂加注试验在 1967 年 8 月 10 日进行。静态点火前检查期间,伺服机构未正常运行。检验显示出伺服机构中的一个凸轮从动件螺旋弹簧断裂。该故障是由氢脆导致的,因此更换了所有的伺服机构。

在点火前一天,燃料加注;点火当天,液氧加注。美国中部夏令时间 1967 年 8 月 25 日 18:14 进行点火。整个点火持续时间为 125.096s(计划的持续时间为 (125±2)s)。

试验表明发动机系统满足设计要求。洛克达因公司 1966 年 6 月进行的发动机验收试验,发动机 104(F-5042)的推力不出现在预计推力±6803.89kg(15000lb)的范围内;安控系统 1 未接收到指令信号;没有任何结构缺陷。

除发动机外，推力矢量控制系统、燃料和液氧系统、飞行件上吹除和控制压力系统、飞行件环境控制系统、供配电系统、飞行件遥测系统、振动、声学和底部热环境等这些系统也得到了验证。但一些参数在试验前或试验期间超过了其门限值，如燃料加注监测器电压、发动机 104 热交换效率、地面支持系统在前舱脐带缆处供应的气体、ID11 和 ID12 总线上的低压指示等。

静态点火期间记录的发动机数据用于验证发动机推力、比冲、发动机环形分支管温度、燃料泵平衡气蚀压力以及热交换器性能是否在规定范围内。静态点火期间记录的数据用于验证级推力矢量控制、增压、电源、控制压力、GN2 吹除、飞行测量、安控、推进剂加注、时序和 POGO 抑制系统是否在规定界限内执行。

试验后对子级进行了相关检查，以确定点火未对系统产生不利影响。使用约 105 个试验和操作程序完成密西西比试验站内的相关试验。

S-IC-5 在 1967 年 9 月 11 日被从 B-2 试验台上拆掉，以检验发动机 102 中断裂的涡轮进气道传感器以及丢失热电偶的位置。经过两天的搜寻，在发动机喉道中发现了热电偶。S-IC-5 由 "珍珠河号" 驳船装运，于 1967 年 9 月 12 日启程，并在 1967 年 9 月 14 日到达米丘德组装厂。整修与静态点火后检测将在米丘德组装厂进行，以便做好飞行件运至肯尼迪航天中心的准备（包括对喷漆布局的改变）。10 月 19 日，美国国旗被印于 S-IC-5 液氧贮箱外侧。国旗由丝网印刷的贴花纸材料制成并且由三部分组成。驳船到达后，该飞行件被存放于米丘德组装厂制造大楼的库房中。11 月 15 日，S-IC-5 移至子级试验大楼继续进行静态点火后整修和改进。

S-IC-5 试验及运输情况如图 17.30～图 17.36 所示。

图 17.30　在密西西比试验站的 B-2 试验台上安装 S-IC-5 飞行件（1967 年 6 月 29 日）　　图 17.31　在密西西比试验站进行的 S-IC-5 静态点火试验远景图（1967 年 8 月 25 日）

图 17.32　在密西西比试验站进行 S-IC-5 静态
点火试验近景图(1967 年 8 月 25 日)

图 17.33　S-IC-5 飞行件 B-2 试验台拆除时
的发动机特写镜头(1967 年 9 月 11 日)

图 17.34　在 B-2 试验台上拆除 S-IC-5 飞行件
(1967 年 9 月 11 日)

图 17.35　S-IC-5 被放到驳船上
(1967 年 9 月 11 日)

图 17.36　"珍珠河号"驳船上的 S-IC-5,由密西西比试验站离开
运往米丘德组装厂(1967 年 9 月 12 日)

1968 年 1 月 30 日，S-IC-5 从米丘德库房中移出，开始进行改装件安装。这些改进在 4 月份完成，此外，还进行了存放后的检测工作。7 月 29 日，在米丘德组装厂完成了静态点火后检测和存放检测。全部检测工作于 10 月 28 日完成。11 月 8 日，S-IC-5 通过 NASA 验收，并暂时放置于库房中。11 月 21 日，S-IC-5 搭乘"猎户座"驳船运往肯尼迪航天中心。该驳船在 11 月 22 日离开港口，11 月 27 日抵达肯尼迪航天中心。

S-IC-5 飞行件用作 AS-505 的一子级，该火箭于 1969 年 5 月 18 日发射了阿波罗 10 号飞船。

# 17.10  S-IC-6

## 17.10.1  概述

S-IC-6 在静态点火之前拆掉并更换了 1 台发动机。该飞行件发射了阿波罗 11 号飞船。

## 17.10.2  发动机

最初的发动机布局如下。

位置 101：F-6043。

位置 102：F-6046。

位置 103：F-TBD，在静态点火之前从该飞行件拆下。

位置 104：F-6047，在静态点火之前从该飞行件拆下，并安装在 S-IC-7 飞行件上，位置 103。

位置 105：F-6044。

备用发动机：F-6054，用于替代 F-6047；F-6051，用于替代发动机 F-TBD。

静态点火与最终飞行时的发动机布局如下。

位置 101：F-6043。

位置 102：F-6046。

位置 103：F-6051。

位置 104：F-6054。

位置 105：F-6044。

## 17.10.3  制造

1966 年 12 月 30 日，米丘德组装厂的垂直组装工作完成，并对吊环进行试验，为 1967 年年初的"制造"做准备。1967 年 1 月 6 日，波音公司将 S-IC-6 飞行件从米丘德组装厂垂直组装厂房运往生产制造厂进行系统安装。1 月至 2 月，S-IC-6 飞行件安装 5 台 F-1 发动机。4 月 24 日 S-IC-6 运回垂直组装厂房，对上部和下部推力环的 32 块拼接板进行更换。

### 17.10.4 试验

1967 年 5 月 8 日，在米丘德组装厂的子级试验大楼对 S-IC-6 进行了制造后检测。检测期间，拆下并更换了位于 103 和 104 处的两台发动机 F-TBD 和 F-6047。F-6051 于 1967 年 5 月 25 日安装在 S-IC-6 飞行件的 103 位置上，F-6054 于 1967 年 5 月 26 日替换 F-6047。

波音公司于 1967 年 7 月 24 日完成制造后进行检测。两天后，NASA 正式验收了波音公司提供的 S-IC-6 级，准备将该级从米丘德组装厂运往密西西比试验站进行静态点火试验。8 月 14 日，S-IC-6 从子级试验大楼运往工厂区。8 月 22 日完成了最终的预点火改进并将 S-IC-6 放置在试验大楼的库房中，并在 S-IC-6 上安装了相关仪器。9 月 1 日，按照 NASA 要求，S-IC-6 继续存放在米丘德组装厂，波音公司优先保障肯尼迪航天中心的 S-IC-1 和 S-IC-2 以及米丘德组装厂的 S-IC-3 的相关活动。图 17.37 给出了 S-IC-6 运往米丘德组装厂的子级试验大楼 2 号试验间的场景。12 月，对存放在米丘德组装厂试验大楼的 S-IC-6 进行了静态点火前的改进，包括临时拆下发动机 101 (F-6043)，以便更换氧化剂泵中的氧化剂密封件，如图 17.38 所示。

图 17.37　S-IC-6 运往米丘德组装厂的子级 试验大楼 2 号试验间 (1967 年 11 月)

图 17.38　在更换了氧化剂泵中的氧化剂密 封件后，F-1 发动机 F-6043 返回米丘德 组装厂 S-IC-6 的 101 位置 (1968 年 1 月)

S-IC-6 在米丘德组装厂进行了制造后检测，并于 1968 年 1 月 24 日完成。改进工作于 12 月 26 日结束，S-IC-6 于 3 月 1 日由 "珍珠河号" 驳船从米丘德组装厂运到密西西比试验站 (图 17.39)。1968 年 3 月 4 日，S-IC-6 被安装在 B-2 试验台上，并对其进行了静态点火前试验。此时，密西西比试验站的 3 个试验台首次全部安装了土星运载火箭子级。S-IC-6 位于 B-2 试验台，S-II-4 位于 A-2 试验台，S-II-5 位于 A-1 试验台。这些试验基本上与先前在米丘德组装厂进行过的制造后检测一致。

图 17.39    "珍珠河号"驳船上的 S-IC-6 在从米丘德组装厂到达密西西比
试验站时经过船闸（1968 年 3 月 1 日）

1968 年 4 月 4 日，S-IC-6 首次通电。AS-502 火箭于当天发射，但出现了 POGO 振动问题。4 月 22 日，马歇尔航天飞行中心要求波音公司推迟计划于 4 月进行的 S-IC-6 静态点火试验，直到改进设计得到验证。原计划 4 月进行的推进剂贮箱试验最终于 7 月 16 日完成。两天后，NASA 宣布了对 POGO 问题的调查结论。结论认为，运载火箭箭体结构的固有频率一致，使振动振幅倍增。为解决 POGO 问题，将在液氧泵前阀中集成小型蓄压器，以改变推进系统的固有频率，同时对增压输送进行小幅改进，以便在 F-1 发动机的泵前阀中通入氦气。该解决方案最先应用于 S-IC-6，并在即将进行的静态点火试验中进行验证。

S-IC-6-1 点火试验如下。

1968 年 8 月 1 日进行了静态点火前的审查。8 月 5 日，S-IC-6 静态点火倒计时开始。然而在 8 月 6 日点火当天，由于 POGO 抑制系统的布局不满足要求，倒计时被取消。后续进行了布局改进，倒计时于 8 月 12 日重新启动；以 6624.47L/min（1750gal/min）的速率加注燃料。第二天，燃料流到发动机，贮箱有 8.8%未装满。点火时箭上燃料达到 755189.65L（199500gal）。8 月 13 日，加注液氧，并于 $T-72s$ 后补给完成。点火时箭上液氧达到 1216585.92L（321388gal），相当于贮箱 9.5%未装满。

美国中部标准时间 8 月 13 日 17:32:43 发出了点火指令（$T-91s$）。$T-89.54s$ 时

燃料贮箱预增压，$T$–56.09s 时液氧贮箱预增压。17:34:05 完成发动机点火试验，试验持续(125±2)s。17:34:14 完成模拟起飞($T$+0s)。$T$+0s 发动机摆动，$T$+111s 时完成。在 $T$+125s 时，发动机关机。发动机从启动到关机持续时间是 126.504s。

静态点火期间记录的发动机数据用于验证发动机推力、比冲、发动机环形分支管温度、燃料泵平衡气蚀压力以及热交换器性能是否在规范范围内。静态点火期间记录的 S-IC-6 数据用于验证推力矢量控制、增压、电源、控制压力、GN2 吹除、飞行测量、安控、推进剂加注、时序和 POGO 抑制系统是否在规定界限内执行。所有测量结果表明，新安装的 POGO 抑制系统已按计划执行。

随后进行了点火后检查，这与点火前进行的检查类似，以便确认点火是否对 S-IC-6 分系统产生影响。使用约 105 个试验和操作程序完成密西西比试验站内的相关试验。

8 月 22 日，波音公司和马歇尔航天飞行中心对加注操作期间液氧贮箱防晃隔板是否断裂进行了审查。波音公司提出了在重新设计和更换 S-IC-5 以及后续飞行件的 2.44m(8ft)隔板部分，以提高其强度。8 月 28 日，S-IC-6 从 B-2 试验台上拆下，并在第二天搭乘"珍珠河号"驳船返回米丘德组装厂(图 17.40)进行整修以及后期检测，以验证 S-IC-6 是否做好运至肯尼迪航天中心的准备。12 月 9 日，S-IC-6 完成点火后检测，并于 12 月 4 日至 8 日进行了最终的仿真飞行试验。1969 年 1 月 4 日，将 S-IC-6 移至米丘德的 3 号试验间，进行贮存和改进。最后，2 月 13 日将 S-IC-6 装载到了"猎户座"驳船上，在由于恶劣天气延迟后，S-IC-6 于 2 月 16 日离开米丘德组装厂，并于 2 月 20 日到达肯尼迪航天中心。

图 17.40　S-IC-6 利用"珍珠河号"驳船从密西西比试验站返回米丘德组装厂(1968 年 8 月 29 日)

S-IC-6 飞行件成为 AS-506 的一子级，于 1969 年 7 月 16 日成功发射了阿波罗 11 号飞船。

## 17.11  S-IC-7

### 17.11.1  概述

S-IC-7 飞行件采用的 1 台发动机是之前在 S-IC-6 中安装但没有点火的发动机。采用 S-IC-7 的火箭发射了阿波罗 12 号飞船。

### 17.11.2  发动机

初始和最终飞行时的发动机布局如下。

位置 101：F-6048。
位置 102：F-6052。
位置 103：F-6047。
位置 104：F-6053。
位置 105：F-6050。

### 17.11.3  制造

S-IC-7 部件在米丘德组装厂的组装一直持续到 1967 年 1 月和 2 月，并于 3 月初完成。

在推力结构移至垂直组装厂房后，S-IC-7 的垂直组装于 1967 年 3 月 6 日开始。此推力结构不同于之前安装在此位置上的结构，它具备泵前阀，安装了 5 台 F-1 发动机的压力容积补偿管，并在安装前进行了管路布局。在燃料贮箱进入垂直组装厂房后，S-IC-7 垂直组装的第二阶段于 3 月 13 日启动。校准后，用机械紧固件将贮箱与推力结构连接。完成燃料贮箱垂直组装后，开始进行箱间段组装。在组装操作即将完成时，液氧贮箱被放置到箱间段上方。

S-IC-7 主要部件的垂直组装于 3 月 30 日结束，组装了前短壳。4 月 20 日，垂直组装全部完成。随后，将 S-IC-7 转成水平状态进行部件安装。5 月 4 日至 6 月 19 日期间，S-IC-7 安装了 5 台 F-1 发动机。8 月 11 日，完成了硬件的水平组装。

### 17.11.4  试验

1967 年 8 月 14 日，波音公司将 S-IC-7 从米丘德组装厂制造大楼运至试验大楼的 2 号试验间进行制造后检测。该工作在完成模拟静态点火试验后于 11 月 10 日结束。由于肯尼迪航天中心和米丘德组装厂还将进行其他重要工作，S-IC-7 从 11 月 22 日开始一直存放在米丘德组装厂库房中。1968 年 4 月 1 日，波音公司工作人员将 S-IC-7 运至试验大楼的 1 号试验间进行安装和改进。8 月 23 日，S-IC-7

转至米丘德组装厂制造大楼的水平组装工位,准备运往密西西比试验站进行试验。
9 月 12 日,S-IC-7 由"珍珠河号"驳船运往密西西比试验站。9 月 13 日,到达后,
S-IC-7 安装在 B-2 试验台上,安装了 POGO 抑制系统。此后执行了静态点火前试
验。这些试验与先前在米丘德组装厂装船前进行过的制造后检测基本一致。

S-IC-7-1 点火试验如下。

S-IC-7 是第一个在静态点火前未进行推进剂加注试验的飞行件。这是因为此
操作已被当作成熟操作。10 月 18 日,NASA 和波音公司官员在密西西比试验站
进行了静态点火前审查。10 月 23 日,在模拟静态点火试验期间,S-IC-7 液氧耗
尽关机系统中的故障导致 S-IC-7 验收点火推迟。10 月 28 日 S-IC-7 静态点火倒计
时开始,但在燃料贮箱加注后($T$–1d),燃料出现泄漏,因此需要排空贮箱后进行
修复。

10 月 29 日重新开始倒计时,以大约 7457.26L/m(1970gal/min)的流速加注燃
料。10 月 30 日点火当天,燃料流到发动机,将燃料液位调整到 1.79%气枕,位置
在 $T$–15min 时,贮箱内燃料达到 818371.96L(216191gal)。在点火当天加注液氧。
于 $T$–72s 完成补加。此时贮箱内液氧达到 1320162.36L(348750gal),相当于 2.96%
气枕。

美国中部标准时间 10 月 30 日 15:14:35.004 发送点火指令($T$–91s)。$T$–89.556s
燃料贮箱发出预增压,$T$–56.332s 液氧贮箱发出预增压指令。15:15:57 完成发动机
点火,15:16:06.012 实现模拟起飞($T$+0s)。点火当天,大气压力为 101.39kPa
(14.705psia,绝对值),环境温度为 27.22℃(81.0℉)。

$T$+3s,发动机开始摆动,在 $T$+111s 时完成。在 $T$+125.008s 时,终端倒计时
时序器按计划自动启动发动机关机指令。从所有发动机启动到关机,S-IC-7 持续
时间是 126.464s。

如果点火达到(125±2)s 的预计持续时间,则试验被认为是成功的。

静态点火期间记录的发动机数据用于验证发动机推力、比冲、发动机环形分
支管温度、燃料泵平衡气蚀压力以及热交换器性能是否在规范范围内。静态点火
期间记录的 S-IC-7 数据用于验证 S-IC-7 推力矢量控制、增压、电源、控制压力、
GN2 吹除、飞行测量、安控、推进剂加注、时序和 POGO 抑制系统是否在规定界
限内执行。

后续,进行了点火后检查,以确定点火是否对 S-IC-7 分系统产生不利影响。
使用约 105 个试验和操作程序完成密西西比试验站内的相关试验。

9 月,在 S-IC-7 还未安装于试验台时,发现对有故障的主吊杆马达进行修复
后,才能将飞行件从 B-2 试验台拆下。11 月 8 日,工作人员完成了修复,需要拆
下和修复电枢并制造特殊绕组。11 月 8 日,从 B-2 试验台上拆下 S-IC-7,11 月 9

日，用驳船将其运回至米丘德组装厂。整修与静态后检测活动在米丘德组装厂进行，以便做好将 S-IC-7 装运至肯尼迪航天中心的准备。12 月 9 日，开始在米丘德组装厂试验大楼 1 号试验间进行试验，1969 年 1 月 20 日完成模拟飞行试验后结束。米丘德组装厂的完整试验与整修计划于 1 月 21 日完成，将 S-IC-7 暂时放置在库房中。NASA 在 2 月 17 日正式验收了波音公司的 S-IC-7。S-IC-7 利用"猎户座"驳船开始运往肯尼迪航天中心。该驳船在 4 月 29 日离开港口，5 月 3 日到达肯尼迪航天中心。

S-IC-7 最终用作 AS-507 的一子级，于 1969 年 11 月 14 日发射了阿波罗 12 号飞船。

# 17.12　S-IC-8

## 17.12.1　概述

S-IC-8 飞行件在静态点火后更换了 1 台 F-1 发动机。这台发动机是所有 F-1 中累计点火时间最短的发动机。S-IC-8 飞行件执行了阿波罗 13 号飞船发射任务。

## 17.12.2　发动机

包括静态点火的初始发动机如下。

位置 101：F-6055。

位置 102：F-6058。

位置 103：F-6057。

位置 104：F-6059，在 S-IC-8 静态点火后于 1969 年 1 月 25 日拆下，替换为 F-6078，最终安装到 S-IC-11。

位置 105：F-6056。

备用发动机：F-6078。

最终飞行时的发动机如下。

位置 101：F-6055。

位置 102：F-6058。

位置 103：F-6057。

位置 104：F-6078。

位置 105：F-6056。

## 17.12.3　制造

1967 年 6 月 21 日，对 S-IC-8 燃料贮箱进行了静水压验证试验，以确定部件组装前检测在焊补区域发现的 8 个裂纹是否存在扩展。试验显示,裂纹没有增长,且未发现任何泄漏。将贮箱重新投入应用,进行组装。7 月 14 日,波音公司工作人员将推力结构放置到米丘德组装厂的垂直组装厂房的四个吊架上,开始 S-IC-8 的垂直组装。7 月 21 日,燃料贮箱被运输到垂直组装厂房并与推力结构对接。7 月 25 日,箱间段进入垂直组装塔并与燃料贮箱对接。8 月 14 日,将液氧贮箱移入垂直组装厂房并与箱间段对接。8 月 15 日,对前短壳进行了组装。

垂直组装一直持续到 1967 年 9 月 11 日才全部完成。5 天后,将 S-IC-8 从垂直组装塔拆除,放到运输装置上,准备运往米丘德组装厂制造大楼的 1 号水平组装位置。9 月和 10 月,S-IC-8 安装了 5 台 F-1 发动机。1968 年 5 月 9 日,波音公司完成 S-IC-8 的水平组装,并将 S-IC-8 放在米丘德组装厂的库房中。8 月初至 22 日,对 S-IC-8 进行了验证试验。

### 17.12.4　试验

S-IC-8 制造后检测在米丘德组装厂进行,于 1968 年 10 月 29 日全部完成。11 月 13 日,利用驳船将 S-IC-8 运至密西西比试验站后将其安装在 B-2 试验台,并执行了静态点火前试验。这些试验与 S-IC-8 在米丘德组装厂装船前进行的制造后检测基本一致。

12 月 13 日进行了静态点火前审查。12 月 17 日 S-IC-8 静态点火倒计时启动。当天,以大约 7154.43L/min(1890gal/min)的流速加注燃料。12 月 18 日点火当天,燃料流到发动机,将燃料液位调整到 1.95%气枕。在 $T-15\text{min}$ 时,贮箱内燃料达到 817471.03L(215953gal)。图 17.41~图 17.44 给出了 S-IC-8 在米丘德组装厂的相关活动。

图 17.41　S-IC-8 在米丘德组装厂中安装
F-1 发动机(1967 年 10 月初)

图 17.42　从左到右分别是米丘德组装厂
水平组装的 S-IC-8、存储中的 S-IC-4 和
S-IC-6(1967 年 10 月初)

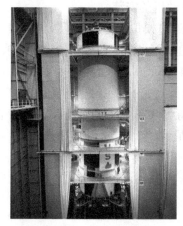

图 17.43　S-IC-8 前短壳垂直
组装(1967 年 8 月 15 日)

图 17.44　S-IC-8 移到米丘德组装厂的
试验大楼(1968 年 8 月)

在点火当天加注液氧,于 $T$–72s 后补加完成。此时贮箱内液氧达到 1319974.04L (348621gal),相当于贮箱 3.03%未装满。

美国中部标准时间 1968 年 12 月 18 日 16:37:16.004 发出点火指令($T$–91s)。$T$–89.544s 燃料贮箱预增压,$T$–56.704s 液氧贮箱预增压。16:38:40 成功完成发动机点火,16:38:47.020 实现了模拟起飞($T$+0s)。点火当天,大气压力为 101.34kPa (14.698psia,绝对值),环境温度为 17℃(62.6℉)。

$T$+3s,发动机开始摆动,$T$+111s 完成。$T$+125.008s 时,终端倒计时时序器按计划启动发动机关机指令。从所有发动机点火到关机,S-IC-8 持续工作 126.688s。

如果点火时间达到(125±2)s 的预计持续时间,则试验被认为是成功的。试验数据表明,POGO 抑制系统和预测一样运行顺利。

静态点火期间记录的发动机数据用于验证发动机推力、比冲、发动机环形分支管温度、燃料泵平衡气蚀压力以及热交换器性能是否在规范范围内。静态点火期间记录的 S-IC-8 数据用于验证推力矢量控制、增压、电源、控制压力、GN2 吹除、飞行测量、安控、推进剂加注、时序和 POGO 抑制系统是否在规定界限内执行。

通过点火后检查确定了点火未对 S-IC-8 分系统产生不利影响。使用约 105 个试验和操作程序完成了密西西比试验站内的相关试验。

1969 年 1 月 3 日,从 B-2 试验台上拆除 S-IC-8,并用驳船将其运回至米丘德组装厂,第二天抵达。在米丘德组装厂进行整修与后期检测,准备将 S-IC-8 运往肯尼迪航天中心。然而,1 月 23 日,在 104 位置的发动机 F-6059 上检测到泄漏。1 月 25 日,在所有修复尝试都失败后,波音公司从 S-IC-8 上拆下泄漏发动机,并使用 F-6078 备用发动机将其更换，两天后完成发动机的安装。

3 月 11 日，在米丘德组装厂的 1 号试验间中通过模拟飞行进行了最终的静态点火试验。这标志着静态点火试验全部完成。但由于配电器中的继电器需要更换，一些试验必须重做。S-IC-8 分系统试验于 3 月 24 日完成，开始准备将 S-IC-8 运往肯尼迪航天中心。3 月 28 日，波音公司工作人员完成了 S-IC-8 点火后的整修，并将 S-IC-8 放在库房中等待装运。4 月 29 日，将 S-IC-8 移到 3 号库房，等待装运前的改进。S-IC-8 搭乘"猎户座"驳船运往肯尼迪航天中心。该驳船在 6 月 11 日离开港口，6 月 16 日到达肯尼迪航天中心。

S-IC-8 飞行件最终用作 AS-508 的一子级，于 1970 年 4 月 11 日成功发射了阿波罗 13 号飞船。

# 17.13　S-IC-9

### 17.13.1　概述

S-IC-9 飞行件发射了阿波罗 14 号飞船。

### 17.13.2　发动机

初始和最终飞行时的发动机布局如下。
位置 101：F-6061。
位置 102：F-6064。
位置 103：F-6063。
位置 104：F-6065。
位置 105：F-6062。

### 17.13.3　制造

1967 年 7 月 26 日在米丘德组装厂制造大楼将燃料贮箱从库房中移出，并运往垂直组装厂房。然后，在贮箱移入静水压试验设施中之前，用起重机将贮箱移到 3 号工位进行试验性操作。

8 月 18 日，将 S-IC-9 飞行件液氧贮箱从制造大楼的库房中移出，并运往垂直组装厂房。对液氧贮箱进行全面检查后将其运至静水压试验设施。静水压试验完成后，将贮箱运至制造大楼。9 月 25 日，箱间段与燃料贮箱对接。10 月 16 日，液氧贮箱与箱间段对接。10 月 18 日，完成 S-IC-9 的垂直组装，同时安装了前短壳。图 17.45～图 17.47 给出了 S-IC-9 的推力结构和燃料贮箱在米丘德组装厂的相关活动。

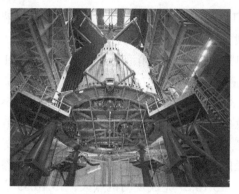

图 17.45　米丘德组装厂垂直组装期间的 S-IC-9 推力结构（1967 年 9 月）

图 17.46　从米丘德组装厂静水压试验设施中移出的 S-IC-9 燃料贮箱（1967 年 9 月）

图 17.47　S-IC-9 燃料贮箱与推力结构对接（1967 年 9 月）

　　1968 年 2 月 22 日，米丘德组装厂的波音公司工作人员将 S-IC-9 从垂直组装塔中拆除，准备将其移到水平组装位置进行 S-IC-9 分系统的安装。4 月 15 日至 18 日，将 5 台 F-1 发动机安装在 S-IC-9 上。11 月 13 日，完成了水平组装。

### 17.13.4　试验

　　S-IC-9 制造后检测在米丘德组装厂进行，于 1969 年 1 月 3 日完成。1 月 9 日，利用驳船将 S-IC-9 运至密西西比试验站。1 月 10 日，将 S-IC-9 安装在 B-2 试验台。在更换了大量缺陷螺栓后，进行了静态点火前的试验。这些试验与在米丘德装船前就已进行过的制造后检测基本一致。

　　S-IC-9-1 点火试验过程如下。

　　1969 年 2 月 18 日，S-IC-9 静态点火倒计时启动。当天，以大约 7192.28L/min

(1900gal/min) 的流速加注燃料。2 月 19 日点火当天，燃料流到发动机，将燃料液位调整到 3.086% 气枕。在 $T$–15min 时，贮箱燃料达到 809801.79L（213927gal）。

在点火当天加注液氧，$T$–187s 补加完成。此时贮箱液氧达到 1319057.02L（348458gal），相当于贮箱有 3.039% 未装满。

美国中部标准时间 2 月 19 日 15:10:53.004 发出点火指令 ($T$–91s)。$T$–338.736s 发出燃料贮箱预增压指令，$T$–71.2s 液氧贮箱预增压指令。由于在显示 $T$–77s 计数时间时等待 249.236s，因此点火指令和燃料贮箱增压的时间都有些偏差。出现等待的原因是为清空 1584.96m（5200ft）半径内的人员。报告称，当天有 12000 名参观者见证了本次静态点火试验（图 17.48）。15:16:27 完成发动机点火，15:16:33 实现模拟起飞 ($T$+0s)。点火当天，大气压力为 102.24kPa（14.828psia，绝对值），环境温度为 13.33℃（56.0℉）。

图 17.48　S-IC-9 在密西西比试验站的 B-2 试验台进行静态点火试验

$T$+3s，发动机开始摆动，在 $T$+111s 时完成。在 $T$+125.008s 时，终端倒计时时序器按计划启动发动机关机指令。从所有发动机启动到关机，S-IC-9 持续工作 126.640s。

如果点火达到 (125±2)s 的预计持续时间，则试验就被认为是成功的。

静态点火期间记录的发动机数据用于验证发动机推力、比冲、发动机环形分支管温度、燃料泵平衡气蚀压力以及热交换器性能是否在规范范围内。

静态点火期间记录的 S-IC-9 数据用于验证推力矢量控制、增压、电源、控制压力、氮气吹除、飞行测量、安控、推进剂加注、时序和 POGO 抑制系统是否在规定范围内执行。

通过点火后检查确定了点火未对 S-IC-9 分系统产生不利影响。使用约 105 个试验和操作程序完成在密西西比的试验。

1969 年 3 月 5 日，从 B-2 试验台上拆除 S-IC-9，并于 3 月 6 日用驳船将其运回米丘德组装厂，并于第二天抵达。3 月 28 日，将 S-IC-9 从工厂贮存区转移到米丘德组装厂试验大楼 1 号试验间，准备在 S-IC-9 运往肯尼迪航天中心之前进行整修和检测。4 月 1 日，首次通电。5 月 2 日，进行了作为最终试验的模拟飞行试验。

5 月 16 日，宣布完成了米丘德组装厂的试验，四天后，将 S-IC-9 移到米丘德组装厂 3 号库房。NASA 在 5 月 26 日正式验收了波音公司的 S-IC-9。由于阿波罗飞行计划推迟，S-IC-9 一直保存在米丘德组装厂库房中，直至 7 个月后要求装运。在此贮存期间内，8 月 17 日"卡米尔"台风席卷墨西哥湾沿岸，但没有对米丘德组装厂的 S-IC 造成任何破坏。1970 年 1 月 6 日，S-IC-9 由船运离米丘德组装厂，于 11 月 12 日到达肯尼迪航天中心。

S-IC-9 最终用作 AS-509 的一子级，1971 年 1 月 31 日发射了阿波罗 14 号飞船。

## 17.14　S-IC-10

### 17.14.1　概述

S-IC-10 飞行件在静态点火试验后拆除了 1 台发动机。更换的发动机之前未在 S-IC 级上接受点火试验。还有 1 台发动机最初虽被分配给 S-IC-10，但在安装前就被替换掉了。S-IC-10 执行了阿波罗 15 号飞船发射任务。

### 17.14.2　发动机

原始发动机分配如下。

位置 101：F-6066。
位置 102：F-6069。
位置 103：F-6068。
位置 104：F-6071。
位置 105：F-6067，最初分配给 S-IC-10，但已经被替换且从未再使用过。

初始结构和静力试验如下。

位置 101：F-6066，在检测到故障后于 1969 年 6 月 17 日拆下，最终用于 S-IC-15 位置 101。

位置 102：F-6069。
位置 103：F-6068。
位置 104：F-6071。
位置 105：F-6073。

备用发动机：F-6088。

最终飞行时的发动机如下。

位置 101：F-6088。

位置 102：F-6069。

位置 103：F-6068。

位置 104：F-6071。

位置 105：F-6073。

### 17.14.3　制造

1967 年 8 月，进行了 S-IC-10 前短壳方面的工作。9 月 21 日，箱间段的结构几乎竣工，开始准备将箱间段运往制造大楼的油漆区。10 月 17 日，将燃料贮箱放到了静水压试验设施中。在贮箱被拆下移入油漆区之前进行检查，试验和清洗（图 17.49）。

图 17.49　从静水压试验设施移出的 S-IC-10 燃料贮箱（1967 年 11 月）

1967 年 12 月，在垂直组装厂房完成了液氧贮箱的处理。

1968 年 3 月 21 日，米丘德组装厂工作人员将 S-IC-10 推力结构放了垂直组装塔中，准备进行燃料贮箱的安装。5 月 10 日，波音公司按时完成了 S-IC-10 的垂直组装。6 月 18 日，将 S-IC-10 从垂直组装塔拆下，并移到水平组装位置以便安装内部子级分系统。8 月，5 台 F-1 发动机安装到 S-IC-10 内。S-IC-10 分系统的安装一直持续到 12 月底。

### 17.14.4 试验

S-IC-10 在米丘德组装厂进行了制造后检测，于 1969 年 1 月 20 日开始，3 月 7 日完成了这些活动。在米丘德试验大楼 2 号试验间执行了检测。

1969 年 3 月 11 日，S-IC-10 由"小湖号"驳船从米丘德组装厂运送至密西西比试验站。3 月 12 日，将 S-IC-10 安装在 B-2 试验台，并进行静态点火前试验。这些试验与在米丘德组装厂装船前进行过的制造后检测基本一致。

S-IC-10-1 点火试验如下。

1969 年 4 月 15 日，开始进行 S-IC-10 静态点火倒计时。当天，以大约 7381.55L/min (1950gal/min) 的流速加注了燃料。4 月 16 日点火当天，燃料流到发动机，将燃料液位调整到 3.27%气枕。在 $T$–15min 时，贮箱燃料达到 807504.04L (213320gal)。

在点火当天加注液氧。由于漏装和漏排集成管束的原因没有完成补加。在 $T$–15min 时，贮箱液氧达到 1262518.11L (333522gal)，相当于贮箱 7.70%未装满。

美国中部标准时间于 1969 年 4 月 16 日 14:31:53 发出了点火指令 ($T$–91s)。$T$–89.528s 燃料贮箱预增压，$T$–71.212s 液氧贮箱预增压。14:33:18 完成发动机点火，14:33:24 实现了模拟起飞 ($T$+0s)。点火当天，大气压力为 101.28kPa (14.69psia 绝对值)，环境温度为 20℃ (68℉)。

$T$+3s，发动机开始摆动，在 $T$+111s 时完成。在 $T$+125.004s 时，终端倒计时时序器按计划启动发动机关机指令。最终，S-IC-10 持续工作 126.372s。

如果点火达到 (125±2)s 的预计持续时间，则试验被认为是成功的。整个点火试验开始时间比计划时间提前了 30min。试验期间，技术人员发现发动机推力低于额定推力。

静态点火期间记录的发动机数据用于验证发动机推力、比冲、发动机环形分支管温度、燃料泵平衡气蚀压力以及热交换器性能是否在规范范围内。

静态点火期间记录的 S-IC-10 数据用于验证推力矢量控制、增压、电源、控制压力、GN2 吹除、飞行测量、安控、推进剂加注、时序和 POGO 抑制系统是否在规定范围内执行。

通过点火后检查最终确定点火未对 S-IC-10 分系统产生不利影响。使用约 105 个试验和操作程序完成在密西西比的试验。

1969 年 5 月 2 日，从 B-2 试验台上拆下 S-IC-10，同一天用驳船将其运回至米丘德组装厂。5 月 6 日，波音公司和密西西比试验站工作人员开始对 F-1 发动机低推力问题进行试验分析和研究。该问题在 S-IC-6 和后续飞行件的静态点火试验期间被发现，但在 S-IC-10 静态点火试验中尤为明显。5 月 20 日，将 S-IC-10

移到米丘德组装厂试验大楼 1 号试验间,开始整修和检测。检测期间,于 6 月 17 日在 101 发动机 F-6066 的常平座过滤分支管单向阀中发现了泄漏,需要将该发动机从 S-IC-10 中拆下。101 发动机 F-6066 由备用发动机 F-6088 代替,并于 6 月 18 日在米丘德组装厂安装到 S-IC-10 中。

7 月 17 日完成了米丘德组装厂的试验,8 月 8 日 NASA 正式验收 S-IC-10(图 17.50)。8 月 17 日"卡米尔"台风席卷墨西哥湾沿岸的前一天,将 S-IC-10 从 1 号试验间移到工厂,以提高安全性。由于阿波罗号飞行计划推迟,S-IC-10 一直保存在米丘德组装厂库房中。10 月 15 日,波音公司使用 S-IC-10 对米丘德组装厂的 3 号库房进行了验证,该设施将用于贮存 S-IC-12 级。S-IC-12 是计划贮存在米丘德组装厂的唯一一个 S-IC。1970 年 7 月 1 日,S-IC-10 由船运离米丘德组装厂,于 7 月 6 日到达肯尼迪航天中心。

图 17.50   S-IC-10 放入环境控制贮存室(1969 年 8 月)

S-IC-10 最终用作 AS-510 的一子级,1971 年 7 月 26 日发射了阿波罗 15 号飞船。

# 17.15   S-IC-11

## 17.15.1   概述

S-IC-11 飞行件在密西西比试验设施内进行的静态点火试验期间 1 台发动机起火,所有 5 台 F-1 发动机被更换。一年后,S-IC-11 再次进行点火试验,最终用于阿波罗 16 号飞船发射任务。

### 17.15.2　发动机

初始静态点火试验的发动机布局如下。

位置 101：F-6049，发动机经过整修，成为 S-IC-14 的飞行备件。

位置 102：F-6045，转移到美国史密森国家博物馆的发动机。

位置 103：F-6072，发动机报废。

位置 104：F-6060，整修过并用于 S-IC-15 的发动机。

位置 105：F-6070，发动机报废。

再次静态点火试验和飞行任务的最终发动机布局如下。

位置 101：F-6095。

位置 102：F-6096。

位置 103：F-6087。

位置 104：F-6094。

位置 105：F-6059。

### 17.15.3　制造

1967 年 7 月，S-IC-11 推力结构组装。9 月，箱间段组装。

10 月 19 日，对液氧贮箱底焊接接头进行腐蚀和染料渗透检验。

12 月 18 日，将液氧贮箱底和蒙皮环移到 1 号贮箱组装位置顶部，并放在第二贮箱蒙皮环上。校准后，两个贮箱蒙皮环通过焊接方式连接。

1968 年 2 月，米丘德组装厂的波音公司工作人员完成液氧贮箱和燃料贮箱组装，将贮箱放在了垂直组装位置，并做好静水压试验的准备。

4 月，完成推力结构涂漆以及燃料贮箱静水压试验和检验。此时，前短壳组装已完成 95%。6 月，波音公司完成部件组装，并开始 S-IC-11 垂直组装。在垂直组装操作完成后，于 9 月 27 日从垂直组装塔上拆下 S-IC-11。将 S-IC-11 放在运输装置上，并移到水平组装位置，准备进行系统安装。12 月期间，将 5 台 F-1 发动机安装在 S-IC-11 中。波音公司于 1969 年 3 月 14 日在米丘德组装厂完成 S-IC-11 水平安装。

### 17.15.4　试验

S-IC-11 在米丘德组装厂进行了制造后验证。波音公司合同的变更函（215 号项目信函）要求将制造后检测同密西西比试验站的静态点火前、后的检测工作进行合并。1969 年 2 月 19 日，上述变更函获批，以减少试验冗余。S-IC-11 成为第一个未接受常规制造后检测的飞行件。为减少静态点火前、后重复检测的工作量,验证工作变成一系列简化的试验。财政因素是此次政策变化的关键驱动因素。

1969 年 5 月 12 日,驳船将 S-IC-11 从米丘德组装厂运至密西西比试验站。S-IC-11 安装在 B-2 试验台上,并执行了静态点火前的试验。这些试验基本上重复了在米丘德组装厂装船前已经执行的有限制造后验证工作。

1969 年 6 月 24 日,S-IC-11 开始静态点火倒计时。然而,发现了燃料泄漏,造成静态点火试验推迟了一天。此外,还发现了一些本应在米丘德组装厂进行全面的、常规的制造后检测期间发现的问题。静态点火倒计时最终于 1969 年 6 月 25 日开始,以大约 7419.41L/min(1960gal/min)的流速加注了燃料。6 月 26 日点火当天,燃料流到发动机,将燃料液位调整到 3.0%气枕。在 $T$–15min 时,贮箱内燃料达到 811213.75L(214300gal)。

在点火当天加注液氧。由于脐带管加注泄出阀出现泄漏,因此未完成补加。在 $T$–15min 时,贮箱内液氧达到 1262056.29L(333400gal),相当于贮箱 6.6%未装满。

美国中部标准时间 1969 年 6 月 26 日 17:20:48.004 发出点火指令($T$–91s)。$T$–89.540s 燃料贮箱预增压,$T$–71.612s 液氧贮箱预增压。17:22:13 完成发动机点火,17:22:19.016 实现了模拟起飞($T$+0s)。点火当天,大气压力为 101.35kPa(14.70psia 绝对值),环境温度为 32.22℃(90℉)。

$T$+3s,发动机开始摆动,但最终点火时间未能实现规定的(125±2)s。主要原因是在 $T$+96.8s 时,发动机 103(F-6072)着火造成发动机提前关机。试验台喷水系统在关机后约 15s 内将火熄灭,但这次起火导致发动机 103 受到严重损坏,其他 4 台发动机以及地面支持设备也受到不同程度的损坏。

初始评估在 6 月 30 日完成,结果显示发动机 101、102 和 104 受到轻微损坏,需要进行适当整修。发动机 103 和 105 受到严重损坏,需要更换。发动机 103 附近的隔热罩需要更换;隔舱 2 中的推力结构区域部件以及液氧互连管道和 GN2 操纵连杆需要更换;发动机 103 伺服机构补给管路需要更换。地面支持电缆受到轻微损坏,需要修复。

7 月 1 日,调查组发布起火原因的初步调查结果。结果显示,起火是由高压液压管路与分支管之间的连接处发生泄漏造成的。管路的环形密封垫发生泄漏,这里的运输防尘罩由于失误没有被移除。该密封件与即将发射阿波罗 11 号飞船的一子级 S-IC-6 类似,因此对其上的密封件进行了检测。结果显示所有密封件状况良好。NASA 指定了专门的调查委员会来进一步研究并给出其余 S-IC 上应采取的预防措施。

1969 年 7 月 11 日将 S-IC-11 从 B-2 试验台上拆下,准备运回米丘德组装厂进行整修。7 月 19 日，用驳船将 S-IC-11 装运回米丘德组装厂。

整修工作耗时一年，包括拆下发动机进行详细的损坏评估。经确定，所有 5 台发动机都应被更换，损坏最严重的两台发动机（F-6070 和 F-6072）必须报废。安装 5 台新发动机的 S-IC-11 将重新进行点火试验，并邀请米丘德组装厂的工作人员在此次工作中检验受损零件，以加强质量控制。

1969 年 12 月 19 日至 1970 年 1 月 23 日，S-IC-11 安装了新发动机。3 月 23 日，完成制造后验证。5 月 7 日，准备用驳船将其运回密西西比试验站。同时，在密西西比试验站成功对三个其他 S-IC 子级，即 S-IC-12、S-IC-13 和 S-IC-14 进行了点火试验。

在 B-2 试验台重新安装了 S-IC-11，进行重复试验验证，并于 1970 年 6 月 23 日开始 S-IC-11（再试验）静态点火倒计时。由于天气条件恶化，点火试验从 6 月 24 日推迟到 6 月 25 日。6 月 23 日，以 7003.01L/min（1850gal/min）的流速加注了燃料，同时开启了泵前阀。在 $T-15min$ 时，贮箱内燃料达到 811970.83L（214500gal），相当于贮箱 2.92%未装满。

在 6 月 25 日点火当天，以 15141.65L/min（4000gal/min）的最大流速加注液氧。直至 $T-187s$ 时，液氧补加完成，并自动终止。$T-15min$ 时，贮箱内液氧达到 1318436.21L（348294gal），相当于贮箱 3.0%未装满。

美国中部标准时间 1970 年 6 月 25 日 15:20:03.004 发出点火指令（$T-190s$）。$T-89.6s$ 燃料贮箱预增压，$T-71.4s$ 液氧贮箱发出预增压。15:23:06 发动机成功点火，15:23:13.020 实现了模拟起飞（$T+0s$）。大气压力为 106kPa（15.37psia 绝对值），环境温度为 25℃（77℉）。

$T+3s$，发动机开始摆动，在 $T+111s$ 完成。69.344s 后，由于超过液氧气枕压力的红标线值，点火中断。预计点火持续时间为 125±2s，但实际点火时间仅达到 70.628s。

静态点火倒计时期间，成功完成三个特殊试验：

（1）尝试重现发生在 AS-508 发射期间的液氧排放阀开启状态被卡的情况。但异常现象未出现，且排放阀运行正常。

（2）液氧补加，以便在进行 S-IC-14 静态点火试验的类似试验之后第二次评估液氧传感器。但传感器未能记录下液氧液位达到其最大加注量。液氧溢出传感器按要求工作。

（3）新型文氏里流量控制孔板替代了流量控制阀，实现了在点火试验期间液氧贮箱气枕压力保持在正常范围内。

在倒计时和点火过程中发现八个异常现象：

（1）试验前发现发动机 103（F-6087）中 2 号液氧主阀上有轻微液压泄漏。决定继续进行试验，再进行修复。

(2) 发现发动机 101 的系统 A 形测量管上的接头有热燃气泄漏。

(3) 发现伺服机构附接点处支柱受损,检查后决定"照常使用"。

(4) 104 发动机中零件作动时间超出极限时间 0.008s。

(5) 柔性排放阀在打开位置出现故障。

(6) 在低发动机区域放气阀门运行不稳定。

(7) 前环境调节单元在中断后未能在接到命令时重新启动。调查发现,风机已经与电动机轴分开。

(8) 与传感器相关的手动阀由于振动出现故障。

尽管最后一项是导致提前关机的原因,但这些异常现象都未被认定是严重问题。

鉴于本次点火基本实现了试验目标,因此决定不再进行重复点火试验。

静态点火试验期间记录的发动机数据用于验证发动机推力、比冲、发动机环形分支管温度、燃料泵平衡气蚀压力以及热交换器性能是否在规范范围内。

静态点火期间记录的 S-IC-11 数据用于验证推力矢量控制、增压、电源、控制压力、GN2 吹除、飞行测量、安控、推进剂加注、时序和 POGO 抑制系统是否在规定界限内执行。

1970 年 7 月 14 日,利用驳船将 S-IC-11 运回米丘德组装厂。S-IC-11 在米丘德组装厂进行了全面的试验后检测(替代了取消的制造后检测)。

1971 年 1 月 15 日,完成静态试验和整修后,S-IC-11 保存在米丘德组装厂的库房中,直至运往肯尼迪航天中心。S-IC-11 于 9 月 13 日离开米丘德组装厂,并于 9 月 17 日到达肯尼迪航天中心。

S-IC-11 最终用作 AS-511 的一子级,组装、运输和试验情况如图 17.51～图 17.59所示,并于 1972 年 4 月 16 日成功发射阿波罗 16 号飞船。

图 17.51　在首次静态点火之前,在密西西比试验站将 S-IC-11 安装在 B-2 试验台中(1969 年 5 月 13 日)

图 17.52　S-IC-11 在密西西比试验站的 B-2 试验台进行首次静态点火试验(1969 年 6 月 26 日)

图 17.53 在从密西西比试验站返回时，在米丘德组装厂将 S-IC-11 从甲板驳上拆下（1969 年 7 月 19 日）

图 17.54 火灾后，在米丘德组装厂将发动机从 S-IC-11 上拆下（1969 年 7 月）

图 17.55 显示了在米丘德组装厂 S-IC-11 中受火灾破坏的零件（1969 年 8 月）

图 17.56 工作人员排队观看在米丘德组装厂 S-IC-11 中受到破坏的零件（1969 年 8 月）

图 17.57 在米丘德组装厂将新发动机安装在 S-IC-11（1970 年 1 月 23 日）

图 17.58 将 S-IC-11 加注到米丘德组装厂驳船上，以便回到密西西比试验站（1970 年 5 月 7 日）

图 17.59 将 S-IC-11 提升到 B-2 试验台进行第二次静态点火试验(1970 年 5 月 8 日)

# 17.16 S-IC-12

## 17.16.1 概述

S-IC-12 飞行件用于最后一枚执行载人任务的土星 5 运载火箭。

## 17.16.2 发动机

原始发动机布局如下。

位置 101：F-6079，调往 S-IC-13 位置 101。

位置 102：F-6080，调往 S-IC-13 位置 102。

位置 103：F-6082，调往 S-IC-13 位置 103。

位置 104：F-6083。

位置 105：F-6081，调往 S-IC-13 位置 105。

静态点火与最终飞行时的发动机如下。

位置 101：F-6084。

位置 102：F-6076。

位置 103：F-6075。

位置 104：F-6083。

位置 105：F-6074。

## 17.16.3 制造

1967 年 7 月，S-IC-12 的液氧和燃料十字防晃隔板组件一直在米丘德组装厂进行焊接。9 月，瓜瓣结构完成。12 月 14 日，伺服机构杆支持组件完成。

1968 年 10 月，米丘德组装厂的波音公司工作人员将 S-IC-12 置于垂直组装区，进行涂漆和组装操作。12 月 27 日，S-IC-12 垂直组装完成，然后 S-IC-12 从米丘德组装厂的垂直组装区转移到水平组装区，并定位到支持工装上，准备进行水平组装。

1969 年 2 月和 3 月，在 S-IC-12 内安装了 5 台 F-1 发动机。截至 5 月 14 日，所有水平安装活动完成，S-IC-12 经过验证检查。

## 17.16.4　试验

S-IC-12 成为在米丘德组装厂经过制造后验证的第二个飞行件，这些活动于 1969 年 6 月 9 日完成。

1969 年 7 月 16 日，也就是阿波罗 11 号飞船发射当天，S-IC-12 由驳船从米丘德组装厂运往密西西比试验站。7 月 18 日，S-IC-12 被安装在 B-2 试验台，进行了点火前试验。这些试验与在装运前进行的制造后验证内容基本一致，其中最关键的一项试验便是于 1969 年 7 月 28 日完成的电测试验。

1969 年 7 月 28 日，静态点火试验从 9 月 2 日推迟到 9 月 9 日，以便进行推进剂加注试验。8 月 17 日，当"卡米尔"台风席卷墨西哥湾沿岸时，S-IC-12 已位于 B-2 试验台。波音公司将 S-IC-12 系紧在试验台内并加上衬垫，以防其损坏。9 月 8 日，发布了因"卡米尔"台风导致工作停摆的评估结果，S-IC-12 推进剂加注试验将再次推迟到 10 月 16 日，静态点火试验推迟到 10 月 22 日。鉴于 S-IC-11 之前试验出现的异常中断，工程师认为有必要增加推进剂加注试验。通过加注试验发现以下几个问题：液氧排放阀关闭，未正常工作，在静态点火前需进行调节；在燃料加注期间，4% 和 5.5% 液位的离散开关间歇性地抬起和关闭；3 号液氧互连阀在模拟演练倒计时期间未能关闭。

在排放期间，离散开关得以调节，且运行正常；更换了液氧互连阀，并将其送至米丘德组装厂进行进一步分析。由于此次返工，静态点火被再次推迟到 10 月 24 日。后又由于受到"劳里"台风的威胁以及燃料加注传感器线路问题（在推进剂加注试验期间曾出现），试验进一步推迟。由于试验的推迟，有更多的时间对电路进行更彻底的检查。检查完成后，更换了电子组件。点火试验被再次推迟到 10 月 29 日。

S-IC-12 静态点火倒计时开始于 1969 年 10 月 28 日。这是自 S-IC-11 异常中断以来进行点火的首个飞行件。其导致了 S-IC-12 试验的整体推迟，以确保成功地进行调查和改进。这是首次在加注操作中包含燃料和液氧自动加注研发试验。10 月 28 日，燃料以大约 7381.55L/min（1950gal/min）的流速加注。在预定点火之日，也就是 1969 年 10 月 29 日，将燃料注入发动机内。液氧于当日加注。由于预测天气条件会在周围人口稠密地区产生有害的噪声环境，因此将计时保持在 $T$–

40min,持续 20min。但最终静态点火被 NASA 取消。

当天傍晚,液氧从贮箱中泄出,燃料通过发动机从泵前阀下方放出。1969 年 10 月 31 日,再次将燃料注满。

1969 年 11 月 3 日,静态点火试验当天,燃料加注。在 $T$–15min 时,贮箱内燃料达到 810009.98L(213982gal),相当于 3.01%气枕。以 15141.68L/min(4000gal/min)的最大流速加注液氧。直至 $T$–187s 时,液氧补加完成,此时自动终止。在 $T$–15min 时,贮箱内液氧达到 1320374.34L(348806gal),相当于 3.0%气枕。

美国中部标准时间 1969 年 11 月 3 日 15:08:37.004,发出点火指令($T$–190s)。在 $T$–89.6s 时,对燃料贮箱进行预增压,在 $T$–71.5s 时,对液氧贮箱进行预增压。15:11:41,发动机点火成功完成,15:11:47.012,实现了模拟升空($T$+0s);点火当日,大气压力为 101.70kPa(14.75psia),环境温度为 16.11℃(61℉)。

摆动程序在 $T$+3s 时开始,在 $T$+111s 时完成。在 $T$+125.100s 时,终端倒计时时序器按计划自动发起发动机关机。S-IC-12 持续工作时间达到 126.328s。

如果点火达到(125±2)s 的预计持续时间,则被认为是成功的。

静态点火期间记录的发动机数据用于验证发动机推力、比冲、发动机环形分支管温度、燃料泵平衡气蚀压力以及热交换器性能是否在规范范围内。

静态点火期间记录的 S-IC-12 数据用于验证推力矢量控制、增压、电源、控制压力、GN2 吹除、飞行测量、安控、推进剂加注、时序和 POGO 抑制系统是否在规定界限内执行。

进行了点火后检查以便检查点火未对 S-IC-12 分系统产生不利影响。

1969 年 11 月 17 日,从 B-2 试验台上卸下了 S-IC-12,1969 年 11 月 19 日,用驳船将其运回至米丘德组装厂(图 17.60)。在米丘德组装厂分两个阶段进行了修整和静态点火后检测活动。1970 年 1 月 30 日,首次活动后,将 S-IC-12 置于 3 号环境库房内。1971 年 3 月 17 日,将 S-IC-12 从库房中移出,实施了其余试验。

图 17.60  S-IC-12 进入米丘德组装厂的试验大楼(1969 年 11 月末)

1971 年 8 月 19 日，米丘德组装厂试验完成。但由于阿波罗号飞行计划插入，S-IC-12 一直保存在米丘德组装厂库房中，直至次年要求装运。1972 年 5 月 6 日，S-IC-12 由驳船运离米丘德组装厂，于 1972 年 5 月 11 日到达肯尼迪航天中心。

## 17.17 S-IC-13

### 17.17.1 概述

S-IC-13 飞行件是用于最后一枚执行发射任务的土星 5 运载火箭。

### 17.17.2 发动机

原始发动机布局如下。

位置 101：F-6084，调往 S-IC-12 位置 101。

位置 102：F-6080。

位置 103：F-6082。

位置 104：F-6077。

位置 105：F-6081。

最终静态点火与飞行时的发动机布局如下。

位置 101：F-6079。

位置 102：F-6080。

位置 103：F-6082。

位置 104：F-6077。

位置 105：F-6081。

### 17.17.3 制造

1967 年下半年，S-IC-13 的首批零部件到达米丘德组装厂。10 月 18 日，S-IC-13 的一个瓜瓣底座在 NDT 区域接受检验，以确定表面不连续性。1967 年 12 月，在米丘德的小部件清洗设施内对各零件进行了清洗。

1969 年 3 月 11 日，推力组件制造完成。两天后，燃料贮箱组件制造完成。一天后，箱间段制造完成。4 月 7 日，液氧贮箱组件制造完成。4 月 11 日，前短壳完成。5 月 13 日，S-IC-13 的垂直组装完成。随后，S-IC-13 被转运至米丘德组装厂水平安装区域，直到 8 月 4 日水平安装完成。5 月 28 日到 6 月 12 日，S-IC-13 内安装了 5 台 F-1 发动机 (图 17.61)。8 月 17 日，当"卡米尔"台风席卷墨西哥湾沿岸时，S-IC-13 正与另外 4 个一子级一起存放在米丘德组装厂内。在 S-IC-7 出现应力腐蚀问题后，工作人员对操作平台进行了改进。10 月，S-IC-13 也进行了上述改造工作。

图 17.61　第 1 台 F-1 发动机被安装在米丘德组装厂的 S-IC-13 内(1969 年 5 月 28 日)

### 17.17.4　试验

8 月到 11 月,S-IC-13 在米丘德组装厂完成验证后,成为第三个经过有限制造后验证的飞行件,验证活动于 1969 年 11 月 13 日完成。

1969 年 10 月 27 日,米丘德组装厂波音公司工作人员完成 S-IC-13 的"质量审查",准备将 S-IC-13 运至密西西比试验站。11 月 20 日,利用驳船将 S-IC-13 从米丘德组装厂运至密西西比试验站。11 月 24 日,将 S-IC-13 安装在 B-2 试验台,并进行了静态点火前试验。这些试验与先前在米丘德组装厂已实施的制造后验证基本一致。关键试验是 1969 年 12 月 8 日实施的电测试验。

S-IC-13 点火试验计划在 1970 年 1 月 12 日进行,并于当天完成燃料加注。然而,在 1 月 13 日,在液氧加注开始前,由于天气条件恶劣,试验被迫取消。1 月 14 日,液氧加注,但因发动机 102(F-6080)上的 1 号液氧主阀发生泄漏而中断。同时,2 号码头驳船上的补给泵发生爆炸。

点火试验于 1970 年 2 月 4 日再次启动,但由于操作问题推迟至第二天。2 月 5 日,S-IC-13 静态点火倒计时正式开始。当天泵前阀开启,燃料以大约 7192.28L/min (1900gal/min)的流速加注。在 $T$–15min 时,贮箱内燃料达到 811403.02L (214350gal),相当于贮箱有 3.0%未装满。

在 2 月 6 日点火试验(图 17.62)当天,以 15141.65L/min(4000gal/min)的最大流速加注液氧。直至 $T$–187s 时,液氧补加完成,此时自动终止。在 $T$–15min 时,贮箱内液氧达到 1318212.87L(348235gal),相当于贮箱有 3.0%未装满。

图 17.62　S-IC-13 在密西西比试验站的 B-2 试验台进行静态点火(1970 年 2 月 6 日)

美国中部标准时间 2 月 6 日 15:43:41.008,发布点火指令($T$–190s)。在 $T$–89.6s 时,对燃料贮箱进行预增压,在 $T$–71.4s 时,对液氧贮箱进行预增压。15:46:45 发动机成功点火,15:46:51.016 实现了模拟升空($T$+0s);点火当日大气压力为 108.9kPa (15.79psia),环境温度为 15℃(59℉)。

摆动程序在 $T$+3s 时开始,在 $T$+111s 时完成。在 $T$+125s 时,终端倒计时时序器会按计划自动发起发动机关机。S-IC-13 持续工作时间达到 126.432s。

如果点火时间达到(125±2)s 的预计时间,那么点火试验就被认为是成功的。

静态点火期间记录的发动机数据用于验证发动机推力、比冲、发动机环形分支管温度、燃料泵平衡气蚀压力以及热交换器性能是否在规范范围内。

静态点火期间记录的 S-IC-13 数据用于验证推力矢量控制、增压、电源、控制压力、GN2 吹除、飞行测量、安控、推进剂加注、时序和 POGO 抑制系统是否在规定范围内执行。

试验后进行了相关检查,以确定点火是否对 S-IC-13 分系统产生不利影响。

1970 年 2 月 25 日,从 B-2 试验台上拆除 S-IC-13,并用驳船将其运回米丘德组装厂,并对两个飞行件进行了修整和检测。7 月 15 日,S-IC-13 由驳船运回密西西比试验站,并置于环境库房内。1971 年 4 月 26 日,将 S-IC-13 从库房中移出,并于 1971 年 5 月 5 日通过驳船运回米丘德组装厂进行其他试验。11 月 10 日,在米丘德组装厂内的所有试验全部完成。但由于天空实验室(skylab)飞行计划的临时插入,S-IC-13 一直保存在米丘德组装厂库房中,直至次年才被装运。1972 年 4 月 13 日,S-IC-13 从库房中移出,于 7 月 21 日通过"猎户座"驳船运离米丘德组装厂,于 7 月 26 日抵达肯尼迪航天中心。

S-IC-13 最终用作 AS-513 的一子级，1973 年 5 月 14 日执行天空实验室号空间站发射任务。

## 17.18　S-IC-14

### 17.18.1　概述

S-IC-14 是原计划用于飞行任务的一子级，目前在休斯敦的 NASA 约翰逊航天中心(JSC)展出。

### 17.18.2　发动机

原始发动机布局如下。

位置 101：F-6095，从未组装过，调往 S-IC-11 位置 101。

位置 102：F-6093。

位置 103：F-6087，从未组装过，调往 S-IC-11 位置 103。

位置 104：F-6086。

位置 105：F-6090，从未组装过，作为 S-IC-15 的备件。

此外，发动机 F-6088 先前作为 S-IC-14 的备件，但后被调往 S-IC-10 位置 101。

静态点火与最终发动机布局如下。

位置 101：F-6089。

位置 102：F-6093。

位置 103：F-6085。

位置 104：F-6086。

位置 105：F-6092。

备用发动机：F-6049。

### 17.18.3　制造

1969 年 8 月 17 日，当"卡米尔"台风席卷密西西比湾和路易斯安那海湾沿岸时，S-IC-14 已连同 S-IC-9、S-IC-10、S-IC-11 和 S-IC-13 运往米丘德组装厂内。8 月 20 日，台风过后，波音公司开始 S-IC-14 的垂直组装。8 月 29 日，推力结构完成。9 月 5 日，箱间段完成。9 月 19 日，波音公司在米丘德组装厂完成液氧贮箱制造，实现重大里程碑。三天后，前短壳制造完成。10 月 6 日，S-IC-14 垂直组装全部完成后运往制造大楼(图 17.63)。11 月 7 日到 15 日，在 S-IC-14 内安装了 5 台 F-1 发动机。

图 17.63　从米丘德组装厂垂直组装位置卸下之后运往制造大楼途中的
S-IC-14(1969 年 10 月 6 日)

S-IC-14 于 1969 年底全部完成，并进入了验证和试验阶段。

### 17.18.4　试验

S-IC-14 成为在米丘德组装厂进行制造后验证的第四个飞行件，这些活动于
1970 年 2 月 9 日完成。

1970 年 3 月 5 日，利用驳船将 S-IC-14 从米丘德组装厂运至密西西比试验站。
S-IC-14 安装在 B-2 试验台，进行静态点火前的试验。这些试验与先前在米丘德组
装厂进行的制造后验证基本一致。

S-IC-14-1 点火试验如下。

S-IC-14 静态点火倒计时开始于 1970 年 4 月 15 日。当天，泵前阀开启，燃料
以大约 6889.45L/min(1820gal/min)的流速加注。在 $T$–15min 时，贮箱内燃料达到
809131.77L(213750gal)，此时贮箱有 2.88%未装满。

4 月 16 日点火当天，液氧以 15141.65L/min(4000gal/min)的最大流速加注。
直至 $T$–187s 时，液氧补加完成后自动终止。在 $T$–15min 时，贮箱内液氧达到
1317433.08(347029gal)，贮箱有 2.0%未装满。

在加注期间，遇到了一些问题。气动控制台内的液氧贮箱底吹除调节器发生
故障，同时还有两次燃料泄漏。首次燃料泄漏发生在 $T$–1d，仪器安装凸台发生轻
微泄漏。第二次是发动机泄漏，需要更换密封件。这项操作耗时 4 个多小时，因
此这次静态点火试验安排在夜间。

在静态点火试验期间，增加液氧加注量，从而使液氧液位高于加注传感器，来确定加注传感器是否被触发。但并未获得触发信号。

美国中部标准时间 1970 年 4 月 16 日 20:11:51.008，发出点火指令（$T-190s$）。在 $T-89.6s$ 时，对燃料贮箱进行预增压，在 $T-71.4s$ 时，对液氧贮箱进行预增压。20:14:54，成功完成发动机点火，20:15:01.020 实现了模拟升空（$T+0s$）。点火当日的大气压力为 107.56kPa（15.6psia），环境温度为 22.22℃（72℉）。

$T+3s$，发动机开始摆动，在 $T+111s$ 时完成。在 $T+125s$ 时，终端倒计时时序器会按计划自动发起发动机关机。子级持续工作时间是 126.364s。

如果点火达到（125±2）s 的预计持续时间，则被认为是成功的。

静态点火期间记录的发动机数据用于验证发动机推力、比冲、发动机环形分支管温度、燃料泵平衡气蚀压力以及热交换器性能是否在规范范围内。

静态点火期间记录的 S-IC-14 数据用于验证推力矢量控制、增压、电源、控制压力、GN2 吹除、飞行测量、安控、推进剂加注、排序和 POGO 抑制系统是否在规定范围内执行。

有几种与此静态点火试验相关的异常现象：

（1）在静态点火期间，B-1 蓄压器指示发生故障。

（2）在氦瓶排放后，应急排放阀未能对关闭命令做出响应。

（3）在静态试验期间，约切换了 10 次系统"A"测量激励电压。试验后检验时，发现发动机位置 101 上的一个凸缘有轻微泄漏。

（4）在点火期间，液氧贮箱底吹除调节器超出 8.27MPa（1200psig 表压）的最大锁定压力。发现设施系统发生轻微损坏，这对静态点火未有关键影响。

通过点火后检查确定点火未对 S-IC-14 分系统产生不利影响。

1970 年 5 月 1 日，从 B-2 试验台上拆除 S-IC-14，并用驳船将其运回至米丘德组装厂，并对两个飞行件进行修整和检测。8 月 11 日，首次活动后，利用驳船将 S-IC-14 运回至密西西比试验站，并于 8 月 14 日将其置于环境库房中。1971 年 1 月 4 日，将 S-IC-14 从库房中移出，并于 1971 年 1 月 13 日通过驳船运回至米丘德组装厂实施其余试验。图 17.64～图 17.67 给出了 S-IC-14 在米丘德组装厂和密西西比试验站的相关情况。

1971 年 5 月 21 日，在米丘德组装厂进行的试验全部完成。但由于阿波罗 18 号飞船飞行计划取消，因此不需要将 S-IC-14 运至肯尼迪航天中心。1971 年 6 月 24 日，S-IC-14 进入米丘德组装厂的环境库房，于 1972 年 9 月 11 从库房中移出，准备作为天空实验室一子级的备用子级。1973 年 8 月 15 日，S-IC-14 返回至环境库房，并于 1973 年 10 月 18 日从米丘德组装厂制造大楼的封存环境中移出，置于试验大楼 3 号试验间的封存环境中。11 月 27 日，将 S-IC-14 转移到克莱斯勒航天

图 17.64　S-IC-14 被安装在密西西比试验站 B-2 试验台内(1970 年 3 月)

图 17.65　运往米丘德组装厂码头途中等待运至密西西比试验站的 S-IC-14(1970 年 3 月 5 日)

图 17.66　在静态点火后从密西西比试验站 B-2 试验台上卸下 S-IC-14(1970 年 4 月)

图 17.67　米丘德组装厂水平组装区的 S-IC-14 和 S-IC-15(1970 年 5 月)

分部(CCSD)，然后于 1974 年 4 月 19 日转移到梅森·鲁斯特公司，并于 1975 年 1 月 1 日转移到波音服务国际公司。

　　1977 年，将 S-IC-14 从米丘德组装厂运到得克萨斯州休斯敦的约翰逊航天中心。1977 年 9 月 16 日，S-IC-14 搭乘驳船离开米丘德组装厂，于 9 月 19 日到达约翰逊航天中心。约翰逊航天中心必须为清湖号驳船疏通航道，然后收购湖岸建设码头。美国中部标准时间 9 月 21 日 1:30，完成跨越 NASA 1 号公路的最后一段航程。S-IC-14 最终于当天 9:30 就位。从此以后，S-IC-14 一直在约翰逊航天中心展出。1978 年，S-IC-14 的所有权转让给美国史密森国家博物馆。2004 年，宣布翻修约翰逊航天中心土星 5 运载火箭各级(包括 S-IC-14)，并封存在专用大楼中。图 17.68 给出了本书作者与在约翰逊航天中心展出的 S-IC-14 的合影。

图 17.68　　在约翰逊航天中心展出的 S-IC-14 及本书作者(1991 年)

# 17.19　S-IC-15

## 17.19.1　概述

S-IC-15 是最后一个土星 5 运载火箭一子级。S-IC-15 使用了最后 1 台 F-1 发动机。其上还有 2 台发动机来自先前点火试验过的 S-IC 级。现在,在新奥尔良市老让蒂尔路 NASA 米丘德组装厂外来往通行的人可以看到 S-IC-15。

## 17.19.2　发动机

原始发动机布局如下。

位置 101:F-6066。

位置 102:F-6096,调往 S-IC-11 位置 102。

位置 103:F-6097。

位置 104:F-6094,调往 S-IC-11 位置 104。

位置 105:F-6098。

S-IC-15 静态点火与最终发动机布局如下。

位置 101:F-6066。

位置 102:F-6091。

位置 103:F-6097。

位置 104：F-6060。

位置 105：F-6098。

备用发动机：F-6049。

### 17.19.3　制造

土星 5 运载火箭最后一个一子级的制造和组装开始于 1968 年，地点在米丘德组装厂。1969 年 8 月 22 日，NASA 发布与波音公司签订合同的变更条款，将 S-IC-15 的完工和保障日期从 1970 年 6 月 30 日延长到 1971 年 6 月 30 日。1970 年 4 月 13 日到 29 日，S-IC-15 安装了 5 台 F-1 发动机。

### 17.19.4　试验

S-IC-15 成为米丘德组装厂经过有限制造后验证的第 5 个飞行件，也是最后一个飞行件，这些活动于 1970 年 7 月 25 日完成，组装情况如图 17.69 和图 17.70 所示。

图 17.69　在米丘德组装厂垂直组装塔内，　　　　图 17.70　S-IC-15 上的 F-1 发动机安装
　　　　S-IC-15 燃料贮箱与推力结构组装　　　　　　　　　　（1970 年 4 月末）
　　　　　　　　　（1970 年 2 月）

1970 年 8 月 17 日，利用驳船将 S-IC-15 从米丘德组装厂运至密西西比试验站。将 S-IC-15 安装在 B-2 试验台，并进行了静态点火前的试验。这些试验与先前在米丘德组装厂进行的制造后验证基本一致。

S-IC-15 静态点火倒计时在 1970 年 9 月 29 日启动，泵前阀开启，燃料以大约

9463.53L/min(2500gal/min)的流速加注。在 $T$–15min 时,贮箱内燃料达到 812023.82L(214514gal),相当于贮箱 2.85%未装满。

在 9 月 30 日点火试验当天,液氧以 15141.65L/min(4000gal/min)的最大流速加注。直至 $T$–187s 时,液氧补加完成,此时自动终止。在 $T$–15min 时,贮箱内液氧达到 1316944.76L(347900gal),相当于贮箱 3.2%未装满。

$T$–1d,进行了专门的燃料溢出试验以及加注传感器电容测量试验。

点火当天,在快速加注操作期间,1 号液氧驳船的 28V 直流电源停电。液氧加注操作延长到大约 5.5h。

美国中部标准时间 1970 年 9 月 30 日 18:14:05.009,发出点火指令($T$–190s)。在 $T$–89.6s 时,燃料贮箱预增压,在 $T$–71.4s 时,液氧贮箱预增压。18:17:08,成功完成发动机点火,18:17:15.020 模拟升空($T$+0s)。点火当天,大气压力为 106.56kPa(15.455psia 绝对值),环境温度为 26.83℃(80.3℉)。

$T$+3s,发动机摆动,在 $T$+111s 时完成。在 $T$+125s 时,终端倒计时时序器按计划发出发动机关机指令。从所有发动机启动到关机,S-IC-15 持续工作时间达到 126.672s。

如果点火达到(125±2)s 的预计划时间,则试验被认为是成功的。

静态点火期间记录的发动机数据用于验证发动机推力、比冲、发动机环形分支管温度、燃料泵平衡气蚀压力以及热交换器性能是否在规范范围内。静态点火期间记录的 S-IC-15 数据用于验证推力矢量控制、增压、电源、控制压力、GN2吹除、飞行测量、安控、推进剂加注、时序和 POGO 抑制系统是否在规定范围内执行。

此外,还成功进行了三个专门试验:

液氧贮箱排放阀在受控环境中每 10min 从 70%液氧加注循环到 $T$–1h。阀的行程时间在所需的限制范围内。

S-IC-15 液氧加注和排放阀不需加热设备就能正常操作。

将液氧加注至溢出传感器液面,并测量液氧加注量。加注传感器正常,并且获得了所需的所有数据。

据报告,关机后,1 台 F-1 发动机延伸段边缘起火,但很快便自行熄灭。

在点火前,氦瓶内未达到所需的 20.68MPa(3000psig 表压)的最小工作压力。实际值约为 20.51MPa(2975psig 表压)。

进行了点火后检查以确定点火是否对 S-IC-15 分系统产生不利影响。

1970 年 10 月 16 日,从 B-2 试验台上卸下 S-IC-15,并用驳船将其运回米丘德组装厂。1971 年 3 月 19 日,完成整修和点火后检测。

由于阿波罗 19 号飞船飞行任务被取消,因此不再需要将 S-IC-15 运至肯尼迪航天中心。1971 年 4 月 5 日将 S-IC-15 运到米丘德组装厂库房进行存放。3 天后,库房条件得到认证。1972 年 9 月 8 日，将 S-IC-15 从库房中移出，用作发射天空实验室的备用一子级。1973 年 7 月 2 日，在天空实验室成功发射后，S-IC-15 被重新运回库房进行存放。随后在 11 月 29 日，将 S-IC-15 从米丘德组装厂制造大楼的库房运至试验大楼 1 号试验间。12 月 10 日，S-IC-15 被运至 CCSD，然后于 1974 年 4 月 19 日转移到梅森·鲁斯特公司，并于 1975 年 1 月 1 日运至波音服务国际公司。

1978 年 12 月 9 日，S-IC-15 的所有权被转让给美国史密森国家博物馆。目前，S-IC-15 在米丘德组装厂的场地内展出，公众透过篱笆可以看见。图 17.71 和图 17.72 给出了 2004 年在米丘德组装厂展出的 S-IC-15。

图 17.71 2004 年在米丘德组装厂展出的 S-IC-15(视角 1)

图 17.72 2004 年在米丘德组装厂展出的 S-IC-15(视角 2)

# 第18章 二子级生产与试验

## 18.1 S-II-S

### 18.1.1 概述

S-II-S 结构试验件在 1965 年试验中损毁。

### 18.1.2 制造

S-II-S 结构试验件(以下简称 S-II-S)制造工作于 1964 年启动,由西尔滩的北美航空公司负责。

1964 年 1 月 3 日,完成 S-II-S 共底下面板的最后一次焊接。3 月,完成首个上箱底的液压试验。4 月,完成共底前后板的焊接。4 月 11 日,S-II-S 开始进行垂直组装,尝试将 6 号筒段与上箱底进行焊接。但由于热膨胀问题,该焊缝于 4 月 22 日被切开,并进行了重新焊接。5 月,在西尔滩热压罐内进行了首次焊接,将共底夹芯焊接到 S-II-S 共底的下面板上。6 月,在西尔滩的垂直组装厂房内完成了推力结构与后短壳组件的对接。7 月 17 日,从 S-II-S 试验要求中删除了静态点火试验。等效数据将从类似的试验工作中获得。7 月 30 日,首个 S-II 共底焊接完成。8 月 12 日,1 号筒段与 2 号筒段焊接完成。到 9 月,完成 S-II-S 共底的最终制造以及 3 号筒段与 4 号筒段的焊接。9 月 18 日,通过焊接将共底与 1 号、2 号筒段连接。10 月,将 5 号筒段焊接到 4 号和 5 号筒段组件上。10 月 28 日,在344.74kPa(50psig)压力下的水压验证试验期间,首批生产的、计划用于 S-II-S 的下箱底在试图达到所需的 389.55kPa(56.5psig)压力(作用于箱底顶端的压力)时发生断裂。在 11 月的第一周,开始焊接下箱底更换件。再循环系统服务板上的一条手动修补的焊缝失效。后续对设计进行了更改,改用一体化设计,取消服务板焊接(用于 S-II-1 及其后续所有二子级的下箱底,S-II-4 及其后续所有二子级的上箱底、下部筒段)。补焊项目被启动,以研究工位外自动补焊的工装和技术,从而减少需要手动补焊的情况。11 月,将 3、4、5 号筒段组合件焊接到 6 号筒段/上箱底组合件上。11 月 9 日,对 S-II-S 共底进行了液压试验。11 月 21 日,下箱底更换件完成焊接,比计划提前 14 天。到 12 月,下箱底完成人孔盖焊接、液压试验以及着色渗透检验。1965 年 1 月,经协商,NASA 和北美航空公司最终确定取消动力学试验件 S-II-D 的计划，直接采用结构试验件 S-II-S 进行相关的结构和动力学试验。2 月 1 日，S-II-S 结构试验件/S-II-D 动力学试验件（以下简称 S-II-S/D）正式被命名，S-II-D 被取消。1965 年 1 月 31 日，经过了两天的焊接，北美航空公司完成了 S-II-S 的垂直组装，比计划提前 5 天。2 月 3 日，将 S-II-S 从垂直组装厂房中拉出，放置于西尔滩的结构静力学试验台内，进行结构试验前的仪器安装。

### 18.1.3 试验

3 月 22 日，工程师开始试验前操作，随后进行了液压试验。在 4 月，又进行了 4 次推力结构试验。4 月 13 日，成功进行了第一次极限载荷试验。然而，4 月 30 日，该试验件在模拟飞行状态的最终试验中受损，203 号发动机架从结构上扯下，结构蒙皮撕裂，纵梁被破坏。调查显示，故障区域的结构强度不够。

5 月 4 日到 6 月，对 S-II-S 试验件进行了结构增强，对损坏处的修复工作直到 1965 年 7 月 16 日才完成。

7 月的中心发动机推力载荷试验导致铆钉和连接螺栓发生结构损坏，因此需要修补，使 S-II-S/D 试验项目的完成时间推迟。

8 月 14 日进行的静力学试验中出现了包括前短壳在内的多个结构损坏。载荷试验从 8 月持续到 9 月，S-II-S 试验件的若干区域发生了局部损坏。

1965 年 9 月 29 日，S-II-S 在西尔滩通过流体静力学增压实施极限载荷试验期间断裂并毁坏。后短壳在 144% 极限载荷条件下发生损坏，与 S-IC 类似，从而证明此为最佳设计，也验证了 S-II-S 结构的完整性。尽管发生断裂，但该结构试验仍被认为是成功的。

故障评估小组认为，问题很可能发生在级间段上，导致液氧贮箱和共底发生断裂，然后水从液氢贮箱中流出。贮箱突然失去 1451.50t（3200000lb）的水，导致 S-II-S 最终损坏。级间段被破坏后，无法支撑 S-II-S，从而导致液氧贮箱和共底断裂。液氧贮箱损坏导致液氢贮箱内的水流出，同时随着水迅速地流到液氢贮箱的下部，气枕空间内产生了真空，从而导致液氢贮箱体和液氢贮箱上箱底被整体压垮。

此体积水瞬时释放，加上其向远离试验结构方向的运动产生了一种力，这种力的大小足以使试验台架坍塌。而试验台架正在向螺接环框施加载荷。

下部钢结构的损坏导致 S-II-S/D 结构的二次断裂。随着水携带碎片通过试验塔，已断裂试验件再次发生断裂。据推断，未发生爆炸型损坏。突然发生脆性损坏的原因主要有：无法中止 1451.50t（3200000lb）水流；轴向加载导致载荷无法再分散；因桁梁局部屈曲而失去纵向稳定性。

在 S-II-S/D 被损坏后，NASA 指定全系统试验件 S-II-T 作为替换件，用于原计划由 S-II-S/D 进行的动力学试验。

1968 年 2 月，利用在亨茨维尔马歇尔航天飞行中心试验设施测试的一个特殊的 S-II-3 推力结构，完成了部分 S-II-S/D 未能实现的目标。

## 18.2　S-II-TS-A

### 18.2.1　概述

S-II-TS-A 是在马歇尔航天飞行中心使用的结构试验件。

### 18.2.2　制造

1967 年 3 月，马歇尔航天飞行中心得到了 NASA 的授权（通过 Mod 594 CO），开始制造三种二子级全尺寸试验结构件，分别为 S-II-TS-A、S-II-TS-B、S-II-TS-C。S-II-TS-A 结构试验件（以下简称 S-II-TS-A）就是其中之一，主要用于模拟液氧贮箱和下部液氢贮箱组件，验证从 S-II-4 到 S-II-10 之间使用的二子级轻型结构的完整性。

1967 年 2 月 16 日，北美航空公司工作人员在西尔滩完成了 S-II-8 下箱底的焊接，后续供 S-II-TS-A 试验结构使用。

7 月，完成 1 号筒段和 2 号筒段焊接。2 号筒段使用了原计划用于 S-II-8 的四开板。对这些四开板进行了改进，增加了一个 S-II-5 型液氢输送管路弯管、一个 S-II-8 型弯管以及三个毛坯板。在随后的一个月，通过 J 形焊缝完成共底与 1 号和 2 号筒段的焊接。但由于 J 形焊缝存在过多气孔，随后将其切开，并重新进行了焊接。新的 J 形焊缝于 8 月 30 日通过验收。

到 9 月底，完成模拟推力结构与静态点火后的短壳组件对接后被存放起来。在 10 月的第一周，在 3 号工位完成了液氧贮箱底的环缝焊接。后续对 124 处焊接部位进行了 X 射线检查，其中 53 处需要返工。

11 月的第一周，实现了后短壳与液氧贮箱的组装。11 月 11 日，北美罗克韦尔公司将包括 1 号和 2 号筒段、共底、液氧贮箱底、后短壳以及模拟推力结构在内的 S-II-TS-A 结构组件从西尔滩运至马歇尔航天飞行中心。运输路线主要由两部分组成。最初的运输采用"巴罗角号"船埠式货船，于 11 月 11 日驶离西尔滩海军坞（图 18.1），并于 11 月 25 日抵达米丘德组装厂。该试验件随 S-II-4 级一同运送，通过米丘德组装厂交付给密西西比试验站。在第二段运输中，该试验件单独运输，于 11 月 26 日离开米丘德组装厂。12 月 6 日，S-II-TS-A 试验结构抵达马歇尔航天飞行中心码头，被卸下后运到制造工程实验室，准备与 S-IC 上箱底焊接。

图 18.1　将 S-II-TS-A 试验件用改装的 S-IC 运输车转运到西尔滩海军坞，
运往马歇尔航天飞行中心（1967 年 11 月 9 日）

1968 年 2 月 26 日，马歇尔航天飞行中心的波音公司员工完成了仪器安装，并将 S-II-TS-A 移交给制造工程实验室。制造工程实验室将安装系统附件并完成 S-IC/S-II 环形架的安装。

制造工程实验室每天工作 24 小时（两班倒），终于在 3 月 25 日完成了 S-II-TS-A 上的蚀刻、涂底漆和发泡（隔热）操作。此外，还完成了随该结构一起使用的 S-IC 箱底的发泡操作。这是首个同尺寸箱底在马歇尔航天飞行中心进行发泡操作。

3 月 29 日，完成了对 S-II-TS-A 推力结构的改进。1968 年 5 月 6 日，在将所有系统安装到液氧贮箱和液氢贮箱内之后，将 S-II-TS-A 转移到马歇尔航天飞行中心的专用试验塔。两天后，将 S-II-TS-A 安装在试验塔内，利用液氢和液氮两种介质进行飞行载荷试验。

### 18.2.3　试验

7 月 5 日，S-II-TS-A 的结构试验正式开始。在 7 月期间，利用液氮进行了 S-II-TS-A 的低温试验，试验件的螺接环框出现一些裂纹。

低温循环试验从 8 月 23 日持续到 26 日，地点在马歇尔航天飞行中心。9 月 5 日，进行了极限载荷试验。试验中，泡沫隔热层发生损坏，防晃隔板开裂。这些损坏直至 9 月 17 日才得以修复。

试验期间，试验人员意外地刺破了共底的上面板，在修复后，试验件于 1968 年 10 月 24 日恢复了测试。

11 月 1 日，马歇尔航天飞行中心完成了 S-II-TS-A 试验件的最终试验，验证了共底在极限破裂和极限塌陷方面的情况。未发现共底脱胶的迹象。

12 月 6 日，马歇尔航天飞行中心对 S-II-TS-A 的液氢加注与排放连接器进行了环境试验。随后在 12 月 11 日对同一连接器进行了低温试验。

1969 年 4 月 2 日，开始在亨茨维尔对 S-II-TS-A 进行低频振动试验。4 月 21 日，马歇尔航天飞行中心发布了第 1679 号工程更改指令，要求北美罗克韦尔公司进行 S-II-TS-A 与 S-II-TS-C 对接所必要的设计、制造和试验分析，来确定下箱底、中心发动机梁和外侧发动机之间的结构和发动机耦合特性。

## 18.3　　S-II-TS-B

### 18.3.1　概述

1968 年，在圣苏珊娜野外实验室对结构试验件进行了试验，而该结构试验件最终由于试验失败而毁坏。

### 18.3.2　制造

1967 年 3 月，马歇尔航天飞行中心得到了 NASA 的授权 (通过 Mod 594 CO)，制造三种特殊的全尺寸试验结构，S-II-TS-B 结构试验件 (以下简称 S-II-TS-B) 就是其中一种，主要用于模拟液氢贮箱和前短壳组件，验证从 S-II-4 到 S-II-10 之间飞行用 S-II 的轻型结构的完整性。

6 月 3 日，开始整修 S-II-6 上面板，而 6 月 9 日，开始更换三个瓜瓣。该部件将在 S-II-TS-B 上使用。6 月 19 日，完成了测试仪器安装，并开始喷涂泡沫。整个夏季都在进行制造，8 月 4 日，完成了上箱底和人孔盖焊接；9 月 12 日，将该组件与 6 号筒段集成。

几乎在同一时间，在加利福尼亚州唐尼完成了前短壳制造。该组件以及薄膜结构密封件和环形构件于 1967 年 9 月 26 日交付至西尔滩的北美航空公司。环形构件是一种焊接到用于支撑 B 型结构上的夹具，膜结构是一种焊接到 6 号筒段底部的护罩，而 6 号筒段实际上是一种小型液氢贮箱。

10 月 9 日，完成了膜结构与 6 号筒段的焊接。10 月 12 日，对 6 号筒段与前短壳进行对接。10 月 24 日，完成了密封件与环形构件的对接。

1967 年 10 月 31 日，北美罗克韦尔公司将组装完成的 S-II-TS-B 结构从西尔滩运到圣苏珊娜野外实验室。起初，该结构件被装载在位于西尔滩海军坞的"巴罗角号"船坞式货船上，沿加利福尼亚海岸短程运送至接近奥克斯纳德的怀尼米港。到港时，将该结构转移到卡车上，经由陆路运送至圣苏珊娜野外实验室 (图 18.2 和图 18.3)。在 1967 年 12 月 6 日左右的一周时间里，S-II-TS-B 被安装在 C4 试验台中，并在那里开始安装仪器 (图 18.4)。

图 18.2　S-II-TS-B 试验件在前往圣苏珊娜野外实验室途中，在怀尼米港的"巴罗角号"被卸载（1967 年 10 月 31 日）

图 18.3　S-II-TS-B 试验件在从怀尼米港运往圣苏珊娜野外实验室的途中（1967 年 10 月 31 日）

图 18.4　S-II-TS-B 试验件安装在位于圣苏珊娜野外实验室的 C4 试验台上（1967 年 11 月 30 日）

### 18.3.3　试验

1968 年 1 月 5 日，开始在圣苏珊娜野外实验室对 S-II-TS-B 进行首次第 I 阶段（气压）试验。由于仪器问题，直到 1 月 8 日才完成试验。1 月 16 日，S-II-TS-B 的剩余 4 次气压循环试验结束。所有结果均符合试验要求。

　　1968 年 2 月 9 日, 北美罗克韦尔公司完成了对 S-II-TS-B 的室温影响试验。3 月 15 日, 使用 121133.18L(32000gal) 液氮完成了低温贮箱试验。第二天, 圣苏珊娜野外实验室的人员使用 378541.18L(100000gal) 液氮顺利完成液氮模拟推进剂加注和排放试验。

　　3 月 25 日, 开始对 S-II-TS-B 的第 5 阶段(循环)试验, 共完成了 40 次室温循环试验; 对贮箱进行着色渗透检验后, 进行了 35 次低温循环试验。3 月 28 日, 试验结束, 未显示任何缺陷。

　　4 月 5 日, 圣苏珊娜野外实验室的北美罗克韦尔公司人员完成了 S-II-TS-B 的最大动压测试。这一首次极限载荷试验达到了大部分试验目标。4 月 12 日, 顺利完成了后续的极限载荷试验。

　　4 月 18 日, 在圣苏珊娜野外实验室对 S-II-TS-B 进行了第 8 阶段试验(S-II 助推末段)。所施加的最大轴向载荷为 453.6t(1000000lb), 贮箱压力为 248.21kPa(36psig)。

　　6 月 15 日, 位于圣苏珊娜野外实验室的北美罗克韦尔公司人员通过模拟火箭载荷对 S-II-TS-B 进行了试验, 载荷会在 S-IC 助推末段时产生。6 月 24 日, 重新进行了该试验, 但由于应变仪出现问题, 试验被推迟至 7 月 3 日。

　　7 月 12 日, S-II-TS-B 的前短壳在圣苏珊娜野外实验室的结构鉴定试验中断裂。断裂是在模拟前短壳最大 AS-504 飞行弯曲载荷和最大破裂压力时发生的。受损前短壳在 7 月 27 日被拆下, 如图 18.5 所示。

图 18.5　在位于圣苏珊娜野外实验室的 C4 试验台拆下 S-II-TS-B 的
受损前短壳(1968 年 7 月 27 日)

　　8 月 16 日, 北美罗克韦尔公司向圣苏珊娜野外实验室交付了 S-II-10 的前短壳，用于更换 S-II-TS-B 断裂的壳段。然而，五天后，起重机操作员掉落了前短壳替换件，造成了一定程度的损坏。

经修复后，北美罗克韦尔公司人员于 9 月 4 日开始将其安装于 S-II-TS-B 上。10 月 16 日，检验了重新组装的组件。

11 月 1 日，对 S-II-TS-B 试验结构的共底进行了极限破裂和破坏压力试验。11 月 19 日，顺利进行了模拟"极限飞行，S-II 助推末段"（工况 XI）载荷和环境的试验。该试验验证了上箱底设计，从而完成了对 S-II-3 上箱底的鉴定，该 S-II-3 上箱底以前一直被指定用于 S-II-5。

12 月 20 日是土星 5 运载火箭首次载人发射的前一天，在对前短壳的完整性进行评估的最终试验准备期间发生了爆炸，受损部分如图 18.6 所示。这次爆炸完全地毁坏了位于圣苏珊娜的 C4 试验台上的 S-II-TS-B。试验区大面积起火。人们认为，液氢贮箱上箱底由于负压发生坍塌，导致贮箱破裂，空气进入贮箱，空气与用于冷却的液氢汽化混合后被未知源点燃。

图 18.6　位于圣苏珊娜野外实验室的 C4 试验台上的 S-II-TS-B
受损伤部分特写（1968 年 12 月 20 日）

1969 年 1 月 15 日，北美罗克韦尔公司完成了 S-II-TS-B 爆炸的调查。结果表明，由于氮气吹除没有完全清除残余氧气，氢气在贮箱内发生燃烧。NASA 建议在低温推进剂加注前，增加程序和设备来监测推进剂贮箱和输送管路内的气体。该项建议将应用于位于肯尼迪航天中心的 S-II-4 上。

通过分析拼接纵梁修正试验数据和基于 AS-504 运载火箭飞行计划修改试验要求，前短壳通过鉴定。

# 18.4　S-II-TS-C

### 18.4.1　概述

S-II-TS-C 是马歇尔航天飞行中心使用的结构试验件。

### 18.4.2　制造

1967 年 3 月,马歇尔航天飞行中心得到了 NASA 的授权(通过 Mod 594 CO),制造三种特殊的全尺寸试验结构,其中一种为 S-II-TS-C 结构试验件(以下简称 S-II-TS-C),将模拟后短壳段/推力结构组件,验证飞行用 S-II-4 到 S-II-10 上使用轻型结构的完整性。

4 月初,开始对推力结构进行组装。5 月 20 日,北美航空公司完成了 S-II-TS-C 试验结构组装并准备用驳船将其从加利福尼亚州装运到亨茨维尔马歇尔航天飞行中心。该结构离开西尔滩,并于 1967 年 6 月 6 日运抵马歇尔航天飞行中心。此次运输任务主要通过商用货机和驳船来完成。

### 18.4.3　试验

由于热控系统缺少硬件,计划在马歇尔航天飞行中心进行的试验被推迟。同时也遇到了后短壳冷却问题。10 月,制造并安装了冷却分支管。

11 月 29 日,在马歇尔航天飞行中心开始对试验结构进行条件 I 结构试验。

12 月 20 日,极限载荷试验(达 128%)完成了对 S-II-4 后短壳的结构鉴定。

1968 年 3 月 20 日,马歇尔航天飞行中心人员完成了对 S-II-TS-C 的温度影响测试。3 月 27 日至 4 月 2 日,工程师完成了对 S-II-TS-C 的一系列极限载荷试验(8 次)。4 月 11 日,开始在马歇尔航天飞行中心进行极限载荷试验,中心发动机横梁在 110%和 115%载荷下弯曲变形,导致试验中止。5 月 11 日,进行了第二次极限载荷试验(达 130%)。横梁臂弯曲变形。为了解决该问题,在无铆钉的宽阔空间中增加了一颗 "A" 铆钉。该问题得以解决,后续所有飞行件都采用了这一改进设计。

5 月 17 日,进行了第三次极限载荷试验。这重复了 4 月 11 日进行的第一次试验。5 月 21 日,在马歇尔航天飞行中心的载荷试验附属区进行了第四次极限载荷试验。这次试验的结果是,在 120%设计极限载荷下,发动机 203 位置的环形框发生大面积断裂。事后,成立了断裂分析小组,调查这一问题。

直到 6 月 17 日,工程师完成了对推力环框的修复工作。由于在 5 月 21 日的试验中环形框发生了断裂,在 1968 年 7 月期间,马歇尔航天飞行中心批准了工程设计改进，准备增强飞行件 S-II-4 至 S-II-10 上的推力结构以及 S-II-TS-C 结构。这一改进设计将针对"动力冗余"能力来增强推力结构。

在完成修复后，马歇尔航天飞行中心的人员在 8 月 14 日进行了室温试验和极限载荷为 130%的极限载荷试验，模拟无外部加热情况下的外侧发动机关机。这导致发动机纵梁出现轻度裂纹。

8 月 21 日，在马歇尔航天飞行中心进行了上一次计划的鉴定试验，模拟外部加热情况下的外侧发动机关机情况。试验在 122%极限载荷下终止后，检验结果显示，推力结构出现部分损伤，因此有必要进行进一步试验。9 月，北美罗克韦尔公司提供了其对 S-II-TS-C 所必需修复工作的评估。由于马歇尔航天飞行中心同意对局部损伤区域进行修复，并接受细微的构型偏差，拒绝了 31 周修复方案的建议。

11 月 4 日，马歇尔航天飞行中心提前 5 天完成了对 S-II-TS-C 的修复。11 月11 日，马歇尔航天飞行中心人员完成了无加热情况下的"双发动机关机"试验。顺利进行了极限载荷达 110%的试验。11 月 13 日进行的极限载荷试验标志着 S-II-TS-C的计划试验全部完成。12 月 12 日，马歇尔航天飞行中心载荷试验附属区中的试验人员完成了 S-II-TS-C 试验件的拆卸。试验件的拆卸工作是从 12 月 3 日开始的。

1969 年 4 月 21 日，马歇尔航天飞行中心发布了第 1679 号工程更改指令，要求北美罗克韦尔公司执行 S-II-TS-A 与 S-II-TS-C 对接必要的设计、制造和试验分析支持，来确定下箱底、中心发动机支承梁和外侧发动机之间的机械和流体耦合特性。

# 18.5　S-II 共底试验贮箱

## 18.5.1　概述

该结构试验件主要用于在圣苏珊娜野外实验室进行试验，在 1966 年试验故障中损坏。

## 18.5.2　制造

共底试验贮箱(CBTT)是 S-II 研制和地面试验计划中的一个特殊试验件。共底试验贮箱是 S-II 级的缩短版，旨在帮助解决液氢温度下共底的特殊隔热和结构问题。它包括一个共底、一个上箱底、两个液氢筒段、一个专用前短壳和一个模拟下箱底。这些部件组装起来，形成一个大型贮箱，并用共底将其分成两个较小的贮箱。

　　1964 年 3 月 3 日，完成了对共底试验贮箱下面板的前两个瓜瓣的焊接。1964 年 6 月 5 日，洛克达因公司收到了一份电报，批准其在圣苏珊娜野外实验室开始建设共底试验贮箱试验场地。1965 年 2 月 16 日，该场地在圣苏珊娜野外实验室竣工。

　　7 月，北美航空公司完成了对上箱底的组装。8 月，完成了对该贮箱所需的两个筒段的组装。9 月，工作人员完成了上面板的组装并对液氢筒段进行隔热。10 月和 11 月，技术人员都在忙于隔热、胶接和测试工作。12 月，北美航空公司将下面板与上面板焊接在一起形成共底，并对其进行了检验，并且准备将各部组件转移到位于西尔滩的垂直组装厂进行环缝焊接。

　　1965 年 3 月 11 日，完成了最终液氢贮箱焊接。5 月 4 日，完成了共底试验贮箱的制造工作。5 月 24 日，西尔滩的北美航空公司完成了共底试验贮箱的组装，并在三天后，将其装载到 1 型运输车上。一些仪器安装工作和其他工作被推迟到该结构交付至圣苏珊娜野外实验室之后。6 月 1 日，开始用"猎户座"驳船将共底试验贮箱从洛杉矶南部运往洛杉矶北部。起初，将其从西尔滩海军坞运送到奥克斯纳德附近的怀尼米港。到港时，将其转移到卡车上，经由陆路短途运送至圣苏珊娜试验站，1965 年 6 月 3 日到达。

### 18.5.3　试验

　　北美航空公司人员完成了防热材料的安装，并于 7 月 8 日完成了首次共底试验贮箱试验准备。7 月 9 日，首次试验开始。7 月 11 日，用气体打压完成了对贮箱的结构验证。

　　试验人员发现了许多隔热材料存在缺陷，但尝试修复未能成功。8 月 21 日和 9 月 12 日，液氢加注与排放试验进行顺利，使用聚酯薄膜氢气袋防止隔热材料泄漏。

　　1965 年 11 月 6 日，在圣苏珊娜野外实验室成功完成了对共底试验贮箱项目的最终试验。在 1.3 倍设计极限压力下对壳段与贮箱连接进行试验，在 1.4 倍极限破裂压力下对共底进行试验。

　　后续试验主要对前短壳和贮箱壁连接进行检验。1965 年 11 月 24 日，在成功完成补充试验后将共底试验贮箱封存。

　　1966 年 9 月 2 日，北美航空公司收到了 NASA 计划使用共底试验贮箱进行两轴试验计划的合同，主要包括对结构修复方法进行试验，以及使用栓接加强板对液氢贮箱某些区域进行加固。9 月中旬，该合同内容进一步扩充，增加了对重新设计的液氢输送管路弯头的安装和试验。

　　经过改进后，共底试验贮箱接近 S-II-1、S-II-2 和 S-II-3 液氢贮箱的结构条件。

　　1966 年 12 月 1 日，共底试验贮箱在圣苏珊娜野外实验室的极限流体静压力试验期间损坏。液氢贮箱底和壁板塌陷，试验件的液氧贮箱和共底完好无损。压力试验一直是对修复加强板和输送管路弯头装置进行鉴定。冷却循环轮毂周围区域在 471.73kPa(68.4psig)下断裂。经调查，液氢贮箱壁板上的固定装置之前的裂纹引起了断裂。

承包商从共底试验贮箱试验台上卸下了共底试验贮箱的液氢贮箱。该部分主要包括塌陷的液氢贮箱上箱底和液氢贮箱壁板。贮箱壁板的一部分被送往位于唐尼的冶金实验室进行检验。

由于输送管路弯头试验可利用 S-II 试车样机在亨茨维尔继续开展，因此并未对共底试验贮箱进行更换。

1967 年 2 月 6 日，在马歇尔航天飞行中心开始对 S-II 液氢输送管路弯头进行低温试验，同时北美航空公司也对共底试验贮箱进行了试验。4 月，使用共底试验贮箱的剩余部分验证了液氢贮箱裂纹的标准修复方法是可行的。

# 18.6   S-II 动强度试验计划

### 18.6.1   概述

在亨茨维尔怀尔实验室，对 S-II 振动试验结构进行了试验。

### 18.6.2   制造

动强度试验计划(HFTP)包括向 S-II 的某些关键部件施加模拟发射条件的结构振动载荷，以便确定相互作用的动态响应特性。

北美航空公司针对此计划组装的部件包括：前短壳、二、三子级级间段、推力结构和模拟下箱底，它们统称为“推力组件”（HFTC）。

1965 年 1 月 15 日，第 209 号更改指令启动了动强度试验计划。

7 月，北美航空公司选择了位于亨茨维尔的怀尔实验室作为该计划的试验机构。10 月，该机构开始进行试验件组装。10 月 18 日，在西尔滩开始对推力组件的后短壳进行组装。

除继续对硬件设计和制造进行试验外，11 月 5 日，马歇尔航天飞行中心停止了该计划的所有工作。但在确认由此所节约的各种成本微乎其微后，11 月 17 日，马歇尔航天飞行中心撤销了指令，继续进行试验计划。

12 月，北美航空公司发布了有关硬件的所有设计图纸，继续进行制造和组装。12 月 17 日，结束了约束性合同谈判。

1966 年 4 月，用卡车将级间段面板从塔尔萨运送到亨茨维尔怀尔实验室后，北美航空公司人员开始进行重新组装。

4 月 3 日，位于西尔滩的北美航空公司中止了对试验组件的组装，以便可按"巴罗角号"的选定航线运送该组件。次日，通过"巴罗角号"船坞式货船将推力组件以及 S-II 模拟结构（占位结构）从西尔滩海军坞运出。在米丘德组装厂，将组件转移到驳船上以便运送到雷德斯通码头，运抵时间是 1966 年 4 月 25 日。两天后，将该大推力组件送达位于亨茨维尔的怀尔实验室。到达实验室之后，相关人员开始对其进行重新组装，并完成声学试验前的准备。

5 月 20 日，北美航空公司在位于亨茨维尔的怀尔实验室完成了对推力组件的制造。一周后，通过 NASA 验收。

6 月 7 日，怀尔实验室为动强度试验计划完成了对试验组装台车的建造。次日，用卡车将前短壳从塔尔萨运达怀尔实验室。6 月 22 日，北美航空公司人员完成了重新组装。此外，6 月 8 日，对推力组件和级间段进行了对接，且进行了声室检测。

### 18.6.3　试验

6 月 25 日，将推力组件/级间段组件运到声室内进行试验，总能级略低于 160dB 时，范围为 25～300Hz，而总能级为 154dB 时，范围为 0～10000Hz。

7 月 23 日，在怀尔实验室完成了对 S-II 大推力组件/级间段的声学试验，比计划提前了 13 天。

1966 年 10 月 21 日，怀尔实验室在亨茨维尔建成了动强度振动试验设施。该设施将用于 S-II 和土星 5 运载火箭的其他部件的振动试验。

1966 年最后一个季度，在怀尔实验室进行了动强度试验，11 月 30 日完成了推力组件第一轴横向振动试验，12 月 6 日完成了第二轴横向振动试验，12 月 21 日完成了第三轴振动试验。12 月 15 日完成了对前短壳的振动试验。12 月 30 日，在怀尔实验室完成了对级间段的振动试验。该试验未产生重大问题。

1967 年 1 月 4 日，在怀尔实验室成功完成了对推力组件的所有振动试验。两天后，怀尔实验室的前短壳声振试验圆满结束，达到最后一个动强度试验计划的试验目标，比原计划提前了七周完成。

# 18.7　S-II 机电模型

### 18.7.1　概述

S-II 机电模型用于马歇尔航天飞行中心的机电检测。

### 18.7.2　制造

S-II 机电模型(EMM)是由位于唐尼的北美航空公司制造，用于在制造飞行用或试验用子级前进行电气接口和计算机接口检测。它包括两种结构：第一种结构是前短壳和液氢贮箱底的全尺寸模型；另一种结构是液氧贮箱、后短壳、推力结构和级间段的全尺寸模型。

1964 年 1 月 24 日，位于唐尼的北美航空公司收到第五台用于机电模型的 J-2 发动机模拟件。到 6 月 30 日，所有机电模型设施的建造均已完成，正在进行匹配测试。7 月，用于机电模型的地面支持系统的制造完成。7 月和 8 月，由于地面支持系统和其他设备交付时间推迟，在唐尼的机电模型组装进展缓慢。11 月 25 日，当 J-2 发动机在机电模型上进行摆动操作时，首次使用了推进剂利用系统和发动机作动系统。12 月 2 日和 12 月 5 日，进行了摆动操作。12 月 17 日，开始对机电模型地面支持系统支架进行集成。

1965 年 1 月，收到马歇尔航天飞行中心的第一台 J-2 发动机操作模拟件，安装在机电模型中。北美航空公司康普顿工厂将最后一台机电模型自动检测设备送达唐尼。

到 2 月 19 日，完成了对机电模型计算机支架的集成。4 月 8 日，完成了机电模型系统安装和手动检测。次日，在启动机电模型开发测试计算机程序之前，完成了 ACE 站集成。

4 月 12 日，为实现机电模型操作，增加第三个班次，变成三班倒工作制度，每个班次每周工作六天。

### 18.7.3　试验

1965 年 4 月 23 日，开始对机电模型系统进行自动检测。6 月 2 日，启动首轮机电模型单机和系统集成自动检测项目。

7 月，取消机电模型计划中的 EA 300 改型。此改型本应将机电模型改为接近于 S-II-1 的 "X" 构型，从而实现对 S-II-1 检测程序的验证。后续由于无法及时完成改型工装制造，因此撤销了该构型。

到 7 月 31 日，已对电源系统、推进剂管理系统、分离系统、推进剂输送系统、集成系统的机电模型系统检测带进行了检验。

到 8 月 5 日，完成了对机电模型磁带基线的开发。在 8 月和 9 月，进行了机电模型地面支持系统和子级分系统的电磁兼容性和接口测试。

在 8 月 9 日至 14 日，成功向马歇尔航天飞行中心展示了 S-II 自动检测方案。这是机电模型计划的重大里程碑。

10 月 2 日，在 NASA 的指示下，终止了机电模型测试工作，但模型其他相关工作仍持续推进。

两天后，电源断电，机电模型关闭工作启动。机电模型复合计算机和外围设备从试验操作部门转移到工程部门。

10 月 29 日，完成了机电模型的全部工作，在 11 月完成了机电模型的所有关闭工作。

# 18.8　S-II 试车样机

## 18.8.1　概述

S-II 试车样机用于圣苏珊娜野外实验室的 J-2 发动机和子级分系统试验。

## 18.8.2　制造

建造 S-II 试车样机，以便对集成推进系统(贮箱、管路和发动机)的运行能力进行试验。该样机并非按照飞行结构轻质化要求建造的。

1964 年 1 月 18 日，成功完成液氧贮箱冷却试验。2 月 14 日，成功完成对试车样机液氢贮箱的气体打压验证试验。2 月末，安装了推力结构和后短壳组件。3 月，北美航空公司在西尔滩的试验台将该结构和壳段与试车样机的推进剂贮箱对准。

5 月 21 日，完成了试车样机的建造(第 VIII 阶段建造)。

5 月 26 日，在圣苏珊娜野外实验室 C1 试验台完成了试车样机试验站的建设。

8 月，位于卡诺伽帕克的洛克达因公司向位于西尔滩的北美航空公司交付了试车样机上使用的首台 J-2 发动机(J-2002)，两家公司距离约 48.28km。

1964 年 6 月 16 日，洛克达因公司人员开始在 C1 试验台准备进行样机试验，他们首先将采用单发动机的样机从西尔滩运到圣苏珊娜野外实验室，并在 C1 试验台进行了安装。11 月 8 日，完成了单台发动机试车的准备工作。

## 18.8.3　试验

1964 年 11 月 9 日，进行了首次单台发动机点火。在完成 4 次单台发动机点火(其中三次点火成功)后，将进行五台发动机联合试车。1965 年 1 月 14 日，开始安装发动机。2 月 10 日，交付了试车样机的第 5 台 J-2 发动机(J-2009)。3 月 18 日，开始了试车样机集成系统检测，为发动机系列点火试验做准备。4 月 17 日，完成了集成系统检测，且 4 月 24 日，首次进行了 5 台发动机点火试车。

达到的里程碑包括 5 月 7 日的首次 10s 点火、7 月 13 日的首次 25s 点火、7 月 20 日的首次 150s 点火和 8 月 9 日的首次全时长点火。

随后，为满足飞行用发动机试车需求，对现有试车样机和设施进行了改造。

由于锅炉工罢工、经常性特大暴雨(导致土壤侵蚀和设备渗水)、检测问题,此次改造延迟到 12 月 18 日才完工。12 月 18 日,对发动机布局进行了改进,安装五台飞行用发动机。12 月 29 日,五台飞行用发动机首次点火成功。

1966 年 4 月 29 日,NASA 发布了第 425 号更改指令,将试车样机试验计划延期至 1967 年 7 月 31 日。

1966 年 9 月 1 日,为满足尾部环境试验的要求,再次对试车样机结构进行了改进。10 月 9 日,完成了所有舱段尾部改进。10 月 17 日,对 S-II 试车样机进行了一系列舱段尾部环境试验中的首次试验。这些试验是使用模拟级间段验证现有子级设备的液氧再循环符合要求。试验持续到整个 11 月,主要用来评估提高液氧再循环性能的方法:增加防热材料、对发动机舱调节系统重设孔口和重新敷设线路以及安装飞行用氦系统。

12 月 16 日,完成了试车样机舱段尾部环境试验。通过 159 次试验,确定 S-II 飞行件在 S-IC 飞行期间应使用氦气系统;液氧贮箱底和液氧供给管路应进行完全防热;每台发动机应采用专用防热。

12 月 21 日,开始对 S-II 试车样机进行改进,以适应接下来的一系列点火试验。将五台大功率 J-2 发动机(重新校准为推力 1023.09N(230000lbf))集成到试车样机中,并于 1967 年 2 月再次开始静态点火试验。3 月 17 日的试验包括 205 号液氧泵前阀闭合通路中的 2.5s 时延。时延会防止 205 号输送管道中液氧泵前阀释压与飞行加速度期间产生的推力锥十字架之间出现干扰问题。1967 年 5 月 26 日,为支持置信度改进计划进行了最终样机热试车,符合总体通用工业协定(common industrial protocol, CIP)要求。

1968 年 1 月至 9 月,进行了一系列点火试验,9 月 4 日进行了最终样机的热试车。5 月 29 日,这一系列点火试验进行到一半时,洛克达因公司人员在 S-II 试车样机上安装了重新设计的增强型火花点火器燃料和液氧管路。

1968 年 9 月 4 日,对 S-II 试车样机进行全时长点火试验,以便收集有关除去液氧蓄留器挡板和耗尽关机的数据。该试验和 8 月 27 日试验的数据表明,除去液氧蓄留器挡板未对液氧输送减少产生不利影响;实际上,在安装液氧防晃隔板后,发动机性能开始下降。根据该试验,官方决定除去 S-II-3 和后续级上的液氧蓄留器防晃隔板。未观察到对新的增强型火花点火器燃料管路产生不利影响。

1964~1968 年,总共进行 57 次点火试验,包括所有试验的完整列表。

完成点火试验后,开始在 S-II 试车样机流体软管进行动力流验证试验,以支持第 1443 号更改指令(ECP 5872)。1968 年 10 月 31 日,完成了这一系列试验中的最后一次试验。

1968 年 11 月 5 日,开始对试车样机进行氦气杂质检测,评估使用 NASA 提出的劣质氦气的影响。以前容许的杂质等级为 50ppm(ppm 代表 $10^{-6}$);在计划的试验中，所有管路中的杂质含量增加至 500ppm。

1969 年 1 月 31 日，马歇尔航天飞行中心通过 CO 1600 指令中止了位于圣苏珊娜野外实验室的所有 S-II 操作，并将 S-II 试车样机在 CI 试验台上封存 6 个月。

1969 年 6 月，北美罗克韦尔公司按计划终止了在圣苏珊娜野外实验室进行的 S-II 的相关活动。该活动包括将试车样机试验中使用的专用材料转移到上面的预试验区；处理所有 S-II 共有备件，运往西尔滩工厂，以备制造和试验操作使用。

9 月 30 日，NASA 指令（Mod 1825 CO）要求继续对圣苏珊娜野外实验室的 C 场地进行拆除，计划到 12 月 31 日完成。

S-II 试车样机的试验相关活动如图 18.7～图 18.10 所示。

S-II 试车样机做了报废处理，其发动机分散到不同博物馆和试验子级。

图 18.7　圣苏珊娜野外实验室的 S-II
试车样机上的 J-2 发动机
（1965 年 8 月）

图 18.8　S-II 试车样机位于圣苏珊娜
野外实验室的 C1 试验台上
进行点火（1965 年）

图 18.9　S-II 试车样机在圣苏珊娜野外
实验室的 C1 试验台上进行静态点火
（1968 年 1 月 31 日）

图 18.10　S-II-TS-B 试验件在圣苏珊娜野外
实验室的 C4 试验台上，S-II 试车样机在
C1 试验台上（1968 年 2 月 19 日）

# 18.9　S-II-F

## 18.9.1　概述

S-II-F 为 S-II 设施和动力学试验用子级，用在首枚土星 5 运载火箭 AS-500F 上，之后用于土星 5 运载火箭 AS-500D 的动力学试验。现在亨茨维尔美国航天与火箭中心展出。

## 18.9.2　发动机

初始和最终的发动机布局如下。
位置 201：质量模拟件。
位置 202：质量模拟件。
位置 203：质量模拟件。
位置 204：质量模拟件。
位置 205：质量模拟件。
亨茨维尔美国航天与火箭中心展出的 S-II-F/D 中的发动机布局如下。
位置 201：J-2001。
位置 202：J-2013。
位置 203：J-2014。
位置 204：J-2017。
位置 205：J-2038。
注：尽管序列号正确，但是无法验证其具体位置。

## 18.9.3　制造

1964 年 6 月末，北美航空公司开始了对 S-II-F 进行局部组装工作。

1964 年 8 月，确定最终的子级结构。9 月，除若干需要修复的焊缝外，北美航空公司完成了对共底下面板焊接。由于焊接问题，修复工作推迟到 12 月。到 1964 年末，完成了推力结构组装，正对准后短壳板。

1964 年 12 月 14 日，发布计划总进度 16，其反映出 S-II-F 的使用变化。在装运至肯尼迪航天中心之前，S-II-F 不会用于检验密西西比试验活动场的试验设施，而是会被直接从西尔滩运送到肯尼迪航天中心，以验证 LC-39 试验台。

1965 年初，按计划制造 S-II-F 的主要组件。4 月 9 日，开始垂直组装，首先将 3 号筒段焊接到 4 号筒段上。到 6 月末，工作人员完成了对推力结构、前短壳、液氧贮箱下箱底和共底的结构组装。之后进行了级间段的组装。1965 年 8 月 16

日，在北美航空公司的西尔滩工厂完成了对 S-II-F 的垂直组装。

完成两个推进剂贮箱的气体打压试验后，开始对其进行清洗、密封和增压。然后，安装防热和级间系统。在 1965 年第四季度，出现防热材料密封问题，从而导致总装被推迟。1965 年 12 月 7 日，完成了对西尔滩 7 号工位的建设，以对 S-II-F 进行检测。

1966 年 1 月 7 日，在 S-II-F 上安装了五台 J-2 质量模拟件。

### 18.9.4　试验

1966 年 1 月 31 日，S-II-F 被运往西尔滩的试验与操作部门，进行系统检测、喷漆、密封和包装，以便装运。

2 月 17 日至 19 日，西尔滩的工作人员将 S-II-F 装载到"巴罗角号"船坞式货船上，准备运至肯尼迪航天中心。2 月 20 日，"巴罗角号"船坞式货船载着 S-II-F 及其级间段驶离西尔滩，于 1966 年 3 月 4 日到达卡纳维拉尔港。两天后，用驳船将 S-II-F 及其级间段运至火箭组装大楼，并放置在火箭组装大楼低跨间内，作为土星 5 检测火箭 AS-500F 的一部分。3 月 11 日，NASA 正式对 S-II-F 进行了验收。

3 月 24 日，完成了低跨间检测。同年 3 月 25 日，在火箭组装大楼内完成了 S-II-F 与 S-IC-F 的对接。肯尼迪航天中心的技术人员在 1966 年 3 月 28 和 29 日将 S-IVB-F 安装到 S-IC-F 和 S-II-F 的顶部，并在接下来的一天将 S-IU-500F 安装到火箭上。

设施检测火箭 AS-500F 组装完成后，在 1966 年 5 月 13 日进行了首次通电测试。系统测试于 1966 年 5 月 24 日完成，并在第二天通过 1 号履带式运输车，将火箭从火箭组装大楼转运至 39A 发射台。整个过程持续了大半天时间。

1966 年 6 月 8 日，由于台风"阿尔玛"来临，AS-500F 在 LC-39A 的处理和测试工作被迫中断。为防止火箭受损，将其运回火箭组装大楼。两天后，随着台风警报的解除，AS-500F 火箭再次运至 39A 发射台。这一过程耗时约 8h。

工作人员在西尔滩的飞行子级中发现了裂纹，因此在 7 月，对 S-II-F 液氢贮箱进行了全面检查，发现并修复了三条裂纹。8 月 3 日，该贮箱被封闭。7 月 26 日，开始对液氧贮箱进行结构检查。7 月 28 日，对三条裂纹进行修复后，完成了贮箱工作。1966 年 8 月 12 日，成功完成了对 S-II-F 贮箱的全压力试验。

在决定不用 S-II-T 进行动力学试验后，1966 年 8 月 26 日，波音公司、NASA 和北美航空公司官员在肯尼迪航天中心开会研讨如何将 S-II-F 结构改为 S-II-F/D 以兼顾动力学试验。

9 月 23 日，成功完成了 S-II-F 液氧和液氢手动加注试验，实现大部分试验目标，证明了贮存条件下，S-II 设计的结构完整性和系统兼容性。10 月 3 日，尝试了 S-II-F 液氧和液氢自动加注。由于液氧加注与排放阀的运行缓慢，在仅加注了

40%的液氧时中断了试验。

10 月 8 日中止尝试后，到 1966 年 10 月 12 日，在 LC-39A 圆满完成了 AS-500F 液氧和液氢自动加注。AS-500F 排放顺利完成，时序是液氧排放前的制备、同时手动排放 S-IVB 液氢和 S-II 液氢以及同时自动排放 S-IVB 和 S-II 液氧及 S-IC 液氧。至此，AS-500F-1 的所有和推进剂相关试验均完成。

完成发射台试验后，在 1966 年 10 月 14 日 AS-500F 从 LC-39A 被运回火箭组装大楼。过程中，履带式运输车出现了轻微的轴承过热问题。

回到火箭组装大楼后，对火箭进行了共振测试，导致逃逸系统从火箭上脱落。10 月 15 日，工作人员开始在火箭组装大楼进行 AS-500F 拆卸工作。那一天，完成了指令舱和仪器舱的拆卸操作。10 月 16 日完成了 S-IVB-F 三子级和 S-II-F 二子级的拆卸。10 月 21 日完成了 S-IC-F 一子级的拆卸。

10 月 17 日，北美航空公司人员在火箭组装大楼中开始按 S-II-D 结构对 S-II-F 进行改造。

10 月 25 日，肯尼迪航天中心的技术人员完成了 S-II-F 的改造工作，并将 S-II-F/D 从火箭组装大楼中拉出。1966 年 10 月 29 日，将 S-II-F/D 装载到"海神号"驳船上，并将其装运至亨茨维尔马歇尔航天飞行中心，S-II-F/D 于 1966 年 11 月 10 日到达(图 18.11)，被运至制造工程实验室，进行着色渗透检验试验，并修复了检验中发现的肋条与纵梁裂纹。

图 18.11　S-II-F/D 由"海神号"驳船运送至马歇尔航天飞行中心

11 月 19 日，将 S-II-F/D 运至马歇尔航天飞行中心的土星 5 运载火箭动力学试验站。11 月 20 日，安装了前短壳。11 月 21 日至 22 日，在 S-IC-D 顶上安装了

S-II-F/D。11 月 23 日，开始 S-IVB-D 级间段组装工作，并于 11 月 28 日完成。11 月 30 日，安装了 S-IVB-D，且在 12 月 3 日安装了指令舱和逃逸系统，最终完成 AS-500D 组装。12 月 8 日，工作人员在液氢贮箱内涂漆过程中掉落一根空气软管，导致共底损坏。最终发现形成的凹痕很小，通过抛光，该问题得到解决，但导致了时间上的延迟。

动力学试验属于 AS-500D 构型 I 的系列试验。构型 I 为完整的土星 5 运载火箭，其试验开始于 1967 年 1 月初，1 月 7 日完成了滚转试验。但是由于发现其与飞行用的火箭在硬件结构方面存在差异，因此决定改进后再重新进行试验。

构型 I 试验项目包括 1967 年 1 月 16 日完成的滚转试验、从 1 月 20 日持续到 23 日的俯仰试验、2 月 15 日完成的偏航试验以及 2 月 26 日完成的纵向试验。在最后的纵向试验中，出现了液氧排放管路断裂。马歇尔航天飞行中心在 3 月 6 日提供了备用的排放管路，并批准增加构型 I 试验来验证飞行控制系统。

这一试验一直持续到 1967 年 3 月 11 日，当天完成了飞行控制系统验证所需的最后一项试验。

3 月 28 日，开始对土星 5 运载火箭动力学试验件进行拆卸。3 月 29 日，完成 S-II-F/D 的拆卸工作，并对液氢贮箱进行检查，以备后用。拆除 S-IC-D 并装运至密西西比试验站进行存放。同时，拆除一子级后的土星 5 运载火箭返回至动力学试验塔，以便在 1967 年 5 月 11 日开始进行构型 II 动力学系列试验。

构型 II 试验包括 5 月 15 日完成的偏航试验、6 月 2 日完成的俯仰试验、6 月 10 日完成的滚转试验，以及 6 月 13 日开始、7 月初结束的纵向试验。7 月 28 日，完成了土星 5 运载火箭构型 II 的所有动力学试验。之后，马歇尔航天飞行中心批准将试验再延长一个月，用来重新进行若干试验。在此之后，开始对该结构进行拆卸，并从动力学试验塔上拆除。

1968 年 2 月 26 日，制造工程实验室人员完成了对 S-II-F/D 的液氧和液氢贮箱的清洗和处理。10 月 14 日，马歇尔航天飞行中心在动力学试验台对 S-II-F/D 进行了试验，以评估拆卸前短壳纵梁来更换和检验壳段和箱底的简化方法。该试验取得成功。

位于亨茨维尔市的美国航天与火箭中心于 1968 年 7 月破土动工。次年，将 S-II-F/D 运至户外展示区。1969 年 6 月 26 日，S-II-F/D 被移到马歇尔航天飞行中心实验室附近。两天后，美国中部夏令时间 1969 年 6 月 28 日星期六早上 5:00，S-II-F/D 沿莱德奥特公路被运往博物馆。运输过程中，需要切断大量输电线路，拆卸若干路标，并移走一些电线杆。为了展示，在 S-IC-D 中安装了已在地面试验中使用过的五台 J-2 发动机。这些发动机为 J-2001、J-2013、J-2014、J-2017 和 J-2038。博物馆于 1970 年对外开放，而 S-II-F/D 始终存放其中直至今日(图 18.12 和图 18.13)。1987 年 7 月 15 日，马歇尔航天飞行中心的土星 5 运载火箭被指定为美国国家历史地标。S-II-F/D 的整修开始于 2005 年。2008 年 2 月，当戴维森中心在亨茨维尔的美国航天与火箭中心对外开放时，整修一新的 S-II-F/D 再次向公众展出。

图 18.12　2004 年在亨茨维尔美国航天与　　　图 18.13　2004 年在亨茨维尔美国航天与
　　　火箭中心展出的 S-II-F（视角 1）　　　　　　火箭中心展出的 S-II-F（视角 2）

S-II-F/D 自 1969 年年中起就存放在博物馆，但在 1970 年 4 月 10 日马歇尔航天飞行中心要求对将 S-II-F/D 改造成飞行用子级进行风险分析。

## 18.10　S-II-D

### 18.10.1　概述

S-II-D 为动力学试验件，在早期阶段被取消。

### 18.10.2　制造

北美航空公司在 1964 年 8 月确定了动力学试验件 S-II-D 的结构设计。北美航空公司的塔尔萨工厂提前完成了该级的非增压结构的制造并妥善存放。截止到 1964 年年底，成功交付了后短壳、推力结构、级间段、中心发动机、前短壳以及十字形挡板。

1965 年 1 月在西尔滩开始了 S-II-D 结构的总装，同时进行 3 号筒段的组装。但是不久后便决定将 S-II-S 改造为 S-II-S/D，用于动力学试验。因此在当月便终止了 S-II-D 的制造。

## 18.11　S-II-T

### 18.11.1　概述

S-II-T 为静态点火试验件，是在密西西比试验站进行静态点火的首个试验件，在 1966 年损毁。

### 18.11.2　发动机

初始和最终的发动机布局如下。

位置 201：J-2021。

位置 202：J-2024。

位置 203：J-2018。

位置 204：J-2017。

位置 205：J-2014。

### 18.11.3　制造

北美航空公司的塔尔萨工厂于 1964 年 6 月 5 日，在西尔滩交付了全系统级(即 S-II-T)的推力结构板。S-II-T 的设计于 6 月 19 日正式被确定。北美航空公司在 6 月 25 日接到了第 123 号更改指令，涉及密西西比试验站处 S-II-T 的 J-2 发动机侧向载荷支撑机构(SLAM)。

1964 年 8 月对共底下面板进行全压力试验后发现了一个小孔，并在 9 月进行了修复。推力结构的组装开始于 7 月，并在 10 月随着后短壳板的安装完成而结束。将原计划用于 S-II-T 的 12 块箱底瓜瓣用于组装 S-II-S 液氧贮箱下箱底的替代物。12 月 23 日完成了瓜瓣组装焊接工作。

在 1964 年 12 月，NASA 要求马歇尔航天飞行中心对圣苏珊娜野外实验室进行 S-II-T 静态点火试验的计划进行评审。S-II-T 所需的计算机组地面支持系统于 1964 年 12 月 18 日安装完毕。

1965 年 1 月 11 日开始在西尔滩进行为期 10 天的 S-II-T 推力结构静力学试验。

马歇尔航天飞行中心在 1965 年 1 月 29 日要求停止 S-II-T 的全部试验工作。随后于 2 月 5 日要求电缆承包商在合同终止前完成相关工作。

1965 年 2 月，北美航空公司首先在西尔滩完成了 S-II-T 共底的加工，然后在同年 3 月完成了液氧贮箱下箱底的加工。2 月 11 日开始 3 号筒段和 4 号筒段的焊接工作，标志着垂直组装正式开始，组装工作于 1965 年 5 月 25 日结束。离开西尔滩的垂直组装厂房后，S-II-T 进行了气体打压试验，然后返回垂直组装厂房安装系统以及完成隔热的收尾工作。

1965 年 9 月 17 日完成了总装，9 月 30 日完成了全部制造工作。

利用"巴罗角号"船坞式货船将 S-II-T 从西尔滩运往米丘德组装厂。S-II-T 于 1965 年 10 月 1 日离开加利福尼亚州，在 10 月 11 日 15:00 穿过巴拿马运河，并于 10 月 16 日抵达米丘德组装厂。由米丘德组装厂负责将 S-II-T 转移到"小湖号"驳船上并通过近岸运河和东珍珠河，于 1965 年 10 月 17 日 12:45 抵达 45mi

（1mi=1.61km）外的密西西比试验站。在 S-IC 检修大楼内移除覆盖物并进行检查后，在 10 月 18 日利用运河穿梭驳船将 S-II-T 运送到全新的 A-2 试车台。这是第一个与试验台结合使用的火箭子级。

### 18.11.4　试验

1965 年 10 月 19 日，将 S-II-T 从驳船直接吊装到 A-2 试车台上。在首次低温运行前以及在 S-II-T 的两次试验之间，对地面支持系统设计进行了多轮修改，具体如下：对 S7-41 的控制逻辑进行重新设计，以便清除压力开关和阀位置指示器不必要的互锁；对静态点火控制系统进行改进，以便获得自动重启时序以及发动机关机保险系统。

1966 年 1 月 1 日，S-II-T（全系统试验级）被正式命名为 S-II-T/D（全系统试验/动力学试验级）。1 月 16 日完成了液氢系统的冷冲击试验。2 月 3 日完成了地面支持系统的综合检测。2 月 22 日进行了泄漏检测功能检查。3 月 14 日完成了子级的电气控制检测。3 月 29 日和 4 月 17 日两次成功地完成了贮箱加注试验。试验期间向液氧贮箱加注液氮（3 月 29 日），向液氢贮箱加注液氢（4 月 17 日）。这两次试验分别命名为 A2-506/TA-66 和 A2-507/TA-66。在 4 月 17 日进行的液氢试验中，虽然氢泵遇到一些问题，但试验还是顺利完成且未出现严重问题。试验后对子级、地面支持系统和设施系统的检查表明除了子级的侧壁防热材料出现裂纹以外，其他都是相对较轻微的瑕疵。

修复工作由于暴风雨的影响而延误。

1966 年 4 月 5 日，两艘低温贮箱驳船携带着 741.94m$^3$（196000gal）的液氧抵达密西西比试验站，用于 S-II-T/D 的静态点火试验。

S-II-T/D 的静态点火试验需要实现有关 J-2 发动机系统的三个试验目标：

（1）评估发动机的启动特性，确定发动机集群中不同发动机间的差异；

（2）评估发动机的关机特性，确定推力后效以及发动机集群中不同发动机的差异；

（3）提供能代表飞行子级的性能数据。

静态点火试验及目标如表 18.1 所示。

表 18.1　静态点火试验及目标

| 试验 | 试验编号 | 日期 | 总点火时长 | 主级时间 | 目标状态 |
|---|---|---|---|---|---|
| 15s 主级 | A2-508/TA-66 | 1966.4.23 | 21.2s | 17.9s | 达成。由试验指导人按计划终止。推进剂利用计算机和液氢冷却循环出现了小问题 |
| 150s 主级 | A2-509/TA-66 | 1966.7.5 | — | — | 自动启动前终止——推进剂利用阀未能转动（级故障） |

续表

| 试验 | 试验编号 | 日期 | 总点火时长 | 主级时间 | 目标状态 |
|---|---|---|---|---|---|
| 150s 主级 | A2-509/TA-66 | 1966.10.5 | 7.4s | 4.0s | 由于发动机的氢气瓶压力指示出现错误,传感器提前终止 |
| 150s 主级 | A2-512/TA-66 | 1966.5.11 | 45.9s | 42.4s | 由于 203 号发动机的燃气发生器提供错误的温度指示而自动提前终止 |
| 150s 主级 | A2-513/TA-66 | 1966.5.16 | 10.7s | 7.8s | 由振动安全系统自动提前终止(错误指令) |
| 150s 主级 | A2-514/TA-66 | 1966.5.17 | 154.3s | 151.3s | 达成。由传感器按计划终止。使用发动机转向程序进行的首次点火试验 |
| 完整的持续时间 | A2-515/TA-66 | 1966.5.20 | 357.4s | 354.3s | 达成。由液氧耗尽系统按计划终止 |
| 完整的持续时间 | A2-516/TA-66 | 1966.5.25 | 3.1s | — | 由振动安全系统自动提前终止(错误指令) |
| 完整的持续时间 | A2-517/TA-66 | 1966.5.25 | 198.6s | 195.5s | 自动提前终止——发动机的液氧增强型火花点火器管路损坏;电缆被烧坏导致短路,触发了终止程序 |

在 S-II-T/D 静态点火试验项目中,J-2 发动机的性能符合要求。但是在点火过程中还是出现了以下问题:

(1)子级液氧贮箱和液氢贮箱的预冷时序异常,导致无法满足加注时结构 J 形环温度条件;

(2)难以使输送管路保持真空;

(3)侧壁和上箱底的防热材料出现大面积脱黏;

(4)点火期间,液氧排气阀出现浮动问题;

(5)进入侧壁的吹除气体流量不足,导致子级冷却过程中失去侧壁压力;

(6)推进剂利用(PU)阀和推进剂利用计算机系统发生故障;

(7)地面支持系统与氢气燃烧系统和侧向载荷支撑机构(SLAM)支臂分离激发系统间的配合存在问题;

(8)冷却循环和变流器发生故障;

(9)S-IC 模拟件失去液氧气枕压力;

(10)仪器没有足够的冗余或自动化系统中没有表决逻辑,导致多次提前终止;

(11)J-2 发动机的增强型火花点火器管路损坏,导致 205 号发动机(J-2014)的发动机舱失火;

(12)泵前阀区域大面积泄漏，导致 204 号发动机(J-2017)的输送管路失火；

(13)许多倒计时和自动时序保持不变。

205 号发动机(J-2014)失火导致 5 月 25 日点火试验提前终止。但之后，204 号发动机(J-2017)突然起火并持续了一段时间。试验台喷水系统随之启动并始终保持运行，直到使用氦气将液氢贮箱充满。发动机泵前阀的泄漏导致了这次火灾。三天后为隔离此次泄漏进行的检查给 S-II-T 带来灾难性后果。

马歇尔航天飞行中心在 5 月 20 日命令北美航空公司放弃将 S-II-T 改造为全系统/动力学试验级 S-II-T/D 的计划，重新恢复为 S-II-T。

美国中部夏令时间 1966 年 5 月 28 日 16:44，S-II-T 在密西西比试验站的 A-2 试验台上爆炸而损毁。由于在环境研究/试验期间出现超压，爆炸导致空的液氢贮箱发生断裂。原因是第二班工作人员试图利用气态氦进行贮箱增压时，却不知道前一班组的工作人员已经断开了贮箱的压力传感器和开关。

这次爆炸造成六位北美航空公司的工作人员受伤(所幸都不严重)、S-II-T 被毁，A-2 试验台受损。造成的损失预计达 1035000 美元。

NASA 立即调拨 S-II-F 替代已毁坏的 S-II-T 完成土星 5 运载火箭的动力学试验。此外，还对试车样机 S-II-1 和 S-II-2 提出了额外的试验要求来满足其余的试验要求。

爆炸发生后的第二天，由 H.A.斯托姆斯指挥成立了一个调查委员会，由 S-II 项目的副主管 W.F.帕克担任委员会的主席。调查委员会于美国中部夏令时间 1966 年 5 月 29 日 20:45 在密西西比试验站正式成立。

对 A-2 试验台的修复工作从爆炸发生后一直持续到 6 月末。

8 月 12 日发布了第 436 号更改指令，以便实施置信度改进计划(CPI)目标以及执行 S-II-T 故障调查后提出的硬件改进。调查委员会于 1966 年 9 月 1 日公布了调查结果以及相关建议。

发生爆炸事故时，由第二班次的操作人员对 S-II-T 进行增压来完成泄漏检查，但这位操作员并不是一位有资质的试验人员，因此只允许这位操作员完成不超过 55.16kPa(8psig，表压)的常规增压操作。试验目的为尝试将 204 号发动机增压到 55.16kPa(表压)，以便利用皂液法进行发动机泵前阀的泄漏检查。

前一班次在工作期间从液氢贮箱上断开了压力传感管路，导致控制面板上的压力指示器停止工作。第二班次开始工作前，上一班次中有资质的试验人员没有确定系统的配置，便为发射场操作人员设置了控制面板以便进行增压。

从美国中部夏令时间 16:17 开始，第二班次的操作员先后五次尝试进行贮箱增压操作，但是控制面板上没有任何压力指示。因此，这位操作员授权关闭设施的 2 号隔断阀,这个阀用来在发生子级超压时获得释压能力。然而事实上在前四次增压操作期间,这个释压能力已经发挥了作用来为贮箱提供保护。但是这位操作员认为贮箱的压力为 0kPa(0psig,表压,如控制面板上所示)。第五次增压操作期间,控制面板上的读数仍然为零,但实际上贮箱内的压力开始持续上升,因为泄压阀已经停止工作。开始增压操作 26s 后,S-II-T 发生爆炸。

根据数据可知,发生爆炸时液氢贮箱内的压力最可能是 161.34kPa(23.4psig,表压),这远低于贮箱的设计极限——262.00kPa(38psig,表压)。

北美航空公司在对增压操作和结构进行研究后得出结论,结构断裂的可能原因是位于支持液氢再循环返回管路的整体凸缘与液氢贮箱蒙皮连接处出现裂纹,然而加注和排放出口板与贮箱壁间的焊接失效也可能是其中的一个原因。

故障调查委员会建议对密西西比试验站的试验程序进行更严格的控制。

"巴罗角号"船坞式货船于 1966 年 9 月 28 日抵达西尔滩,以便将 S-II-T 剩余的后半部分运回北美航空公司进行详细检查。"巴罗角号"船坞式货船从米丘德组装厂启程前,首先利用驳船将 S-II-T 的剩余部分从密西西比试验站运至米丘德组装厂。

目前仍存两台发动机(J-2017 和 J-2014),它们在后来被安装到位于亨茨维尔市航天和火箭博物馆的 S-II-F/D 上。

# 18.12　S-II 模拟结构/占位结构

### 18.12.1　概述

S-II 模拟结构/占位结构为在密西西比试验站用于设施验证的二子级模拟结构。后来,由于飞行用二子级未能按时抵达,在肯尼迪航天中心建造前两枚土星 5 运载火箭时用作占位结构。

### 18.12.2　制造

适配装置也称为 S-II 模拟结构以及其后的 S-II 占位结构,命名为 H7-17,由北美航空公司在西尔滩制造。其最初目的是用于训练技术人员运输和装卸 S-II,以及作为 S-II 静力学试验台和其他设施的检测设备。随后由于 S-II-1 延期交付,在建造首枚土星 5 运载火箭时被用作占位结构。

它的首个计划用途是在密西西比试验站对 A-2 试验台进行检测。北美航空公司的塔尔萨工厂在 1964 年 3 月 13 日完成了占位结构的制造。1965 年 5 月 11 日,S-II 被装载到"巴罗角号"船坞式货船上,并于同年 6 月 13 日离开西尔滩。

"巴罗角号"船坞式货船上同时装载有三子级设施检测火箭 S-IVB-F。这是

"巴罗角号"船坞式货船首次搭载与空间相关的硬件，它穿过巴拿马运河后于1965 年 6 月 26 日抵达米丘德组装厂。S-II 模拟结构随后被"珍珠河号"驳船运抵不远处的密西西比试验站。"珍珠河号"驳船在美国中部夏令时间 6 月 28 日 6:10离开米丘德组装厂，并于当日 12:45 抵达密西西比试验站。随后利用驳船将模拟结构运至存放区，等待 A-2 试验台完工后使用。8 月 29 日，模拟结构从驳船上直接吊运至 A-2 试验台上检查间隙和对准情况。

### 18.12.3 试验

1965 年 9 月，通过额外的安装和拆卸试验来对工作人员进行培训，这些试验表明将 S-II-T 安装到试验台上之前，还需要采取一些纠正措施。模拟结构完成了在密西西比试验站的任务并被运回西尔滩，首先在 1965 年 10 月利用驳船从密西西比试验站运至米丘德组装厂，然后搭乘"巴罗角号"船坞式货船于 1965 年11 月 2 日达到西尔滩。模拟结构被运回北美航空公司存放。1966 年 4 月 4 日，利用"巴罗角号"船坞式货船将模拟结构再次运至米丘德组装厂，同船抵达的还有推力组件。

1966 年 8 月 13 日，马歇尔航天飞行中心利用"巴罗角号"船坞式货船将级模拟结构(占位结构)从米丘德组装厂运至肯尼迪航天中心，以便在首枚土星 5 运载火箭 AS-501 上临时使用。二级模拟结构在 8 月 16 日抵达肯尼迪航天中心。从"巴罗角号"船坞式货船上卸载了占位结构并在次日将它放置在火箭组装大楼的高跨间运输通道处。对工装进行了改装，以提供组装和支撑所需载荷外的强度和连接。8 月 24 日完成了占位结构的改装，包括安装电缆。随后将占位结构竖立在S-IC/S-II 支架上并放置在 S-II 检测间中。

1966 年 10 月 31 日，在肯尼迪航天中心的火箭组装大楼中将占位结构垂直放置在 S-IC-1 级的顶部。11 月 1 日，将 S-IVB-501 垂直放置在占位结构的顶部。

1967 年 2 月 15 日将占位结构从 AS-501 运载火箭上拆除，并运输到密西西比试验站用于检测 A-1 试验台。

完成上述试验后，占位结构在 1967 年 3 月 10 日被再次运到肯尼迪航天中心。组装第二枚土星 5 运载火箭 AS-502 时，它在 S-II-2 运抵前被用作占位结构。

1967 年 3 月在 LUT-2 上组装 AS-502 运载火箭，其中在 3 月 22 日安装了 S-II占位结构。3 月 28 日，将 S-IVB-502 垂直安装在 S-II 占位结构的顶部。

完成测试后，在 6 月进行了运载火箭的拆解工作，其中在 6 月 29 日拆除了S-II 占位结构。随后三年间的某天，占位结构被运回西尔滩。

1970 年 3 月，利用 S-II 占位结构进行了 S-II 贮存运输装置的测试工作，如图 18.14 所示。

图 18.14　在西尔滩利用 H7-17 静力学载荷工装(昵称"卷轴")试验二子级贮存运输装置

## 18.13　S-II-1

### 18.13.1　概述

S-II-1 为首个 S-II 飞行件,在两次成功的静态点火试验中间还经历了一次异常终止的点火试验。使用该飞行件的土星 5 运载火箭成功发射了阿波罗飞船 4 号。

### 18.13.2　发动机

初始和最终的发动机布局如下。

位置 201:J-2026。

位置 202:J-2043。

位置 203:J-2030。

位置 204:J-2035。

位置 205:J-2028。

### 18.13.3　制造

由北美航空公司在塔尔萨和西尔滩的工厂开始制造首飞用 S-II-1 的结构件。

1964 年 5 月 19 日,北美航空公司接到第 112 号更改指令,要求在 S-II-1 和 S-II-2 飞行件中增加可回收摄像机。

1964 年 8 月之前,北美航空公司忙于制造 S-II-1 的非增压结构组件。这项工作由北美航空公司在塔尔萨和洛杉矶的分部负责。此时做出有关飞行级结构的若干重大决定，新结构不同于进行地面试验的构型，液氧贮箱设计了新的防晃隔板，而且下箱底更厚。液氢贮箱的压力也从 268.90kPa（39psig）降低到 248.21kPa（36psig）。这些设计更改导致飞行计划表延迟了 9 周。

1965 年 2 月 11 日，北美航空公司在西尔滩开始了 S-II-1 的总装。组装的首个硬件是共底的下面板。此时已经开始了贮箱筒段的组装工作。下面板的液压试验显示焊缝处存在轻微的泄漏，因此随后进行了修复。截止到 1965 年年中，已完成了推力结构和后短壳的组装。与共底相关的工作仍在继续，同时由北美航空公司的塔尔萨工厂负责在前短壳上安装支架。

1965 年 7 月 6 日，开始首次环焊的准备工作，标志着 S-II-1 的垂直组装正式开始。北美航空公司在 7 月 9 日完成了后短壳和推力结构的相关工作。7 月 19 日开始进行 3 号筒段与 4 号筒段的环缝焊接。后续对焊缝进行修补，并于 8 月 4 日完成。前短壳于 8 月 10 日完工，共底于 9 月 13 日完工。

下箱底是首个具有 2.82m（111in）圆形焊缝的部件，于 11 月 16 日成功通过了液压试验。11 月 24 日收到了第五台 J-2 发动机，这一日期早于西尔滩的需求日期。11 月 25 日完成了液氧下箱底的总装，意味着 S-II-1 的全部主要组件都已安装完成。

马歇尔航天飞行中心在 12 月 3 日指示北美航空公司在 S-II-1 以及所有后续子级的下箱底圆形焊缝外部设置加强板来增加强度。三天内便发布了设计图纸，并在 12 月 7 日完成了此设计的实验室试验。12 月 13 日交付了两套加强板，其中的一套在获得批准后于 12 月 24 日安装到 S-II-1 上。12 月 14 日完成了环形焊缝最后的焊道，为 12 月 28 日的垂直组装铺平了道路。

1966 年 1 月 2 日，在 5 号工位成功完成了 S-II-1 的液压试验。四天后，考虑到验证试验期间需要增加贮箱内的压力，在美国海军武器站而不是 7 号工位远程进行了绝热层充气试验。

1 月 15 日和 17 日进行了贮箱结构与后短壳/推力结构组件的对接，并在 2 月 27 日将前短壳安装到液氢贮箱上。3 月 7 日，在西尔滩的 2 号工位将五台 J-2 发动机安装到 S-II-1 上。4 月 4 日，完成了 4.06cm（1.6in）改良蜂窝夹层防热材料的粘接。4 月 18 日完成了 S-II-1 的总装工作。两天后，西尔滩的工作由 S-II-1 制造转为 S-II-1 试验，为开始级的自动检测做好了准备。

### 18.13.4　试验

1966 年 4 月 25 日，子级进行首次电测试验（通过 D-40 总线）。

6 月 24 日完成了子级检测工作。西尔滩的 8 号工位于同年 7 月 2 日完成了 S-II-1 的最终涂装和标记工作。S-II-1 集成系统检测和验收遇到了麻烦，直到 7 月 22 日才最终完成。

7月14日吹除了液氧贮箱，并对共底进行裂纹检查。在其中一条角焊缝处发现了一条裂纹。通过钻穿一小块板材并用带螺纹的密封螺栓封住穿孔来进行修理。封闭液氧贮箱并且进行必要的泄漏和功能检查。在7月22日晚间将S-II-1从工作站VIII移动到工作站VII。液氢贮箱于7月23日移入，随后通过着色渗透检验来检查裂纹。共发现了24条裂纹，修复工作持续到7月29日。

7月30日，在西尔滩附近的海军码头将S-II-1装载到"巴罗角号"船坞式货船上。

S-II-1在1966年7月31日搭乘"巴罗角号"船坞式货船从西尔滩出发，并于8月12日抵达米丘德组装厂。同时，S-II-1的级间段在1966年8月9日，由一艘商用水运驳船运抵卡纳维拉尔角的肯尼迪航天中心。

1966年8月13日，将S-II-1转移到"珍珠河号"驳船以便运往不远处的密西西比试验站。在S-II检修大楼内完成接收检验，以及更换液氢贮箱体加强板后，S-II-1于1966年8月19日被安装到A-2试验台上。

与S-II-T相比，试验方面的主要变化如下：

(1)放弃了试验期间利用的红线测量门限值；

(2)加入了新的静态点火试验舱，将S-II-T的指令-应答型自动时序变更为倒计时钟时间型自动时序；

(3)为氢气燃烧系统安装了新的控制器和硬件；

(4)拆除了S7-40隔舱吹除和热控制系统互锁；

(5)设计了全新的侧向载荷支撑机构(SLAM)支臂激发系统；

(6)纳入了子级和地面支持系统更改，以便在发动机运行期间通过子级选择开关提供命令来关闭液氧和液氢循环预冷阀；

(7)纳入了液氧和液氢排放阀检测系统，从而实现排放阀释放和复位压力的低温检测；

(8)纳入了子级再循环容器排气系统；

(9)纳入了液氢外部引气系统；

(10)重新设计了子级液氢贮箱供给管路弯头，以便消除S-II-T爆炸后发现的材料疲劳(这一工作也包含在液氢贮箱材料裂纹问题的解决方案中)。

考虑到泵前阀螺线管在之前位置处产生的异常振动，重新设置了它们的位置。

由于S-II-T发生爆炸，更改了硬件和运行技术，包括启动全面的工作人员资格审定程序。

1966年8月26日，在试验台上进行了S-II-1的首次电测试验。8月27日至9月3日，将粘接的加强板更换为用机械方式固定的加强板。9月和10月的返工和改装工作极大地限制和影响了静态点火前检测活动。10月17日成功地进行了液氮/液氢加注试验。第二次加注试验同样顺利完成。

11 月 5 日，S-II-1 在密西西比试验站的 A-2 试验台上进行静态点火前的准备工作时，液氢排出管路发生了爆裂。这次爆裂损坏了大约 24.38m（80ft）长、直径 60.96cm（24in）的排放管路，并导致多余物进入了 S-II-1 的液氢贮箱。

液氢贮箱于 11 月 17 日完成清理工作。11 月 29 日完成了静态点火前检测。计划对此飞行器进行两次静态点火试验。12 月 1 日进行了首次点火，持续时间为 384s。此次点火取得了成功，在液位达到 2% 时通过液氧耗尽系统按计划手动终止试验。仅在第 201 和 203 号发动机上完成了摆动。由于地面支持系统故障，第 202 和 204 号发动机的侧向载荷支撑机构支臂未能释放。

第二次全持续时间点火尝试发生在美国中部标准时间 1966 年 12 月 22 日 22:00。但是由于第 205 号发动机的点火传感器发生故障导致发动机关机，此次点火仅持续了 2s 便提前终止。随后发现传感器发生了短路。

1966 年 12 月 30 日成功进行了第二次全时长点火（图 18.15），持续时间为 363s。由液氧耗尽系统按计划终止。

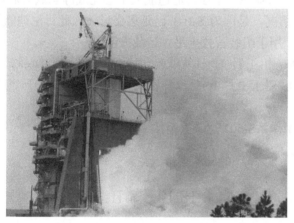

图 18.15　S-II-1 在 A-2 试验台进行静态点火试验（1966 年 12 月 30 日）

上述三次试验中，每台发动机的实际累计点火持续时间如下：

第 201 号发动机——739.6s；

第 202 号发动机——738.9s；

第 203 号发动机——743.2s；

第 204 号发动机——739.6s；

第 205 号发动机——739.4s。

试验期间注意到了如下问题：

（1）A7-71 热交换器液面控制问题；

(2) S-II-1 的阀作动系统发生大幅衰减;

(3) 侧壁绝缘材料吹除回路在低温运行期间发生过度衰减;

(4) 液氢排放阀位置指示器发生故障;

(5) 上箱底未隔热区域内的薄膜密封材料断裂;

(6) 主要问题涉及液氢输送管路吹除;

(7) 由于 S7-40 发动机舱吹除回路过度的流量和使用,试验台和试验控制中心交流电源调节器出现问题;

(8) 低温运行后的 $T$+1d,液氢贮存罐附近设施的液氢排放管路发生了爆炸。

1967 年 1 月 3 日开始在密西西比试验站进行 S-II-1 的静态点火试验后的检测工作。需要对液氧贮箱的内部进行特定检查。这项检查开始于 1 月 6 日,检查结果表明第 202 和 203 号发动机的涡轮泵上存在裂纹。第 205 号发动机泵的喷管存在缺陷。在 1 月 9 日完成了泵的更换工作。

密西西比试验站在 1967 年 1 月 11 日终止了 S-II-1 的检测工作,因为项目经理决定将大部分检查和试验项目推迟到 S-II-1 被装运到肯尼迪航天中心以后再进行。因此 S-II-1 成为唯一一个在肯尼迪航天中心完成静态点火后进行试验的 S-II。之所以出现这种情况,是因为 S-II-1 已延迟交付,因此肯尼迪航天中心需要尽快获得这个 S-II-1,用于组装首枚土星 5 运载火箭。

S-II-1 于 1967 年 1 月 12 日从试验台移动到密西西比试验站检修大楼,然后搭乘"海神号"驳船于 1 月 16 日离开密西西比试验站,并于 1 月 21 日抵达肯尼迪航天中心。

S-II-1 最终用作 AS-501 运载火箭的二子级,于 1967 年 11 月 9 日成功发射了阿波罗 4 号飞船。

# 18.14　S-II-2

## 18.14.1　概述

按计划完成了两次子级的静态点火试验,发射了阿波罗 6 号飞船。

## 18.14.2　发动机

初始和最终的发动机布局如下。

位置 201:J-2057。

位置 202:J-2044。

位置 203:J-2058。

位置 204:J-2040。

位置 205：J-2041。

### 18.14.3 制造

1964 年 5 月 19 日，北美航空公司接到第 112 号更改指令，要求在 S-II-1 和 S-II-2 中增加可回收摄像机。

北美航空公司于 1965 年 5 月在西尔滩开始共底下面板的瓜瓣焊接，标志着 S-II-2 的结构组装正式展开。箱底的最终焊缝于 5 月 29 日完成，随后是 X 射线和着色渗透无损检测。截止到 1965 年年中，上面板的所有瓜瓣焊缝均已完工。工人在这一年的第三季度中制造及安装了蜂窝夹层防热材料，并准备好将共底的前下面板接合在一起。

完成了上箱底的组装，同时已准备好封闭下箱底的人孔盖焊缝。后短壳板被安装到推力结构上。推力结构的组装于 1965 年 10 月 15 日完成，共底的组装于 12 月 17 日完成。

随着前短壳(2 月 23 日)和液氧贮箱下箱底(3 月 10 日)组装完成，从 1966 年 2 月开始在西尔滩进行 S-II-2 的垂直组装。4 月 8 日，垂直组装完成。4 月 14 日完成了液氧贮箱和液氢贮箱的液压试验。6 月 12 日至 19 日将五台 J-2 发动机安装到 S-II-2 上。7 月 1 日，西尔滩的工人在 7 号工位完成了推力结构机械装置和支架的安装。利用 S-II-2 在 7 号工位处于水平放置的机会，修复液氢贮箱纵梁上检出的 12 条裂纹。

S-II-2 于 7 月 8 日移动到 4 号工位，随后于 7 月 23 日移动到 8 号工位。

### 18.14.4 试验

子级系统试验开始于 7 月 24 日，包括控制室/子级/工作站接口检测，检测期间 S-II-2 接通了电源。上述检测于 9 月 24 日提前完成，各项试验进行得比 S-II-1 更加顺利是提前完成的主要原因。

由于受到污染，在 1966 年 10 月 8 日和 9 日拆卸并更换了 S-II-2 的液氢输送管路。出于同样的原因，同时更换了液氢泵前阀。随后在 10 月 14 日将 S-II-2 从 8 号工位移动到 7 号工位。

在 7 号工位完成 S-II-2 的液氢贮箱检验，在液氢贮箱壁上安装金属加强板，以及对液氢输送管路弯头进行返工。S-II-2 于 1966 年 10 月 26 日返回 8 号工位进行所需的改装，随后进行涂漆并打包运往密西西比试验站。

北美航空公司在工厂检测后于 1967 年 1 月 25 日完成了对 S-II-2 的全部改装，包括由于发现裂纹而更换液氧涡轮泵的全部叶轮。随后将 S-II-2 转移到 7 号工位进行最终的喷漆与包装。

通过陆路运输的方式将 S-II-2 从北美航空公司位于西尔滩的工厂运往附近的

海军码头。S-II-2 随后于 1967 年 1 月 27 日搭乘"巴罗角号"船坞式货船离开西尔滩的海军码头，并于 2 月 10 日抵达米丘德组装厂。2 月 11 日利用驳船将 S-II-2 运往 72km（45mi）外的密西西比试验站。最初将 S-II-2 置于垂直检测位置，以便完成液氢贮箱的特定检查。发现并修复了大约 25 处缺陷。第 202 和 205 号发动机的泵也需要更换。于 1967 年 2 月 18 日将 S-II-2 吊装到 A-2 试验台。技术人员在同一天打开了液氧贮箱，并在为验收试验进行改装及安装硬件仪器前开始检查是否存在过量的润滑剂。在 2 月 21 日完成了液氧贮箱的检验并且封闭了贮箱。

1967 年 3 月 4 日，密西西比试验站开始了 S-II-2 的静态点火前检测和地面支持系统检测，成功地完成了加注试验。需要对每台发动机的增强型火花点火器室压力仪器管路都进行 X 射线检测，于 3 月 27 日完成了这项检测。在同一天还更换了液氧贮箱中的液氧排放管路。S-II-2 的静态点火前试验和检测于 3 月 30 日完成，为计划在第二天开展的静态点火做好了准备。

与上一飞行件相比，S-II-2 试验的主要变化如下：

（1）在发射前倒计时时序中加入共底抽真空程序，以便消除静态点火倒计时最后时刻出现的液氧气枕压力迅速下降的现象；

（2）为液氢贮箱加注阀控制等主要系统，液氧和液氢贮箱辅助增压系统以及其他系统提供冗余度；

（3）加入了供给管道吹除功能，以便允许将 S7-41 气动勤务控制台远程地用于输送管道的循环供气；

（4）在子级上增加氦气瓶替代之前使用的地面增压系统。

鉴于 S-II-1 的液氢排放系统排放管路在试验期间发生了爆炸，对主要的操作程序做出了更改。

1967 年 3 月 31 日，由于 1 号泵前阀在 $T-8min$ 时未能关闭，项目负责人决定取消 S-II-2 的首次静态点火试验。倒计时持续到了 $T-0s$，以便确定是否还存在其他问题。这时发现有一个单向阀间歇性工作，影响了第 203 号发动机（J-2058）的冷却。

计划对此飞行件进行两次全时长的静态点火试验。美国中部标准时间 1967 年 4 月 6 日 16:08 进行了首次点火试验，持续时间为 363s。此次点火取得了成功，传感器根据液氢耗尽指示发出了关机指令。但是传感器的指令似乎早了 1.2s，预计的液氧耗尽关机信号并没能发出，本可以按计划终止此次点火试验。

第二次静态点火试验前的检测于 1967 年 4 月 12 日完成。

1967 年 4 月 15 日进行了第二次点火，持续时间为 367s。此次点火试验同样取得了成功，由液氧耗尽系统按计划终止。设施变压器发生故障导致设施电力不足，提前终止了摆动程序。

上述两次试验中，每台发动机的实际累计点火持续时间如下：

第 201 号发动机——722.6s；

第 202 号发动机——724.5s；

第 203 号发动机——723.6s；

第 204 号发动机——724.4s；

第 205 号发动机——725.6s。

试验期间注意到了如下问题：

(1) 液氢泵前阀位置指示器出现问题；

(2) 液氢驳船 1 发出火警信号；

(3) 由于液氧加注和排放管路出现裂纹，液氧加注管路排放系统发生故障；

(4) 自动时序期间出现了更大的液氧贮箱气枕压力衰减；

(5) 经检漏系统的远程分析，S-II 侧壁吹除气体中的氢含量过高；

(6) 发动机运行期间，推进剂利用阀门工作异常，不能根据液氧贮箱液面进行适当调整；

(7) 液氢排放阀位置指示故障；

(8) 试验台交流电源故障；

(9) 由于材料失效，液氧驳船气隙安全隔膜破裂；

(10) 第 205 号发动机 (J-2041) 的冷却循环故障。

4 月 15 日的试验表明，损失了 S-II-T 后对飞行级提出的置信度改进计划试验要求的相应部分已经成功达成。

1967 年 5 月 13 日完成了静态点火后检测，并在 5 月 15 日将 S-II-2 由试验台转移到"海神号"驳船，该船于 1967 年 5 月 20 日驶离密西西比试验站前往肯尼迪航天中心，并于当月 25 日到达 (图 18.16)。

图 18.16　S-II-2 乘坐"海神号"驳船前往肯尼迪航天中心

S-II-2 最终用作 AS-502 运载火箭的二子级，于 1968 年 4 月 4 日成功发射了阿波罗 6 号飞船。

## 18.15　S-II-3

### 18.15.1　概述

上箱底由于制造期间的一次事故而损毁并更换。从肯尼迪航天中心返回密西西比试验站进行低温验证试验，从而评定载人安全性。S-II-3 发射了阿波罗 8 号飞船。

### 18.15.2　发动机

初始和最终的发动机布局如下。

位置 201：J-2051。

位置 202：J-2053。

位置 203：J-2059。

位置 204：J-2045。

位置 205：J-2055。

### 18.15.3　制造

S-II-3 的组装开始于 1965 年 6 月。截止到同年 9 月，技术人员已完成两块共底面板的圆形焊缝。对上面板实施了 X 射线和着色渗透检验，以及液压和渗漏试验。这一子级的上箱底共有六条瓜瓣焊缝。尽管两块共底面板都需要进行小规模的子午线焊缝修复，还是在这一年的最后一季度内完成了上箱底的所有工作。北美航空公司在塔尔萨的工厂在 1965 年年底前交付了推力结构部件。

西尔滩的工作人员在 1966 年 2 月 26 日完成了 S-II-3 后短壳/推力结构组装。4 月 18 日共底完工后，又从 4 月 25 日开始 S-II-3 的垂直组装。垂直组装于 7 月 8 日完成。

7 月上旬对液氧贮箱结构进行了检验，结果表明共底吹除口的封闭板焊缝存在裂纹。后续拆除了这些封闭板，并进行螺纹加工及密封螺栓安装。对液氢贮箱的肋和纵梁进行了额外的着色渗透检验。结果在肋上发现了 17 条裂纹，在纵梁上发现了 25 条裂纹。7 月 29 日对 S-II-3 进行液压试验时，发现焊接接头处发生泄漏。用于连接第 202 号发动机供给管路弯管及其安装环的焊缝出现裂纹，导致了此次泄漏。通过开槽及重新焊接完成了修复，随后进行了第二次液压试验。

在 1966 年 8 月 31 日将 S-II-3 移入 5 号工位，以便完成液氧贮箱的清洗以及液氢贮箱泄漏检测（使用氦气），为总装做好准备。在 9 月 9 日这一周，进行推力结构对接工作的同时，在一组共底吹除管路内发现水的存在。水是在液压试验期间进入了管路。在 1966 年 9 月的下半月进行了箱底的烘干操作。

截止到 9 月 26 日，对 S-II-3 共进行了三次绝热层充气试验，其中最后一次取得了成功。随后将 S-II-3 移到 8 号工位进行无损检测。在 9 月 29 日将 S-II-3 移到 5 号工位以便清洗液氢贮箱。

前短壳在 10 月 13 日被安装到 S-II-3 上。然后在 11 月 5 日和 6 日这两天安装了五台 J-2 发动机。11 月 23 日，将 S-II-3 从 4 号工位移到 7 号工位进行液氢贮箱内设备的安装。

1966 年 11 月 29 日，正在西尔滩安装贮箱 S-II-3 由于一把梯子跌落而损坏了液氢贮箱上箱底。当时已经完成了贮箱内部安装，正通过液氢上箱底上的人孔收回人员出入梯。移除通道竖梯的过程中，回收机构的一条焊缝突然失效，导致通道竖梯大约 3.05m(10ft) 的一部分从大约 4.57m(15ft) 的高度跌落到液氢上箱底的内侧。撞击损坏了 12 块液氢舱壁扇形材料中的一块。在箱底瓜瓣材料共发现了三处裂纹，其中最长的一处达到大约 1.32m(52in)。随后将 S-II-3 移到 4 号工位来拆除损毁的液氢贮箱底。

与液氢贮箱底损毁相关的工作一直持续到 1967 年 1 月。在 1 月 2 日将 S-II-5 箱底的 6 号筒段拆除用于 S-II-3 箱底。1 月 8 日完成了 S-II-5 箱底在 S-II-3 上的定位，在 1 月 12 日完成了焊接。对焊缝的 X 射线检验表明有 18 处区域需要修补。

在 1967 年 1 月 16 日最终完成了 S-II-3 已损毁液氢贮箱底的返工。1 月 21 日远程完成绝热层充气试验后，S-II-3 被移至 4 号工位进行系统的安装。S-II-3 于 2 月 4 日移至 7 号工位对液氢贮箱进行检验。顺利通过检验后，于 2 月 9 日封闭了液氢贮箱，并在次日将 S-II-3 移至 8 号工位进行改装。

### 18.15.4　试验

S-II-3 于 1967 年 2 月 27 日开始在北美航空公司进行系统检测，同时在确保不造成干扰的前提下完成其余的制造工作。于次日接通了电源。

采用 X 射线进行检查后，确定有必要重新打开液氧贮箱和液氢贮箱。液氧贮箱于 3 月 21 日打开，并在 4 月 6 日再次封闭。液氢贮箱于 4 月 7 日打开。更改了液氧贮箱内的排放管路，并对液氢贮箱一块没有焊透的焊接区域进行了补焊。

1967 年 3 月 31 日，北美航空公司在西尔滩成功完成了 S-II-3 的集成系统评估，并于 4 月 17 日成功完成了集成系统自动检测。从 4 月 21 日起开始一项特定检查来确定液氧贮箱的铆钉是否受到了污染。根据紫外线检测结果，全部铆钉头以及 6 个减振吊架需要清理。于 5 月 1 日再次封闭了贮箱。截止到 5 月 1 日，北美航空公司的官员已完成初始试运行检验。在 5 月 9 日和 5 月 24 日分别进行了子级电路以及液氧贮箱的重新检验，随后完成了最终系统再试验并将 S-II-3 装运到密西西比试验站。

1967 年 6 月 25 日，S-II-3 被移入西尔滩的 7 号工位，对液氢贮箱的焊缝进行 X 射线和着色渗透无损检测，完成系统再试验并准备进行装运。S-II-3 于同年 7 月 28 日被运输到西尔滩的海军码头并装载到"巴罗角号"船坞式货船上。

S-II-3 于 1967 年 7 月 12 日搭乘"巴罗角号"船坞式货船从西尔滩出发，并于 7 月 26 日抵达米丘德组装厂。7 月 27 日，将 S-II-3 转至驳船，经短途运输抵达密西西比试验站(图 18.17)。7 月 28 日，S-II-3 被从驳船直接吊装到 A-1 试验台上。这是在 A-1 试验台投入使用后，首个使用该试验台的火箭子级。与上一飞行件相比，S-II-3 试验主要变化如下：

(1)修改了程序，确保试验前和试验后地面支持系统、设施及子级检测和氢气系统的全面惰化。

(2)修改了侧壁吹除通道，以提高侧壁清洗效率；增加侧壁排放能力，从而允许在离地升空时提高侧壁压力的排放。

(3)大幅降低液氢贮箱重量。

(4)拆除了试验台和试验控制中心的交流调节器，从而避免曾经出现过的交流电源故障。

由于该飞行件是密西西比试验站处理的首个载人用的子级，在开始低温运行前进行了大量试验，确保新的试验台已准确就绪，为 S-II-3 试验提供支持。

于 1967 年 9 月 6 日成功完成了液氧/液氢加注试验。试验期间，1 号筒段和 2 号筒段区域内的一块侧壁防热材料脱胶。为了对防热材料进行修复，试验官员将首次静态点火试验从 9 月 12 日推迟到 9 月 19 日。采用塑料薄膜对分层区域进行了临时覆盖。

截止到 1967 年 9 月 17 日，北美航空公司已经完成了 S-II-3 的防热材料修复以及静态点火前检测。因为这是首个使用全新试验台进行试验的火箭子级，所以计划进行两次静态点火试验。

美国中部夏令时间 1967 年 9 月 19 日 20:10 进行了首次点火，持续时间为 65s，最后按计划手动终止。这次点火实现了 A-1 试验台导流槽以及验证子级、试验台和控制室间兼容性这两个主要目标的鉴定，同时还完成了若干特殊目标，包括评估液氢贮箱的缓慢冷却，在快速加注模式下获得 14384.56L/min(3800gal/min)的最大液氧加注率，验证液氢的快速加注和过度加注传感器。按计划采用手动方式终止了这次点火试验。

1967 年 9 月 25 日完成了第二次点火前的检测。美国中部夏令时间 1967 年 9 月 27 日 15:23 进行了持续时间达到 358s 的第二次点火(图 18.18～图 18.20)。这次点火由于液氧耗尽而自动终止，验证了 S-II-3 在静态点火条件下的功能完整性，并且证明 S-II-3 满足规定的验收试验要求。达成的特殊目标包括利用侧壁隔热试验来评估液氢贮箱的缓慢冷却性能。

图 18.17　利用"小湖号"驳船将 S-II-3 从米丘德组装厂运往密西西比试验站

图 18.18　从运河观察在密西西比试验站 A-1 试验台进行静态点火的 S-II-3

图 18.19　从试验控制中心观察在密西西比试验站 A-1 试验台进行静态点火的 S-II-3

图 18.20　从中部控制塔观察在密西西比试验站的 A-1 试验台进行静态点火的 S-II-3

第二次试验中每台发动机的实际点火持续时间如下：

发动机 201——353.4s；

发动机 202——353.0s；

发动机 203——353.0s；

发动机 204——353.5s；

发动机 205——353.6s。

试验期间发现了如下问题：

(1) 液氧驳船失去交流电源；

(2) 低温下出现大范围的侧壁防热材料失效；

(3) 液氧泵前阀运行缓慢。

在隔热侧壁飞行排气塞试验期间遇到如下问题：

（1）液氢排放阀位置指示器循环；

（2）液氢加注阀位置指示器故障。

改装工作与静态点火试验后的检测同时进行。这些工作在 10 月的前两周开展。在 10 月的后两周完成子级和发动机的渗漏检查。

完成静态点火后试验、特殊试验以及改装后，在 1967 年 11 月 12 日将 S-II-3 从 A-1 试验台上拆除并放置在密西西比试验站 S-II 检修大楼的水平跨间内进行防热材料的修复、改装以及进一步检查。

重新设计的液氢输送管路在 12 月 13 日这一周内完成了安装。于 1967 年 12 月 13 日完成了水平状态下的静态点火试验后检测，并于当月 19 日进行了最终检验。12 月 21 日，S-II-3 搭乘驳船从密西西比试验站前往米丘德组装厂。在米丘德组装厂，S-II-3 于 12 月 21 日搭乘"巴罗角号"船坞式货船出发前往肯尼迪航天中心，并于 12 月 24 日抵达目的地。随后在度过圣诞节假期后，S-II-3 于 12 月 26 日从"巴罗角号"船坞式货船上被卸载。

1968 年 1 月 21 日，肯尼迪航天中心的工作人员在组装大楼内完成了 S-II-3 的交付后检测。S-II-3 被放置在水平位置对液氢贮箱进行 X 射线检验。

1 月 31 日，也就是将 S-IVB-503N 安装到二子级顶部后的第二天，将 S-II-3 垂直安装到 S-IC-3 一子级的顶部。

2 月 16 日，在马歇尔航天飞行中心完成了专用 S-II-3 推力结构的极限载荷试验。随后在 2 月 21 日对此结构进行了终极载荷试验。这一试验证明此结构有能力承受 130% 的设计极限载荷而不发生失效。推力结构项目于 2 月 28 日顺利完成。利用这一试验项目，达到了 1965 年 S-II-S 试验期间未能在西尔滩实现的推力结构试验目标。

4 月 27 日宣布 AS-503 运载火箭将会进行载人飞行。

由于 S-II 要用于载人飞行，因此需要提升子级的检验标准，决定将 S-II-3 运回密西西比试验站进行低温验证压力试验。此外，S-II-3 还会在密西西比试验站对增强型火花点火器管路进行改进。因此，在 4 月 29 日拆卸了 S-II-3。

S-II-3 在 4 月 30 日被装载到"巴罗角号"船坞式货船上，于 5 月 1 日离开肯尼迪航天中心，并于 5 月 4 日抵达米丘德组装厂。随后，S-II-3 被移到"小湖号"驳船上并于 5 月 5 日抵达密西西比试验站。

5 月 11 日，S-II-3 被安装到密西西比试验站的 A-2 试验台上进行试验前的准备，包括安装具有更高释压设置的专用低温验证试验排放阀。低温验证压力试验于 5 月 29 日成功完成。为了进行这项试验，液氢贮箱在装载液氢的情况下承受 249.59kPa（36.2psig）的飞行压力。

6 月 6 日 A-2 试验台发生了一起事故，主吊杆上的一根钢索在验证载荷试验期间发生断裂。S-II-3 在 6 月 10 日从试验台上被拆除，并被安装到火箭检修大楼，用于检验液氢贮箱以及子级上增强型火花点火器管路的改进工作。检测结果表明未发现新的缺陷。S-II-3 在 6 月 21 日被密西西比试验站装载到驳船上，然后于 6 月 22 日再次离开密西西比试验站前往米丘德组装厂。6 月 24 日，S-II-3 被米丘德组装厂从驳船上转移到"巴罗角号"船坞式货船上，并于 26 日抵达肯尼迪航天中心。

S-II-3 最终用作 AS-503 运载火箭的二子级，于 1968 年 12 月 21 日成功发射了阿波罗 8 号飞船。

# 18.16　S-II-4

## 18.16.1　概述

之前的 S-II 飞行件采用的发动机推力为 1023.09kN(230000lbf)，而从 S-II-4 开始采用了推力为 1000.85kN(225000lbf) 的发动机。同时，S-II-4 还是第一个结构轻质化的S-II，是通过使用较薄的推进剂贮箱壁和重量更轻的结构而实现的。S-II-4 发射了阿波罗 9 号飞船。

## 18.16.2　发动机

初始和最终的发动机布局如下。
位置 201：J-2067。
位置 202：J-2068。
位置 203：J-2069。
位置 204：J-2070。
位置 205：J-2066。

## 18.16.3　制造

1965 年 9 月在西尔滩开始了 S-II-4 的组装，同时制造了共底。到 1965 年年底，在共底面板上完成了大部分瓜瓣焊接。

1966 年 2 月 16 日，北美航空公司的塔尔萨工厂报告了 S-II-4 级间段上 2020-T6 铝合金水平纵梁破裂。铆钉枪的冲击被认为是破裂的原因。采用了拉式紧固件作为解决方案。针对纵梁问题，于 4 月 29 日发布了修正计划，为 S-II-T/D 计划重新指定了 S-II-4 级间段。7 月 8 日将之前的 S-II-T/D 级间段转到 S-II-4。1966 年 7 月 8 日，北美航空公司在西尔滩完成了上箱底的组装。

　　1966 年 8 月 3 日完成了 S-II-4 下箱底的液压试验。在 8 月 9 日 6 号筒段/上箱底组件的液压试验期间，在 6 号筒段中发现泄漏。后续调查显示，1 号筒段拼接处(774 站位)有裂纹。8 月 22 日用机械连接加强板完成了修复。随后，将组件运往 5 号工位。8 月 25 日成功完成了 186.21kPa(27psig，表压)的液压试验。将组件运往 1 号工位，8 月 28 日在该工位完成了 5 号筒段和 6 号筒段的焊接。

　　8 月 12 日完成了共底在 1 号筒段和 2 号筒段组件上的焊接。检查发现，J 形焊缝中有一个可疑区域，并于 8 月 22 日完成了修复。8 月 30 日，将共底/1 号筒段和 2 号筒段组件运往 6 号工位进行液压试验。

　　8 月 3 日完成了下箱底的液压试验。8 月 18 日完成了喷漆。将箱底运往 3 号工位，并进行了定位、找平和修整，以便进行环缝焊接。9 月 4 日完成了环缝焊接，但偏移量、高度和孔隙存在缺陷。

　　在 S-II-4 的组装几乎完成时，官员拒绝接收下箱底有缺陷的环缝焊接。9 月 28 日，材料审查委员会决定切掉该下箱底，并用 S-II-5 中的等效箱底将其替换掉。10 月 12 日切掉了液氧下箱底。1966 年 10 月 26 日完成了下箱底的更换，并于 12 月 5 日完成了焊接。

　　1967 年 1 月 2 日完成了液氧环缝焊接的返工。1 月 10 日，将第一个不锈钢供料管路弯头交付至西尔滩，安装在 S-II-4 上。1 月 16 日切开上箱底与 6 号筒段的焊接，并于 1 月 18 日完成了重焊。焊缝的 X 射线检查发现，1 月 28 日返工了 29 处缺陷。

　　2 月 8 日，S-II-4 成功完成了绝热层充气试验。S-II-4 是第一个进行了此测试的轻质化设计的子级，也是第一个以高液氧贮箱压力进行测试的 S-II，其允许取消部分有关子级的液压试验要求。

　　2 月 9 日，S-II-4 运往 7 号工位进行液氢贮箱纵梁末端、凸缘和焊接带的着色渗透检验。没有发现新的裂纹。2 月 13 日，S-II-4 运往 5 号工位进行液氢贮箱的清洗工作。2 月 17 日完成了清洗工作。

　　3 月 8 日，北美航空公司完成了 S-II-4 的结构组装，并将其运往 4 号工位进行隔热收尾工作和总装工作。但在 3 月，通过图像辅助测量确定出 S-II-4 中 20 个液氢筒段四开板中有两个太薄。考虑到的可行解决方案是减少气枕压力或提供附加的机械加强件。

　　4 月 4 日，在高层工装区，将五台 J-2 发动机安装在了 S-II-4 中。4 月 25 日完成了 164 个前短壳连接螺栓孔的返工。

　　在 7 月进行的 46.88kPa(6.8psig，表压)耐压试验期间，大部分共底防热层与蜂窝夹芯分离。通过添加橡胶加强板完成了修复，后续的试验证明该修复完全符合要求。

　　将 S-II-4 运往 9 号工位，继续进行总装，如图 18.21 所示。由于焊接缺陷，拆除了液氢输送管路并返回给供应商返工。

图 18.21　S-II-4（位于西尔滩 9 号工位内的垂直检测厂房外）准备进行总装（1967 年 8 月）

### 18.16.4　试验

　　1967 年 9 月 9 日，S-II-4 进入了北美航空公司的西尔滩工厂试验操作部门进行系统检测。此外，在 9 号工位继续并行进行子级改进工作。替换掉液氧气体分配器和内部液氧排放管路以及防晃隔板，并将 S-II-4 运往 7 号工位进行液氢框架拼接、腐蚀检验和封闭等返工工作。

　　1967 年 10 月 22 日，新命名的北美罗克韦尔公司完成了系统检测，该公司于1967 年 9 月 22 日由北美航空公司和罗克韦尔标准公司合并而成。

　　11 月初进行的液氢贮箱环形焊缝 X 射线检验中，在 5 号筒段和 6 号筒段的对接处发现了可疑区域。该可疑区域后来按原样通过验收。

　　S-II-4 搭载"巴罗角号"船坞式货船从西尔滩运至米丘德组装厂（图 18.22），出发时间是 1967 年 11 月 11 日。11 月 21 日经过巴拿马运河，并于 11 月 25 日到达米丘德组装厂。船上还加载了结构试验子级 S-II-TS-A 一共运往马歇尔航天飞行中心。11 月 26 日，将 S-II-4 转移到"小湖号"驳船，行驶 72.42km（45mi）运往密西西比试验站。11 月 27 日，S-II-4 直接从驳船吊装到 A-2 试验台上（图 18.23）。在该试验台上开始静态试验前的准备工作。

　　12 月 6 日这周内，在发现并修复了一些轻微缺陷后，完成了液氧贮箱检验。

　　与上一飞行件相比，S-II-4 试验的主要变化如下：

　　（1）纳入了两级液氢贮箱排放阀系统，在 S-IC 飞行段提供最小液氢贮箱压力，在 S-II 点火期间提高液氢贮箱压力。

图 18.22　运输车上的 S-II-4 在
运往密西西比试验站之前运到
西尔滩垂直组装厂房

图 18.23　S-II-4 在密西西比试验站 A-2 试验台
中的安装（1967 年 11 月 27 日）

（2）为确保 S-II 的结构完整性满足飞行要求，用该子级完成了液氢贮箱的新型低温验证压力试验。在进行低温验证压力试验之前，对液氢贮箱进行 X 射线检查确认是否存在裂纹。低温验证压力试验之后，对液氢贮箱再次进行 X 射线检查确认是否存在裂纹，以评估结构完整性。这种无损检测方法多年来成为贮箱的检测标准。通过执行低温试验，更容易检测到可能存在的缺陷，因为缺陷在这些条件下往往会增加。

1968 年 1 月 16 日进行了液氢/液氧加注试验，持续了 8h。在这段时间内，对氢氧加注用于验证子级与设施之间的兼容性；启动自动时序来验证子级时序、启动贮箱和推力室冷却能力以及发动机摆动。发动机时序数据良好，但侧向载荷支撑机构的一个支臂（不是飞行零件）未能解锁发动机 203（火工品已点火，但螺栓楔入两半支臂之间）。其他三台发动机的转向正确。在该操作期间，液氢贮箱侧壁防热材料出现严重损坏。第二次加注试验，即低温验证压力试验将在静态点火之后进行。

1968 年 1 月 25 日完成静态点火准备就绪评审。1 月 30 日完成了静态点火前的检测。为了实现全时长静态点火，进行了两次尝试。液氧气枕压力的错误指示导致液氧贮箱和液氢贮箱的排放，液氧 X-Y 红线传感器在点火 17s 后中止了 1968 年 1 月 30 日的首次尝试。此次点火期间，美国图兰大学医学院经授权在声音传播区域放置了豚鼠，以便研究巨大声音在试验动物上的声效应。

中止之后，工作人员进入液氢贮箱确定关机期间推进剂利用系统液氢"打开"指示的原因。经确认，电气连接断开是主要原因。

　　点火试验当天加注了全时长点火所需的低温推进剂。美国中部标准时间 1968 年 2 月 10 日 14:39 成功进行了静态点火试验，达到所有试验目标。试验中每台发动机的点火持续时间如下：

　　发动机 201——341.9s；

　　发动机 202——341.9s；

　　发动机 203——342.1s；

　　发动机 204——342.0s；

　　发动机 205——342.2s。

　　按计划，在 2% 液氧液位上手动启动了关机。

　　试验期间发现了如下问题：

　　(1) 共底真空问题；

　　(2) 液氢排放阀位置指示器问题；

　　(3) S-II 侧壁防热材料清洗回路中标注的氢含量；

　　(4) 液氢推进剂利用探头与液氢贮箱内部电线的连接局部断开；

　　(5) 液氢排气阀感应线真空电路故障；

　　(6) A7-71 热交换器加注阀故障；

　　(7) 由液体进入气枕压力感应线导致液氧贮箱产生气枕压力脉动；

　　(8) 与液氢贮箱增压相对应的共底压力上升。

　　S-II-4 于 1968 年 2 月 16 日从 A-2 试验台拆下（图 18.24），并放置在垂直组装厂房中，以便进行液氢贮箱检验，以支持即将进行的低温验证试验。2 月 19 日至 25 日执行了液氢贮箱的着色渗透与 X 射线检验。

　　3 月 1 日，S-II-4 再次被安装到 A-2 试验台上，为 3 月 22 日进行的低温验证试验做准备。这是 S-II 的首次低温验证试验。试验中，S-II-4 液氢贮箱使用液氢，液氧贮箱使用液氮作为介质，确保气枕压力保持在 249.49kPa（36.185psig，表压）。没有显示出结构异常。

　　在静态点火后的检测完成后，S-II-4 最终于 4 月 4 日从 A-2 试验台拆除。在密西西比试验站的 S-II 检修与存放大楼（SSSB）内进行了大量的返工和液氢贮箱检验。此外，对裸露在外的铝合金表面进行喷漆，以降低其对应力腐蚀的敏感性。

　　4 月 5 日，将 S-II-4 从水平跨间运往垂直跨间，进行液氧贮箱处理。

　　4 月 19 日，封闭液氧贮箱并将 S-II-4 运回 S-II 检修大楼的水平跨间，准备液氢贮箱进入。4 月 23 日，进入液氢贮箱。4 月 29 日，完成了 X 射线和着色渗透检验以及贮箱清洗操作。完成液氢贮箱工作后，将 S-II-4 再次运往垂直跨间，进行隔热泄漏检查、飞行断路器安装以及液氢贮箱出入口人孔盖的隔热密封。5 月 8 日，将 S-II-4 运往 S-IC 检修大楼进行喷漆，包装并准备装运。NASA 在 5 月 9 日的移交会议上通过对 S-II-4 的验收。美国中部夏令时间 1968 年 5 月 10 日 6:30，

S-II-4 搭乘"猎户座"驳船在米丘德组装厂离港，前往肯尼迪航天中心，并于 1968 年 5 月 15 日抵达。

图 18.24　S-II-4 从密西西比试验站的 A-2 试验台上拆除(1968 年 2 月 16 日)

S-II-4 作为 AS-504 火箭的二子级，于 1969 年 3 月 3 日发射了阿波罗 9 号飞船。

## 18.17　S-II-5

### 18.17.1　概述

S-II-5 的两次静态点火试验中断。S-II-5 用于阿波罗 10 号飞船的发射。

### 18.17.2　发动机

初始和最终的发动机布局如下。

位置 201：J-2075。

位置 202：J-2077。

位置 203：J-2080。

位置 204：J-2081。

位置 205：J-2076。

### 18.17.3 制造

1966 年 1 月, 在西尔滩开始了 S-II-5 的组装, 当时完成了共底下面板瓜瓣焊接。

6 月 22 日发生在西尔滩的制造事故使其中一块箱底瓜瓣受损。项目官员决定切掉并取代受损的瓜瓣。

北美航空公司开始了 S-II-5 的垂直组装以及贮箱筒段的焊接。报告称, 焊接问题妨碍了组装。人孔盖焊接和机加工操作于 7 月 12 日开始, 并在当天晚些时候完成。8 月进行了防热材料的粘接。超声波检测显示, 有需要修复的孔隙, 导致最终验收延迟。同时, 8 月还观察到共底下面板上有腐蚀斑点。为了不影响进度, 将 S-II-6 下面板用在 S-II-5 上。对腐蚀的下面板进行了抛光, 准备进行液压试验。该下面板用于后续的 S-II 二子级。8 月 5 日将人孔盖焊接在上面板上。

8 月进行了推力结构组装。8 月 19 日完成了将四个后短壳板组装在推力锥上。8 月 29 日安装了中心发动机梁。9 月 1 日完成了推力结构和后短壳的制造与组装。9 月 30 日开始了支架与系统的安装。

9 月 28 日, S-II-4 下箱底上的环形缝焊接出现问题而被拒收。决定切开焊缝并用 S-II-5 下箱底取代。10 月 26 日完成了该下箱底的配备, 并与 S-II-4 对接。

10 月, S-II-5 液氢贮箱上箱底焊接到 6 号筒段上。超差偏移量导致焊接件被检验员拒收。

11 月 29 日, S-II-3 被损坏, 在随后的 12 月 14 日, NASA 指示要求将 S-II-5 上箱底用于替换 S-II-3 上的受损上箱底。

12 月 29 日, 由于 J 形焊缝中的孔隙度和偏移量过大, 从 1 号筒段中切除了 S-II-5 共底。

1967 年 1 月 2 日, 将 S-II-5 上箱底与 6 号筒段切开, 以便将上箱底用于 S-II-3, 并计划在 S-II-5 上使用 S-II-6 的上箱底, 但由于 S-II-6 的上箱底的腐蚀斑点超出最大允许范围, 需要对其进行非飞行识别和贮存, 并在 S-II-5 上使用了 S-II-7 箱底。

在完成对 1 月 13 日试验中泄漏的 53 号加强板进行修复之后, 于 1967 年 1 月 24 日成功完成了液氧下箱底的液压试验。

1967 年 1 月 26 日, 北美航空公司用 S-II-6 上的 1 号筒段和 2 号筒段取代了 S-II-5 上的相应筒段。原因是, 在 1966 年最后一季度内切开 J 形焊缝后发现 S-II-5 筒段过短, 仅为 1.27cm(0.5in)。

为了支持 S-II-5, 加速了 S-II-7 上箱底的制造。1 月 8 日进行了液压试验, 1 月 23 日进行了超声波检测。2 月 11 日完成了上箱底与 6 号筒段的焊接。1967 年 3 月 23 日对液氢贮箱进行了最终验收。

1967 年 3 月 24 日, 在西尔滩的偏远地区完成了 S-II-5 的绝热层充气试验。然后, 将 S-II-5 运回垂直组装厂房。3 月 30 日对液氢贮箱侧壁进行图像辅助检验后, 将 S-II-5 运往 5 号工位, 进行液氧贮箱和液氢贮箱的清洗。

将 S-II-5 从 5 号工位运往偏远地区, 并于 1967 年 4 月 4 日在此处完成了附加绝热层充气试验。到 4 月 17 日, 北美航空公司人员已经完成了液氢贮箱内系统安装, 并将 S-II-5 运往西尔滩的 2 号组装站, 以便安装其余系统以及隔热收尾工作。6 月 30 日完成了此活动。5 月 16 日, S-II-5 运往 3 号工位, 以便安装前短壳。

在 7 月的第二周, 进入液氧贮箱并开始了液氧排放管路和增压消能器的安装。7 月 28 日, S-II-5 从 4 号工位运往 7 号工位, 以便对液氢贮箱进行拼接改进。截至 8 月的第一周, 暂停了系统安装和隔热收尾工作, 等待完成推进剂贮箱检验。

在 8 月的第二周, 将 S-II-5 暂时运往 2 号工位, 以完成液氢贮箱封闭工作。8 月 13 日, 将 S-II-5 运到 6 号工位, 以便进行其余的系统安装工作以及安装 J-2 发动机。

截至 9 月, 安装了液氧贮箱排放管路并封闭了贮箱。在 10 月, 对 2 号筒段至 6 号筒段执行了两次侧壁隔热验证压力试验。

## 18.17.4　试验

10 月 23 日, 新命名的北美罗克韦尔公司将 S-II-5 运往西尔滩的试验操作部, 开始在这里的 8 号工位上进行系统检测准备工作, 如图 18.25 所示。

图 18.25　S-II-5 被安装在西尔滩 8 号工位外的工装和平台车上以便进行系统检测

1967 年 12 月 26 日，在 8 号工位完成 S-II-5 的集成系统检测后，工作人员开始从检测设备上拆下 S-II-5。

1968 年 1 月 15 日将 S-II-5 从 8 号工位运往 7 号工位。进入液氢贮箱，并通过 X 射线和着色渗透技术对焊接进行了检验。发现两处焊接缺陷，并通过在其中一处修复点上研磨和安装 1.02m（40in）加强板来修复焊接缺陷。

利用"巴罗角号"船坞式货船将 S-II-5 从西尔滩运往米丘德组装厂，于太平洋标准时间 1968 年 2 月 2 日离开（图 18.26），2 月 16 日抵达。S-II-5 是与 S-IC 发动机（F-6073）一同装运的。这是 S-IC 发动机第一次与 S-II 一同海运。1968 年 2 月 17 日，该发动机在米丘德组装厂被卸下，而 S-II-5 则继续搭载驳船运往密西西比试验站。2 月 19 日，在 S-II 检修大楼的垂直检测间（VCB）中进行了安装（图 18.27）。S-II-5 改装工作一直在进行，直至 3 月 13 日被转运至 A-1 试验台，并直接从驳船上完成吊装（图 18.28）。此时，密西西比试验站的三个试验台上分别安装有 S-IC-6、S-II-4 和 S-II-5 三个火箭子级，实现了首次三个试验台的同时应用。与上一飞行件相比，S-II-5 试验件的主要变化如下：

（1）增强了推力结构；

（2）改进了遥测冗余设备；

（3）增加了供给管路真空要求，以提高发动机启动时液氢和液氧的品质，获得额外的飞行裕度；

（4）J-2 发动机上增加了新的增强型火花点火器；

（5）进行了绝缘试验，该试验要求去除并修复上箱底和侧壁绝缘电路；

（6）重新设计了运载火箭液氧贮箱蓄留器防晃隔板，其包括采用了新的倒置液氧贮槽滤网；

（7）改进了液氧和液氢泵前阀与循环预冷阀的位置指示器；

图 18.26　S-II-5 被装上西尔滩"巴罗角号"船坞式货船，前往米丘德组装厂

图 18.27　在密西西比试验站垂直检测间中安装 S-II-5

图 18.28　S-II-5 在密西西比试验站 A-1 试验台上起竖(1968 年 3 月 13 日)

(8) 改进了侧壁和上箱底绝缘技术；

(9) 增加飞行中的吹除电路用于液氧贮箱气枕压力感应线；

(10) 泵前阀供应商从洛杉矶分部改为派克公司(仅安装于液氢输送系统)；

(11) 增加新的跨间(C7-111)与数字式的事件评估器(C7-77)共同工作。

　　进行了环境温度下的低频发动机摆动试验，以便研究小于 1Hz 时的相位滞后和摆动响应。进入液氢贮箱，对 5 号筒段至 6 号筒段焊缝以及纵梁 121 和 123 进行 X 射线检验。此次检查期间发现缺陷区域，并成功进行了修复。

　　1968 年 4 月 26 日进行综合加注和低温验证试验。试验台变电所的继电器故障导致试验台突然失去电源，试验被迫终止。此次延误造成试验不得不在天黑后进行，但这是一个无法接受的试验条件，因为当时不可能对试验进行高速(152.4m/s)(500ft/s) 摄像。但在贮箱泄出前，完成了低频发动机摆动试验的低温部分。

提前四天终止了试验之后，低温验证试验于 1968 年 4 月 30 日成功完成。操作期间完成了三个特定试验：美国中部标准时间 14:15 完成了排气阀和加注与泄放阀作动系统的验证，并且对液氢贮箱增压；14:23 完成了排气阀的泄压试验；15:04 完成了液氢贮箱的验证压力试验；液氢贮箱的压力达到 249.73kPa（36.22psig，表压）。

7 月 11 日，闪电击中密西西比试验站的 S-II 试验场的变电所，导致 S-II-5 试验关键阶段出现电源故障。后来替换了 S-II-5 上五个 J-2 发动机燃料泵中的两个。

7 月 24 日完成了静态点火试验前的检测工作。为了实现全时长的静态点火试验，共进行了三次尝试。7 月 25 日，进行了首次尝试，但在推进剂加注期间，由于液氢泄出阀故障而中断。推力室压力红线传感器无意操作导致发动机关机，8 月 1 日进行的第二次尝试在发动机工作 7.54s 后中断。

点火试验当天加注了全时长点火所用的低温推进剂。1968 年 8 月 9 日，成功进行了静态点火试验，达到了所有的试验目标。倒计时持续了 6h 36min。试验中每台发动机的点火持续时间如下：

发动机 201——362.7s;

发动机 202——362.6s;

发动机 203——362.2s;

发动机 204——362.6s;

发动机 205——362.4s。

在液氧耗尽时，按照传感器的计划进行了关机。

试验期间发现了如下问题：

(1)液氢发动机因密封处出现过多氢气泄漏而触发检测系统。

(2)液氢排气阀作动系统中的主要问题造成开式排放口暂时故障。

(3)共底压力随着液氢贮箱增压而上升。

(4)液氢发动机 204 洛杉矶分部泵前阀的运转不当。

(5)地面支持系统液氧加注管排放系统到地面支持系统液氧排气阀检测管之间的反馈电路造成最终自动时序液氧排气阀离开阀座。

(6)液氢贮箱中发现密封件碎片，可追溯到工厂液氢输送系统单向阀故障。

(7)电缆束没有适当夹紧，造成 207 号容器和相关电缆因短路而损坏。

(8)明显的液氧加注软管超压，这可能是由低温操作造成的。

1968 年 9 月 4 日完成静态点火试验后的检测工作，9 月 6 日将 S-II-5 从 A-1 试验台上拆下，放置在 S-II 检修大楼的垂直检测间中，以便进行大量的改进和特定试验，包括增强推力结构、改进仪器设计、提高读取真空夹套管路压力的能力以及改进液氢再循环系统。

9 月，在对 S-II-5 进行了大量试验后，S-II 官员最终得出结论，J-2 发动机增强型火花点火器燃料和氧化剂管路改进得到验证，可用于飞行，并批准了为 S-II

子级的所有发动机安装改进后的管路。

10 月 11 日，S-II-5 重新安装在 A-1 试验台，以便进行改进后的静态点火试验后的检测与再试验。11 月 9 日，将 S-II-5 从密西西比试验站的 A-1 试验台上拆下，转运到火箭检修大楼进行液氢贮箱检验。

11 月 14 日，S-II-5 进入密西西比试验站的垂直检测厂房，进行液氢泵前阀的隔热改装和更换。

11 月 21 日，NASA 正式对 S-II-5 进行了验收。S-II-5 搭乘驳船于 1968 年 12 月 6 日从密西西比试验站驶往米丘德组装厂。在米丘德组装厂，S-II-5 被放置到"巴罗角号"船坞式货船上。该船于 1968 年 12 月 6 日驶离米丘德组装厂前往卡纳维拉尔港，12 月 10 日到达。在同一天通过穿梭驳船运往火箭组装大楼。

1969 年 2 月 24 日，洛克达因公司在肯尼迪航天中心成功完成了推进剂利用阀的再试验，该试验早期在密西西比试验站曾经失败过。

S-II-5 最终用作 AS-505 运载火箭的二子级，于 1969 年 5 月 18 日发射了阿波罗 10 号飞船。

## 18.18　S-II-6

### 18.18.1　概述

S-II-6 上箱底在制造期间报废，后续增加了软木板来支撑喷涂泡沫隔热材料，最终用于阿波罗 11 号飞船发射。

### 18.18.2　发动机

初始和最终的发动机布局如下。
位置 201：J-2089。
位置 202：J-2086。
位置 203：J-2088。
位置 204：J-2084。
位置 205：J-2085。

### 18.18.3　制造

S-II-6 的制造开始于 1966 年年底，主要结构包含 6 个筒段，6 号筒段于 1966 年 11 月 10 日第一个完成。5 号筒段于 1967 年 2 月 23 日最后一个完成。1967 年 1 月 18 日将前两个环形件放在一起，开始垂直组装。1 月 26 日至 4 月 12 日，对所有单独的筒段进行了焊接。4 月 19 日完成了子级结构的垂直组装，且在筒段组件 1、2 和 3、4、5、6 之间进行了最终焊接。

1967 年 1 月 19 日，NASA 宣布，S-II-6 上箱底由于腐蚀斑点过多不能用于飞行，并要求北美航空公司使用 S-II-8 上箱底替换 S-II-6 的上箱底。截至月底，北美航空公司完成了月初在 S-II-6 共底的超声波无损探伤(NDI)期间发现的多处缺陷的修复。

北美航空公司还完成了下箱底的液压试验和氦泄漏试验。

1 月 27 日发出指令，要求将喷涂泡沫隔热材料(没有吹除通道)应用于 S-II-6 上箱底(原来的 S-II-8 上箱底)。2 月 23 日，成功地应用了喷涂绝缘材料。

分别于 1967 年 1 月 15 日、2 月 8 日和 5 月 4 日完成了推力结构、前短壳和级间段组件的制造。3 月 9 日，北美航空公司完成了 S-II-8 上箱底的最终粘接和固化周期，准备用作 S-II-6 的一部分。3 月 28 日，进行了液氧贮箱环缝焊接修复。检验后，于 3 月 31 日修复区域通过验收。

从液氢贮箱中拆下工具期间，共底的上面板受损。加强板粘接在受损区域上方。

1967 年 5 月 1 日和 6 月 2 日进行了绝热层充气试验。之后，在 7 号工位进行了着色渗透检查，并发现了 10 个焊接缺陷，于 6 月 18 日进行修复。随后，6 月 19 日，S-II-6 转运至西尔滩垂直组装厂房中，进行液氧贮箱检验。

7 月，北美航空公司将 S-II-6 安装在 6 号工位，建议启动系统安装。

7 月 12 日，组成特殊团队，评估导线束问题并发布现场工程命令，以便返工或改进。

在 8 月最后一周，推力结构与其他部分组件对接。S-II-6 从 6 号工位移到 7 号工位进行总装。完成了液氢贮箱内安装，但由于缺乏熟练工作人员，下部有机密封件的返工和收尾工作被推迟。

使用的替代材料后来被证明在实验室试验期间不能满足要求，因此需要对 11 个筒段拼接进行返工。

截至 8 月底，环缝焊接的返工已完成，并得到 NASA 的认可。

9 月，在对 S-II-6 1 号筒段螺接环框进行机加工和泡沫绝缘的同时，大约 5.08cm×10.16cm(2in×4in)的绝缘区域脱胶。去除脱胶隔热材料，并对该区域重新喷涂，之后进行手工打磨和重新机械加工。

10 月 28 日，S-II-6 转移到高层工装区域，10 月 30 日，五台 J-2 发动机安装在 S-II-6 中。11 月进行了系统安装，未出现中断或重大问题。12 月 13 日，液氧输送管路固定于液氧泵前阀上。

12 月 29 日，S-II-6 被转到 9 号工位。进入液氧贮箱，检查是否存在多余物，并对液氢贮箱进行 X 射线检查。两个贮箱中均未发现多余物。

### 18.18.4 试验

1968 年 1 月 8 日，北美罗克韦尔公司工作人员完成了 S-II-6 系统安装，并开始系统检测。2 月 15 日完成了系统检测，比原计划提前了 15 天。第二天，S-II-6 从 9 号工位转移至工 7 号工位，进入液氢贮箱，并检验贮箱焊接。贮箱在 2 月 23 日临时封闭，并运回 9 号工位继续进行改进，通过改进防护罩，为液氢再循环系统返回管路波纹管提供足够的空间，从而解决了干扰问题。

4 月 3 日，S-II-6 被移到 7 号工位，在那里完成液氢贮箱内部工作。此外，还进行了 X 射线检验和着色渗透检验。4 月 10 日，液氢贮箱被封闭，并将 S-II-6 运回 9 号工位，继续对垂直位置上的 S-II-6 进行改进。通过在前短壳中重新定位三个工装，解决了氮吹除管与无线电指令和遥测同轴电缆之间的干扰。对液氧贮箱和液氢贮箱进行吹除，并测量了露点，准备装运 S-II-6。装运日期从 4 月 30 日调整为 5 月 25 日。

5 月 23 日，S-II-6 移动到 7 号工位，在此完成了装运准备工作。

S-II-6 搭载"巴罗角号"船坞式货船从西尔滩运至米丘德组装厂，出发时间是 1968 年 5 月 25 日，到达时间是 1968 年 6 月 7 日。S-II-6 与 S-IC 发动机、F-6075 至 F-6079 以及七个大型 F-1 发动机部件一同运输。这是 F-1 发动机第一次大规模海运。由于船上空间有限，S-II-6 级间段存放在西尔滩，后来与 S-II-7 一同运输。1968 年 6 月 8 日，F-1 发动机在米丘德组装厂卸下，而 S-II-6 则继续搭载"珍珠河号"驳船运往密西西比试验站。

起初，由于 S-II 检修大楼被 S-II-3 占据，只能在 S-IC 检修大楼对 S-II-6 进行检验。6 月 22 日，S-II-6 被移到 S-II 垂直检测厂房，目的是在安装到试验台之前进行改进。S-II-6 于 6 月 28 日通过穿梭驳船转运至试验台，并直接从该驳船吊装到 A-2 试验台上。

与上一飞行件相比，S-II-6 试验的主要变化如下：

(1) 液氢泵前阀从洛杉矶分部泵前阀改为派克公司泵前阀；

(2) 这是第一个具有喷涂泡沫上箱底的二子级，与先前的蜂窝夹层上箱底结构有所不同，还增加了一种新的上箱底隔热层；

(3) 去除液氧贮箱防晃隔板；

(4) 修改操作，以便在液氢加注期间拉动之前吹除的共底，直至自动时序启动；

(5) 静态点火试验后的泄漏检查从详细方法改为简化方法。

1968 年 9 月 4 日完成了静态点火试验前的检测工作。年 9 月 17 日进行了综合加注和低温验证试验。由于 NASA 要求在静态点火试验前拆下液氧贮箱蓄留器防晃隔板，点火试验延迟了两天才进行。

静态点火用低温推进剂于点火试验当天进行加注。美国中部标准时间 1968 年 10 月 3 日 15:22 成功进行了静态点火试验（图 18.29），在此期间所有试验目标都已实现。试验中每台发动机的点火持续时间如下：

发动机 201——368.4s。

发动机 202——368.4s。

发动机 203——368.4s。

发动机 204——368.5s。

发动机 205——368.5s。

按计划，通过 2%液氧液位指令实现了发动机关机。

图 18.29　S-II-6 在密西西比试验站的 A-2 试验台进行静态点火试验（1968 年 10 月 3 日）

试验期间发现了如下问题：

（1）液氢溢出传感器安装错误。

（2）出现了操作问题，堵塞了各种接口处液氢加注设施。此问题可能是由气态氮不充分吹除造成的。

（3）液氢排气阀位置指示器问题。

点火期间，密西西比试验站工作人员成功地进行了动力和飞行器工程实验室的声学研究项目（MARL）的第二次试验，记录了对接近点火位置的二、三子级级间段试验件的影响。

10 月 9 日，马歇尔航天飞行中心批准了北美罗克韦尔公司在 8 月 19 日提交的工程改进建议，要求从 S-II-6 开始将软木应用于 S-II 的某些"热点"区域。X-15 火箭飞机的飞行试验数据评估表明，由于热环境和剪切载荷，在土星 5 运载火箭一级飞行段，二级侧壁泡沫隔热材料出现腐蚀，因此得出结论，泡沫隔热材料应有软木保护。

静态点火试验之后，S-II-6 于 10 月 16 日从试验台拆下，将其放置在垂直检测厂房，进行大量的改进和特定试验。10 月 23 日，NASA 开始在 S-II-6 和后续二子级的喷涂泡沫隔热材料部分上方安装 0.64cm（0.25in）软木板，以便为气动加热和剪切载荷提供保护。

1968 年 11 月 8 日,在 A-2 试验台重新安装了 S-II-6,以便恢复静态点火试验后的检测工作。12 月 17 日,从 A-2 试验台上拆下了 S-II-6。12 月 27 日,S-II-6 再次进入垂直检测厂房,以便在 S-II-6 运至肯尼迪航天中心之前进行第二轮的改进和液氢贮箱检验。

1969 年 1 月 15 日完成了静态点火试验后的检测。1 月 23 日,完成了 S-II-6 液氢输送管路波纹管的故障分析。对制造程序进行了修正,取消了锻造之前的硬化工作,并对 S-II-6 和后续二子级上的所有波纹管进行更换。

1 月 25 日,对 S-II-6 进行了特殊的发动机推进剂利用(PU)阀门试验,以确定是否存在与 AS-503 倒计时期间遇到的相似阀门问题。在 S-II-6 试验中,阀门未能满足三台发动机的性能标准。随后,2 月 24 日,在肯尼迪航天中心成功地对这些阀门进行了再次试验。

S-II-6 从试验台转移到“猎户座”驳船上,该驳船于 1969 年 2 月 1 日驶离密西西比试验站前往肯尼迪航天中心,在维持一段“极其艰难的旅程”后于 2 月 6 日抵达。到达后,对 S-II-6 进行了检验,并没有显示由大浪造成的任何损坏。

S-II-6 最终用作 AS-506 运载火箭的二子级,于 1969 年 7 月 16 日发射了阿波罗 11 号飞船。

## 18.19　S-II-7

### 18.19.1　概述

在密西西比试验站进行 S-II-7 的静态试验。S-II-7 最终发射了阿波罗 12 号飞船。

### 18.19.2　发动机

初始和最终的发动机布局如下。

位置 201:J-2090。

位置 202:J-2092。

位置 203:J-2093。

位置 204:J-2096。

位置 205:J-2097。

### 18.19.3　制造

1966 年 7 月 28 日,北美航空公司在西尔滩开始了有关 S-II-7 的工作。第一项工作是将共底下面板的瓜瓣放置在焊接工装上进行焊接。

1967 年 1 月,北美航空公司开始组装和焊接 S-II-7。此时,S-II-7 上箱底由

S-II-5 的上箱底替代。

1 月 27 日，洛杉矶地区的地震导致位于西尔滩对推力结构组装工装需要进行修复，以恢复其精确校准。2 月 11 日完成了修复，S-II-7 推力锥组装进度推迟三周。

3 月 31 日开始了 S-II-7 的垂直组装，比原计划提前了 28 天。

1967 年 4 月 29 日完成了上箱底的液压试验，并于 5 月 15 日应用了喷涂泡沫隔热材料。

5 月 19 日，从每个筒段拆下四开板。由于图像辅助设备故障，四开板加工后低于图纸公差。最后使用 S-II-8 制造的四开板作为替代板。6 月初完成了焊接。6 月 28 日完成了焊接缺陷的修复。

1967 年 6 月，北美航空公司完成了 S-II-7 液氢贮箱底螺柱焊接，并将箱底放于存放区。

在西尔滩的 1-A 工位，S-II-7 上箱底与 6 号筒段进行焊接。之前已经对试验筒段进行了四次焊接，以便验证新的焊接工作台。新的焊接方式与原来的焊接方式完全不同，新的焊接方式是液氢贮箱底/6 号筒段进行旋转，焊头保持不动，原来的焊接方式是焊头转动，组件保持不动。7 月中旬完成了焊接。但检验显示，需要进行必要的修复工作。该工作于 7 月 21 日完成。

截至 7 月 24 日，完成了液氧贮箱底与共底的环缝焊接，并进行了检验和验收。

在对 3 号和 4 号筒段上从厚到薄区域设定焊接参数时遇到了焊接问题。

在 8 月的最后一周至 9 月的第一周进行了液氧贮箱清洗。图 18.30 给出了 S-II-6 运到西尔滩的 4 号工位进行系统安装，S-II-7 液氧贮箱组件于 1967 年 9 月移到 5 号工位。

图 18.30　S-II-6 运到西尔滩的 4 号工位进行系统安装，S-II-7 液氧贮箱
组件移到 5 号工位(1967 年 9 月)

1967 年 9 月 17 日在完成 2 号筒段和 3 号筒段的焊接验收后, S-II-7 的垂直组装工作全部结束(图 18.31)。北美航空公司准备对焊接完整性进行试验。第二天,北美航空公司完成了 S-II-7 的绝热层充气试验(图 18.32), 结果显示共有 11 处缺陷, 需要重新焊接修复。新成立的北美罗克韦尔公司于 10 月 24 日在 7 号工位完成修复工作, 并且在 10 月的最后一周, 将 S-II-7 移到 4 号工位进行液氢贮箱加强板的安装。截至 11 月底, S-II-7 再次运回 7 号工位进行绝热层充气试验和系统安装。

图 18.31    S-II-7 液氢贮箱在西尔滩垂直组装(1967 年 9 月)

图 18.32    S-II-7 转移到西尔滩的偏远地区进行绝热层充气试验(1967 年 9 月 19 日)

1967 年 12 月 20 日再次进行了试验, 此后开始应用喷涂泡沫隔热材料。1968 年 1 月 2 日完成了第 1 阶段的应用, 1 月 7 日完成了第 2 阶段的应用。然后, 在 1 月 8 日将 S-II-7 运至 2 号工位, 开始液氧贮箱和推力结构的系统安装。1 月 12 日,前短壳与 S-II-7 对接, 2 月 2 日贮箱封闭。

1968 年 2 月 10 日, 在 4 号工位上完成了 S-II-7 的 5 台 J-2 发动机安装。2 月 16 日完成了级间段的喷漆。1 号筒段上方 2.54cm(1in)厚泡沫的外部一半区域以及螺接环框区域必须在 3 月通过手工打磨去除。然后, 将与 S-II-1 到 S-II-6 上使用的相同的具有泰德拉护罩的预制造泡沫面板利用玻璃布和胶粘剂粘接在第 1 阶段泡沫上方。

4 月 2 日完成了侧壁隔热验证压力试验, 仅造成轻微返工。4 月 11 日, S-II-7 转到 7 号工位, 进行液氢贮箱内系统安装。随后, 在 4 月 24 日, S-II-7 移到 8 号工位。

### 18.19.4  试验

在 5 月 6 日完成系统安装后, S-II-7 的系统检测于 5 月 7 日在西尔滩进行,发现许多问题，但大部分是小问题。后续对这些问题也进行了解决。6 月 27 日完成了系统检测，并在第二天将 S-II-7 转移到 7 号工位。

7 月 3 日完成了 S-II-7 的贮箱内安装和检验。四天后，批准 S-II-7 进行"就地装运"，这表示按要求完成了计划在西尔滩进行的所有活动，喷漆和包装除外。7 月 8 日，S-II-7 转到 8 号工位，以便在运往密西西比试验站进行飞行验收试验前对 S-II-7 结构进行改进。

截至 10 月 24 日，北美罗克韦尔公司工作人员已经完成了为期三个月的 S-II-7 的改进和重新测试活动。

S-II-7 于 1968 年 10 月 29 日搭载"巴罗角号"船坞式货船从西尔滩出发，11 月 11 日运抵米丘德组装厂。S-II-7 是与 S-II-6 级间段、S-IC 发动机 F-6080 至 F-6085 一同装运。这些发动机与 S-II-6 级间段均在米丘德组装厂拆除，而 S-II-7 则继续搭乘"小湖号"驳船于 1968 年 11 月 12 日运至密西西比试验站（图 18.33）。11 月 13 日，S-II-7 直接从驳船吊装到 A-1 试验台上。

1968 年 11 月 25 日，密西西比试验站的试验人员在开始子级的系统检测和重大改进时使 S-II-7 的供配电系统通电。

图 18.33　S-II-7 通过"小湖号"驳船抵达密西西比试验站（1968 年 11 月 12 日）

与上一飞行件相比，S-II-7 试验的主要变化如下：

（1）采用新的子级启动贮箱应急排气系统；

（2）修订程序，包括低排放模式的真空排放阀试验；

（3）改变地面支持系统，允许对液氧贮箱、液氢贮箱和 A7-71 热交换器进行试验前和试验后顶部及底部的抽样。

1969 年 1 月 15 日，进行了综合加注和低温验证试验。1 月 20 日，完成了静态点火试验前的检测工作。点火用低温推进剂于试验当天进行加注。1 月 22 日，成功进行了静态点火试验，在此期间所有的试验目标均得到满足。试验中每台发动机的点火持续时间如下：

发动机 201——364.4s;

发动机 202——364.7s;

发动机 203——364.7s;

发动机 204——363.3s;

发动机 205——363.6s。

试验期间发现了如下问题:

(1)在码头液氢传输系统发现液体泄漏。

(2)泵前阀位置指示器故障。

(3)在发动机关机时发现氢泄漏。

(4)液氧贮箱加注时,液氧发动机故障检测传感器打开指示随机循环。这种异常现象在先前的二子级上并未发现。周围的发动机关机传感器信号工作正常。

(5)液氢排放阀位置指示器发生故障。

在试验期间,安装在 S-II-7 上的特定压力和加速度计测量设备检测到振动,但未能提供在早期二子级上发现的与 POGO 相关的任何新数据。1969 年 1 月 26 日,对 S-II-7 进行发动机推进剂利用阀门试验表明,阀门在所有发动机上都能按要求运行。

2 月 17 日为 S-II-7 隔热修复区域喷涂泡沫的试验台停用,等待解决恶劣天气造成的"外层"问题。S-II-7 转移到环境可控的 S-II 检修大楼后,于 3 月完成了再次发泡。

3 月 13 日完成了静态点火试验后的检测,并在当天将 S-II-7 从 A-1 试验台转到 S-II 检测和存放大楼。

在进行喷涂泡沫改进操作之前,完成了水平位置上的液氢贮箱 X 射线检验和子级检验。4 月 11 日,喷涂泡沫完成后,S-II-7 被从垂直检测厂房拉出,放置在运输车上进行装运准备。S-II-7 在 1969 年 4 月 15 日离开密西西比试验站前往肯尼迪航天中心,于 4 月 21 日抵达。

S-II-7 最终用作 AS-507 运载火箭的二子级,于 1969 年 11 月 14 日发射了阿波罗 12 号飞船。

## 18.20　S-II-8

### 18.20.1　概述

S-II-8 喷涂的隔热材料通过蜂窝夹层/软木进行加固。S-II-8 最终用于发射阿波罗 13 号飞船。

## 18.20.2　发动机

初始和最终的发动机布局如下。

位置 201：J-2082。

位置 202：J-2099。

位置 203：J-2102。

位置 204：J-2098。

位置 205：J-2100。

## 18.20.3　制造

1966 年 10 月 19 日，在西尔滩开始了有关 S-II-8 的工作。共底的下面板就是在那时投入使用的。1967 年 1 月 19 日，NASA 决定使用 S-II-8 上箱底替换 S-II-6 上有缺陷的组件。

1967 年 2 月 16 日，工作人员在西尔滩完成了 S-II-8 下面板的焊接。然而，该下面板被重新指定用于 S-II-TS-A 试验结构，而 S-II-9 上的瓜瓣后被用于 S-II-8。3 月 27 日，完成了对这些下面板与上面板替换件的焊接与验收。

2 月 21 日，开始了有关下箱底的工作。完整箱底的着色渗透与 X 射线检验均于 4 月 17 日完成。液压试验于 6 月 6 日完成。

3 月 31 日，在西尔滩开始组装 S-II-8 的推力结构。4 月 11 日至 5 月 24 日，对 S-II-8 上箱底瓜瓣进行焊接。

6 月 23 日，S-II-8 上箱底在西尔滩进行了液压试验。7 月 25 日，将泡沫隔热材料涂敷于上箱底。7 月，对共底的上面板进行焊接和液压试验。

7 月 17 日，在 6 号工位将泡沫隔热材料涂敷于 3 号液氢筒段上。这是首次将泡沫材料涂敷于 1 号筒段前面的筒段。固化 48h 后，将泡沫材料修整为 1.91cm(0.75in)厚，并对凹陷区域进行重新喷涂。

2、3、5 和 6 号筒段的垂直焊接与接合均在 7 月完成，并且所有筒段均覆盖有厚铝箔，用于防水密封直至涂覆适当的防水材料。

1967 年 9 月 15 日，北美罗克韦尔公司开始进行 S-II-8 的垂直组装，并于 11 月 29 日完工，如图 18.34 所示。当时，NASA 对最终的

图 18.34　在西尔滩垂直组装厂房完成 S-II-8 的垂直组装（1967 年 11 月 29 日）

封箱焊接进行了验收。北美罗克韦尔公司开始准备对 S-II-8 的绝热层充气试验。此试验于 12 月 12 日成功进行。

12 月 20 日，北美罗克韦尔公司完成了 S-II-8 液氧贮箱的清洗与检验，并将 S-II-8 运至 3 号工位，对其液氢贮箱进行绝热层充气试验后的检验。

1968 年 1 月 11 日，将 S-II-8 运至 6 号工位。1 月 14 日，对液氧贮箱进行清洗并将 S-II-8 倒置。上箱底的 X 射线检验于第二天完成，液氢贮箱的清洗于 1 月 17 日如期完成。1 月 18 日，S-II-8 被运至 6 号工位。1 月 22 日，安装了前短壳，之后完成与推力结构对接。

2 月 23 日，在 5 号工位将喷涂泡沫隔热材料涂敷于 S-II-8 的封闭部位。

2 月 26 日，S-II-8 被运至 7 号工位，并开始进行液氢贮箱内部安装。之后，S-II-8 于 3 月 8 日被运至 6 号工位，最终系统安装于 3 月 12 日完成。

液氧贮箱内部安装于 4 月 5 日完成，液氧输送管路于 4 月 18 日完成安装。4 月 29 日，S-II-8 被运至 7 号工位，以检验和确定液氢贮箱焊缝及贮箱内的系统安装。此项工作于 5 月 4 日完成（图 18.35），S-II-8 被运至 4 号工位进行液氢输送管路的安装，再到 2 号工位进行发动机安装。

图 18.35　位于西尔滩大型设施内的 S-II-8 正在进行液氢输送管路与
发动机安装（1968 年 5 月 4 日）

1968 年 5 月 6 日，在 S-II-8 内安装了 5 台 J-2 发动机，如图 18.36 所示。

7 月 22 日，在西尔滩进行推力结构的增强，并于 8 月 23 日如期结束。并且也完成了液氧排放管路的更换以及倒置液氧蓄留器滤网的安装。

8 月 27 日到 9 月 9 日，对全部 5 台发动机上的增强型火花点火器燃料管进行了更换。

10 月 24 日，北美罗克韦尔公司完成了系统安装并将 S-II-8 移交到试验操作部门。

图 18.36　在西尔滩将 J-2 发动机安装到 S-II-8 中（1968 年 5 月 6 日）

### 18.20.4　试验

12 月 16 日，将 S-II-8 从 7 号工位运到 9 号工位进行 V8-500 改进部件的安装。

基于蜂窝夹层和软木隔热材料的试验结果，马歇尔航天飞行中心于 1969 年 1 月 17 日指示北美罗克韦尔公司继续在 S-II-8 上安装此隔热材料，以便解决 S-II 上使用喷涂泡沫材料时出现的隔热材料脱胶问题。解决方案要求沿斜板使用酚醛蜂窝夹层加固泡沫，以便更好地支撑软木板。泡沫/蜂窝夹层/软木复合材料将预制成"软木结构"，并直接安装到贮箱壁上。

截至 2 月初，S-II-8 的系统试验、改进和再试验在西尔滩完成。

S-II-8 于 1969 年 2 月 10 日搭乘"巴罗角号"船坞式货船从西尔滩出发，并于 1969 年 2 月 23 日抵达米丘德组装厂。S-II-8 与 S-IC 发动机 F-6086、F-6087、F-6088、F-6090 以及 S-II-7 级间段一同运输。这些发动机与级间段均在米丘德组装厂卸下，而 S-II-8 则继续由驳船运至密西西比试验站，到达时间为 1969 年 2 月 24 日。2 月 25 日，将 S-II-8 从驳船直接吊装到 A-2 试验台上。与上一飞行件相比，S-II-8 试验的主要变化如下：

（1）侧壁隔热材料由蜂窝吹除构型变为固态喷涂泡沫材料，可使整级、上箱底以及侧壁全部实现喷涂泡沫材料隔热。

（2）由于在 S-II 飞行期间遇到了 POGO 问题，对后续飞行二子级进行了改进，使中心发动机在其他发动机关机前先关机，从而对改进型的飞行特性进行验证。为提供开环推进剂用阀门阶跃信号，对 S-II-8 和地面支持系统进行了改进。

(3)采用了液氢发动机滑行状态下的回路吹除,以减少之前提到的氢含量以及通过发动机关机密封处的泄漏量。

3月12日,为降低POGO振动,设计人员提出了让中心发动机早于外围发动机关机的措施,并于3月18日该措施得到批准,用于S-II-8上。

Cook泡沫材料(Gold Foam 402号)成为一种现场修复喷涂泡沫隔热材料的备用材料。3月13日,要求进行实验室试验以获得所有材料性能。第二天,在密西西比试验站将Cook泡沫材料暂时涂敷于S-II-8。

1969年3月28日,进行了综合加注和低温验证试验。这是使用喷涂泡沫隔热材料进行防热的第一个子级。在接下来的24h的分析显示,在喷涂泡沫隔热层(SOFI)中发现27处缺陷,这些缺陷均不会损害隔热系统的完整性或影响发射操作。S-II-8在运往肯尼迪航天中心之前得到修复。

对S-II-8以及后续子级的软木结构的环境容限试验于1969年4月4日完成,静态点火试验前的检测于4月5日完成。

A2-546-8A-69点火试验如下所述。

点火用低温推进剂于点火试验当天进行加注。静态点火试验(图18.37)于美国中部标准时间1969年4月8日13:45:02成功进行,所有的试验目标均实现。试验中每台发动机的点火持续时间如下:

发动机201——381.3s;

发动机202——381.2s;

发动机203——381.1s;

发动机204——381.0s;

发动机205——294.2s。

图18.37　在密西西比试验站的A-2试验台对S-II-8进行静态点火试验(1969年4月8日)

试验期间发现了如下问题：

(1) 氦气喷注系统调节器与安全阀故障；

(2) 液氧发动机 205 泵前阀非正常运转（洛杉矶分部泵前阀）；

(3) 液氢排放阀位置指示器问题。

经证明，中心发动机提前关机在抑制 POGO 振动方面极为成功，这使得 NASA 立即向北美罗克韦尔公司发出 CO 1643 指令，授权北美罗克韦尔公司在 S-II-5、S-II-6 和 S-II-7 上进行改进，以实现中心发动机提前关机。

1969 年 6 月 10 日，完成了静态点火后检测，开始对 S-II-8 进行改装并做好装运到肯尼迪航天中心的准备。6 月 14～15 日，北美罗克韦尔公司工作人员完成了 S-II-8 在静态点火试验期间较小隔热损伤的修复。6 月 19 日，S-II-8 由 A-2 试验台转移到 S-II 检测和存放大楼中的水平位置以完成隔热工作施工。S-II-8 于 6 月 25 日在密西西比试验站装运，6 月 29 日到达肯尼迪航天中心。由于 NASA 的驳船不可用，此次装运延迟了 24h。

S-II-8 最终用作 AS-508 运载火箭的二子级，于 1970 年 4 月 11 日发射了阿波罗 13 号飞船。

## 18.21　S-II-9

### 18.21.1　概述

在密西西比试验站进行 S-II-9 的静态点火试验。二子级用于发射阿波罗 14 号飞船。

### 18.21.2　发动机

初始和最终的发动机布局如下。

位置 201：J-2106。

位置 202：J-2110。

位置 203：J-2108。

位置 204：J-2109。

位置 205：J-2105。

### 18.21.3　制造

1967 年 2 月 16 日，S-II-9 上的瓜瓣被指定用于 S-II-8。S-II-10 的瓜瓣被指定用于 S-II-9 作为其替换件。

4 月 18 日，对下箱底的瓜瓣进行焊接，开始了 S-II-9 的结构组装工作。

上箱底焊接于 7 月 21 日启动,8 月 30 日完成。共底的下面板瓜瓣焊接与人孔盖焊接均于 7 月 5 日完成,蜂窝夹芯于 8 月 30 日粘接到下面板上。上面板瓜瓣焊接于 9 月完成,但是由于过分疏松而不得不切开进行重新焊接。

下箱底瓜瓣焊接与人孔盖焊接分别于 8 月 7 日和 22 日完成。该组件的液压试验于 9 月 8 日完成。

上箱底的人孔盖焊接于 10 月的第 1 周完成。经检验,在箱底的人孔盖焊接中存在多个缺陷。后续对这些缺陷进行了修复,并对 S-II-9 进行了液压试验,结果令人满意。

在共底部件中发现了缺陷,需要大量机械加工与组装,以实现良好适配。

下箱底螺柱焊接和涂漆均于 10 月完成。

11 月 9 日,北美罗克韦尔公司开始垂直组装 S-II-9 推进剂贮箱。

整个二子级的垂直组装于 1968 年 1 月开始。1 月 19 日,在 1-A 工位进行 6 号筒段与上箱底的焊接工作(图 18.38),并与 3、4、5 号筒段组件进行焊接。之后,1 号筒段与 2 号筒段进行焊接,完成的焊接组件放置在 1-B 工位,2 月初对此处的共底进行了 J 形焊接。螺接环框的安装于 2 月 26 日完成,并且在 6 号工位对组件进行了液压试验。3 月 6 日,在 3 号工位通过环缝焊接将下箱底与此组件连接,仅需小幅修复。

4 月,开始为 3 号级间段安装软木隔热材料。5 月,级间段被运至局部组装大楼,软木胶接已于 5 月 22 日在此大楼内完成。与 MCR 5251(将推进剂沉底发动机的数量由 8 台减至 4 台)相关的工作已于 6 月 6 日完成。在 6 月和 7 月其余时间内,在 7 号工位进行了级间段的烧蚀材料与耐霉材料的涂覆。

3 月 29 日,S-II-9 液氧贮箱与液氢贮箱开始焊接。4 月 2 日,在西尔滩对最新组装的二子级进行了绝热层充气试验。此后,S-II-9 水平放置在胶接和分系统大楼中(S-14)进行液氢贮箱绝热层充气试验后的检验工作。完成小幅修复后进行了第二次绝热层充气试验。重新检验和修复工作于 4 月 26 日结束,并将 S-II-9 运至 5 号工位进行液氧贮箱绝热层充气试验后的检验工作。4 月 30 日,对两种异常现象进行了纠正并通过验收。

液氧贮箱的清洗于 5 月 1 日完成,液氢贮箱的清洗于 5 月 7 日完成。5 月 9 日,在 3 号工位上与前短壳进行对接(图 18.39),并且将 S-II-9 运至 5 号工位,以便将泡沫材料涂覆到侧壁封闭部位。1968 年 5 月 31 日,完成了对涂有泡沫材料部位的修整。

该结构于 6 月 17 日与 H7-17 静态点火裙对接,于 6 月 18 日与贮箱对接。

1968 年 8 月 11 日,将 S-II-9 由 2 号工位转移到西尔滩的 7 号工位,以便进行液氢贮箱系统安装。

在 8 月底,在西尔滩进行制造期间,S-II-9 出现轻微损坏。在工作人员将 S-II-9

由一个工位转移至另一个工位时，组装工位地面部分撞击到 S-II-9，只有支架与槽形截面发生损伤。该事故导致二子级转运程序被重新修订。

9 月，工作人员在西尔滩将一层防湿层（Dynatherm）涂到 S-II-9 隔热材料上，并将 S-II-9 运至工位进行液氢贮箱系统的安装。

10 月 28 日，在 S-II-9 内安装了 5 台 J-2 发动机。

完成泡沫隔热材料的安装后，北美罗克韦尔公司技术人员在 1968 年 12 月将 S-II-9 运至绝热层充气试验场地。

 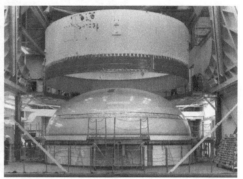

图 18.38 位于西尔滩的 S-II-9 共底 （1968 年 1 月 31 日）　　图 18.39 位于西尔滩的准备安装于液氢贮箱 的 S-II-9 前短壳（1968 年 5 月 9 日）

### 18.21.4 试验

北美罗克韦尔公司的工作人员于 1969 年 2 月 22 日完成了 S-II-9 的系统安装，并将 S-II-9 移交到试验运行部门进行系统检测。此项活动于 3 月 18 日完成。为完成隔热材料返工所进行的二子级改进工作于 3 月 24 日完成，并且准备装运。

S-II-9 于 1969 年 3 月 27 日搭乘 "巴罗角号" 船坞式货船从西尔滩出发（图 18.40），并于 4 月 9 日抵达米丘德组装厂。S-II-8 级间段也装载到船上共同运输。4 月 10 日，将 S-II-9 转移到驳船，经短途运输到达密西西比试验站。4 月 11 日，将 S-II-9 从驳船直接吊装到 A-1 试验台上。与上一飞行件相比，S-II-9 试验的主要变化如下：

（1）取消之前为调节隔热系统所进行的液氢贮箱缓慢冷却；

（2）执行新的液氢贮箱和输送管路吹除程序；

（3）在液氧与液氢输送系统中安装了 Parker 泵前阀；

（4）进行了多次隔热材料改进；

（5）增加了大量的仪器来进行 POGO 分析。

北美罗克韦尔公司工作人员于 4 月 23 日完成了 S-II-9 的电测试验和自动遥测

图 18.40　S-II-9 和 S-II-8 级间段前往西尔滩码头准备运往米丘德(1969 年 3 月 27 日)

系统检测。1969 年 5 月 23 日,进行了综合加注和低温验证试验。

S-II-9 出现了与 S-II-8 类似的隔热材料脱胶断裂问题。北美罗克韦尔公司使用 Narmco7343 胶黏剂与硅烷添加剂替换了 3 号输送管路周围的隔热材料。静态点火试验期间将验证修复的完整性。

静态点火试验前的检测工作于 1969 年 5 月 30 日完成。点火用低温推进剂于点火试验当天进行加注。6 月 20 日,成功进行了静态点火试验,所有的试验目标均实现。试验中每台发动机的点火持续时间如下:

发动机 201——348.0s;

发动机 202——348.1s;

发动机 203——348.0s;

发动机 204——348.2s;

发动机 205——348.1s。

试验期间发现了如下问题:

(1)出现液氧发动机关机循环,与 S-II-7 出现的情况一样;

(2)出现设备阀门故障,妨碍发动机启动贮箱在自动程序期间的增压。

6 月 24 日,对 S-II-9 隔热材料进行目视检查后,进一步确认了采用改进工艺胶接的蜂窝夹层防热经受住了静态点火造成的低温、振动与贮箱压力变化。将提供工程支持以保证将新技术有效用于后续二子级中。

　　静态点火试验后的检测工作于 1969 年 8 月 1 日完成，之后，密西西比试验站工作人员开始进行隔热材料改进。S-II-9 于 8 月 7 日从 A-1 试验台上拆下并通过穿梭驳船运至 S-II 检修大楼。

　　8 月 8 日，NASA 要求北美罗克韦尔公司对 S-II-9 和 S-II-10 改进所需工作进行分析，以满足类似天空实验室这类有效载荷(Mod 1764 CO) 发射入轨的需要。

　　8 月 17 到 18 日，"卡米尔"台风席卷密西西比州墨西哥湾沿岸，风速高达 144.84km/h(90mi/h)，潮位达 4.88m(16ft)。

　　台风并未对密西西比试验站造成太大的损坏，也未对 S-II-9 或 S-II-10 造成任何损伤。在密西西比试验站进行的 S-II 操作于 8 月 18 至 24 日中止，以便进行相关清洁操作。

　　9 月 12 日，将 S-II-9 从 S-II 检修大楼的低顶跨间移至垂直检测间进行原计划在肯尼迪航天中心进行的改进。在同一天，北美罗克韦尔公司完成了将 S-II-9 转移到西尔滩进行长期存放的计划。

　　10 月 13 日，NASA 向北美罗克韦尔公司发出了 SA 1084 指令，要求修订 S-II 的存放计划，其中包括在肯尼迪航天中心存放 S-II-9 的计划。

　　10 月 23 日，在密西西比试验站存放和检测大楼内将环境防护罩从 S-II-9 上卸下，并在将其运至肯尼迪航天中心之前，为二子级改进做最后准备。改进工作于 12 月 17 日完成。12 月 30 日，利用运输车将 S-II-9 从 S-II 检修大楼转移到 S-IC 检修大楼进行装运准备。

　　在 12 月，发现对 S-II-9 上的三个启动贮箱排气阀(STDV)进行了不当的返工，需要进行更换。

　　S-II-9 被放置在船上。该船于 1970 年 1 月 13 日驶离密西西比试验站前往肯尼迪航天中心，并于 1970 年 1 月 19 日到达。

　　S-II-9 最终用作 AS-509 运载火箭的二子级，于 1971 年 1 月 31 日发射了阿波罗 14 号飞船。

## 18.22　S-II-10

### 18.22.1　概述

　　受"卡米尔"台风的影响，工作人员在密西西比试验站内，重复进行了一系列必要的非点火试验。最终，S-II-10 发射了阿波罗 15 号飞船。

### 18.22.2　发动机

　　初始和最终的发动机布局如下。

位置 201：J-2112。

位置 202：J-2113。

位置 203：J-2114。

位置 204：J-2115。

位置 205：J-2116。

### 18.22.3　制造

1967 年 8 月 21 日，北美罗克韦尔公司完成了对用于 S-II-10 共底的下面板瓜瓣焊接。

10 月 22 日，完成了对共底上面板瓜瓣焊接，并将其置于仓库等待进行共底组装。

12 月 1 日，对上箱底瓜瓣焊接，完成并通过验收。

下箱底的液压试验于 1968 年 1 月 3 日完成。NDI 检验于 1 月底完成，螺柱焊接于 2 月 17 日完成，涂漆于下一周完成。之后，对下箱底进行存放，准备用于液氧贮箱组装。

对共底下面板进行的液压试验后的检验显示，共有两处瓜瓣焊缝存在缺陷。修复与再试验工作于 1 月 26 日完成。在发现并修复了另一处焊缝后，箱底于 2 月 9 日通过验收。

上箱底的液体打压检验于 2 月 2 日完成，并且在涂底漆后，喷涂泡沫隔热材料于 3 月的第 1 个星期内完成。4 月 6 日，进行了上箱底的液压试验。4 月 16 日，在多次返工和液压试验后，西尔滩的北美罗克韦尔公司官员对上箱底进行了验收。泡沫材料涂覆、机械加工、湿法敷涂层以及固化均于 5 月 20 日完成。

共底下面板与上面板的胶接于 3 月 18 日完成。到 4 月 22 日，所有的吹除管路均已焊接完毕并通过了泄漏检查和验收。内部清理、着色渗透检验以及相关返工于 6 月 17 日完成。

在 5 月 21 日完成螺柱焊接后，将上箱底置于 6 号筒段上进行最终调整和焊接。环形焊缝于 5 月 28 日完成，但是由于偏移过度以及焊缝孔隙过多，决定将该组件分割开。

在对负极材料分析后，决定将 3 号筒段从 3、4、5 号筒段组件上拆除，以便拆除和更换其中一个由 MB0170-063 材料制成的四开板。5 月 15 日，接收到 MB0170-021 材料制成的四开板替换件，经处理后，将该四开板于 5 月 28 日焊接到筒段上。同时，发现 2 号筒段中包含由 MB0170-063 材料制成的液氢输送管道弯头环形件。批准切开和替换含有弯头的四开板。

7 月 26 日，将共底从存放区中移出并置于适当位置上，以便对 1 号筒段及 2 号筒段组件进行 J 形焊接。

7 月 12 日，将 S-II-10 前短壳重新分配给发生过故障的 S-II-TS-B 结构。前一个 S-II-10 壳段于 8 月 16 日交付给圣苏珊娜野外实验室。S-11-10 共底的液压试验于 8 月 20 日在西尔滩成功完成。

S-II-10 贮箱的第一次绝热层充气试验于 9 月 24 日如期完成。第二次试验于 10 月 16 日完成，第三次试验于 11 月 13 日完成。

12 月 6 日，北美罗克韦尔公司人员成功地完成了 S-II-10 贮箱的制造、检测并开始进行系统安装。

1969 年 3 月 8 日，在 S-II-10 内安装了 5 台 J-2 发动机。

1969 年 4 月 23 日，NASA 与北美罗克韦尔公司举行了第一次有关 S-II-10 的联合会议，并确定 S-II-10 的"完成状态"是迄今为止最好的。

### 18.22.4 试验

1969 年 5 月 5 日，北美罗克韦尔公司工作人员完成了系统安装，并将 S-II-10 移交到试验运行部门进行制造后检测。集成系统试验于 6 月 3 日成功进行。

S-II-8 隔热材料在密西西比试验站的低温环境下脱胶后，便决定将 S-II-10 的蜂窝夹层/软木隔热材料拆下并进行重新粘接。此任务于 1969 年 6 月 23 日在西尔滩完成。

S-II-10 的制造后检测于 6 月 26 日完成，并准备对其进行装运。也进行了最终涂漆和封装。

S-II-10 于 1969 年 6 月 27 日搭乘"巴罗角号"船坞式货船从西尔滩出发，并于 1969 年 7 月 10 日抵达米丘德组装厂。S-II-10 是与 S-II-9 级间段以及 S-IC 发动机（F-6089、F-6091、F-6092 与 F-6093）一同装运的。同时装运的还有 76 片 MB0170-063 材料制成的四开板备用板材和 6 个非飞行筒段，它们都将用于制造空间站模型。此材料于 6 月 20 日装船，并在米丘德组装厂卸下。F-1 发动机与 S-II-9 级间段也是在米丘德组装厂卸下的，而 S-II-10 则继续由驳船运往密西西比试验站，最终于 7 月 10 日到达目的地。

7 月 11 日，将 S-II-10 从驳船直接吊装到 A-2 试验台上。与上一飞行件相比，S-II-10 试验的主要变化如下：

(1)在上箱底非隔热(FBU)区域中发现了水，因此需要对其进行改进，以便向 FBU 碎屑隔热层涂覆密封剂并增加连续 FBU 吹除系统。

(2)进行了大量腐蚀检验工作，原因是在侧壁隔热材料下发现了明显的腐蚀痕迹。

(3)由于 S-II 飞行期间出现了 POGO 问题，因此增加了中心发动机液氧输送管路蓄压器。该蓄压器由临时地面支持系统/设施蓄压器的氦气充气系统进行供给。

(4)改变倒计时程序，以便进行推进剂的重复加注。

(5)对使用 A7-71 热交换器中的点传感器代替调节控制阀门实现控制的做法进行了特定试验。

(6)在发现风洞中的液氢贮箱增压管路中焊缝出现裂纹后，进行了检验和泄漏检查。

(7)为了评估使用推力室冷却回路中的节流孔代替 S7-41 调节器的可行性，进行了特定试验。

(8)中心发动机扭转的波纹管被替换为重新设计的装置。

位于密西西比试验站的北美罗克韦尔公司工作人员于 7 月 17 日在 A-2 试验台完成了对 S-II-10 的电测试验。7 月 22 日，驻唐尼的北美罗克韦尔公司工作人员完成了对改进后的输送管路的试验，以验证在 S-II-10 和后续二子级的中心发动机液氧输送管路上增加蓄压器的设计。第二次鉴定试验即将开始。

8 月 8 日，NASA 要求北美罗克韦尔公司根据有效载荷（如空间实验室）的需求，对 S-II-9 和 S-II-10 所需进行的改进工作进行分析。

8 月 9 日，马歇尔航天飞行中心向北美罗克韦尔公司发出 CO 1763，批准在 S-II-10 上安装改进的液氧输送管路蓄压器，并对其进行试验。新的输送管路旨在降低二子级在飞行期间的低频振动。

8 月 13 日，北美罗克韦尔公司工作人员在密西西比试验站将改进后的液氧输送管路蓄压器安装到 S-II-10 上。

8 月 15 日，进行了综合加注和低温验证试验。

8 月 17 到 18 日，"卡米尔"台风席卷密西西比州墨西哥湾沿岸，风速高达 305.78km/h（190mi/h），潮位达 4.88m（16ft）。这对密西西比试验站造成的损害不大，对当时在场地中的 S-II-9 或 S-II-10 也未造成任何损伤。在密西西比试验站进行的 S-II 操作于 8 月 18 至 24 日中止，以便于进行清洁操作。8 月 25 日恢复操作后，所有有关 S-II-10 的系统均需再次进行试验。

8 月 29 日，成功对液氧输送管路蓄压器鉴定试验中使用的试验件进行了三轴振动检测，大大降低了对 S-II-10 静态点火试验的限制。

静态点火试验前的检测工作于 9 月 5 日完成。

9 月 12 日，NASA 完成了对 S-II-9 与 S-II-10 长期存放设施的初步设计，这些二子级都是完成静态点火试验后返回到西尔滩的。但此计划并未正式实施。

1969 年 9 月 22 日，北美罗克韦尔公司工作人员完成了对 S-II-10 前短壳隔热材料和腐蚀损伤的评估和初步修复，这些损伤是由"卡米尔"台风造成的雨水累积所致。技术人员注意到隔热材料虽然适宜于静态点火试验，但需要在之后进行修复。

在发现 S-II-12 的液氢贮箱增压管路发生泄漏后，9 月 25 日，将原计划进行的 S-II-10 静态点火试验延期。为了清理 S-II-10，需要对 S-II-10 进行压力试验和泄漏检查。延期后，改进的静态点火试验前的检测工作于 9 月 29 日成功完成。

低温推进剂于点火试验当天进行加注。1969 年 10 月 1 日，成功进行了静态点火试验，未发现重大问题。每台发动机的点火持续时间如下：

发动机 201——364.5s；

发动机 202——364.4s；

发动机 203——364.3s；

发动机 204——364.6s；

发动机 205——364.5s。

试验验证了 S-II-10 飞行准备已就绪，以下特定试验目标也均已完成：

(1)确定单个液氢排放阀破裂压力；

(2)验证低温条件下推进剂利用阀的性能；

(3)确定 S7-41 控制台推力室冷却节流孔需要量使用数据；

(4)使用点式传感器控制进行的 A7-71 热交换器排气阀时序试验；

(5)确定中心发动机液氧输送管路蓄压器工作特性；

(6)使用环境温度气态氮进行的液氧贮箱增压；

(7)在未进行标准的 2min 预冷却情况下使用气态氮完成的液氧贮箱增压试验。

10 月 6 日，官方公布了新的流程和存放计划。该计划中，S-II-10 将会在点火试验后进行改进后的检测操作，再存放于密西西比试验站的 S-II 检测和存放大楼内。最后，S-II-10 将在装运前被重新放在试验台上，进行静态点火试验后的其他检测工作。

10 月 13 日，NASA 发布了 SA 1084 指令，确认 S-II-10 将存放于密西西比试验站而不是运回西尔滩进行存放。

两天后，NASA 发布了 CO 1789 指令，要求停止生产 S-II-10 与后续子级上使用的沉底发动机。

11 月 4 日，S-II-10 被从 A-2 试验台上拆下，开始在密西西比试验站的 S-II 检测和存放大楼中沿水平方向进行隔热材料的返工。

12 月，密西西比试验站工作人员将启动贮箱排气阀从 S-II-10 上拆下，原因是该排气阀按照错误的图纸返工导致波纹管出现泄漏。因此，必须对其进行更换。

S-II-10 于 1970 年 1 月 16 日被运回试验台(此时为 A-1 试验台)，准备进行静态点火试验后的验收检测。4 月 7 日完成了静态点火试验后的检测工作，并将 S-II-10 由试验台转移到船上，该船于 5 月 14 日驶离密西西比试验站前往肯尼迪航天中心，并于 5 月 18 日到达。

S-II-10 最终用作 AS-510 运载火箭的二子级，于 1971 年 7 月 26 日发射了阿波罗 15 号飞船。

# 18.23　S-II-11

## 18.23.1　概述

S-II-11 飞行件用作发射阿波罗 16 号飞船的土星 5 运载火箭二子级,在静态点火试验期间发动机起火。

## 18.23.2　发动机

初始和最终的发动机布局如下。

位置 201：J-2117。
位置 202：J-2125。
位置 203：J-2121。
位置 204：J-2123。
位置 205：J-2118。

## 18.23.3　制造

1967 年 10 月 6 日，S-II-11 组装活动在西尔滩开始，首先在焊接工装上装载了下面板瓜瓣。

1968 年 1 月的第一周，在西尔滩开始将 S-II-11 上箱底的瓜瓣焊接在一起。2 月 8 日，完成了第 12 次，也是最后一次焊接。该箱底的焊接没有任何缺陷。1 月 19 日，对共底上面板瓜瓣进行了最后焊接——第 12 次焊接。2 月 22 日进行了人孔盖焊接，并且将箱底存放起来。

2 月 2 日，对下面板进行了人孔盖焊接，2 月 9 日，完成了液压试验。

2 月 21 日，对下箱底进行了最后的焊接——第 12 次焊接。

1 月 9 日，从 4 号筒段开始进行液氢筒段喷涂泡沫，但由于缺少合格的泡沫成分，推迟了 5 号筒段的喷涂。

4 月 2 日，完成了上箱底液压试验。经过检验并且存放一段时间后，5 月 22 日开始使用泡沫隔热材料。6 月 7 日，完成了泡沫加工。

5 月 17 日，将共底上面板与夹芯粘接，从而形成共底。

4 月 24 日，成功完成了下箱底人孔盖焊接。各项返工操作结束后，在 6 月 10 日对箱底进行了验收。随后，进行了液压试验和后续检验。

4 月初，移除了 3 号液氢筒段上的 MB0170-063 材料，同时 2 号筒段完成了四开板的焊接。4 月 18 日，按要求移除 S-II-11 结构上的所有 MB0170-063 材料。S-II-11 的全部液氢筒段和螺接环框都由这种材料制成，因此，5 月 1 日，从北美罗克韦尔公司洛杉矶分部(LAD)订购了一整套采用–021 材料的备件。5 月 23 日，这些零件陆续到达西尔滩。

MB0170-063 材料还用于生产 S-II-NF-1 试验结构。但是，由于马歇尔航天飞行中心缺乏这种计划外组装的资金，因此，1968 年 5 月 21 日后，不再对其开展进一步的工作。

截止到 1968 年 6 月末，共从塔尔萨的北美罗克韦尔公司收到四个前短壳板和八个级间段面板。

到年中，完成了 80%的部件组装。

9 月 6 日，北美罗克韦尔公司人员开始垂直组装这一子级。12 月 27 日，北美罗克韦尔公司提前完成了 S-II-11 的垂直组装。

1969 年 1 月 3 日，对 S-II-11 进行绝热层充气试验。绝热层充气试验后的检验发现，两个在第二次试验前需要重新焊接的两处存在异常。1 月 23 日，成功进行了相同的试验。

5 月 2 日，在 S-II-11 内安装了 5 台 J-2 发动机，如图 18.41 所示。

图 18.41　在西尔滩将 J-2 发动机安装到 S-II-11 上(1969 年 5 月 2 日)

### 18.23.4　试验

1969 年 7 月 16 日，S-II-11 被移到位于西尔滩的垂直检测厂房中的 6 号工位，开展系统改进工作，并尽早启动各项检测工作。7 月 24 日完成了系统的安装，8 月 21 日开始进行集成系统检测，持续了 5 天。

S-II-11 于 1969 年 9 月 3 日搭载"巴罗角号"船坞式货船从西尔滩出发(图 18.42)，并于 9 月 16 日抵达米丘德组装厂。S-II-11 与地面设备为马歇尔航天飞行中心建造的、由北美罗克韦尔公司检验测试的 S-IC 发动机 F-6095 和 F-6096 以及 S-II 水平存放平台车一同运输。

图 18.42　将 S-II-11 从西尔滩码头运往米丘德组装厂(1969 年 9 月 3 日)

1969 年 9 月 17 日，这些发动机与存放平台车均在米丘德组装厂卸下，而 S-II-11 则继续搭载驳船运往密西西比试验站。9 月 18 日，将 S-II-11 从驳船直接吊装到 A-1 试验台上。与上一飞行件相比，S-II-11 试验的主要变化如下：

(1)这是首个拆除贮箱内全部点式传感器，仅保留了上下溢出传感器(OFS)和发动机关机传感器的二子级。

(2)进行了尝试利用溢出传感器代替推进剂利用系统对子级贮箱加注的特殊测试。

(3)拆除液氧贮箱和液氢贮箱飞行增压调节器，并用活门代替。

9 月 29 日完成了 S-II-11 的"通电"测试，为低温验证压力试验做准备。

10 月 6 日，决定采用改进后的检测方式对 S-II-11 以及其他两个子级进行静态点火试验后的检测，再放置到存放区中。随后，将这三个子级再放回到试验台上，完成剩余的静态点火试验后的检测工作。

10 月 13 日，NASA 发布了 SA 1084 指令，修改了不同 S-II 子级的存放进度。S-II-11 被存放在密西西比试验站。10 月 15 日，马歇尔航天飞行中心向北美罗克韦尔公司发出了 CO 1789 指令，停止生产供 S-II-10 至 S-II-15 各子级使用的沉底发动机。

静态点火试验前的检测工作于 1969 年 10 月 17 日完成。10 月 19 日宣布的 S-IC-12 静态点火试验日期推迟，致使不得不将原计划 10 月 29 日进行的 S-II-11 验证试验推迟至 10 月 31 日。贮箱试验及低温验证试验于 10 月 31 日顺利开展。

低温推进剂于点火试验当天进行加注。1969 年 11 月 14 日成功进行了静态点火试验。试验共持续 371.6s，达到所有的试验目标。

但是，试验期间发现了以下问题，具体如下：

(1)液氢设施过滤区域出现了严重泄漏；

(2)出现了液氧发动机故检系统故障；

(3)液氢冷却循环阀位置指示器故障；

(4)液氢驳船出现交流电源损耗；

(5)试验中，205 号发动机(J-2118)出现约 67s 的短暂着火迹象，最终通过 Firex 系统熄灭；

(6)液氢泵前阀位置指示器震颤。

在完成 205 号发动机点火试验后，密西西比试验站工作人员于 11 月 19 日至 12 月 1 日对此发动机进行了泄漏检查，查找该问题产生的原因。通过对燃气发生器液氧喷注器的检验发现，在组装期间，24 个孔中有 4 个孔被喷注器螺纹上的液氧安全氟碳树脂堵塞(S-II-3 发动机曾出现过这一问题)。技术人员清洁了必要的部件，重新组装了燃气发生器后，开始准备将 S-II-11 从试验台上进行拆除。

在 12 月，对 S-II-11 上的两个启动贮箱排气阀进行了不当的返工，因此需要进行更换。

1970 年 1 月 15 日，将 S-II-11 从试验台上拆除，准备进行必要的改进。S-II-11 于 5 月 18 日被运回 A-1 试验台，准备进行静态点火试验后的验收检测。7 月 15 日完成了静态点火试验后的检测，并于 9 月 22 日将 S-II-11 从试验台上拆除，运到船上。该船于 9 月 22 日驶离密西西比试验站前往肯尼迪航天中心，并于 9 月 30 日抵达。

S-II-11 最终用作 AS-511 运载火箭的二子级，于 1972 年 4 月 16 日发射了阿波罗 16 号飞船。

## 18.24　S-II-12

### 18.24.1　概述

S-II-12 经过 5 次静态点火试验后用于阿波罗 17 号飞船发射。

### 18.24.2　发动机

初始和最终的发动机布局如下。

位置 201：J-2130。

位置 202：J-2126。

位置 203：J-2127。

位置 204：J-2129。

位置 205：J-2128。

### 18.24.3　制造

1968 年 1 月 29 日进行了第一次瓜瓣焊接。截止到 3 月 8 日，完成了 8 次瓜瓣焊接。而且，到 3 月末，垂直焊接且拼接了 5 号筒段，为发泡做好准备。上箱底瓜瓣焊接操作开始于 4 月 3 日，截止到 6 月末，12 次焊接全部完成。

到 6 月 3 日，对共底上面板和下面板的瓜瓣焊接均已完成。到 6 月 24 日，完成了下面板人孔盖焊接，然后进行了液压试验。

4 月 8 日，完成了下箱底瓜瓣首次焊接。将推力结构组件从塔尔萨的北美罗克韦尔公司取出，并于 4 月 29 日开始组装。5 月 28 日，四个后短壳板投入使用。截止到 1968 年 6 月 30 日，S-II-12 组装工作完成了 72%。

S-II-12 的垂直组装于 1968 年 12 月 16 日开始。

1969 年 3 月 28 日,北美罗克韦尔公司人员完成了 S-II-12 的绝热层充气试验。试验期间，发现若干异常现象，需要对该子级进行了修复，并进行二次试验。

1969 年 4 月 11 日，北美罗克韦尔公司完成了对 X 射线检验发现的裂纹的焊补，并顺利地进行了对 S-II-12 的二次绝热层充气试验。5 月 3 日，北美罗克韦尔公司人员完成了 S-II-12 的绝热层充气试验后的 X 射线检验，并且开始进行系统安装。

S-II-12 上的泡沫隔热收尾工作于 7 月 2 日完成。

8 月 20 日，在 S-II-12 安装了 5 台 J-2 发动机。

9 月，发现 S-II-12 的液氢贮箱增压输送管路泄漏。泄漏产生的连锁效应使原计划在 9 月 25 日进行的 S-II-10 静态点火试验推迟至 10 月 1 日，以便对 S-II-10 进行渗漏检查。

10 月 6 日，NASA 宣布将在 S-II-10、S-II-11 和 S-II-12 上采取改进的处理方案。静态点火试验后，采用改进的检测方式对这三个子级进行静态点火试验后的检测，然后将其存放在 S-II 检测及存放大楼内。在装运之前再次将这三个子级放到试验台上，以便完成其他静态点火试验后检测。

10 月 13 日，NASA 向北美罗克韦尔公司发出了关于修订包括 S-II-12 等各子级存放计划的 SA 1084 指令。两天后，马歇尔航天飞行中心向北美罗克韦尔公司发布了 CO 1789 指令，停止生产供 S-II-10 至 S-II-15 使用的沉底发动机。

### 18.24.4　试验

1969 年 10 月 16 日，S-II-12 在西尔滩完成系统安装。11 月 18 日，北美罗克韦尔公司于开始对 S-II-12 进行集成系统检测，并于 11 月 21 日完成检测工作。

12 月 1 日，北美罗克韦尔公司的西尔滩设施由于加利福尼亚州爱迪生公司的德尔·阿莫开关站设备故障遭受了瞬时功率下降。功率下降幅度极大，足以造成从 28V 直流整流器电源到 S-II-12 出现瞬时过压；这对子级造成了一定损坏。

12 月 5 日，北美罗克韦尔公司完成了装运 S-II-12 的准备工作后，将 S-II-12 装载到"巴罗角号"船坞式货船。

12 月 6 日，S-II-12 搭载"巴罗角号"船坞式货船从西尔滩出发，并于 12 月 19 日抵达米丘德组装厂。S-II-12 与 S-IC 发动机 (F-6097 和 F-6098) 一同装运。12 月 20 日，这些发动机在米丘德组装厂卸下，而 S-II-12 则继续搭载驳船运往密西西比试验站。

12 月 15 日，NASA 向北美罗克韦尔公司发出了 CO 1878 指令，要求取消 S-II-12 和后续二子级飞行验收要求中有关低温验证试验和贮箱试验。

12 月 17 日，NASA 和北美罗克韦尔公司工作人员决定分析在 S-II-7 飞行中观察到的低频振荡现象。他们决定将改进后的液氧输送管路蓄压器安装在 S-II-12 的中心发动机上，用于接下来的静态点火试验的评估。12 月 30 日发布的 CO 1883 指令中涵盖了这一点。

在 12 月，对 S-II-12 上的三个启动贮箱排气阀进行了不当返工，因此需要对其进行更换。

1969 年 12 月 22 日，将 S-II-12 吊装到 A-2 试验台上。未对其进行静态点火前的贮箱加注试验。与上一飞行件相比，S-II-12 试验的主要变化如下：

(1) 中心发动机液氧输送管路蓄压器系统上安装了飞行用氦气填充系统，来代替 S-II-10 上使用的试验用临时地面支持设备/设施试验系统，以降低 POGO 振动。此外，增加蓄压器排气阀，与 205 号发动机液氧回流阀实现冗余。

(2) 在 S-II-12 制造期间，取消低温验证压力试验要求。

(3) S-II-11 上增加液氧和液氢贮箱增压孔再次用于 S-II-12，并在发动机上增加了两个热交换器。

(4) 增加对发动机阀的真空干燥操作。

静态点火试验前检测于 1970 年 2 月 4 日完成。S-II-12 的静态点火试验共进行了 5 次尝试。首次尝试于 2 月 12 日中止，原因是液氧设施排放管路出现泄漏。第二次尝试于 2 月 18 日中止，原因是需要对液氧设施排放管路进行修复。第三次尝试也是因为液氧排放管路出现故障而中止。第四次尝试在 2 月 26 日进行，同样以中止告终，这是由对 202 号发动机的氧化剂主阀操作不当造成的。这次尝试导致燃气发生器温度低于发动机关机时的温度，并且由于持续了 2s 而被认为是进行了点火。

在 1970 年 3 月 4 日进行的最后一次尝试成功实现了 376.2s 的全时长的静态点火试验，没有出现严重问题。

试验期间出现的主要问题如下：

(1)氧化剂主阀(MOV)作动缓慢，导致第四次静态点火试验中止。

(2)设施的液氧排放管路焊缝破裂导致其中三次试验被迫中止。

(3)出现了液氧发动机关机循环。

(4)液氢循环预冷阀指示器故障。

(5)设施消防给水系统故障。

(6)液氢排放阀位置指示器故障。

(7)发动机 203(J-2127)性能发生重大变化。

为进行必要的改进，S-II-12 于 1970 年 3 月 18 日由试验台上拆下。5 月 5 日，在 S-II-12 级间段上安装软木，如图 18.43 所示。完成修复后，S-II-12 于 7 月 17 日安装到 A-1 试验台，以进行静态点火试验后的验收检测。9 月 10 日，完成了静态点火试验后的检测，10 月 15 日前后，将 S-II-12 由试验台上拆下并转移到船

图 18.43　在 S-II-12 级间段上安装软木(1970 年 5 月 5 日)

上。该船于 10 月 22 日驶离密西西比试验站前往肯尼迪航天中心，并于 10 月 27 日到达。

S-II-12 最终用作 AS-512 运载火箭的二子级，于 1972 年 12 月 7 日成功发射了阿波罗 17 号飞船。

## 18.25　S-II-13

### 18.25.1　概述

最后一个飞行用 S-II 二子级，用于天空实验室发射，在轨飞行 606 天，这也是 S-II 二子级在轨停留最长的一次。

### 18.25.2　发动机

初始和最终的发动机布局如下。

位置 201：J-2104。
位置 202：J-2132。
位置 203：J-2135。
位置 204：J-2136。
位置 205：J-2138。

### 18.25.3　制造

上箱底和上面板瓜瓣全部由北美罗克韦尔公司洛杉矶分部于 1968 年第二季度制造完成。由于艾奥瓦州达文波特市的美国铝业公司工会罢工，因此需要重新订购液氢筒段四开板和螺接环框制造所需的 14 片板材，以保持进度。

S-II-13 最初的组装于 1968 年 12 月在北美罗克韦尔公司西尔滩设施内进行。

1969 年 2 月 24 日，西尔滩的北美罗克韦尔公司开始垂直组装 S-II-13。此项活动于 6 月 11 日完成。S-II-13 的绝热层充气试验于 7 月 11 日完成。推力结构的制造由北美罗克韦尔公司于 7 月 30 日完成。8 月 6 日，在西尔滩开始进行 S-II-13 级间段的系统安装。

10 月 13 日，NASA 发布了 SA 1084 指令，要求北美罗克韦尔公司做出关于未来将 S-II-13 存放于西尔滩的计划。10 月 15 日，马歇尔航天飞行中心发布了 CO 1789 指令，要求北美罗克韦尔公司停止生产供给多个 S-II 二子级（包括 S-II-13）使用的沉底发动机。10 月 21 日，NASA 发布了 CO 1840 指令，要求北美罗克韦尔公司改进 S-II-13，从而提供将 S-IVB 轨道工厂送入近地轨道的能力。之后，S-II-13 在天空实验室的发射过程中实现了该能力。

11 月 11 日，NASA 对 S-II-13 以及其他子级计划的存放设施安装进行最终设计评审。S-II-13 将存放在西尔滩 8 号工位。

11 月 14 日，北美罗克韦尔公司将 S-II-13 运至"高工装"区域，准备安装发动机。

11 月 17 日，在 S-II-13 上安装了五台 J-2 发动机。1970 年 1 月 15 日，S-II-13 被放到运输车上，准备运往西尔滩的 7 号工位，如图 18.44 所示。

图 18.44　S-II-13 被放到运输车上，准备运往西尔滩的 7 号工位(1970 年 1 月 15 日)

### 18.25.4　试验

S-II-13 在西尔滩的操作于 1970 年 3 月 6 日完成。由于在海军武器站进行弹药装填，因此将 S-II-13 移至码头的时间延迟到 3 月 10 日。

S-II-13 于 1970 年 3 月 11 日搭载"巴罗角号"船坞式货船从西尔滩出发，并于 3 月 24 日抵达米丘德组装厂。3 月 25 日，将 S-II-13 转移到驳船，经短途运输抵达密西西比试验站，如图 18.45 所示。之后，S-II-13 从驳船直接吊装到 A-2 试验台上。与上一飞行件相比，S-II-13 试验的主要变化如下：

(1)用于 POGO 抑制的发动机 205 液氧输送管路蓄压器并未安装到二子级上；

(2)取消了沉底发动机点火电路级和地面支持设备；

(3)采用改进的静态点火试验后的检测，以适应天空实验室任务；

(4)增加了点火后的贮箱加注试验。

图 18.45 放置在密西西比试验站的 A-2 试验台内的 S-II-13（1970 年 3 月 25 日）

静态点火试验前检测于 1970 年 4 月 29 日完成。4 月 30 日，在成功进行低温推进剂加注后，顺利地完成了持续 364.9s 的静态点火。但在试验期间出现了以下严重问题：

（1）现场交流电源出现问题；

（2）设施液氢输送系统管路膨胀接头损坏；

（3）发动机 201 上出现了错误的、短暂点火迹象；

（4）由于液氢加注速度过快引起的液氢排放阀排放和复位问题；

（5）设施液氧主加注阀和液氢应急排放阀故障。

静态点火试验后，于 1970 年 5 月 8 日进行了一项特殊的贮箱加注试验——加注约 50%液氧和液氢贮箱液位，主要用于验证输送管路软木条隔热的重新设计。

1970 年 6 月 10 日，S-II-13 被从试验台上拆下，进行必要的改进。完成后，S-II-13 于 10 月 16 日被安装到 A-1 试验台，以完成静态点火后的验收检测。11 月 10 日，按时完成了对执行天空实验室飞行任务的末级改进工作（ECP 6621），包括相关的再试验。

1970 年 11 月 23 日，完成了静态点火试验后的检测工作，12 月 18 日，将 S-II-13 由试验台上拆下并转移到"海神号"驳船上。该船于 12 月 30 日驶离密西西比试验站途经米丘德组装厂前往肯尼迪航天中心，并于 1971 年 1 月 6 日到达。由于牵引车空闲可用，因此装运提早了一周，以免干扰天空实验室动力学试验件（S-IVB-F）的装运。S-II-13 是 NAS 7-200 合同规定的最后一个交付的飞行二子级。

1973 年 5 月 14 日，S-II-13 作为土星 5 运载火箭的二子级将天空实验室发射入轨。因为天空实验室没有安装推进装置，所以需要用二子级将其推到更高的轨道高度。因此，与其他 S-II 二子级不同的是，S-II-13 在轨道中停留了一段时间。

S-II-13 轨道代号为 1973-27B，在经过 606 天的在轨运行后，最终于 1975 年 1 月 11 日离轨。

# 18.26　S-II-14

### 18.26.1　概述

S-II-14 上箱底在制造期间意外损坏，最后在肯尼迪航天中心展出。

### 18.26.2　发动机

初始和最终的发动机布局如下。

位置 201：J-2139。

位置 202：J-2141。

位置 203：J-2142。

位置 204：J-2144。

位置 205：J-2145。

### 18.26.3　制造

1969 年 5 月 6 日，北美罗克韦尔公司在西尔滩开始 S-II-14 的垂直组装。到 7 月 14 日，完成 5 号筒段与 6 号筒段的焊接。8 月 11 日，北美罗克韦尔公司完成了 S-II-14 级间段安装以及喷漆。

8 月 25 日，完成了 S-II-14 的垂直组装。

8 月 29 日，北美罗克韦尔公司工作人员完成了 S-II-14 贮箱的绝热层充气试验、推力结构的组装和绝热层充气试验。

9 月 30 日，在进行 S-II-14 液氢贮箱清洗期间，喷管与旋转喷杆逐渐脱离，并下降 12.19～13.72m（40～45ft）进入倒置的子级中，使得上箱底瓜瓣出现了长度为 0.95cm（3/8in）的裂纹。此外，在另一个瓜瓣中发现了 5 道长约 0.95cm（3/8in）、深 0.05～0.23mm（0.002～0.009in）的刮痕。这使得进度延后两个月。10 月 10 日，马歇尔航天飞行中心与北美罗克韦尔公司确定采用加强板来修复这种损伤，这也是最经济的修复方式。10 月 23 日，修复工作获得批准。11 月 7 日，将螺接的结构加强板安装到 S-II-14 的上箱底上完成修复。

同时，为了防止事故再次发生，对土星 5 运载火箭的喷杆组装区进行改进，包括重新设计喷管与喷管接头。为此，在 10 月 24 日公布了图纸。

1969 年 10 月 13 日，NASA 发布了 SA 1084 指令，要求北美罗克韦尔公司做出关于将 S-II-14 存放于西尔滩的计划。10 月 15 日，NASA 发布了 CO 1789 指令，要求北美罗克韦尔公司停止生产土星 5 运载火箭二子级(包括 S-II-14)使用的沉底发动机。

11 月 11 日,NASA 完成了 S-II 存放设施的设计审查。S-II-14 将被存放在西尔滩的 9 号工位。

11 月 12 日,西尔滩的北美罗克韦尔公司工作人员重新对 S-II-14 进行了绝热层充气试验,以验证之前进行的加强板修复。12 月 2 日,北美罗克韦尔公司完成了 S-II-14 的绝热层充气试验后的检验和液氧贮箱清洗,调整后续操作以适应推力结构的对接并继续进行系统安装。

12 月 18 日,北美罗克韦尔公司使用喷淋系统完成了液氢贮箱的清洗并对缺陷进行了修正,这些缺陷曾在 1969 年 9 月引发了喷管事故。随后,北美罗克韦尔公司恢复了总装。图 18.46 给出了因清洗喷管而受损的 S-II-14 液氢贮箱底内部。

1970 年 3 月 9 日,在 S-II-14 内安装了 5 台 J-2 发动机。

图 18.46　因清洗喷管而受损的 S-II-14 前液氢贮箱底内部(1970 年 1 月 29 日)

### 18.26.4　试验

1970 年 6 月 2 日,完成了系统检测。

S-II-14 与 S-II-11、S-II-12 以及 S-II-14 级间段于 1970 年 6 月 10 日搭乘“巴罗角号”船坞式货船从西尔滩出发(图 18.47),并于 6 月 23 日抵达米丘德组装厂。6 月 24 日,将 S-II-14 转移到驳船,运往 72.42km(45mi)以外的密西西比试验站。

将 S-II-14 从驳船直接吊装到 A-2 试验台上。未对 S-II-14 进行静态点火试验前的贮箱加注试验。与上一飞行件相比,S-II-14 试验的主要变化如下:

(1)采用新的试验后氢气惰化程序,增加液氢贮箱的气态氮吹除能力。

(2)液氧 E5 输送管路蓄压器重新安装到二子级上。

(3)安装了组装有 POGO 中心发动机关机系统的被动/冗余级以进行评估(MOD 1991 CO 提出)。

(4)安装了临时的子级、地面支持系统吹除和氢气分析回路,以对上箱底加强板的修复情况进行低温检查。

1970 年 7 月 28 日,完成了静态点火试验前的检测。低温推进剂在点火试验当天加注。7 月 31 日,进行了持续时间为 373.2s 的静态点火,试验期间未出现重大问题,但遇到了一些小问题:

(1)液氢排气阀位置指示器存在问题。

(2)部分开启的地面支持系统手动氢气供给阀在自动时序期间导致贮箱增压出现问题。

(3)观察到发动机热交换器发生振荡。

1970 年 8 月 25 日,完成了静态点火试验后的检测,9 月 23 日,将 S-II-14 由试验台上拆下并转到船上。该船于 10 月 2 日驶离密西西比试验站前往肯尼迪航天中心,并于 10 月 8 日到达。

1970 年 11 月 23 日,将 S-II-14 长期存放于肯尼迪航天中心。

1976 年 4 月,S-II-14 被运至火箭组装大楼,与土星 5 运载火箭其他子级一起作为展品进行展示,展品均以未对接的水平构型进行展出。1979 年,S-II-14 的所有权归属美国史密森国家博物馆,并由其保存直至 1996 年。同年 4 月 27 日被运到 3.22km(2mi)之外的新家。新家位于肯尼迪航天中心的土星 5 运载火箭室内中心,S-II-14 在此得到了整修。该中心于 1996 年 12 月 5 日对外开放,正式向公众展出。图 18.48 给出了在肯尼迪航天中心户外展出的 S-II-14。

图 18.47　S-II-14 和 S-II-12 级间段由西尔滩封装区转到美国海军武器站码头区域,准备运往米丘德组装厂(1970 年 6 月 10 日)

图 18.48　在肯尼迪航天中心户外展出的 S-II-14(拍摄于 1991 年)

# 18.27　S-II-15

## 18.27.1　概述

S-II-15 是最后制造和进行静力学试验的二子级,最终在约翰逊航天中心展出。

## 18.27.2　发动机

初始和最终的发动机布局如下。

位置 201:J-2147。

位置 202:J-2152。

位置 203:J-2149。

位置 204:J-2150。

位置 205:J-2151。

## 18.27.3　制造

1969 年 2 月,北美罗克韦尔公司开始焊接 S-II-15 的主要结构组件。

4 月 24 日,北美罗克韦尔公司工作人员在 El Toro 设施中制成最后一个瓜瓣并对最后一个液氢贮箱面板进行机械加工。7 月 18 日,在西尔滩开始垂直组装 S-II-15。7 月 24 日,完成了共底下面板的焊接。在完成这些操作后,启动了西尔滩主要生产设施的拆除。图 18.49~图 18.52 给出了 S-II-15 在西尔滩的部分操作。

上箱底于 8 月 18 日完工。9 月 9 日,完成了推力结构组装件与级间段组装件。9 月 15 日,完成了下箱底的制造。9 月 29 日,完成了前短壳的组装。到 10 月 1 日,北美罗克韦尔公司完成了共底的制造。

10 月 13 日,NASA 向北美罗克韦尔公司发出了 SA 1084 指令,修订其余的 S-II 存放计划。S-II-15 被存放在西尔滩。两天后,NASA 向北美罗克韦尔公司发布了 CO 1789 指令,停止生产 S-II-10 至 S-II-15 使用的沉底发动机,以降低成本。这样一来,每个子级质量可减少 1.09t(2400lb),运载能力可增加 110.22kg(243lb)。10 月 21 日,发布了另一份修订指令 CO 1840,要求北美罗克韦尔公司对 S-II-13 到 S-II-15 二子级飞行件进行改进,从而实现将天空实验室送入近地轨道的能力。S-II-13 最终作此使用。

11 月 4 日,在焊接 S-II-15 液氧贮箱环形焊缝期间,因为用于焊接的两台机器同时产生不稳定电弧,在焊缝中形成两个穿孔。焊缝的修补工作于 10 天后完成。

11 月 11 日,NASA 进行了 S-II 存放设施的设计评审。S-II-15 将被存放在西尔滩的 3 号工位。

12 月 18 日，完成了 S-II-15 的垂直组装，并且进行了最终的封箱焊接（2 号筒段与 3 号筒段的焊接）。这按照 NASA 与北美罗克韦尔公司之间的 S-II 合同完成了所有结构焊接。

图 18.49　对西尔滩 2 号工位上的 S-II-15 进行蚀刻与涂底漆（1970 年 1 月 12 日）

图 18.50　在西尔滩 9 号工位参观 S-II-15（1970 年 7 月 19 日）

图 18.51　S-II-15 转移到西尔滩 7 号
工位进行封装(1970 年 9 月 1 日)

图 18.52　最后一个 S-II 二子级(S-II-15)离开
西尔滩时的告别仪式(1970 年 9 月 6 日)

12 月 19 日，成功完成了 S-II-15 的绝热层充气试验。12 月末进行的试验后检验未显示出任何异常现象，因此无须进行焊接返工。

1970 年 5 月 7 日，在 S-II-15 内安装了 5 台 J-2 发动机。

7 月 14 日，完成 S-II-15 的系统安装比原计划提前了两天。

### 18.27.4　试验

系统检测于 1970 年 8 月 14 日完成，比原计划提前 9 天。

S-II-15 于 1970 年 9 月 9 日搭乘"巴罗角号"船坞式货船从西尔滩出发，并于 9 月 23 日抵达米丘德组装厂。9 月 24 日，将 S-II-15 转移到驳船上，取道近岸运河与东珍珠河，经短途运输到达密西西比试验站。将 S-II-15 从驳船直接吊装到 A-2 试验台上。未对 S-II-15 进行静态点火试验前的贮箱加注试验。与上一飞行件相比，S-II-15 试验的主要变化如下：

(1)采用两级推进剂利用阀系统替代传统的调节阀。

(2)贮箱点式液位传感器升级改进。

(3)更有效地向溢出传感器施加载荷的新技术。

静态点火试验前检测于 10 月 19 日完成。低温推进剂在点火试验当天进行加注。美国中部标准时间 1970 年 10 月 30 日 15:15 成功进行了静态点火试验。试验持续时间为 373.0s，未出现重大问题。

11 月 20 日，完成了静态点火试验后的检测工作。11 月 30 日，北美罗克韦尔公司收到了 MOD 2066(SA)指令，要求加快 S-II-15 的交付进度(从 12 月 22 日提前至 12 月 17 日)，以避免在节假日进行 S-II-15 的转运工作。12 月 17 日，装有 S-II-15 的驳船从密西西比试验站驶往米丘德组装厂。在米丘德组装厂，工作人员将 S-II-15 装载到已搭载有 S-1VB-512 的"巴罗角号"船坞式货船上。该船于

12 月 18 日驶离米丘德组装厂, 于 12 月 21 日到达肯尼迪航天中心。

　　1971 年 2 月 22 日, S-II-15 被存放在肯尼迪航天中心。直到 1972 年 9 月 13 日, 结束了对 S-II-15 的长期存放, 以作为发射天空实验室土星 5 运载火箭的备用二子级。在天空实验室发射后, S-II-15 于 1973 年 6 月 15 日被运回存放区。

　　1977 年, S-II-15 被运往得克萨斯州休斯敦的约翰逊航天中心。1977 年年末, S-II-15 搭乘驳船离开肯尼迪航天中心, 经由内航道, 在几日后到达约翰逊航天中心。从此以后, S-II-15 一直在约翰逊航天中心公开展示 (图 18.53)。1978 年, S-II-15 的所有权转让给美国史密森国家博物馆。2004 年, 宣布翻修约翰逊航天中心土星 5 运载火箭各个子级 (包括 S-II-15), 并封存在专用大楼中。

图 18.53　约翰逊航天中心展出的 S-II-15 (拍摄于 1991 年)

# 第19章 三子级生产与试验

## 19.1 S-IVB-500FS

### 19.1.1 概述

飞行系统试验件 S-IVB-500FS 在亨茨维尔的 IBM 进行试验。

### 19.1.2 试验

S-IVB-500FS 是三子级飞行系统试验件。

1966 年 6 月，在亨茨维尔的 IBM 航天系统中心仿真实验室中开始对带有仪器舱的 S-IVB-500FS 进行环境测试。4 项试验均已完成。

## 19.2 S-IVB-500ST

### 19.2.1 概述

S-IVB-500ST 是在道格拉斯萨克拉门托试验站与马歇尔航天飞行中心中使用的三子级试验模拟件。

### 19.2.2 制造

S-IVB-500ST 是土星 5 运载火箭系统研制设施(SDF)的三子级模拟件的实体模型，其曾经被用做研发供土星 5 运载火箭发射所用的试验舱集成计算机。

1964 年 11 月 22 日，马歇尔航天飞行中心与道格拉斯完成了有关模拟件的合同协商。取消的 S-IVB 硬件被重新分配，用于模拟件中。

1965 年，S-IVB-500ST 在道格拉斯的亨廷顿滩工厂进行了组装。组装工作持续到当年年底，后续又进行了最终检验和改造，并且于 12 月 15 日由驳船运往萨克拉门托。S-IVB-500ST 最初由驳船运往考特兰码头，后采用卡车进行运输，12 月 21 日到达萨克拉门托。12 月 22 日，将 S-IVB-500ST 安装于垂直检测实验室的南侧塔架。

### 19.2.3　试验

1966 年第 1 季度，主要在萨克拉门托的垂直检测塔内对 S-IVB-500ST 模拟件进行持续检查和改进。2 月 7 日，成功完成通电测试。3 月 19 日，在萨克拉门托完成制造后的检测，并将 S-IVB-500ST 从试验台上拆除。3 月 30 日，S-IVB-500ST 被在加利福尼亚州考特兰移交给 NASA。S-IVB-500ST 被装载到"超级古柏"运输机上运往马歇尔航天飞行中心，并于 4 月 1 日到达。这是"超级古柏"运输机的首次任务飞行，以保障土星运载火箭研制计划。S-IVB-500ST 之后被安装于马歇尔航天飞行中心的系统研制设施内。

在将 S-IU-500ST 更新为功能构型后，马歇尔航天飞行中心的工作人员将仪器舱置于系统研制设施内的 S-IVB 前段顶部，进行系统试验。

# 19.3　S-IVB 共底试验件

### 19.3.1　概述

结构试验件 S-IVB 未通过试验。

### 19.3.2　试验

S-IVB 共底试验件，即改进的全系统子级，于 1966 年 1 月 13 日在萨克拉门托进行反向压力测试期间发生断裂。贮箱共底沿液氧贮箱接缝边缘完全开裂。经调查，连接处设计存在缺陷。最终断裂的试验件被运至圣塔莫尼卡进行冶金学和断裂力学研究。

# 19.4　S-IVB-S

### 19.4.1　概述

三子级结构试验件 S-IVB-S 的结构鉴定是通过多个试验项目实现的。

### 19.4.2　试验

S-IVB-S 结构试验件实际上是一系列分别进行试验和鉴定的结构元件。1964 年到 1965 年，在亨廷顿滩对土星 1B 火箭构型所采用的 S-IVB-S 进行试验。

1964 年 1 月到 2 月，亨廷顿滩组装塔首次用于 S-IVB-S 液氧贮箱与筒段的组装。2 月完成了箱底焊接，形成子级的基本结构。后短壳组装于 5 月完成。在 1964 年的下半年，道格拉斯开始对部件进行测试，以优化和验证设计的负载能力，并确定最大运行环境的安全裕度。液氧贮箱通过了静液压验证试验，但是于 7 月 14 日验证液氢贮箱期间，液氢筒段与上箱底在接近极限压力下断裂。X 射线检查表明，液氢贮箱组件某一纵向焊缝区域缺少熔化物导致故障产生。液氧贮箱被运回到圣塔莫尼卡进行返工，为推力结构试验做准备。对前短壳的试验持续到 12 月底。

1965 年的 2 月和 3 月，对前短壳组件进行进一步试验。6 月，道格拉斯完成必要的重新设计，以纠正推力结构试验期间暴露出的缺陷。燃料排放系统部件以及液氢测量传感器结构的振动试验均于 7 月完成。7 月和 8 月，工程师对后短壳进行了结构鉴定，并在 10 月 26 日完成对二、三子级级间段结构的鉴定。11 月 11 日，完成了二、三子级级间段/后短壳分离对接试验后，仅留下一项结构试验(即二、三子级级间段反推火箭发动机安装试验)在 1966 年完成。此后，对 S-IVB-S 进行改进，以便用于土星 5 运载火箭技术状态审查。

1966 年第一季度，继续进行土星 5 运载火箭 S-II/S-IVB 接口试验。1 月 29 日，完成 S-II 前短壳改进以适应噪声。S-IVB 级间段于 3 月中旬被安装在 S-II 前短壳的顶部。在顺利完成这些试验后，S-II/S-IVB 接口试验设备的拆除于 7 月初完成。将 S-IVB/V 的后短壳样机移到发射台进行组装，以便进行结构试验。试样在准备和返工期间轻微受损。9 月 14 日，完成了弯曲力矩参数试验。在推迟 3 天后，最大极限载荷试验于 9 月 23 日成功完成。10 月 4 日，完成高温试验。10 月 14 日，进行主发动机关机极限载荷试验。10 月 19 日，进行试样的故障试验。当二、三子级级间段模型在最大压力纵梁附近变形且后短壳在最大张力纵梁区域内裂开时，设计极限载荷约为 221%。

1966 年 7 月 19 日，S-IVB/V 前短壳在最大载荷条件下接受了极限试验。在大约 250%的设计载荷且轴向载荷在 100%设计极限时保持不变的情况下，发生弯曲破坏。8 月 26 日，成功完成 S-II/S-IVB 样机高温试验。9 月 12 日，在主发动机关机条件下进行极限轴向载荷/高温试验期间，样机损坏。数据表明，在温度约为 520℃时，轴向载荷在设计极限的 140.5%时发生故障。

11 月 11 日，完成对 S-II/S-IVB 接口螺栓抗拉试验的第一个试样的测试。

1966 年年底，完成对构成 S-IVB-S 元件的结构鉴定。

## 19.5　S-IVB 试车样机

### 19.5.1　概述

S-IVB 试车样机是 J-2 试车样机，已在马歇尔航天飞行中心应用多年。

### 19.5.2　发动机

最初的发动机布局如下。

位置 301：J-2013。

之后的布局包括了发动机 J-2027、J-2048、J-2050 以及 J-108。

### 19.5.3　制造

制造了两种 S-IVB 试车样机。三子级研制用的主要试车样机在加利福尼亚州的萨克拉门托进行试验。第二个试车样机安装于马歇尔航天飞行中心的指定试验台，并在该试验台进行了多次点火试验。S-IVB 主要用作萨克拉门托试车样机以及在马歇尔航天飞行中心进行的 J-2 和 J-2S 发动机研究试验的备件。

1964 年 1 月，道格拉斯将试车样机贮箱的主要元件运至马歇尔航天飞行中心。2 月，将该试车样机放置于马歇尔航天飞行中心。试验台直至 10 月才完工，之后，该试车样机安装于该试验台。

### 19.5.4　试验

马歇尔航天飞行中心的实验室在 6 月和 7 月开始启用位于亨茨维尔的马歇尔航天飞行中心试车样机的 S-IVB 试验台。试车样机由大型贮箱、氦气瓶和 J-2 发动机组成。图 19.1 和图 19.2 给出了 S-IVB 试车样机在马歇尔航天飞行中心的东区试车台上的景象。

图 19.1　准备将 S-IVB 试车样机安装到　　　图 19.2　将 S-IVB 试车样机安装到马歇尔航
马歇尔航天飞行中心的东区试车台上　　　　天飞行中心的东区试车台上(1965 年 4 月)
(1965 年 2 月 10 日)

1965 年 6 月 24 日，将液氢加注到 S-IVB 燃料贮箱中。6 月 29 日，成功进行发动机推力室和启动贮箱的预冷试验（译者注：启动贮箱为液氢球形小贮箱包裹氦气瓶内胆的结构形式，布局在 J-2 发动机燃烧室侧壁）。7 月 10 日，进行液氧贮箱加注。7 月 13 日，由于冷却循环泵的电源发生故障而中断了发动机自旋试验。

7 月 17 日，将液氮加注到燃料贮箱中，以便对燃料冷却系统进行检测。7 月 19 日，在试车样机贮箱中装有液氢和液氧的情况下进行了倒计时演练。

由于推力室冷却过程中盘管换热器发生了冰堵，原定于 1965 年 7 月 30 日进行的 8s 试验予以取消。7 月 31 日，成功进行推力室冷却试验。8 月 2 日，成功进行了第一次时长为 2.1s 的点火试验。随后于 9 月 15 日进行了持续 400s 的全时长点火试验。

1965 年 10 月 4 日，将第一轮热试车中使用的 J-2 发动机（J-2013）从 S-IVB 样机上拆下，10 月 11 日将其更换为性能更强的 J-2027 发动机，同时还安装了发动机摆动设备。11 月和 12 月，利用该新型发动机进行了 4 次长时间点火试验，持续时间最短 300s，最长 432.4s。4 次热试车所得结果均正常。

截止到 1971 年，利用马歇尔航天飞行中心的试车样机试车台共进行了 117 次 J-2 和 J-2S 发动机点火试验。

# 19.6　S-IVB 道格拉斯萨克拉门托试验站试车样机

### 19.6.1　概述

J-2 试车样机在萨克拉门托进行试验后又在阿诺德工程发展中心进行试验，以便同时验证试车样机和发动机运转情况。

### 19.6.2　发动机

进行倒计时 CD 614000-CD 614013 的初始发动机构型（S-IVB/土星 1B 构型）如下。

位置 301：J-2003。

进行倒计时 CD 614014-CD 614032 的发动机构型（S-IVB/土星 1B 构型）如下。

位置 301：J-2013。

进行倒计时 CD 614033-CD 614044 的发动机构型（S-IVB/土星 5 构型）如下。

位置 301：J-2020。

在阿诺德工程发展中心进行试验的过程中，发动机 J-2052、J-2036-1、J-2047 以及 J-2S 发动机 J-112、J-113 和 J-115 与萨克拉门托试车样机一起使用。

### 19.6.3 制造

共两台 S-IVB 试验样机(以下简称 S-IVB)。S-IVB 研制用主试车样机在加利福尼亚州的萨克拉门托进行试验。第二台试车样机安装在马歇尔航天飞行中心的专用试车台上,并进行了多次点火试验。

1964 年 9 月 18 日至 1965 年 8 月 20 日在加利福尼亚州萨克拉门托的道格拉斯进行的 S-IVB 静态点火试验计划包括一系列短时长和全时长发动机点火试验,用于检验设计参数并验证 S-IVB 系统的完整性。

试车样机包括飞行件系统和贮箱组件。贮箱为不锈钢圆筒形构型,半球形箱底安装在二、三子级级间段模型上,J-2 发动机安装在推力结构上。液氧贮箱和液氢贮箱的内部结构具有供专用仪器、摄像机、照明和应急液氧排放所使用的开口,其他配置情况与 S-IVB 相似。

### 19.6.4 试验

1963 年 12 月 18 日,将试车样机贮箱安装在萨克拉门托的 β-1 试车台上,工程师开始试车样机的组装与检测工作,包括试车台、试验控制中心和设施设备的安装与检测。1964 年 3 月,在萨克拉门托成功完成了球形氦气瓶的安全试验。4 月开始试车样机的试运行,首先对供配电系统和气动控制台进行了综合检测。洛克达因公司也于 4 月交付了 J-2 发动机。

1964 年 6 月 4 日,完成 J-2 发动机(J-2003)与试车样机贮箱的连接。到 9 月中旬,试车样机、地面支持系统检测工作完成。静态点火之前顺利完成了若干项检查,包括泄漏检查和气动、推进剂、后部环境控制、配电和时序器等系统的全面功能试验。

1965 年 6 月 19 日至 8 月 20 日,进行了 S-IVB/V 试车样机技术状态审查,而在 5 月 14 日,完成了 S-IVB/IB 技术状态审查。

冷流和冷却试验包括一系列非点火试验,用于确定和评估推进剂加注、发动机吹除、排放等操作程序以及发动机冷却序列的正确启动。

这些试验需要 4 次倒计时,即 CD 614000、CD 614002、CD 614003 和 CD 614004。

收到芯级的信号后,燃气发生器在 CD 614005 时因再循环冷却过程中过度冷却而发生故障。液氧提升阀因燃烧室和液氢喷注器分支管的压力上升而损坏,2 号火花塞从其螺纹壳体中冲出,液氧喷注器感应管路被烧穿且部分烧毁。提升阀爆裂,击穿了液氢涡轮,其中两个涡轮叶片随后被毁坏。采取改进措施后,燃气发生器在发动机运转过程中正常运行。

　　1964 年 12 月 1 日，进行了土星 1B 运载火箭构型的第一次点火试验，12 月底前进行了第一次全时长点火试验。1965 年 1 月 28 日，将 J-2 发动机 J-2003 更换为 J-2013。1965 年初，采用飞行用发动机继续进行土星 1B 运载火箭的热试车计划，并分别于 3 月 31 日、4 月 15 日和 5 月 4 日进行了符合要求的全时长点火试验。5 月 14 日，进行了二、三子级级间段环境调节试验，结束了在萨克拉门托进行的土星 1B 运载火箭系列试车样机试验。

　　1965 年 5 月，开始按土星 5 运载火箭构型改装土星 1B 运载火箭系列试车样机，并于 6 月初完成。改装工作包括将 J-2 发动机更换为 J-2020，还包括在推力结构上安装 10 个贮箱外氦气瓶，用于液氧贮箱和液氢贮箱补压。

　　试验人员于 1965 年 6 月 19 日尝试了土星 5 运载火箭第一次热试车，但是该试验持续 9s 后就以自动关机告终。6 月 26 日的第二次热试车持续时间达到 167s，并进行了 4s 的重启点火，试验表明所有系统性能良好。7 月 1 日进行的第三次点火过程中，推力锥区在第二次点火 2s 后发生了爆炸。爆炸导致了火灾，损坏了导线和仪器。

　　1965 年 8 月 13 日，另一次试车因点火 16s 后发生火灾而中断，但损失较小。8 月 17 日进行了试车样机的首次重启点火全时长热试车；重启点火时长分别为 170s 和 319s，两次点火之间为 92min 的模拟滑行段。8 月 20 日进行了最后一次重启点火试验，燃烧时长分别为 171s 和 360s，滑行阶段为 41min。

　　S-IVB/V 静态点火试验计划包括 7 次点火，其中 2 次为全时长点火和 5 次短时长点火，而 S-IVB/IB 试验计划则包括 10 次点火试验，其中 4 次为全时长点火，6 次为短时长点火。

　　9 月 3 日，工人将试车样机从萨克拉门托的 β-1 试车台上拆下，准备运输该试车样机，以便进行进一步试验。

　　1966 年 1 月 8 日，试车样机通过驳船运抵田纳西州南匹兹堡。南匹兹堡位于通往俄克拉何马州阿诺德工程发展中心的途中，而阿诺德工程发展中心则是进行一系列 J-2 发动机高空点火试验的地点。试车样机和发动机 J-2052 分别于 2 月 22 日和 3 月 4 日抵达阿诺德工程发展中心。

　　在阿诺德工程发展中心 J-4 试验台，利用试车样机进行的一系列 J-2 和 J-2S 发动机研发试验从 1966 年 7 月持续到了 1970 年 5 月。

　　试车案例包括 1968 年 1 月进行的试车，阿诺德工程发展中心的工作人员在此期间进行了若干次 J-2 发动机试验。这些试验包括 8 次 S-II 低燃料状态下二级净正吸入压头 (NPSH) 热试车以及在 S-IVB 试车样机上进行的 3 次吹除试验。这些试验还包括 6 次 S-IVB 试车样机点火，用来研究推力为 1023.09kN (230000lbf) 的发动机的 8min 重启运行情况。

　　1970 年年底，试验结束时，试车样机报废。三子级试验情况如表 19.1 所示。

**表 19.1　三子级试验情况**

| 倒计时编号 | 日期 | 构型/试验 | 发动机 | 持续时间 | 备注 |
|---|---|---|---|---|---|
| CD 614000 | 1964 年 9 月 18 日 | 土星 1B/非点火 | J-2003 | — | 液氮和液氢低温加注 |
| CD 614002 | 1964 年 9 月 25 日 | 土星 1B/非点火 | J-2003 | — | 液氢和液氧推进剂加注 |
| CD 614003 | 1964 年 10 月 2 日 | 土星 1B/非点火 | J-2003 | — | 发动机冷却试验 |
| CD 614004 | 1964 年 10 月 24 日 | 土星 1B/非点火 | J-2003 | — | 启动贮箱吹除试验 |
| CD 614005 | 1964 年 11 月 7 日 | 土星 1B/点火尝试 | J-2003 | 0s | 3 次尝试均在点火 10s 后失败 |
| CD 614006 | 1964 年 11 月 24 日 | 土星 1B/非点火 | J-2003 | — | 燃气发生器点火试验 |
| CD 614007 | 1964 年 12 月 1 日 | 土星 1B/点火 | J-2003 | 10.67s | 试运转点火成功 |
| CD 614008 | 1964 年 12 月 9 日 | 土星 1B/点火 | J-2003 | 50.7s | 试运转点火成功 |
| CD 614009 | 1964 年 12 月 15 日 | 土星 1B/点火 | J-2003 | 150.4s | 试运转点火成功 |
| CD 614010 | 1964 年 12 月 23 日 | 土星 1B/点火 | J-2003 | 414.6s | 全时长点火成功 |
| CD 614011 | 1965 年 1 月 8 日 | 土星 1B/非点火 | J-2003 | — | J-2 发动机温度调节试验 |
| CD 614012 | 1965 年 1 月 14 日 | 土星 1B/非点火 | J-2003 | — | J-2 发动机温度调节试验 |
| CD 614013 | 1965 年 1 月 16 日 | 土星 1B/非点火 | J-2003 | — | J-2 发动机温度调节试验 |
| CD 614014 | 1965 年 2 月 9 日 | 土星 1B/非点火 | J-2013 | — | J-2 发动机温度调节试验 |
| CD 614015 | 1965 年 2 月 17 日 | 土星 1B/非点火 | J-2013 | — | J-2 发动机温度调节试验 |
| CD 614016 | 1965 年 2 月 18 日 | 土星 1B/非点火 | J-2013 | — | J-2 发动机温度调节试验 |
| CD 614017 | 1965 年 2 月 25 日 | 土星 1B/非点火 | J-2013 | — | J-2 发动机温度调节试验 |
| CD 614018 | 1965 年 3 月 2 日 | 土星 1B/非点火 | J-2013 | — | J-2 发动机温度调节试验 |
| CD 614019 | 1965 年 3 月 6 日 | 土星 1B/非点火 | J-2013 | — | J-2 发动机温度调节试验 |
| CD 614020 | 1965 年 3 月 13 日 | 土星 1B/点火 | J-2013 | 11.8s | 试运转点火成功 |
| CD 614021 | 1965 年 3 月 19 日 | 土星 1B/点火 | J-2013 | 29.2s | 全时长尝试,由于仪器问题而失败 |
| CD 614022 | 1965 年 3 月 25 日 | 土星 1B/点火尝试 | J-2013 | 0s | 高混合比、推进剂利用偏离点火<br>(3 次尝试均失败) |
| CD 614023 | 1965 年 3 月 31 日 | 土星 1B/点火 | J-2013 | 470s | 高混合比、推进剂利用偏离点火成功 |
| CD 614024 | 1965 年 4 月 7 日 | 土星 1B/点火 | J-2013 | 42s | 低混合比、推进剂利用偏离点火。<br>由于仪器问题而失败 |
| CD 614025 | 1965 年 4 月 15 日 | 土星 1B/点火 | J-2013 | 506.75s | 低混合比、推进剂利用偏离点火成功 |
| CD 614026 | 1965 年 4 月 22 日 | 土星 1B/非点火 | J-2013 | — | 弹簧系数模拟器的验证和贮箱外<br>常平座试验 |
| CD 614028 | 1965 年 4 月 27 日 | 土星 1B/点火 | J-2013 | 374s | 高混合比点火由于高温而终止 |
| CD 614030 | 1965 年 5 月 4 日 | 土星 1B/点火 | J-2013 | 493.5s | 成功 |

续表

| 倒计时编号 | 日期 | 构型/试验 | 发动机 | 持续时间 | 备注 |
|---|---|---|---|---|---|
| CD 614031 | 1965 年 5 月 13 日 | 土星 1B/非点火 | J-2013 | — | 二、三子级级间段环境试验 |
| CD 614032 | 1965 年 5 月 14 日 | 土星 1B/非点火 | J-2013 | — | 二、三子级级间段环境试验 |
| CD 614033 | 1965 年 6 月 19 日 | 土星 5/点火 | J-2020 | 8.92s | 由于设施问题而失败 |
| CD 614034 | 1965 年 6 月 26 日 | 土星 5/点火 | J-2020 | (167+3.84)s | 两次点火之间有 94min 的滑行时间，第二次点火由于噪声而失败 |
| CD 614035 | 1965 年 7 月 1 日 | 土星 5/点火 | J-2020 | (5.45+1.72)s | 第一次点火由于控制逻辑问题而失败，第二次点火由于火灾和爆炸而失败 |
| CD 614041 | 1965 年 8 月 12 日 | 土星 5/点火尝试 | J-2020 | 0s | 由于加注过程中发生泄漏而失败 |
| CD 614042 | 1965 年 8 月 13 日 | 土星 5/点火 | J-2020 | 16s | 由于小火灾而提前终止 |
| CD 614043 | 1965 年 8 月 17 日 | 土星 5/点火 | J-2020 | (170+319)s | 两次点火之间有 92min 的滑行时间，第二次点火摆动 |
| CD 614044 | 1965 年 8 月 20 日 | 土星 5/点火 | J-2020 | (170.9+360.2)s | 两次点火间有 41min 的滑行，第二次点火摆动 |

# 19.7　S-IVB-F

## 19.7.1　概述

S-IVB-F 设施试验件是用于对萨克拉门托试车台设施和肯尼迪航天中心发射设施进行检测的设施试验件，也是 1966 年登上发射台的第一枚土星 5 运载火箭 SA-500F 的一部分。S-IVB-F 最后被改装，用作天空实验室动力学试验件。

## 19.7.2　发动机

S-IVB-F 没有安装发动机。

## 19.7.3　制造

土星 5 运载火箭的设施试验件 S-IVB-F（或 S-IVB-500F）于 1964 年在道格拉斯的工厂进行制造。硬件制造工作于 1964 年 2 月在圣塔莫尼卡开始。道格拉斯在 4 月完成了所有贮箱筒段壁板的制造。6 月底，液氧贮箱后底与共底连接，且之前液氢贮箱上底已准备完成。

1964 年下半年，取消了全系统试验件 S-IVB-T，并将硬件重新分配给了 S-IVB-F。

　　道格拉斯在 10 月完成推力结构组装并加工连接环。1964 年 12 月底,道格拉斯将 S-IVB-F 运至 2 号组装塔并将前短壳、后短壳和推力结构连接至贮箱部分。S-IVB-F 没有安装发动机。1965 年 2 月 12 日,"猎户座"驳船装载 S-IVB-F 驶离西尔滩海军坞,沿着萨克拉门托河将 S-IVB-F 拖运至考特兰码头。S-IVB-F 于 2 月 17 日抵达萨克拉门托。2 月 18 日,工人在萨克拉门托将 S-IVB-F 安装到 β-3 试车台上,用于验证该试车台是否符合 S-IVB-201 验收试验的要求。

### 19.7.4 　试验

　　1965 年 4 月 21 日,顺利完成了推进剂手动加注。5 月 1 日成功进行了推进剂自动加注试验,结束了在 β-3 试车台上进行的 S-IVB-F 设施检测。S-IVB-F 于 5 月 3 日从试车台上拆下,并接受贮箱、隔热材料和焊缝的试验后检查。检查中未发现缺陷。

　　S-IVB-F 于 6 月 10 日离开萨克拉门托,并于 6 月 30 日抵达肯尼迪航天中心。S-IVB-F 最初从萨克拉门托出发,经过考特兰码头,沿着萨克拉门托河由"猎户座"驳船于 6 月 13 日运抵西尔滩。S-IVB-F 在西尔滩被转移到"巴罗角号"船坞式货船上,以便完成剩余航程,抵达肯尼迪航天中心,S-II 模拟件也加入了这段航程。S-IVB-F 于 6 月 22 日经过巴拿马运河,并于 6 月 26 日抵达米丘德组装厂,S-II 模拟件也在米丘德组装厂卸货。计划将 S-IVB-F 用于对 LC-34、LC-37 和 LC-39 设施进行检测,然而最后只用在 LC-34 和 LC-39 上。

　　1965 年 8 月,火箭开始在第 34 号发射台进行起竖,计划使用 S-IB-D/F 作为设施一子级,但 S-IB-D/F 在动力学试验期间被损坏,因此使用第一个飞行件,即 S-IB-1 进行设施试验。8 月 18 日,S-IB-1 安装在发射台上。S-IB-1 作为 S-IVB-500F 的高度模拟工装,用来在推进剂加注过程中验证液氧和液氢加注系统。S-IU-200F/500F 安装在 S-IVB-500F 顶部。

　　起竖在 LC-34 的运载火箭检测从 8 月 18 日开始,除了因为台风"贝特西"而耽误了几天之外,进展非常顺利。

　　技术人员于 1965 年 9 月 23 日完成了 S-IVB-500F 的计算机控制推进剂自动加注。9 月 29 日,试验完成后,肯尼迪航天中心的技术人员开始从发射台拆除试验件。道格拉斯的工作人员立即开始将 S-IVB-F 改装为土星 5 运载火箭构型。

　　设施试验件的二、三子级级间段于 10 月 19 日利用翠峦州号船运离西尔滩,并于 1965 年 11 月 2 日抵达肯尼迪航天中心。

　　设施试验件 S-IVB-F 向土星 5 运载火箭最终构型的改装在肯尼迪航天中心的火箭组装大楼低跨间完成。S-IVB-F 于 1966 年 3 月 25 日签收并可用于 LC-39 检测。

　　1966 年 3 月 25 日,在火箭组装大楼内完成了 S-II-F 设施试验件与 S-IC-F 设施试验件的对接。肯尼迪航天中心技术人员在 3 月 28 和 29 日将 S-IVB-F 安装到 S-IC-F 和 S-II-F 的顶部，并在第二天将 S-IU-500F 安装到火箭上。

设施检测火箭 AS-500F 完工后，在 5 月 13 日进行了首次通电。系统试验 5 月 24 日完成，并在第二天将 AS-500F 整箭由 1 号履带式运输车从火箭组装大楼转移至 39A 发射工位，运输时间大约半天。

6 月 8 日，由于台风"阿尔玛"来临，AS-500F 在 LC-39A 的处理和试验工作被迫中断。以防万一，AS-500F 被重新转移至火箭组装大楼。两天后，随着台风威胁解除，AS-500F 被再次运往 LC-39A 发射工位。这一过程耗时大约 8h。

7 月，进行了电源和控制开关试验。由于液氧供应系统的故障，计划于 8 月进行的加注试验被推迟。系统修复后，于 9 月 28 日完成 S-IVB-F 液氧和液氢手动加注试验。在快速加注过程中，6 号摆臂的脐带缆线接头发生泄漏，导致加注只进行到 52%就停止。经研究，没有必要重新进行试验，所有主要目标均已实现。

10 月 12 日，在 LC-39A 圆满完成了 AS-500F 液氧和液氢自动加注。此前在 10 月 8 日曾尝试过一次自动加注，但以失败告终。

在 S-IVB-F 自动加注过程中，活动发射平台上 45.72cm(18in)气态氢排气管路的泄漏最终导致了一场火灾。这场火灾是通过关闭火箭液氢排放口并用气态氮对火箭排气装置进行吹除来熄灭的。火灾没有对火箭或设施造成损坏。泄漏是由管路中的波纹管断裂引起的。由于液氢泄漏和火灾，S-IVB-F 推力室冷却和终端倒计时试验没有完成。但是，火箭推进剂泄出试验顺利完成，顺序是：液氧泄出前的准备；人工同时泄出 S-IVB 液氢和 S-II 液氢；自动同时泄出 S-IVB、S-II 液氧和 S-IC 液氧。此时认为 AS-500F-1 推进剂相关试验已完成。

完成在发射台的试验后，10 月 14 日将 AS-500F 从 LC-39A 重新转移至火箭组装大楼。运输过程中，履带式运输车出现了轻微的轴承过热问题。

回到火箭组装大楼后，立即对 AS-500F 进行了共振试验，因此需要使逃逸系统与 AS-500F 分离。10 月 15 日开始在火箭组装大楼中进行 AS-500F 的拆卸工作。当日，拆卸了指令服务舱和仪器舱。然后，于 10 月 16 日拆卸了 S-IVB-F 三子级和 S-II-F 二子级。最终，于 10 月 21 日拆卸了 S-IC-F 一子级。

S-IVB-F 被存放在肯尼迪航天中心。

1967 年初，S-IVB-F 的辅助动力系统模块在 LC-39A 移动勤务塔上进行了惰性燃料和氧化剂加注。完成这两项推进剂加注之后，再进行燃料加注，没有发现明显的问题。

道格拉斯按照指示将 S-IVB-F 运送到马歇尔航天飞行中心，在 AS-204 阿波罗飞船发射期间作为模拟件使用。安装了一个 J-2 发动机模拟件，并将 S-IVB-F 从 2 号低跨间上拆卸，准备装运。在预定的装运日期之前，由于取消了 AS-204 任务，S-IVB-F 的装运也被取消。S-IVB-F 被运回肯尼迪航天中心的检测间并存放起来。1969 年早期，S-IVB-F 被运送到马歇尔航天飞行中心。

1970 年 1 月 2 日，马歇尔航天飞行中心将 S-IVB-F 运往亨廷顿滩的麦道公司工厂进行改装(图 19.3)。S-IVB 通过"超级古柏"飞机从马歇尔航天飞行中心的红石机场运送至洛斯阿拉米托斯海军航空站。S-IVB-F 将被改装成一个天空实验室动力学试验件。12 月 4 日，改装工作完成后，S-IVB-F 与 S-IVB-512 一起搭载"巴罗角号"船坞式货船从亨廷顿滩的麦道公司被运至米丘德。S-IVB-F 在米丘德组装厂被卸下并被运送到得克萨斯州休斯敦的载人航天中心，以便进行天空实验室动力学试验。S-IVB-F 于 1970 年 12 月 31 日搭载"猎户座"驳船离开米丘德组装厂，并于 1971 年 1 月 5 日到达载人航天中心附近的克利尔湖码头。S-IVB-F 于 1971 年 1 月 7 日被卸下并移至载人航天中心的声学试验设施(图 19.4)，以便从 1 月 20 日开始进行一系列试验。

在载人航天中心对 S-IVB-F 进行了一系列试验，以验证其挠度和振动特性。使 S-IVB-F 处于起飞噪声环境中 15s，以验证轨道工作舱结构设计是否符合要求。1971 年 2 月 12 日，完成了噪声试验。

图 19.3　S-IVB-F 贮箱在与后短壳分离后从亨廷顿滩的 1 号塔拆下(1970 年 1 月)　　图 19.4　S-IVB-F(天空实验室动力学试验件)进入休斯敦的载人航天中心试验塔(1971 年 1 月)

振动噪声试验计划的第 I 阶段完成后，轨道工作舱动力学试验件 S-IVB-F 于 1971 年 5 月 23 日通过"猎户座"驳船从载人航天中心运往马歇尔航天飞行中心，并于 6 月 4 日抵达马歇尔航天飞行中心进行天空实验室静态试验。

1974 年 6 月，S-IVB-F 被运到了肯尼迪航天中心，其可能在此处进行报废。

# 19.8　S-IVB-D

### 19.8.1　概述

S-IVB-D 动力学试验件是用于对土星 1B 运载火箭和土星 5 运载火箭构型进行试验的动力学试验件。

### 19.8.2　发动机

S-IVB-D 用于动力学试验的发动机构型如下。

位置 301：J-2006。

在亨茨维尔市航天与火箭中心展示的 S-IVB-D 发动机构型如下。

位置 301：J-204。

### 19.8.3　制造

S-IVB-D 由位于亨廷顿滩的道格拉斯制造。1964 年 1 月，道格拉斯完成了液氧贮箱组件的制造并将其交付至亨廷顿滩进行组装。2 月，贮箱筒段部分完成。3 月，液氧贮箱部分与筒段部分焊接在一起，液氢贮箱上底焊接到位，从而完成了贮箱的结构组装。

道格拉斯还在 1964 年 3 月组装了 S-IVB-D 推力结构。4 月，将 S-IVB-D 运至液压试验塔中。试验期间，液氧贮箱的上底出现褶皱，需要修理和清洗。5 月，成功完成了 S-IVB-D 的验证试验。

1964 年 8 月，道格拉斯完成了 S-IVB-D 液氢贮箱的隔热，清理了贮箱，并将其放置到 2 号组装塔中；在 2 号组装塔中将组装夹焊接到通道区域。8 月，洛克达因公司向道格拉斯交付了 J-2006J-2 发动机，以供 S-IVB-D 使用。S-IVB-D 于 9 月底放置到 5 号垂直检测塔中。这是为了安装模拟发动机和连接液压系统。S-IVB-D 的检测开始于 10 月 13 日，结束于 10 月 28 日。由于液氢贮箱箱底膨胀，需要在 11 月 8 日进行额外的压力试验。12 月 8 日，在将 S-IVB-D 装载到西尔滩的美国阿洛哈州号船舶之前，道格拉斯对 S-IVB-D 进行了喷漆和称重。阿洛哈州号船舶于 12 月 9 日起航，通过巴拿马运河驶向新奥尔良。12 月 21 日，S-IVB-D 被转移到承诺号驳船上，沿着密西西比河和田纳西州的河流运往马歇尔航天飞行中心，并于 1965 年 1 月 4 日抵达。

### 19.8.4　试验

1965 年的前 5 个月，S-IVB-D 在马歇尔航天飞行中心进行了土星 1B 运载火箭试验。土星 1B 运载火箭有四种不同的飞行构型,每一种构型都不同,需要单独进行一系列的动力学试验。

SA-201、SA-202、SA-204 和 SA-205 构型包括火箭和阿波罗飞船,不包括登月舱。

SA-203 构型不包括飞船,但包括火箭和一个简单的头部护罩。

SA-206 构型包括登月舱和指令服务舱试验件。

SA-207 构型包括运载火箭和一个完整的 Block II 飞船。

动力学试验在位于马歇尔航天飞行中心的土星 1 运载火箭动力学试车台上(改装后)进行。火箭的一子级包括改装成土星 1B 运载火箭构型(S-IB-D/F)的土星 1 运载火箭动力学试验件(SA-D5)。S-IVB-D 是运载火箭的上面级。

S-IB-D/F 和 S-IVB-D 均在 1965 年 1 月安装到动力学试车台上。2 月 8 日,动力学试验仪器舱 S-IU-200D/500D 安装到 S-IVB-D 顶部。模拟鼻锥由直升机空运,并放置在动力学试验件的顶部,然而这一操作由于模拟鼻锥在着陆时受到损坏而推迟。

试验的第一阶段(SA-203 构型)从 1965 年 2 月 18 日开始,持续到 3 月 2 日。试验的第二阶段(SA-202 构型)包括试验样机指令服务舱 27,从 3 月 15 日开始。3 月 27 日,S-IB-D/F 星形梁组件的横梁腹板破裂。这一故障导致需要修复星形梁并重新进行一些 SA-202 试验。动力学试验于 4 月 2 日重新开始,持续到 4 月 19 日。试验的第三阶段(包含 SA-207 构型)从 4 月底开始,持续到 5 月 12 日。动力学试验的第四阶段和最后阶段(SA-206 构型)于 5 月 27 日结束,从而土星 1B 运载火箭总体试验计划完成。随后立即开始了运载火箭的拆卸,以便为上面级试验做准备。图 19.5~图 19.7 给出了 S-IB-D/F 在马歇尔航天飞行中心土星 1 运载火箭动力学试车台的相关活动。

土星 1B 运载火箭构型(S-IVB-D、仪器舱和有效载荷)的上面级试验从 8 月 1 日开始,持续到 9 月 11 日。此时,S-IVB-D 被重新指定用于土星 5 运载火箭构型试验,并进行了改装。

用于将 S-IVB-D 改装成土星 5 运载火箭构型的后短壳于 9 月 24 日搭载"巴罗角号"驳船离开西尔滩,并于 11 月 2 日抵达马歇尔航天飞行中心,将 S-IVB-D 的硬件交付至马歇尔航天飞行中心。

土星 1B 运载火箭动力学试车台上的土星 5 运载火箭构型 III(S-IVB、S-IU、有效载荷)试验在 10 月 15 日至 11 月 6 日顺利完成。

1966 年初,由于 S-II-D 已经不可用于构型 I 和 II 动力学试验,决定采用 S-IVB-D 进行"超级古柏"飞行试验。随后对 S-IVB-D 动力学试验件进行了改装，增加了仪器，以记录飞机环境。3 月 20 日，将 S-IVB-D 装载到"超级古柏"上。在飞往及离开亨廷顿滩附近的洛斯阿拉米托斯海军航空站的试飞过程中没有发现严重的问题。试飞得出的数据表明使用"超级古柏"能够满足空运 S-IVB 的运输条件要求。

图 19.5　S-IB-D/F 被吊入马歇尔航天飞行中心土星 1 运载火箭动力学试车台，等待连接 S-IVB-D（1965 年 1 月 11 日）

图 19.6　S-IVB-D 被吊入马歇尔航天飞行中心土星 1B 运载火箭动力学试车台，在 S-IB-D/F 顶部（1965 年 1 月 18 日）

图 19.7　组装完成的土星 1B 运载火箭处于动力学试验的第二阶段，位于马歇尔航天飞行中心动力学试车台上（SA-202 构型，注意底部的登月舱模型，1965 年 4 月 14 日）

　　在马歇尔航天飞行中心为 S-IVB-D 动力学试验做准备。S-IVB-D 级间段的组装开始于 1966 年 11 月 23 日,结束于 11 月 28 日。S-IVB-D 的组装操作开始于 11 月 29 日,结束于 11 月 30 日。S-IVB-D 被组装到 S-IC-D 和 S-II-F/D 顶部。12 月 1 日,组装了下部登月舱适配器、登月舱和上部空间登月舱适配器。12 月 3 日,连接了指令服务舱和逃逸系统。

动力学试验活动被归类为 AS-500D 构型 I 试验系列。构型 I 为完整的土星 5 运载火箭。试验开始于 1967 年 1 月初,1 月 7 日完成了滚转试验。试验中,发现与用于实际飞行的火箭相比存在硬件配置方面的差异,于是决定改进构型后重新进行试验。

构型 I 试验计划包括 1967 年 1 月 16 日完成的滚转试验、从 1 月 20 日持续到 23 日的俯仰试验、2 月 15 日完成的偏航试验以及 2 月 26 日完成的纵向试验。最后的纵向试验中发生了液氧泄出管路断裂。马歇尔航天飞行中心于 3 月 6 日提供了备用的排出管路,并批准进行额外的构型 I 试验来验证飞行控制系统。这一试验持续到 3 月 11 日,当天完成了飞行控制系统试验所需的最后一项试验。3 月下旬开始 AS-500D 运载火箭的拆解工作。截止到 3 月 30 日,已拆除了逃逸系统、指令服务舱、仪器舱、S-IVB-D 和 S-II-F/D。

同时,其余各子级,即除去一子级完整的土星 5 运载火箭返回动力学试验塔,以便在 5 月 11 日开始进行构型 II 系列动力学试验。

构型 II 试验包括 5 月 15 日完成的偏航试验序列、6 月 2 日完成的俯仰试验、6 月 10 日完成的滚转试验和 6 月 13 日开始 7 月初结束的纵向试验。7 月 28 日,完成土星 5 运载火箭构型 II 动力学试验系列中的所有计划试验。马歇尔航天飞行中心批准延期一个月,允许重新进行若干试验。此后,这些动力学试验件从动力学试验塔上拆除。

位于亨茨维尔市的美国航天与火箭中心于 1968 年 7 月破土动工。接下来的一年,S-IVB-D 被移到户外的展示区存放。1969 年 6 月 26 日,S-IVB-D 被放置在马歇尔航天飞行中心邻近天空实验室的位置。两天后,美国中部夏令时间 1969 年 6 月 28 日上午 5:00,沿莱德奥特公路将 S-IVB-D 运往博物馆。运输过程中,需要切断大量电源线路,拆卸若干路标以及移走一些电线杆。将一台被命名为 J-204 的单台研发用 J-2 发动机安装到 S-IVB-D 上,用于展出。博物馆于 1970 年开始对外开放,而 S-IVB-D 直至今天始终存放其中。1987 年 7 月 15 日,马歇尔航天飞行中心的土星 5 运载火箭被指定为美国国家历史地标。S-IVB-D 的整修开始于 2005 年,而 2008 年 2 月,当戴维森中心在亨茨维尔的美国航天与火箭中心对外开放时,整修一新的动力学试验件再次向公众展出。图 19.8 给出了 S-IVB-D 2004 年在亨茨维尔美国航天与火箭中心展出的情况。

图 19.8 2004 年在亨茨维尔美国航天与火箭中心展出的 S-IVB-D

## 19.9 S-IVB-T

### 19.9.1 概述

S-IVB-T 静态点火试验件是指生产制造早期被取消的全系统试验件。

### 19.9.2 制造

全系统试验件 S-IVB-T 由位于亨廷顿滩的道格拉斯制造。1964 年初，道格拉斯的 S-IVB-T 共底组装和焊接工作完成了一半。这项工作干于 2 月结束，技术人员已准备好将共底与下底连接。截止到 3 月底，液氧贮箱的组装完成。4 月，道格拉斯将贮箱部分与上底连接，并完成了前短壳的制造。5 月，进行了贮箱结构的液压试验。6 月，推力结构与贮箱连接，S-IVB-T 被转移到隔热室，以便开始安装隔热材料。

1964 年下半年，取消了全系统试验件 S-IVB-T，并将硬件重新分配给了 S-IVB-F 和 S-IVB-ST。

## 19.10 S-IVB-501

### 19.10.1 概述

S-IVB-501 飞行件是第一个 S-IVB-500 系列飞行件，也是唯一一个从道格拉斯海运过来的 S-IVB-500。S-IVB-501 的第一次点火试验失败，后来成功发射了阿波罗 4 号飞船，并且曾在一天之内再入大气层。

### 19.10.2　发动机

初始和最终的发动机构型如下。

位置 301：J-2031。

### 19.10.3　制造

土星 5 运载火箭构型中第一个飞行件的制造和组装于 1964 年下半年分别在圣塔莫尼卡和亨廷顿滩进行。液氢贮箱筒段部分在亨廷顿滩进行组装，液氧贮箱在圣塔莫尼卡进行组装。但是，前后短壳电气装置的设计问题导致计划延迟。

推进剂贮箱的组装和试验在 1965 年第二季度进行。第三季度，工人完成了隔热材料安装、推力结构/前短壳组装、贮箱安装/清洗、J-2 发动机组装和喷漆等操作。

S-IVB-501 结构部件的组装开始于 1965 年 11 月 1 日，结束于 11 月 15 日。11 月 15 日，将 S-IVB-501 放置于 5 号检测塔，12 月 16 日安装了发动机。

### 19.10.4　试验

制造后的检测开始于 1965 年 11 月 22 日，但由于零件短缺而进展缓慢。

1966 年 1 月 28 日，在亨廷顿滩的道格拉斯完成了 S-IVB-501 的制造后检测。后期的部件安装一直持续到装运至萨克拉门托前。3 月 5 日，对 S-IVB-501 进行了称重，然后做好了装运准备。

S-IVB-501 于 3 月 11 日从道格拉斯运往萨克拉门托，于 3 月 15 日到达。S-IVB-501 最初经过短距离运输到达西尔滩，又从西尔滩登船，沿着太平洋海岸运输，从金门大桥下经过，并沿着萨克拉门托河到达加利福尼亚州北部的考特兰码头。S-IVB-501 从考特兰码头经过短距离公路运输到达萨克拉门托。在装运过程中，对加速度、温度、相对湿度、飞行件俯仰和滚转、风速和方向等参数进行监测和记录。结论是，该运输方法是可以接受的，但在未来将仅作为备选方案；而首选方案是将其直接空运至萨克拉门托。

3 月 21 日，将 S-IVB-501 安装到 β-1 试车台。3 月 30 日，完成了与设备和地面支持设备的连接。然后，S-IVB-501 通电。4 月 8 日，进行了液压试验后又开展了泄漏检测。

5 月 9 日，在萨克拉门托的 β-1 试车台上完成了 S-IVB-501 集成系统检测，为 S-IVB-501 的验收点火试验做准备。

5 月 20 日进行的首次 S-IVB-501 验收点火尝试(倒计时 614061)由于传感器接口模块(SIM)中断而导致 50s 后自动关机。第二次尝试是在试车台检验后开始的，但由于控制台 B 中的冷氦交叉气动阀发生泄漏而失败。

S-IVB-501 的最后一次静态点火尝试(倒计时 614063)于 5 月 26 日在萨克拉门托顺利完成。该试验包括 151s 的第一次点火、106min 的模拟轨道滑行阶段以及 301s 的重启点火,实现了所有试验目标。

S-IVB-501 的辅助动力系统模块 1 和 2 也于 5 月在萨克拉门托的 γ-3 试车台进行了检测和置信度点火。技术人员于 5 月 6 日对模块 1005-1 进行点火,于 5 月 13 日对模块 1005-2 进行点火。点火后,对这两个模块进行拆卸和检测。

5 月 27 日,进行了推进系统的最终渗漏检测。

6 月 3 日,完成 3 次验收点火后,S-IVB-501 从萨克拉门托的 β-1 试车台上被拆除。道格拉斯工作人员将 S-IVB-501 移到垂直检测实验室,以便在将其装运到肯尼迪航天中心之前进行静态点火后检测和改装。

全系统试验从 7 月 21 日开始,但是更换子级开关选择器后,需要在 7 月 27 日重新进行试验。7 月 29 日,将 S-IVB-501 从垂直检测实验室的检测位置拆下。将 S-IVB-501 放置在水平位置,改装工作和 S-IVB-501 装运准备持续到 7 月底。

8 月 9 日,完成了静态点火后检测,随后召开了将 S-IVB-501 移交给 NASA 的会议。8 月 11 日,对 S-IVB-501 进行了称重,质量为 12.773t(28159.18lb)。

S-IVB-501 于 8 月 12 日离开萨克拉门托,并于 8 月 14 日运抵肯尼迪航天中心。S-IVB-501 由"超级古柏"运输,从马瑟空军基地出发,但在途中由于恶劣天气而延误了一天。

S-IVB-501 最终于 1967 年 11 月 9 日作为搭载阿波罗 4 号飞船的土星 5 运载火箭的三子级执行发射。0.34 天后,即 1967 年 11 月 9 日晚些时候再入大气层。

## 19.11　S-IVB-502

### 19.11.1　概述

S-IVB-502 飞行件将阿波罗 6 号飞船发射到近地轨道,在轨寿命为 22 天。

### 19.11.2　发动机

初始和最终的发动机构型如下。

位置 301:J-2042。

### 19.11.3　制造

1965 年初,道格拉斯开始制造第二枚土星 5 运载火箭飞行件。1965 年第二季度，推进剂贮箱的组装在圣塔莫尼卡进展顺利。截止到 7 月 1 日，液氧贮箱已完成并在亨廷顿滩进行泄漏和验证试验。8 月 6 日，贮箱组装完成。S-IVB-502 于 9 月底进入液压试验塔，并于 10 月 1 日完成验证试验。1965 年年底，泄漏检查、着色渗透检查、贮箱隔热层安装以及贮箱清洗工作完成。

1966 年 2 月 19 日，发动机被安装到 S-IVB-502 中。2 月 20 日，S-IVB-502 的后短壳、前短壳和推力结构完成连接，组装工作就此结束。随后，道格拉斯的工人将 S-IVB-502 运至亨廷顿滩的检测塔中。

### 19.11.4　试验

1966 年 2 月 28 日，S-IVB-502 检测在亨廷顿滩开始。4 月，零件短缺妨碍了测试工作。

S-IVB-502 的制造后检测于 1966 年 5 月 12 日完成，6 月 1 日从道格拉斯运往萨克拉门托，于 6 月 2 日到达。运输工作由"超级古柏"完成，该飞机从洛斯阿拉米托斯海军航空站飞往马瑟空军基地。S-IVB-502 从马瑟空军基地经过短距离公路运输到达萨克拉门托试验站，并于 6 月 6 日安装到 β-1 试车台上。

辅助动力系统模块 1 的置信度试验于 7 月 19 日进行，辅助动力系统模块 2 的置信度试验于 7 月 26 日进行。

静态点火前试验在萨克拉门托进行，并于 7 月 21 日在 β-1 试车台中以模拟静态试验结束。7 月 13 日，完成所有子系统试验，包括集成系统试验。7 月 21 日，开始了模拟静态点火，为 7 月 28 日进行的 S-IVB-502 验收点火做好了准备。

太平洋夏令时间 1966 年 7 月 28 日 14:20:21，道格拉斯在萨克拉门托进行了 S-IVB-502 的验收点火（图 19.9）。点火前一天顺利进行了倒计时演练（编号 614067），之后进行了点火试验，时长首次达到 150.7s。经过 91min 的模拟轨道滑行阶段后，S-IVB-502 于 7 月 28 日 15:53:40 重启点火，并工作了 291.2s。7 月，S-IVB-502 子级的点火试验后相关工作在试车台上持续整整一个月。

1966 年 8 月 10 日，完成验收点火计划后，将 S-IVB-502 从 β-1 试车台上拆下并放到垂直检测实验室。8 月 17 日，给 S-IVB-502 通电，进行点火后检测。9 月 12 日，在萨克拉门托结束了 S-IVB-502 的静态点火后检测工作，同时进行了全系统试验。9 月 20 日，在萨克拉门托举行了 S-IVB-502 的移交验收会。验收后，S-IVB-502 被返回给承包商，以便进行验收后改装工作和存放。改装工作于 12 月 30 日完成。但是泄漏检查由肯尼迪航天中心进行。

S-IVB-502 的最终改装包括液氧贮箱贮槽滤网检查、低压管道重新安装以及液氢贮箱中 12 个温度贴片的安装，以便提供更准确的汽化预测所需的附加数据。最后，承包商认为 S-IVB-502 "已做好装运准备"并利用"超级古柏"将其从马瑟空军基地运至肯尼迪航天中心。1967 年 2 月 20 日，S-IVB-502 离开萨克拉门托（图 19.10），并于 2 月 21 日抵达肯尼迪航天中心。运输工作是由"超级古柏"完成的。

图 19.9　S-IVB-502 在萨克拉门托的 β-1 试车台进行静态点火（1966 年 7 月 28 日）

图 19.10　在马瑟空军基地等待"超级古柏"降落以便将其运走（1967 年 2 月 20 日）

S-IVB-502 最终于 1968 年 4 月 4 日作为阿波罗 6 号飞船土星 5 运载火箭三子级执行发射。在滑行阶段，S-IVB-502 被命名为 1968-25B。22.01 天后，即 1968 年 4 月 26 日再入大气层。

## 19.12　S-IVB-503

### 19.12.1　概述

S-IVB-503 飞行件是为土星 5 运载火箭制造的第三个上面级飞行件，原计划用于将首个载人飞船送往月球。但在阿波罗 1 号飞船发射的前几天，即验收点火前，S-IVB-503 在萨克拉门托试验站的一次大爆炸中被完全损坏。调查发现，导致失败的根本原因是一个氦气瓶发生破裂，贮箱的强度由于焊接错误而被削弱。

两个试车台在爆炸中严重受损。后继飞行件 S-IVB-504 的进展迅速并被更名为 S-IVB-503N(N 表示新)，且 S-IVB-503N 最终将阿波罗 8 号飞船送往月球。

### 19.12.2　发动机

初始和最终的发动机构型如下。

位置 301：J-2061。

### 19.12.3　制造

第三个生产飞行件的制造与组装于 1965 年第三季度在圣塔莫尼卡开始，1966 年初完成了推进剂贮箱的制造。

S-IVB-503 的组装在位于加利福尼亚州亨廷顿滩的道格拉斯航天系统中心完成。

1966 年 2 月 24 日进行的液压试验的首次尝试失败，因为液氧贮箱 S/No. 1007 后底没有通过试验。压力为 344.74kPa(50psi)时出现了裂缝，贮箱随后被返工以供后续使用。3 月 29 日和 30 日，成功对替代贮箱组件 S/No. 1007A 进行了试验。然后，于 4 月 7 日将 S-IVB-503 贮箱组件运至隔热室。5 月，S-IVB-503 贮箱组件被用作液压试验项目单元，将 S-IVB-504 贮箱配置到 S-IVB-503 上。

### 19.12.4　试验

制造完成后，组装好的 S-IVB-503 在亨廷顿滩的道格拉斯工厂进行了综合检测或验收试验，耗时 44 个工作日(两班倒)。

S-IVB-503 于 1966 年 7 月 15 日安装在航天系统中心垂直检测实验室的 6 号塔中，并于 7 月 21 日开始进行系统检测。

全系统试验是指在装运至萨克拉门托进行热试车之前对 S-IVB-503 进行的全方位试验。S-IVB-503 的所有系统均在模拟发射前、升空、动力飞行、液压摆动、重新启动和滑行等条件下运转。1966 年 9 月 8 日进行的首次尝试由于设施电源故障而终止。9 月 9 日进行的重新试车圆满完成。

所有试验最终均于 1966 年 9 月 27 日审查并验收通过，为飞往萨克拉门托做好了准备。10 月 3 日，完成了 S-IVB-503 喷涂。10 月 4 日进行的最终检验发现出 95 项机械缺陷和 120 项电气缺陷。除了 3 项需要提交故障报告之外，所有缺陷都被妥善解决。这些缺陷涵盖对同轴电缆、后短壳和推力室外部的损伤。

S-IVB-503 于 1966 年 10 月 4 日和 5 日完成了水平称重准备工作，并于 10 月 6 日在垂直检测实验室中完成了水平称重。通过水平称重确定水平重心及重量，测得质量为 12.71t（28011.1lb）。10 月 5 日至 10 日，对 S-IVB-503 进行了吹除和干燥。

S-IVB-503 于 1966 年 10 月 11 日被装载到空运集装架/运输车上，并从道格拉斯航天系统中心工厂通过几公里的公路运输到达位于洛斯阿拉米托斯海军航空站的最近机场。在该机场，S-IVB-503 和集装架借助一辆货物起重装卸拖车被装载到"超级古柏"上。

"超级古柏"于 10 月 11 日从洛杉矶南部的洛斯阿拉米托斯飞往萨克拉门托市外的马瑟空军基地。S-IVB-503 被卸下并通过短距离公路运输到达道格拉斯萨克拉门托试验中心。

在热试车之前，S-IVB-503 于 10 月 12 日被安装到垂直检测实验室中，随后于 10 月 14 日被转移到 β-3 试车台并在该试车台进行了若干处理和检验。

倒计时工作包括 60 项独立的任务，旨在确保飞行件准备、推进剂加注、静态点火、剩余推进剂泄出和飞行件固定等工作的顺利完成。1967 年 1 月 19 日，开始进行倒计时操作（编号 614078）。1 月 20 日进行的集成系统试验验证了 S-IVB-503 和设施系统的功能准备状态，以便继续进行倒计时操作和验收点火。

太平洋标准时间 1967 年 1 月 20 日 7:18 至 11:24:50 进行了推进剂加注操作，包括液氢试验前吹除、液氧加注、液氢加注、箱内氦气和箱外氦气加注、液氧和液氢贮箱溢出传感器检查、所有冷气管路的流量检查、液氢和液氧脐带缆吹除。1 月 20 日 11:44:30 开始进行"静态点火准备"。由于报道称有 12～15mi/h 的东南风，一名检查人员前往 S-IVB-503 试车台并对子级及试车台进行检查。12:45，所有人员都撤离了试车台。12:57 开始进行静态点火准备程序，然后于 13:40 开始进行"终端倒计时和点火"。14:24:30 发出一个关机指示（$T$–150s）。经证实，关机是由计算机求和错误造成的，求和错误导致了磁带读数的终止。为找出问题根源，在 β-1 的磁带机上读取磁带。成功验证后，将磁带转移回 β-3 计算机。

15:31 重新开始"静态点火准备"，15:55:50 开始倒计时。

以下为从 $T$–20min 开始的事件时序：

16:02:10 在 $T$–20min 30s 时恢复；

16:16:20 推力室开始冷却；

16:17:20 对发动机启动瓶进行重新增压；

16:19:50 液氧和液氢贮箱重新增压；

16:20:50 液氧输送；

16:22:20 接通 S-IVB-503 内部电源；

16:22:40 爆炸导致 S-IVB-503 损毁，倒计时至模拟升空前 11s 发生爆炸，$T-11s$ 为收到实际发动机启动指令前 522s。

爆炸完全摧毁了 S-IVB-503，其碎片冲向四面八方。β-3 试车台以及周围的支撑建筑损坏严重，具体如图 19.11 和图 19.12 所示。虽然 β-1 试车台（图 19.13）距离稍远，但在爆炸时，试车台上安装了 S-IVB-208 飞行件。随即，工作人员对 S-IVB-208 进行了仔细检查，未发现任何损毁，因此认为 S-IVB-208 没有被任何碎片击中。

图 19.11　S-IVB-503 爆炸后的 β-3 试车台发动机段和 J-2 发动机（1967 年 1 月）

图 19.12　S-IVB-503 爆炸后的 β-3 试车台顶部舱（1967 年 1 月）

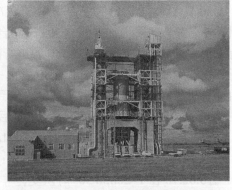

图 19.13　位于萨克拉门托的安装 S-IVB-503N 飞行件的 β-1 试车台（1967 年 2 月）

对从爆炸位置传播至距其 566.93m(1860ft)的 S-IVB-208 所在 β-1 试车台的压力波进行了计算。计算所得的达到 S-IVB-208 上底(最关键的部分)的峰值压力为 1.1kPa(0.16psig)。与 3.1kPa(0.45psig)的设计极限相比,存在一定的安全裕度。作为双重检查,还进行了额外的泄漏检查,也证实了该飞行件没有被损坏。

至于故障本身,杰克·布朗伯领导的道格拉斯调查小组第二天早上开始调查。3 天后,NASA 在道格拉斯的萨克拉门托试验站成立了故障调查委员会。委员会成员包括主席库尔特·德布斯、马歇尔航天飞行中心试验实验室主任卡尔·海姆贝格和道格拉斯代表 T·J·戈登。

1967 年 2 月 10 日,调查委员会报告称,造成这一故障的原因是位于发动机推力结构上的 8 个常温氦气瓶中的一个发生破裂。爆炸的气瓶使推进剂加注管路破裂,从而使液氢与液氧推进剂混合并点燃,发生毁灭性的爆炸。由于使用了错误的焊缝填充材料(纯钛而不是钛合金),氦气瓶的焊缝强度被削弱,从而导致焊缝脆化,降低了焊件承受重复循环压力的能力。作为改进措施的一部分,NASA 要求对所有现存贮箱的焊接记录进行检查,以检查是否存在类似的工艺缺陷。此外,以后所有氦气瓶均由道格拉斯制造,而不是由以前所用的供应商制造。

在失去 S-IVB-503 后,NASA 官员修改了后续 S-IVB 的标识号,以填补所产生的空缺。S-IVB-504 变成了 S-IVB-503N,S-IVB-505 变成了 S-IVB-504N,S-IVB-506 变成了 S-IVB-505N,采用旧 S-IVB-507 贮箱的替代飞行件变成了 S-IVB-506N,S-IVB-507 及后续飞行件保留了旧标识。

# 19.13　S-IVB-503N

### 19.13.1　概述

S-IVB-503N 飞行件由 S-IVB-504 飞行件改装而成。其搭载"超级古柏"从萨克拉门托到肯尼迪航天中心的飞行曾经一度被中止。S-IVB-503N 目前仍处于在轨运行状态。

### 19.13.2　发动机

初始和最终的发动机构型如下。

位置 301:J-2071。

### 19.13.3　制造

临近 1965 年末,土星 5 运载火箭的第 4 个飞行件进入了制造和组装阶段。到

1965 年末,后共底正在等待蜂窝隔热材料的组装,前共底正在准备进行人孔盖焊接。

液氧贮箱在圣塔莫尼卡完成组装后于 1966 年 3 月 3 日被运至亨廷顿滩。液氢贮箱上底则在前一天就被运送到了亨廷顿滩。由于制造的问题,不得不换掉上底内组装的 U 形探头,因为接头周围的母材出现了裂纹。

1966 年 5 月,S-IVB 项目官员指示将 S-IVB-503 贮箱组件用作液压试验项目单元,将 S-IVB-504 贮箱配置到 S-IVB-503 上(这些硬件都不会成为 S-IVB-503N 的一部分)。

到 1966 年 7 月中旬,S-IVB-503N 的全部贮箱均组装完成并进行液压试验。完成了泄漏检查和染色渗透检查并将液氢贮箱运至隔热室,进行隔热材料安装。7 月 25 日,开始在前短壳和后短壳上安装仪器设备。液氢贮箱隔热工作于 7 月 29 日完成,并在当日将 S-IVB-503N 移出隔热室。所有主要部分(后短壳、前短壳、推力结构和贮箱)均位于 2 号塔内。8 月下旬开始 S-IVB-503N 连接操作。然而由于硬件不足,操作有些延误。9 月 22 日,在安装 J-2 发动机之前,将 S-IVB-503N 安装在 6 号塔内进行绝缘电阻检查和最终安装。9 月 30 日,将 J-2 发动机安装到了 S-IVB-504 中。

### 19.13.4 试验

S-IVB-504 的制造后检测自 1966 年 10 月 4 日开始,并于 12 月 9 日完成。

在进行高压泄漏检查之前,将 S-IVB-504 运至 6 号塔进行检测后改装。

1966 年 12 月 29 日,亨廷顿滩的道格拉斯技术人员完成了 S-IVB-504 的高压泄漏检查并将其运至另一个组装塔进行最终安装。1967 年 1 月初,在 7 号检测塔中对 S-IVB-504 进行最终安装,准备将其运往萨克拉门托。1 月 18 日,道格拉斯完成了将 S-IVB-504 从航天系统中心空运至萨克拉门托的准备工作。次日,S-IVB-504 被运送到洛斯阿拉米托斯海军航空站。1 月 24 日,S-IVB-504 从道格拉斯运往萨克拉门托,于 1 月 25 日抵达。运输工作由"超级古柏"完成,该飞机从洛斯阿拉米托斯海军航空站飞往马瑟空军基地。由于"超级古柏"的发动机问题,运输延迟了一周(从 1 月 19 日起),造成了从圣巴巴拉基地返程的延迟。在此期间,将 S-IVB-504 暂时运回亨廷顿滩的道格拉斯。

原 S-IVB-503 于 1966 年 1 月 20 日爆炸报废后,S-IVB-504 一抵达萨克拉门托就被更名为 S-IVB-503N。1 月 27 日,S-IVB-503N 被安装在了萨克拉门托的 β-1 试车台上,在这里启动改装工作,为验收点火做准备。

静态点火前检测在萨克拉门托进行,并于 4 月 20 日完成。2 月 24 日,完成了 S-IVB-503N 的上电开机。3 月 23 日,对共底进行了 96h 的氩气吹除,并且进行了燃气发生器气态氮高空模拟系统检测。3 月底,完成了子系统检测。4 月 19 日,启动了模拟静态点火。由于推进剂利用系统的不稳定性，于 4 月 26 日取消了 S-IVB-503N 的首次静态点火试验。然后，立即开始更换推进剂利用系统。

5 月 3 日，在萨克拉门托的 β-1 试车台对 S-IVB-503N 进行了静态点火，持续 446.9s 后，由于液氧即将耗尽，推进剂利用处理器启动了终止燃烧操作。燃气发生器性能验证试验由于仪器故障而中断。但是，5 月 8 日，完成了持续 230s 的燃气发生器运行，还进行了一项特殊的液氢冷却循环整流吹除试验。

5 月 12 日，将 S-IVB-503N 从 β-1 试车台运往垂直检测实验室，以进行验收点火后的改装和检测。7 月 14 日，在萨克拉门托的垂直检测实验室完成了第一次全系统试验(AST)。7 月 27 日，S-IVB-503N 被置于南侧塔架中的滚动平台上，以进行改装。于 7 月 31 日开始防颤振装备的改装工作。8 月初，S-IVB-503N 被水平存放在北侧塔架中，以继续进行防颤振装备的改装工作。9 月，S-IVB-503N 被运往南侧塔架。S-IVB-503N 的贮存后检测于 9 月 25 日开始，并于 11 月 21 日完成，全系统试验取得成功。

11 月 29 日，将 S-IVB-503N 从萨克拉门托的垂直检测实验室南侧塔架中搬出，并且存放到滚动平台上，以在运往肯尼迪航天中心之前进行改装。12 月 27 日，停止在萨克拉门托对 S-IVB-503N 进行改装，准备将其运往肯尼迪航天中心，在中心完成剩余的改装工作。计划在肯尼迪航天中心进行共计需要 596h 的安装工作。12 月 27 日，S-IVB-503N 离开了萨克拉门托，并且搭载"超级古柏"从马瑟空军基地飞往萨克拉门托。该飞机起飞后不久，机组人员报告飞机突然出现急促且嘈杂的空气噪声，于是飞机连同其运载物返回了马瑟空军基地。研究表明，飞机机头段上的一个锁销出现结构问题。修复后，飞机于 12 月 29 日第二次离开马瑟空军基地，并于 12 月 30 日抵达肯尼迪航天中心。

S-IVB-503N 最终于 1968 年 12 月 21 日作为阿波罗 8 号飞船土星 5 运载火箭三子级进行发射。S-IVB-503N 还在日心轨道上永久贮留。

## 19.14　S-IVB-504N

### 19.14.1　概述

S-IVB-504N 飞行件基于原 S-IVB-505 飞行件制造而成。S-IVB-504N 的第一次点火失败了，留在了轨道上。

### 19.14.2　发动机

初始和最终的发动机构型如下。

位置 301：J-2094。

### 19.14.3　制造

1966 年 8 月，圣塔莫尼卡的工作人员完成了 S-IVB-505 共底制造。9 月中旬，在 1 号塔中，开始着手将液氢筒段焊接到液氧贮箱上。9 月完成了贮箱组装和验证试验。10 月初，完成了贮箱接合焊缝的 X 射线及染料渗透检验。贮箱被存放到隔热室，并且进行了一项特殊的箱底干燥试验。

10 月 13 日至 15 日，亨廷顿滩的工作人员对 S-IVB-505 的贮箱进行了液压试验。10 月 20 日和 21 日进行了 68.95kPa(10psi)的泄漏检查，并将 S-IVB-504N 运至隔热室中进行处理。

1966 年整个 11 月都在亨廷顿滩对 S-IVB-505 贮箱进行绝缘材料安装，直到 12 月 5 日才结束。

液氢的组装从安装冷氢气瓶开始。1967 年 1 月 13 日，道格拉斯的工作人员完成了 S-IVB-505 的贮箱安装工作，并且将 S-IVB-505 运至航天系统中心的 4 号塔进行结构组装。在 1 月 20 日失去 S-IVB-503 后，S-IVB-505 于 1 月 25 日被重新命名为 S-IVB-504N。

1967 年 1 月，道格拉斯完成了 S-IVB-504N 的结构组装。2 月 8 日，将 S-IVB-504N 安装到垂直检测实验室的 5 号塔中。2 月 9 日将发动机安装到 S-IVB-504N 中，之后启动了 S-IVB-504N 的检测工作。

### 19.14.4　试验

1967 年 2 月 27 日，在航天系统中心启动了对 S-IVB-504N 的制造后检测，并于 4 月 12 日完成。4 月 13 日，将 S-IVB-504N 转移到 7 号塔，准备安装双重补压系统。4 月 17 日和 18 日，在 8 号塔中进行了生产验收泄漏检测。

5 月 26 日，完成了 S-IVB-504N 的最终检验之后，次日在亨廷顿滩的 45 号大楼进行喷漆。6 月 9 日，对 S-IVB-504N 进行称重，确定其质量为 11.97t(26397.8lb)，如图 19.14 所示。

S-IVB-504N 于 1967 年 6 月 16 日从道格拉斯运往萨克拉门托。运输工作由"超级古柏"完成，该飞机从加利福尼亚州的洛斯阿拉米托斯海军航空站飞往萨克拉门托的马瑟空军基地。随后，将 S-IVB-504N 放置在垂直检测实验室的 1 号塔内，为点火试验做准备。

7 月 7 日，将 S-IVB-504N 放置在萨克拉门托的 β-1 试车台上，准备开始静态点火前检测。8 月 4 日，集成系统检测结束后，S-IVB-504N 点火前子系统检测便结束了。

静态点火前检测于 8 月 9 日完成，其间模拟静态点火取得成功。

由于 Beckman 公司的数字数据采集系统(DDAS)在 8 月 16 日出现故障，静态

图 19.14　1967 年，S-IVB-504N 级间段进行质量与平衡试验

点火计划推迟至 8 月 23 日进行。在整个液氧和液氢加注以及试车台检查期间进行倒计时，液氧和液氢加注到 68% 时，燃气发生器点火。

8 月 23 日，S-IVB-504N 在萨克拉门托的 β-1 试车台进行了首次静态点火试验，但由于 J-2 发动机起火，试验在点火后 51.23s 后终止。事故调查结果表明，检测到起火的区域的电缆（76.67～93.33℃（170～200℉））不适当地接触到了燃料涡轮入口管路，其外部温度达到 260～315.563℃（500～600℉）。

两天的倒计时演练非常顺利，其中包括 204s 的燃气发生器点火。第二次静态点火试验于 8 月 26 日顺利进行，试验持续时间为 438s。按计划在液氧到达 1% 液位水平时，推进剂利用系统启动关机程序。关键部件检查期间，液氧泵前阀响应过慢。随后更换了泵前阀。

麦道公司于 8 月 31 日完成了 S-IVB-504N 的简化静态点火后的检测，然后将 S-IVB-504N 从 β-1 试车台转移到垂直检测实验室进行存放（图 19.15）。9 月 25 日，萨克拉门托开始对 S-IVB-504N 进行存放后检测。

1968 年 1 月 8 日，萨克拉门托工作人员将 S-IVB-504 安装在 β-1 试车台上，准备在绝缘材料拆卸和重涂底漆后进行静态点火后检测。S-IVB-504 在 β-1 试车台的静态点火后检测于 3 月 8 日完成，3 月 11 日从 β-1 试车台上拆除后（图 19.16），转移到垂直检测实验室的 1 号塔进行改装。

8 月 16 日，再次完成静态点火后的检测。

9 月 10 日，S-IVB-504 搭乘"超级古柏"从萨克拉门托附近的马瑟空军基地起飞（图 19.17），并于 9 月 12 日抵达肯尼迪航天中心。由于飞机故障，此次飞行耗时两天。

图 19.15　将 S-IVB-504N 从 β-1 试车台运往垂直检测实验室进行存放，S-IVB-505N 飞行件被安装在 β-1 试车台上(1967 年 9 月 1 日)

图 19.16　完成点火后检测后，将 S-IVB-504N 从萨克拉门托的 β-1 试车台上拆下(1968 年 3 月 11 日)

图 19.17　将 S-IVB-504N 装载到马瑟空军基地的"超级古柏"上，准备运往肯尼
迪航天中心（1968 年 9 月 10 日）

S-IVB-504N 最终于 1969 年 3 月 3 日作为阿波罗 9 号飞船土星 5 运载火箭三子级进行发射。在滑行阶段，S-IVB-504N 被命名为 1969-18B。S-IVB-504N 目前仍在日心轨道上永久贮留。

## 19.15　S-IVB-505N

### 19.15.1　概述

S-IVB-505N 飞行件基于 S-IVB-506 飞行件制造而成，目前仍处于在轨状态。

### 19.15.2　发动机

初始和最终的发动机构型如下。
位置 301：J-2091。

### 19.15.3　制造

1967 年 1 月 25 日，即失去 S-IVB-503 后的第 5 天，S-IVB-506 被重新命名为 S-IVB-505N。

1 月 31 日，S-IVB-505N 贮箱完成了验证检查、泄漏检查和着色渗透检查。然后，将 S-IVB-505N 运至航天系统中心的隔热室，准备安装绝缘材料和贮箱。

3 月 23 日，道格拉斯完成 S-IVB-505N 的内部绝缘工作。

4 月 14 日，在航天系统中心的 4 号塔完成了贮箱安装、清洗和封闭工作后，将 S-IVB-505N 运至 2 号塔，准备组装并安装壳段。

5 月 4 日，S-IVB-505N 安装发动机。此外，工作人员还在 5 月完成液压连接，并且将 S-IVB-505N 竖直安装在 5 号塔中，准备开始系统检测。

### 19.15.4　试验

1967 年 5 月 20 日，S-IVB-505N 电测。6 月 29 日，S-IVB-505N 的制造后检测完成。之后，将 S-IVB-505N 运至 8 号塔，准备在 7 月的第二周完成 68.95kPa（10psi）系统泄漏检查。7 月 25 日，S-IVB-505N 被运至 7 号塔，在此安装了燃气发生器系统。然后，对 S-IVB-505N 进行涂漆，做好装运准备。8 月 15 日，召开 S-IVB-505N 的周转会议。

S-IVB-505N 于 8 月 17 日搭载"超级古柏"从道格拉斯运往萨克拉门托。这架飞机从亨廷顿滩附近的洛斯阿拉米托斯海军航空站起飞，在萨克拉门托附近的马瑟空军基地降落。第二天，S-IVB-505N 被转移到垂直检测实验室的南侧塔架，并完成机械电气改装。

9 月 1 日，S-IVB-505N 被安装在萨克拉门托的 β-1 试车台上，准备开始静态点火前检测。检测期间，燃气发生器的推进剂阀被贴上标签，以备更换。9 月 27 日，利用集成系统完成分系统检测。10 月 5 日，S-IVB-505N 的模拟静态点火倒计时演练完成。

静态点火前检测在萨克拉门托开展，并于 1967 年 10 月 9 日完成。存在缺陷的液压蓄能器的更换迫使 S-IVB-505N 验收点火倒计时推迟了 24h。

10 月 12 日，在萨克拉门托的 β-1 试车台进行静态点火。由于液氧耗尽造成关机，点火后的工作时间持续了 448.4s，推进剂使用时间减少 152s。

10 月 19 日至 25 日，麦道公司对 S-IVB-505N 进行了简化静态点火后检测，并且宣布 S-IVB-505N "一切就绪，准备存放"。11 月 28 日，将 S-IVB-505N 从 β-1 试车台拆卸下来存放到了垂直检测实验室。

1968 年 1 月 24 日，萨克拉门托的工作人员将 S-IVB-505 拆除，并将其存放在垂直检测实验室的 2 号塔中，为静态点火后检测做好准备。2 月 19 日，麦道公司在萨克拉门托的工作人员完成内部检查后封闭了液氢贮箱。4 月 11 日，S-IVB-505N 在萨克拉门托完成改装工作后开始进行静态点火后检测，比预计时间提前了 8 天。6 月 11 日，S-IVB-505N 完成静态点火后检测，并于 6 月 21 日从 β-1 试车台上拆除。8 月 1 日，将 S-IVB-505 拆下进行存放，并转移到 β-3 试车台进行装运前改装。9 月完成了这些改装，包括开关选择器面板返工、辅助仪器安装、推进系统部件构型升级以及线束改装。此外，为了找出在 S-IVB-502 中检测到氢气泄漏的原因，还进行了特殊的冷氦试验。11 月 23 日，完成了最终的静态点火后检测。将继续进行 S-IVB-505N 的改装工作。

S-IVB-505N 于 1968 年 12 月 2 日离开萨克拉门托，并于 12 月 3 日抵达肯尼迪航天中心。运输工作由"超级古柏"完成，该飞机从萨克拉门托附近的马瑟空军基地起飞。

S-IVB-505N 最终于 1969 年 5 月 18 日作为阿波罗 10 号飞船土星 5 运载火箭三子级进行发射。在滑行阶段，S-IVB-505N 被命名为 1969-43B。S-IVB-505N 目前仍在日心轨道上永久贮留。S-IVB-505N 的相关活动如图 19.18～图 19.25 所示。

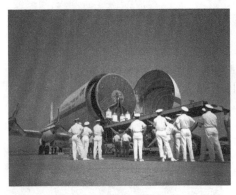

图 19.18 海军学校学员观看将 S-IVB-505N 装载到"超级古柏"上（洛斯阿拉米托斯，1967 年 8 月 17 日）

图 19.19 S-IVB-505N 从马瑟空军基地运输经过萨克拉门托的行政大楼（1967 年 8 月 18 日）

图 19.20 S-IVB-505N 在萨克拉门托的 β-1 试车台进行静态点火（1967 年 10 月 12 日）

图 19.21 S-IVB-505N 从萨克拉门托的 β-1 试车台拆下（1967 年 11 月 28 日）

图 19.22　S-IVB-505N 接近萨克拉门托的 β-3 试车台，准备进行装运前的改装(1968 年 8 月 1 日)

图 19.23　S-IVB-505N 从萨克拉门托的 β-3 试车台转到"鸟笼"试车台(1968 年 11 月)

图 19.24　S-IVB-505N 从萨克拉门托前往马瑟空军基地，以便飞往肯尼迪航天中心(1968 年 12 月 2 日)

图 19.25　S-IVB-50SN 被装载到马瑟空军基地的"超级古柏"飞机上(1968 年 12 月 2 日)

## 19.16　S-IVB-506N

### 19.16.1　概述

S-IVB-506N 飞行件基于 S-IVB-507 飞行件贮箱箱体制造而成，目前仍处于在轨运行状态。

### 19.16.2　发动机

初始和最终的发动机构型如下。

位置 301：J-2101。

### 19.16.3　制造

1967 年 1 月 25 日，即失去 S-IVB-503 后的第 5 天，S-IVB-506N 飞行件在 S-IVB-507 原来贮箱的基础上开始制造组装。

航天系统中心接收多个贮箱筒段壁板，并于 2 月在 45 号大楼利用调整及焊接夹具开始对 S-IVB-506N 液氢贮箱进行组装。3 月 21 日，液氧贮箱组装完成并运往道格拉斯。上底的制造工作于 3 月在圣塔莫尼卡开展。液氢贮箱筒段组装于 3 月 23 日完成，并转移到 1 号塔，准备与液氧贮箱和上底连接。

液氧贮箱和上底的连接于 4 月 14 日在 1 号塔完成，然后进行验证试验和清洗操作。并于 5 月 2 日在 8 号制造塔进行泄漏检查和着色渗透检查。

5 月初，S-IVB-506N 被存放到隔热室，准备开始打磨夹片。隔热工作于 6 月 26 日完成，并且开始进行内部安装。

液氧贮箱安装于 7 月 24 日开始。7 月 27 日，S-IVB-506N 被运至 2 号塔，准备将壳段连接至贮箱组件。8 月 21 日完成 S-IVB-506N 结构组装，并将其从亨廷顿滩的 2 号组装塔运至了 5 号组装塔，以完成发动机安装工作。8 月 21 日，安装发动机(图 19.26)。

图 19.26　在亨廷顿滩的 5 号组装塔将 J-2 发动机对接到 S-IVB-506N 上(1967 年 8 月 21 日)

### 19.16.4　试验

S-IVB-506N 于 1967 年 9 月 6 日开始系统检测，并于 11 月 3 日完成检测。9 月中旬，因为多路转换器试验电缆返工，试验暂停了一周。

S-IVB-506N 的制造后检测于 11 月 3 日完成。接下来的一周，检验了隔热层，并且将 S-IVB-506N 存放到 8 号塔准备进行泄漏检查。11 月 15 日，在 5 号塔开始进行最终检验。

S-IVB-506N 于 1968 年 1 月 25 日从麦道公司运往萨克拉门托。运输工作由"超级古柏"飞机完成，该飞机从洛杉矶的洛斯阿拉米托斯海军航空站飞往萨克拉门托的马瑟空军基地。1 月 26 日，S-IVB-506N 被安装在萨克拉门托的 β-3 试车台上(图 19.27)，为改装、静态点火前检测和验收点火做好准备。静态点火前检测于 3 月 20 日启动。4 月，由于 J-2 发动机故障，静态点火前检测停止。4 月 26 日，工作人员完成液氧贮箱箱底的返工。

图 19.27　S-IVB-506N 被安装到萨克拉门托的 β-3 试车台上(1968 年 1 月 26 日)

7 月 3 日至 5 日，麦道公司的工作人员在 β-3 试车台进行 S-IVB-506N 的模拟静态点火。静态点火前检测于 7 月 9 日完成。为了证明 S-IVB-506N 与重建后的 β-3 试车台具有兼容性，在 7 月 11 日进行了推进剂加注试验。

太平洋夏令时间 1968 年 7 月 17 日 18:23:11，进行静态点火(图 19.28)，包括两次燃气发生器点火，持续 445.2s。随后，立即进行简化静态点火后检测。结果表明，S-IVB-506N 的结构适合其点火环境。在前短壳的 Korotherm 涂层中发现了毛细裂纹。7 月 24 日，在该试车台完成了简化静态点火后检测。

S-IVB-506N 于 8 月 1 日从试车台拆下，并运往垂直检测实验室，以进行点火后检查和改装。检查和改装工作完成后，将 S-IVB-506N 存放在垂直检测实验室中。

11 月 23 日，S-IVB-506N 被再次安装到 β-3 试车台上（图 19.29），以进行进一步改装和检测。在 β-3 试车台上的检测于 11 月 25 日开始，并于 1969 年 1 月 3 日完成。1 月 14 日，对 S-IVB-506N 进行了称重，质量为 12.2t（26857.2lb）。1 月 17 日，S-IVB-506N 搭乘"超级古柏"飞机从马瑟空军基地起飞，并于 1 月 18 日抵达肯尼迪航天中心。

图 19.28　S-IVB-506N 在 β-3 试车台进行　　　图 19.29　S-IVB-506N 被吊装至萨克拉门托
　　静态点火期间，J-2 发动机停机　　　　　　的 β-3 试车台（1968 年 11 月 23 日）
　　　　（1968 年 7 月 17 日）

S-IVB-506N 最终于 1969 年 7 月 16 日作为阿波罗 11 号飞船土星 5 运载火箭三子级进行发射。在滑行阶段，S-IVB-506N 被命名为 1969-56B。S-IVB-506N 目前仍在日心轨道上永久贮留。

# 19.17　S-IVB-507

## 19.17.1　概述

S-IVB-507 飞行件成功发射了阿波罗 12 号飞船，并曾在 2002 年被观测到。

### 19.17.2　发动机

初始和最终的发动机构型如下。

位置 301：J-2119。

### 19.17.3　制造

1967 年初开始在圣塔莫尼卡制造液氧贮箱。3 月末,前底接近完成。前底于 5 月 10 日从圣塔莫尼卡运至亨廷顿滩。

5 月 8 日至 10 日,液氢贮箱、液氧贮箱和前底连接在了一起,完成贮箱的组装,然后存放到航天系统中心的隔热室。6 月 13 日和 14 日,对 S-IVB-507 推进剂贮箱组件进行静液压试验验证。6 月 19 日至 21 日,进行推进剂贮箱泄漏检测,并于 6 月 26 日进行着色渗透检测。隔热材料安装工作于 8 月 15 日完成。

8 月 16 日,麦道公司将 S-IVB-507 放置在亨廷顿滩的 4 号组装塔内,并开始安装 J-2 发动机。安装工作直到 11 月 11 日才完成。在液氢贮箱硬件安装期间,内部隔热材料衬垫上出现“气泡”。这主要是由 4 月检验合格的隔热瓦聚氨酯成分配合比不合理导致的。所以,决定更换受影响区域的衬垫。9 月 30 日完成更换工作。图 19.30 给出了对 S-IVB-507 的液氢贮箱中的隔热瓦修整情况。图 19.31 给出了亨廷顿滩组装区内的组件。

图 19.30　对 S-IVB-507 的液氢贮箱中的　　图 19.31　亨廷顿滩组装区,从左到右分别
隔热瓦进行修理(1967 年 8 月)　　　　　为 S-IVB-507、506N 和 212(1967 年 8 月)

1967 年 11 月 8 日,将 S-IVB-507 安装到垂直检测实验室的 6 号塔中。S-IVB-507 于 11 月 15 日完成了液氢贮箱和液氧贮箱的安装,并于 11 月 20 日开始系统检测。

### 19.17.4　试验

1968 年 1 月 24 日,麦道公司在亨廷顿滩的工作人员完成了 S-IVB-507 的系统检测。

S-IVB-507 的制造后检测于 2 月 8 日完成。防火隔热层开始返工并喷漆，最终检验于 2 月 28 日完成。4 月 5 日，从塔上拆下 S-IVB-507，并存放。7 月 30 日至 8 月 6 日，重新进行最终检验。当时发现了 356 处缺陷。8 月 2 日，进行了质量测量。S-IVB-507 的质量为 12.22t（26934.6lb）。

S-IVB-507 于 1968 年 8 月 7 日从麦道公司运送至萨克拉门托。运输工作由"超级古柏"飞机完成，该飞机从亨廷顿滩附近的洛斯阿拉米托斯海军航空站飞往萨克拉门托附近的马瑟空军基地。8 月 9 日，将 S-IVB-507 安装到 β-1 试车台上，为验收试验做准备。8 月 13 日，首次通电。集成系统检测于 9 月 23 日开始，并于 10 月 15 日完成。

10 月 15 日开始进行倒计时（编号 614113）。太平洋标准时间 10 月 16 日 16:07:57，进行了静态点火，持续 433.2s。在验收点火前进行了一次模拟轨道滑行、一次冷氦泄漏检查、两次燃气发生器点火（12:55:43 进行，分别持续 455s 和 130s）以及一次环境补压试验，实现了所有试验目的。简化点火后检测于 10 月 17 日启动。10 月 17 日至 29 日，进行了推进系统泄漏检测。

10 月 30 日，将 S-IVB-507 从萨克拉门托的 β-1 试车台上拆除，并运往垂直检测实验室，为静态点火后改装与检测做准备。

1969 年 1 月 10 日，在垂直检测实验室完成了全系统试验（AST）。2 月 10 日，在萨克拉门托的南侧塔架完成了更进一步的全系统试验。

静态点火后检测于 1969 年 2 月 10 日完成，并开始为最终贮箱吹除做准备。之后将 S-IVB-507 暂时存放起来，并于 2 月 25 日拆下，为装到肯尼迪航天中心做准备。2 月 25 日和 26 日，对 S-IVB-507 进行了最终质量检测。

S-IVB-507 于 1969 年 3 月 6 日离开萨克拉门托，并于 3 月 10 日抵达肯尼迪航天中心。运输工作是由"超级古柏"飞机完成的，该飞机从马瑟空军基地起飞。

S-IVB-507 最终于 1969 年 11 月 14 日作为阿波罗 12 号飞船土星 5 运载火箭三子级进行发射。在滑行阶段，S-IVB-507 被命名为 1969-99B。S-IVB-507 已飞行 60480min，目前仍在 163100km×861800km 的初始轨道上永久贮留。

2002 年 9 月 12 日，报道称可能观测到了 S-IVB-507。对新发现的天体 J002E3 的轨道运动进行分析表明，J002E3 有着阿波罗 12 号飞船三子级的特性。J002E3 是 Bill Yeung 于 2002 年 9 月 3 日发现的，星等为 16.5。曾有分析认为该物体在 2002 年 4 月从日心轨道被地球引力捕获。人们认为，2002 年在再次被地球引力捕获前该天体已进入了日心轨道。该天体的亮度与 S-IVB 一致，并且为了确定 S-IVB 所用涂料的准确特性，开展了调查工作。

## 19.18　　S-IVB-508

### 19.18.1　概述

S-IVB-508 飞行件成功发射了阿波罗 13 号飞船,是故意坠落在月球上的首个 S-IVB 子级。

### 19.18.2　发动机

初始和最终的发动机构型如下。

位置 301: J-2122。

### 19.18.3　制造

S-IVB-508 液氧贮箱制造工作于 1967 年 3 月展开。4 月,前底完成后被运往亨廷顿滩进行组装。液氢贮箱筒段的组装于 6 月末在亨廷顿滩完成。

1967 年 7 月,在亨廷顿滩的 1 号塔完成液氢筒段和液氧贮箱的组装。前底与液氢贮箱的焊接操作从 8 月的第一周开始。焊接完成后,将贮箱组件放入 8 号塔的液压试验槽内进行泄漏检查。8 月 8 日和 9 日,进行了液压试验。8 月 16 日和 17 日对贮箱进行了泄漏检查。随后,将 S-IVB-508 移到隔热室,安装内部隔热材料。在 S-IVB-508 的贮箱内部隔热管路上发现与 S-IVB-507 相同的气泡,因此需要对 26 个隔热瓦进行返工。

麦道公司于 1967 年 10 月 15 日开始为 S-IVB-508 安装液氢贮箱。

1967 年 11 月 15 日,液氧贮箱硬件安装完成,并开始在 2 号塔开始 S-IVB-508 子级部段的集成。S-IVB-508 集成于 12 月中旬完成,并开始电气布线及管路安装。

1968 年 1 月 22 日,将 S-IVB-508 安装在垂直检测实验室的 5 号塔中。1 月 23 日,单台 J-2 发动机被安装到 S-IVB-508 上。

### 19.18.4　试验

S-IVB-508 的制造后检测包括 38 项试验,于 1968 年 1 月 30 日开始,5 月 29 日完成。2 月 16 日,首次电测。6 月 26 日,将 S-IVB-508 从垂直检测实验室移出。

8 月 8 日,将 S-IVB-508 从制造后检测塔拆除,并运至制造大楼进行喷漆。

9 月 10 日,S-IVB-508 喷漆并安装液氢探头后,从垂直组装和检验大楼转移到亨廷顿滩的 7 号塔进行改装。12 月 18 日,对 S-IVB-508 进行了称重,质量为 13.59t(29960.9lb)。12 月 19 日,完成 S-IVB-508 的最终检验。当时共发现 127 处缺陷。

S-IVB-508 于 12 月 30 日从麦道公司运往萨克拉门托。运输工作由"超级古柏"飞机完成，该飞机从洛杉矶南部的洛斯阿拉米托斯海军航空站飞往萨克拉门托的马瑟空军基地。

1969 年 1 月 3 日，将 S-IVB-508 安装在 β-3 试车台上。1 月 10 日，静态点火前检测开始，2 月 15 日完成。集成系统试验已于 2 月 8 日完成。

太平洋标准时间 1969 年 2 月 18 日 8:00，点火倒计时开始。计算机故障迫使倒计时推迟了 24h。芯级点火前，在 2 月 20 日 11:18:19.000 启动 460s 的单次燃气发生器点火。2 月 20 日 14:22:15.695 在 β-3 试车台进行静态点火试验。在此次试验中实现了所有试验目标，包括燃气发生器点火以及持续 457.0s 的芯级 J-2 发动机点火。

3 月 13 日，完成静态点火后检测。3 月 25 日，S-IVB-508 完成点火后检验，并从 β-3 试车台转移到萨克拉门托的垂直检测实验室，为液氢贮箱检验和临时存放做好准备。

5 月 15 日，麦道公司将 S-IVB-508 级间段装运到 Steel Seafarer 货船上运往肯尼迪航天中心，并于 5 月 28 日抵达目的地。

S-IVB-508 于 6 月 12 日离开萨克拉门托，并于次日抵达肯尼迪航天中心。运输工作由"超级古柏"飞机完成，该飞机从马瑟空军基地起飞。

S-IVB-508 最终于 1970 年 4 月 11 日作为阿波罗 13 号飞船土星 5 运载火箭三子级进行发射。在滑行阶段，S-IVB-508 被命名为 1970-29B。S-IVB-508 于 1970 年 4 月 15 日坠落在月球上，在这之前共飞行 3.25 天。

## 19.19　S-IVB-509

### 19.19.1　概述

S-IVB-509 飞行件成功发射了阿波罗 14 号飞船，最终坠落在月球上。

### 19.19.2　发动机

初始和最终的发动机构型如下。

位置 301：J-2124。

### 19.19.3　制造

液氧贮箱制造工作于 1967 年 6 月末在圣塔莫尼卡展开。液氢贮箱筒段焊接工作在航天系统中心进行。在 7 月的第一周，完成了针对 S-IVB-509 后共底蜂窝绝缘材料脱胶情况进行的"电枢"检查，并准备对前底/后底组件进行焊接。7 月末完成了液氢贮箱筒段焊接。经确定，液氧后箱底部分区域无法返工。选择 S-IVB-510 飞行件的后底作为替代物。

液氢贮箱前底于 1967 年 8 月 8 日被运至亨廷顿滩，之后，液氧贮箱组件于 8 月 30 日也被运至亨廷顿滩。

9 月，在亨廷顿滩的 1 号塔完成 S-IVB-509 贮箱组件的结构组装，如图 19.32 所示。9 月 30 日和 10 月 1 日，分别进行静液压试验验证。随后，将 S-IVB-509 运至 8 号塔进行泄漏检查。

图 19.32　亨廷顿滩焊接试车台上的 S-IVB-509

10 月 8 日，完成贮箱组件的泄漏检查，并将 S-IVB-509 运至隔热室，安装隔热材料。12 月 11 日，隔热材料安装完成。12 月末，将 S-IVB-509 运至 4 号塔进行吹除。

1968 年 1 月 5 日，麦道公司的工作人员在亨廷顿滩完成 S-IVB-509 液氢贮箱的吹除操作以及隔热材料的检验。液氧贮箱吹除及检验于 2 月 15 日完成。

3 月 14 日，将 J-2 发动机安装在 S-IVB-509 上，于 4 月 15 日将 S-IVB-509 安装在垂直检测实验室的 6 号塔中。

### 19.19.4　试验

S-IVB-509 的制造后检测包括 38 项试验，1968 年 4 月 23 日开始，9 月 18 日完成。

10 月 8 日，亨廷顿滩的工作人员将 S-IVB-509 安装在喷漆平台上，并运到了制造大楼的喷漆室中。

11 月 6 日，将 S-IVB-509 放入 8 号塔存放，等待后续运输。

1969 年 2 月 19 日，S-IVB-509 在亨廷顿滩完成结构组装和喷漆工作。3 月 15 日，麦道公司完成对 S-IVB-509 的改装，进行了质量测量（图 19.33），准备将其运往萨克拉门托。

图 19.33　准备在亨廷顿滩 S-IVB-509 进行质量测量（1969 年 3 月）

S-IVB-509 于 1969 年 3 月 31 日从亨廷顿滩运往萨克拉门托。运输工作由"超级古柏"飞机完成，该飞机从洛斯阿拉米托斯海军航空站飞往萨克拉门托附近的马瑟空军基地。4 月 1 日，将 S-IVB-509 安装到 β-3 试车台上。次日，开始静态点火前检测，5 月 10 日完成。

太平洋夏令时间 5 月 13 日 8:30，倒计时启动。点火前，燃气发生器在 5 月 14 日 11:34 点火并工作了 460s。液氢贮箱在燃烧器启动 177.3s 后补压，而液氧贮箱则在大约 0.2s 后终止补压。14:09 在 β-3 试车台进行了静态点火（图 19.34）。在 452.4s 的芯级点火中，所有试验目标达成。

5 月 29 日，随着全系统试验程序结束，β-3 试车台上的静态点火后试验也全部完成。6 月 4 日，将 S-IVB-509 从 β-3 试车台运往垂直检测实验室，以完成静态点火后的检测。检测于 6 月 19 日完成，然后将 S-IVB-509 放置在仓库里，等待运往肯尼迪航天中心。

9 月 8 日，麦道公司的工作人员完成了 S-IVB-509 的装运准备，将 S-IVB-509 暂时水平存放到垂直检测实验室内。

10 月 8 日，将 S-IVB-509 运至垂直检测实验室的 D-2 位置，以完成最终的改装。改装工作于 12 月 11 日完成，之后技术人员开始重新对 S-IVB-509 喷漆，准备运往肯尼迪航天中心。

S-IVB-509 于 1970 年 1 月 17 日搭乘"超级古柏"飞机离开萨克拉门托附近的马瑟空军基地，并于 1 月 20 日抵达肯尼迪航天中心。

图 19.34　S-IVB-509 在萨克拉门托的 β-3 试车台进行静态点火（1969 年 5 月 14 日）

S-IVB-509 最终于 1971 年 1 月 31 日作为阿波罗 14 号飞船土星 5 运载火箭三子级进行发射。在滑行阶段，S-IVB-509 被命名为 1971-08B。S-IVB-509 于 1971 年 2 月 4 日坠落在月球上，在这之前共飞行 3.44 天。

# 19.20　S-IVB-510

### 19.20.1　概述

S-IVB-510 飞行件成功发射了阿波罗 15 号飞船，并坠落在月球上。

### 19.20.2　发动机

初始和最终的发动机构型如下。

位置 301：J-2079。

### 19.20.3　制造

1967 年 7 月，在圣塔莫尼卡完成 S-IVB-510 的共底焊接。同时，在亨廷顿滩完成了液氢贮箱筒段四块板的焊接。

1967 年 9 月 19 日，在圣塔莫尼卡完成了 S-IVB-510 液氢贮箱前底的制造，并将该组件运到了亨廷顿滩。10 月 3 日，在圣塔莫尼卡完成液氧贮箱组件的制造，利用 S-IVB-511 飞行件液氧后箱底替代了 510 箱底，该箱底作为 S-IVB-509 的箱底。承包商将完整的组件运送到亨廷顿滩，准备与液氢贮箱组件对接。贮箱组件于 11 月中旬完工后转移到了 3 号塔进行验证试验。11 月 28 日和 29 日，进行液压试验。

1967 年 12 月 6 日，亨廷顿滩的麦道公司完成对 S-IVB-510 液氧贮箱和液氢贮箱组件的泄漏检查，并将 S-IVB-510 运至隔热室，安装隔热材料。

1968 年 2 月 7 日，在亨廷顿滩开始了液氢贮箱内部隔热材料的安装，并于 3 月 14 日完成安装。安装过程中未出现重大问题。4 月 25 日，完成液氢贮箱的最终吹除和封闭工作。5 月 15 日，S-IVB-510 组装工作开始，并于 7 月完成。7 月 18 日，单台 J-2 发动机被安装在 S-IVB-510 上。8 月 9 日，将 S-IVB-510 从亨廷顿滩的运载火箭组装和检测大楼的 2 号塔运至 5 号塔，准备安装发动机电气和液压设备。图 19.35 给出了 S-IVB-510 从亨廷顿滩的火箭组装与检测大楼的 5 号塔进行拆除的画面。

图 19.35　S-IVB-510 从亨廷顿滩的火箭组装与检测大楼的 5 号塔拆下（1968 年）

### 19.20.4　试验

S-IVB-510 的制造后检测由麦道公司于 1968 年 9 月 6 日启动，并于 12 月 14 日完成。

垂直检测实验室最终完成验收检测后，将 S-IVB-510 运至 8 号塔，准备在 1968 年 12 月 30 日至 1969 年 1 月 7 日完成生产验收泄漏试验。1969 年 1 月 10

日至 14 日，进行最终检验。2 月 10 日之前，共修正 139 处缺陷。

　　1969 年 6 月 1 日，完成制造后改装，并开始准备将 S-IVB-510 运往萨克拉门托。6 月 14 日，对 S-IVB-510 进行了称重，质量为 12.21t(26920.67lb)。

　　S-IVB-510 于 6 月 19 日从亨廷顿滩运往萨克拉门托，如图 19.36 所示。运输工作由"超级古柏"飞机完成，该飞机从洛斯阿拉米托斯海军航空站飞往马瑟空军基地。抵达萨克拉门托后，将 S-IVB-510 存放在 β-3 试车台上。

图 19.36　将 S-IVB-510 装载到洛斯阿拉米托斯海军航空站的"超级古柏"飞机上，以便飞往马瑟空军基地(1969 年 6 月 19 日)

　　静态点火前检测在萨克拉门托开展，并于 1969 年 7 月 31 日完成。这些检测包括在 6 月 23 日进行的电测试验。

　　1969 年 8 月 14 日，进行静态点火试验(图 19.37)，持续 448.7s。点火期间，

图 19.37　S-IVB-510 在萨克拉门托的 β-3 试车台进行静态点火(1969 年 8 月 14 日)

燃料贮箱增压控制模块未能正常工作。故障分析表明，制造商未按照规范处理静态密封件导致异常情况出现。

9 月 18 日，完成静态点火后检测。然后将 S-IVB-510 从 β-3 试车台运至垂直检测实验室，准备进行附加检验并临时存放。

S-IVB-510 于 1970 年 6 月 11 日离开萨克拉门托，并于次日抵达肯尼迪航天中心。运输工作由"超级古柏"飞机完成，该飞机从萨克拉门托的马瑟空军基地起飞。

S-IVB-510 最终于 1971 年 7 月 26 日作为阿波罗 15 号飞船土星 5 运载火箭三子级进行发射。在滑行阶段，S-IVB-510 被命名为 1971-63B。S-IVB-510 于 7 月 29 日坠落在月球上，在这之前共飞行 3.30 天。

# 19.21　S-IVB-511

### 19.21.1　概述

S-IVB-511 飞行件是进行静态点火的 S-IVB-500 子级，坠落在月球上。

### 19.21.2　发动机

初始和最终的发动机构型如下。

位置 301：J-2134。

### 19.21.3　制造

1967 年 10 月 3 日，将最初为 S-IVB-511 制造的液氧贮箱后箱底转移到 S-IVB-510，进行替换。

1968 年 1 月，在亨廷顿滩开始了 S-IVB-511 的初始组装工作。

2 月 27 日，完成了液压验证试验，然后，麦道公司于 2 月 29 日完成了 S-IVB-511 贮箱的吹除及多余物清除。3 月，S-IVB-511 贮箱组件进入亨廷顿滩的隔热室，如图 19.38 所示。

6 月，由于 AS-502 运载火箭的飞行异常，项目官员将 S-IVB-511 的前短壳从亨廷顿滩组装厂转移到了载人航天中心，为纵向振动试验提供支持。

7 月 11 日，麦道公司完成了 S-IVB-511 子级前短壳(命名为 S-IVB-511A)替换件的制造工作后，将 S-IVB-511A 从马歇尔航天飞行中心运到了洛斯阿拉米托斯海军航空站。S-IVB-511A 替换壳段是由"超级古柏"飞机进行空运的。该壳段曾被用于为亨茨维尔的怀尔实验室的 POGO 试验提供支持。

图 19.38　S-IVB-511 贮箱组件进入亨廷顿滩的隔热室(1968 年 3 月)

8 月 26 日，开始在亨廷顿滩将 S-IVB-511 的推力结构及后短壳连接到推进剂贮箱组件上。

11 月 11 日，在 S-IVB-511 中安装了单台 J-2 发动机。

### 19.21.4　试验

S-IVB-511 的制造后检测于 1969 年 2 月 27 日完成。

4 月 24 日，在亨廷顿滩的 6 号塔完成了对 S-IVB-511 的改装。然后，工作人员将 S-IVB-511 放到了喷漆平台上。5 月 20 日，完成了喷漆操作。5 月 28 日，将 S-IVB-511 运至 8 号塔进行存放和最终改装。6 月 2 日，又将其运至亨廷顿滩的 2 号塔，为麦道公司工作人员进行进一步改装做准备。

8 月 5 日，将 S-IVB-511 从 2 号塔运至 6 号塔，以对机电进行微小改动。8 月 21 日，完成机电改动后，准备将 S-IVB-511 运往萨克拉门托。9 月 5 日，重新对 S-IVB-511 进行喷漆。由于在肯尼迪航天中心发现 S-IVB-506N 上的漆层起皮剥落，随之对 S-IVB 各级进行了检查，发现有必要重新对 S-IVB-511 进行重新喷漆。9 月 11 日，完成了对 S-IVB-511 的所有改装。

S-IVB-511 于 9 月 16 日从亨廷顿滩运往萨克拉门托。运输工作由"超级古柏"飞机完成，该飞机从洛斯阿拉米托斯海军航空站飞往马瑟空军基地，如图 19.39 所示。9 月 17 日，S-IVB-511 被安装到萨克拉门托的 β-3 试车台上，并开始进行静态点火前检测。9 月 25 日，首次电测，然后开始进行机械试验、电气试验和推进试验。11 月 25 日，完成了静态点火前检测。

12 月 18 日，在萨克拉门托的 β-3 试车台进行静态点火。整个点火持续 442.8s。S-IVB-511 是经历静态验收点火试验的最后一个飞行件。考虑到成本，并未对最后三个飞行件(即 S-IVB-512、S-IVB-513 和 S-IVB-514)进行点火试验。虽然没有经过静态点火，但其中 S-IVB-512 成为土星 5 运载火箭执行载人发射任务的三子级。

图 19.39　　S-IVB-511 离开亨廷顿滩的麦道公司，前往达洛斯阿拉米托斯，以便飞往马瑟空军基地(1969 年 9 月 16 日)

1970 年 1 月 28 日，完成静态点火后检测。6 月 29 日，S-IVB-511 搭乘"超级古柏"飞机从马瑟空军基地飞往肯尼迪航天中心。

S-IVB-511 最终作为土星 5 运载火箭的三子级，于 1972 年 4 月 16 日发射阿波罗 16 号飞船。在滑行阶段，S-IVB-511 被命名为 1972-31B。S-IVB-511 于 4 月 19 日坠落在月球上，在这之前共飞行 3.13 天。

# 19.22　S-IVB-512

## 19.22.1　概述

S-IVB-512 飞行件是唯一一个执行发射任务但从未经历过静态点火试验的土星 5 运载火箭飞行件。S-IVB-512 最终坠落在月球上。

## 19.22.2　发动机

初始和最终的发动机构型如下。

位置 301：J-2137。

### 19.22.3　制造

1968 年 2 月，麦道公司开始制造 S-IVB-512 的部件。5 月 10 日，完成液氢贮箱的液压试验。5 月 31 日，完成了 X 射线和着色渗透检验检查。7 月 10 日，开始安装液氢贮箱隔热材料。9 月 23 日，完成 S-IVB-512 隔热材料的安装。10 月 2 日，S-IVB-512 液氢贮箱组件被运至火箭组装和检测大楼的 4 号塔，开始对燃油管路进行吹除、多余物清除和安装。

1969 年 1 月 15 日，麦道公司在亨廷顿滩完成 S-IVB-512 的结构制造和组装。2 月 17 日，S-IVB-512 安装 J-2 发动机。由于需要对发动机进行改装，在 5 月 1 日，暂时中止 S-IVB-512 的系统检测。

### 19.22.4　试验

S-IVB-512 的制造后检测于 1969 年 7 月 9 日完成。7 月 24 日，S-IVB-512 被运至 8 号塔，进行检测后的改装。9 月 17 日，S-IVB-512 从 8 号塔运至 6 号塔，进行长排罩最终安装、冲击帘组装检查和临时存放。10 月 14 日，将 S-IVB-512 从临时存放处运走，为最终检验和喷漆做准备。11 月 6 日，完成喷漆后，将 S-IVB-512 存放起来。S-IVB-512 在亨廷顿海滩火箭检测与组装大楼和制造大楼的相关活动如图 19.40 和图 19.41 所示。

图 19.40　存放在亨廷顿滩火箭检测与组装　　　图 19.41　运往亨廷顿滩制造大楼途中的
　　大楼内的 S-IVB-512（1969 年 11 月）　　　　　　S-IVB-512（1970 年 1 月）

S-IVB-512 虽未进行静态点火试验，但在 1970 年 9 月 29 日完成 S-IVB-512 的扩展全系统试验。

1970 年 12 月 4 日，S-IVB-512 离开了亨廷顿滩，与 S-IVB-F 一起搭乘"巴罗角号"驳船从西尔滩海军坞启航。12 月 18 日，"巴罗角号"驳船抵达米丘德，卸下 S-IVB-F 后装上 S-II-15。S-IVB-512 继续搭乘"巴罗角号"驳船前往肯尼迪航天中心，于 12 月 21 日抵达。S-IVB-512 是直接从亨廷顿滩运到肯尼迪航天中心的第一个 S-IVB-500 系列飞行件，也是由海路运至该中心的第一个飞行件。

S-IVB-512 最终作为土星 5 运载火箭三子级，于 1972 年 12 月 7 日发射阿波罗 17 号飞船。在滑行阶段，S-IVB-512 被命名为 1972-96B。S-IVB-512 于 12 月 10 日坠落在月球上，在这之前共飞行 3.63 天。

# 19.23　　S-IVB-513

## 19.23.1　概述

S-IVB-513 飞行件未进行静态点火试验，在约翰逊航天中心展出。

## 19.23.2　发动机

初始和最终的发动机构型如下。

位置 301：J-2140。

## 19.23.3　制造

1968 年 6 月 18 日，在麦道公司的亨廷顿滩工厂结束了 S-IVB-513 液氢贮箱筒段的制造和检验。9 月 27 日，将 S-IVB-513 的贮箱筒段部分吊装到组装塔内，与前底和液氧贮箱组件连接。11 月 12 日，将 S-IVB-513 的推进剂贮箱组件从火箭组装和检测大楼运至 8 号塔进行气体泄漏检查。

1969 年 2 月 21 日，将 S-IVB-513 转移到麦道公司的亨廷顿滩工厂隔热室，开始安装液氢贮箱。4 月 6 日，完成液氢贮箱安装，并将 S-IVB-513 运至 2 号塔进行贮箱连接操作。4 月 20 日，完成贮箱连接，并将 S-IVB-513 运至 6 号塔进行改装。5 月 22 日，S-IVB-513 安装 J-2 发动机。截止到 6 月 19 日，垂直安装任务全部完成。

## 19.23.4　试验

1969 年 8 月 4 日，在 6 号塔完成了对 S-IVB-513 的改装，并将其运至 5 号塔进行系统检测。11 月 26 日，将 S-IVB-513 运至 8 号塔进行 X 射线检查和泄漏检查，如图 19.42 所示。S-IVB-513 的制造后检测于 12 月 4 日完成。

图 19.42　被吊装到火箭组装和检测大楼 8 号塔之前的 S-IVB-513(1969 年)

　　虽然 S-IVB-513 未进行静态点火试验,但在 1969 年 12 月 8 日完成了扩展全系统试验。1970 年 2 月到 3 月,S-IVB-513 运往亨廷顿滩制造大楼进行喷漆和存放,如图 19.43 和图 19.44 所示。

　　1971 年 1 月 18 日,用卡车经过短距离运输将 S-IVB-513 运到西尔滩的北美罗克韦尔公司。11 月 12 日,又用卡车将 S-IVB-513 运回亨廷顿滩。

　　S-IVB-513 于 1972 年 5 月 25 日搭载"超级古柏"飞机从洛斯阿拉米托斯海军航空站离开,并于 5 月 26 日抵达肯尼迪航天中心。自 6 月 9 日起,S-IVB-513 长期存放于肯尼迪航天中心。

图 19.43　运往亨廷顿滩制造大楼进行喷漆途中的 S-IVB-513(1970 年 2 月)

图 19.44　左上方 S-IVB-513，中间是 S-IVB-515 推进剂贮箱组件，在最前面的是
S-IVB-212 前短壳、后短壳和推力结构(1970 年 3 月)

1977 年，S-IVB-513 从肯尼迪航天中心运至得克萨斯州休斯敦约翰逊航天中心。1977 年末，S-IVB-513 搭乘驳船离开肯尼迪航天中心，在几日后到达约翰逊航天中心。从那时起，S-IVB-513 一直在该中心公开展出。1978 年，S-IVB-513 的所有权转让给美国史密森国家博物馆。2004 年，宣布打算翻修位于约翰逊航天中心内的土星 5 各子级(包括 S-IVB-513)，并将它们封存在专用大楼中。

# 19.24　S-IVB-514

## 19.24.1　概述

S-IVB-514 飞行件未进行静态点火试验，最终在肯尼迪航天中心展出。

## 19.24.2　发动机

初始和最终的发动机构型如下。
位置 301：J-2143。

## 19.24.3　制造

1968 年 10 月，麦道公司的工作人员在亨廷顿滩完成了蒙皮焊接工作，形成 S-IVB-514 飞行件的贮箱筒段组件。1969 年 2 月 12 日，完成 S-IVB-514 的液氢前底至液氢筒段焊缝的液压试验。5 月 13 日，将 S-IVB-514 转移到亨廷顿滩的隔热室，开始安装隔热材料，并于 6 月 12 日完成。6 月 25 日，将 S-IVB-514 水平放置，安装液氢设备。7 月 9 日，设备安装到位，并将 S-IVB-514 运至 4 号塔，进行液氧贮箱吹除。8 月 28 日，完成吹除，并将 S-IVB-514 运至 2 号塔，进行贮箱和壳段连接及安装。9 月 18 日，S-IVB-514 被从临时存放处运回 2 号塔，安装和检测 J-2 发动机。11 月 20 日，完成推力结构安装。1970 年 1 月 28 日，安装 J-2 发动机。

### 19.24.4　试验

1970 年 3 月，将 S-IVB-514 从 5 号塔拆下，放在检测大楼的 A 形框架上，然后降落到 7 号塔中。4 月，将 S-IVB-514 放回火箭组装和检测大楼的 5 号塔中。7 月 20 日，完成 S-IVB-514 的制造后检测。该飞行件未进行静态点火。12 月 28 日，用卡车将 S-IVB-514 运到西尔滩的北美罗克韦尔公司，进行长期存放。1971 年 12 月 20 日，用卡车将 S-IVB-514 运回亨廷顿滩。1972 年 12 月 6 日，将 S-IVB-514 长期存放起来。1973 年 3 月 7 日，将 S-IVB-514 从存放处移走。最后，S-IVB-514 于 3 月 27 日离开亨廷顿滩，并于 3 月 28 日抵达肯尼迪航天中心。S-IVB-514 是借助"超级古柏"飞机从洛斯阿拉米托斯海军航空站运至肯尼迪航天中心的。自 4 月 4 日起，S-IVB-514 长期存放于肯尼迪航天中心。

1976 年 4 月，将 S-IVB-514 转移到火箭组装大楼外，与土星 5 运载火箭其他子级一起进行水平展出。1979 年，S-IVB-514 的所有权归属美国史密森国家博物馆，并由其保存至 1996 年，然后在当年的 4 月 23 日被运送到 3.22km(2mi)之外的新家中。S-IVB-514 在那里进行了整修，全新的土星 5 运载火箭室内中心于 1996 年 12 月 5 日对外开放时得以向公众展出。

# 19.25　S-IVB-515

### 19.25.1　概述

S-IVB-515 是最后一个 S-IVB 三子级，改装成天空实验室，现在在华盛顿的美国国家航空航天博物馆展出。

### 19.25.2　发动机

S-IVB-515 未曾安装过发动机。

### 19.25.3　制造

1969 年 3 月 19 日，将 S-IVB-515 的液氢贮箱筒段运至亨廷顿滩的 1 号塔，并为焊接做准备。到 3 月 31 日，开始进行后箱底与贮箱筒段的焊接工作。4 月，

S-IVB-515 贮箱与上底进行对接，如图 19.45 所示。5 月 22 日，麦道公司在亨廷顿滩完成 S-IVB-515 贮箱的组装。

图 19.45　S-IVB-515 贮箱与上底进行对接(1969 年 4 月，亨廷顿滩)

1969 年 6 月 12 日，完成 S-IVB-515 静水压试验。6 月 30 日，完成液氢贮箱吹除、泄漏检查和染色渗透检查，并将 S-IVB-515 运至 2 号隔热室，进行隔热材料安装。11 月 7 日，麦道公司在亨廷顿滩完成 S-IVB-515 液氢贮箱隔热材料的安装。1970 年 1 月，将 S-IVB-515 从 4 号塔拆下。截止到 1970 年 4 月，S-IVB-515 一直存放在制造大楼。安装 J-2 发动机之前，S-IVB-515 被指定为天空实验室的备份。图 19.46 给出了在亨廷顿滩隔热室内的 S-IVB-515 和 S-IVB-212。

图 19.46　在亨廷顿滩隔热室内的 S-IVB-515 和 S-IVB-212
(备用的和飞行用的天空实验室，1969 年 10 月)

S-IVB-515 从亨廷顿滩运往天空实验室，并于 1972 年 5 月 25 日抵达。在 S-IVB-212 飞行用天空实验室成功发射后，S-IVB-515 被提供给史密森尼学会。

天空实验室备份 S-IVB-515 分成三部分搭乘驳船从肯尼迪航天中心运往华盛顿特区。1976 年 7 月，位于华盛顿特区的美国史密森国家博物馆对外开放，如图 19.47 所示。从此，S-IVB-515 一直作为天空实验室工作舱进行展出，改进后还可以让游客进入其内部进行参观。

图 19.47　1977 年 S-IVB-515（备用的天空实验室）在华盛顿特区的美国史密森国家博物馆展出

# 19.26　S-IVB-212 飞行件

## 19.26.1　概述

S-IVB-212 是三子级最后一个飞行件，改装后用作天空实验室。该子级最初配备 J-2 发动机，但从未进行过点火试验。改装后，对发动机进行了拆除。1979 年，再入大气层。

## 19.26.2　发动机

最初的发动机构型如下。

位置 301：J-2103。

### 19.26.3　制造

1967 年第一季度，对 S-IVB-212 飞行件贮箱进行内部隔热材料安装和封装。3 月 8 日和 9 日，成功完成推进剂贮箱水压验证试验。3 月 14 日至 17 日，进行推进剂贮箱泄漏检查。3 月末，组装后短壳和前短壳。

### 19.26.4　试验

1967 年 6 月 29 日，将 S-IVB-212 安装在垂直检测实验室的 6 号塔中。7 月 25 日，在亨廷顿滩对 S-IVB-212 进行系统检测。8 月 1 日，S-IVB-212 首次电测。

1967 年 9 月 14 日，麦道公司结束全系统试验，完成对 S-IVB-212 的系统检测。试验验证了 S-IVB-212 电气、液压、推进装置、仪器设备和遥测系统在模拟飞行条件下的联合操作。其间，共完成 33 个涉及 S-IVB-212 的检测程序。9 月 18 日，将 S-IVB-212 从垂直检测实验室拆除。随着在垂直检测实验室完成最终验收检测后，S-IVB-212 被运至 8 号塔，准备对推进剂贮箱组件进行生产验收泄漏试验。这项泄漏试验于 9 月 25 日至 27 日完成。10 月 18 日，麦道公司完成 S-IVB-212 的喷漆和最终检验，并准备将其存放在亨廷顿滩的航天系统中心。1968 年 11 月 3 日至 1969 年 3 月，S-IVB-212 一直存放于亨廷顿滩。

1969 年 3 月 26 日，麦道公司将 S-IVB-212 的级间段运至米丘德组装厂。4 月，将 S-IVB-212 从 8 号垂直检测塔运至 6 号塔，并拆除 J-2 发动机。5 月，拆除前短壳。6 月，S-IVB-212 从隔热室被运到垂直组装与检测大楼。11 月，拆除后短壳。1972 年夏，麦道公司完成 S-IVB-212 向天空实验室的改造工作。S-IVB-212 相关活动如图 19.48～图 19.52 所示。

图 19.48　背景中从左到右分别是 S-IVB-211、S-IVB-212、S-IVB-210、S-IVB-505 级间段，右边是 S-IVB-510 的前短壳、后短壳和推力结构（1968 年 4 月）

图 19.49　贮存期间，将 S-IVB-212 吊装到
亨廷顿滩的 8 号塔中(1968 年 12 月)

图 19.50　与亨廷顿滩的 S-IVB-212 的推力
结构断开连接的 J-2 发动机(1969 年 4 月)

图 19.51　正在亨廷顿滩拆卸的
S-IVB-212(1969 年 5 月)

图 19.52　S-IVB-212(天空实验室)从位于亨廷
顿海滩的 1 号隔热室运出

　　1972 年 9 月 8 日，改造后的天空实验室(原 S-IVB-212)以及有效载荷整流罩
搭乘"巴罗角号"驳船离开西尔滩海军坞，历时两周海上航行，于 9 月 22 日抵达
肯尼迪航天中心。1973 年 5 月 14 日，改造后的 S-IVB-212 作为天空实验室的工
作舱发射升空，在轨运行 2248 天，并于 1979 年 7 月 11 日返回地球。而在此期间，
有三名宇航员到访。S-IVB-212 的轨道标识号为 1973-27A。

　　每次任务对应的子级和发动机编号如表 19.2 和表 19.3 所示，各子级试验情
况如表 19.4～表 19.7 所示。

**表 19.2  每次任务对应的子级编号**

| 飞行任务 | 阿波罗飞船 | 子级 | | |
| --- | --- | --- | --- | --- |
| | | 一子级 | 二子级 | 三子级 |
| SA-501 | 阿波罗 4 号 | S-IC-1 | S-II-1 | S-IVB-501 |
| SA-502 | 阿波罗 6 号 | S-lC-2 | S-II-2 | S-IVB-502 |
| SA-503 | 阿波罗 8 号 | S-IC-3 | S-II-3 | S-IVB-503N |
| SA-504 | 阿波罗 9 号 | S-IC-4 | S-II-4 | S-IVB-504N |
| SA-505 | 阿波罗 10 号 | S-IC-5 | S-II-5 | S-IVB-505N |
| SA-506 | 阿波罗 11 号 | S-IC-6 | S-II-6 | S-1VB-506N |
| SA-507 | 阿波罗 12 号 | S-IC-7 | S-II-7 | S-IVB-507 |
| SA-508 | 阿波罗 13 号 | S-IC-8 | S-II-8 | S-IVB-508 |
| SA-509 | 阿波罗 14 号 | S-IC-9 | S-II-9 | S-IVB-509 |
| SA-510 | 阿波罗 15 号 | S-IC-10 | S-II-10 | S-IVB-510 |
| SA-511 | 阿波罗 16 号 | S-IC-11 | S-II-11 | S-IVB-511 |
| SA-512 | 阿波罗 17 号 | S-IC-12 | S-II-12 | S-IVB-512 |
| SA-513 | 天空实验室 | S-IC-13 | S-II-13 | S-IVB-212 |
| SA-514 | 不适用 | S-IC-14 | S-II-14 | S-IVB-513 |
| SA-515 | 不适用 | S-IC-15 | S-II-15 | S-IVB-514 |

**表 19.3  每次任务对应的发动机编号**

| 飞行任务 | 一子级 | | | | | 二子级 | | | | | 三子级 |
| --- | --- | --- | --- | --- | --- | --- | --- | --- | --- | --- | --- |
| | 101 | 102 | 103 | 104 | 105 | 201 | 202 | 203 | 204 | 205 | 301 |
| SA-501 | F-3013 | F-3015 | F-3016 | F-3012 | F-3011 | J-2026 | J-2043 | J-2030 | J-2035 | J-2028 | J-2031 |
| SA-502 | F-4017 | F-4018 | F-4019 | F-4021 | F-4020 | J-2057 | J-2044 | J-2058 | J-2040 | J-2041 | J-2042 |
| SA-503 | F-4024 | F-4022 | F-4025 | F-4026 | F-4027 | J-2051 | J-2053 | J-2059 | J-2045 | J-2055 | J-2071 |
| SA-504 | F-5029 | F-5032 | F-5031 | F-5033 | F-5030 | J-2067 | J-2068 | J-2069 | J-2070 | J-2066 | J-2094 |
| SA-505 | F-5035 | h-5041 | F-5040 | F-5042 | F-5034 | J-2075 | J-2077 | J-2080 | J-2081 | J-2076 | J-2091 |
| SA-506 | F-6043 | F-6046 | F-6051 | F-6054 | F-6044 | J-2089 | J-2086 | J-2088 | J-2084 | J-2085 | J-2101 |
| SA-507 | F-6048 | F-6052 | F-6047 | F-6053 | F-6050 | J-2090 | J-2092 | J-2093 | J-2096 | J-2097 | J-2119 |
| SA-508 | F-6055 | F-6058 | F-6057 | F-6078 | F-6056 | J-2082 | J-2099 | J-2102 | J-2098 | J-2100 | J-2122 |
| SA-509 | F-6061 | F-6064 | F-6063 | F-6065 | F-6062 | J-2106 | J-2110 | J-2108 | J-2109 | J-2105 | J-2124 |
| SA-510 | F-6088 | F-6069 | F-6068 | F-6071 | F-6073 | J-2112 | J-2113 | J-2114 | J-2115 | J-2116 | J-2079 |
| SA-511 | F-6095 | F-6096 | F-6087 | F-6094 | F-6059 | J-2117 | J-2125 | J-2121 | J-2123 | S-2118 | J-2134 |
| SA-512 | F-6084 | F-6076 | F-6075 | F-6083 | F-8074 | J-2130 | J-2126 | J-2127 | J-2129 | J-2128 | J-2137 |
| SA-513 | F-6079 | F-6080 | F-6082 | F-6077 | F-6081 | J-2104 | J-2132 | J-2135 | J-2136 | J-2138 | J-2140 |
| SA-514 | F-6089 | F-6093 | F-6085 | F-6086 | F-6092 | J-2139 | J-2141 | J-2142 | J-2144 | J-2145 | J-2143 |
| SA-515 | F-6066 | F-6091 | F-6097 | F-6060 | F-6098 | J-2147 | J-2152 | J-2149 | J-2150 | J-2151 | 不适用 |

**表19.4 S-IC-T 试验**

| 级 | 点火编号 | 试车台 | 日期 | 时间 | 计划持续时间 | 实际持续时间 | 发动机 | | | | | 备注 |
|---|---|---|---|---|---|---|---|---|---|---|---|---|
| | | | | | | | 101 | 102 | 103 | 104 | 105 | |
| S-IC-T | S-IC-01 | MSFC/S-IC | 65.4.9 | 16:20 CDT | 7s | 3s | F-2005 | F-2007 | F-2003 | P-S010 | F-2003 | 单台发动机,传感器非故意切断 |
| S-IC-T | S-JC-02 | MSFC/S-IC | 65.4.9 | 13:45 CDT | 7s | 2.5s | F-2005 | F-2007 | F-2008 | F-2010 | F-2003 | 单台发动机,自动的安全切断 |
| S-IC-T | S-IC-03 | MSFC/S-IC | 65.4.10 | 17:10 CDT | 15s | 16.73s | F-2005 | F-2007 | F-2005 | F-2010 | F-2003 | 单台发动机,成功 |
| S-IC-T | S-IC-04 | MSFC/S-IC | 65.4.16 | 14:58 CDT | 7s | 6.5s | F-2005 | F-2007 | F-2008 | F-2010 | F-2003 | 5台发动机,成功 |
| S-IC-T | S-IC-05 | MSFC/S-IC | 65.5.6 | 15:10 CDT | 15s | 15.55s | F-2005 | F-2007 | F-2008 | F-2010 | F-2003 | 成功 |
| S-IC-T | S-IC-03 | MSFC/S-IC | 65.5.20 | 14:58 CDT | 40s | 40.84s | F-2005 | F-2007 | F-2008 | F-2010 | F-2003 | 成功 |
| S-IC-T | S-IC-07 | MSFC/S-IC | 65.6.8 | 16:08 CDT | 90s | 41.1s | F-2005 | F-2007 | F-2008 | F-2010 | F-2003 | 传感器提前终止 |
| S-IC-T | S-IC-08 | MSFC/S-IC | 65.6.11 | 14:59 CDT | 90s | 90.9s | F-2005 | F-2007 | F-2008 | F-2010 | F-2003 | 成功 |
| S-IC-T | S-IC-09 | MSFC/S-IC | 65.7.29 | 17:56 CDT | 40s | 17.6s | F-2005 | F-2010 | F-2008 | F-2007 | F-2003 | 传感器提前终止 |
| S-IC-T | S-IC-10 | MSFC/S-IC | 65.8.5 | 16:02 CDT | 液氧耗尽 | 143.65s (ib) /147.63s (ob) | F-2005 | F-2010 | F-2008 | F-2007 | F-2003 | 自动配置,成功 |
| S-IC-T | S-IC-11 | MSFC/S-IC | 65.10.8 | 16:41 COT | 液氧耗尽 | 42.38s (ib) /47.80s (ob) | F-4T2 | F-2003 | F-2008 | F-2007 | F-3T1 | 传感器错误地提前终止 |
| S-IC-T | S-IC-12 | MSFC/S-IC | 65.11.3 | 16:40 CST | 液氧耗尽 | 90.5s | F-4T2 | F-2003 | F-2008 | F-2007 | F-3T1 | 成功 |
| S-IC-T | S-IC-13 | MSFC/S-IC | 65.11.24 | 13:07 CST | 150s | 148.4s (ib) /153.4s (ob) | F-4T2 | F-2003 | F-2008 | F-2007 | F-3T1 | 成功 |
| S-IC-T | S-IC-14 | MSFC/S-IC | 65.12.9 | 16:09 CST | 150s | 146.073 (ib) /150.02s (ob) | F-4T2 | F-2003 | F-2008 | F-2007 | F-3T1 | 成功 |
| S-IC-T | S-IC-15 | MSFC/S-IC | 65.12.16 | 15:00 CST | 40s | 40.96s (ib) /45.98s (ob) | F-4T2 | F-2003 | F-2008 | F-2007 | F-3T1 | 成功 |
| S-IC-T | S-IC-T-1 | MTF/B-2 | 67.3.3 | 17:21 CST | 15s | 15.2s | F-2003 | F-2007 | F-2008 | F-2010 | F-3T1 | 成功 |
| S-IC-T | S-IC-T-2 | MTF/B-2 | 67.3.17 | 15:16 CST | 60s | 60.184s | F-2003 | F-2007 | F-2008 | F-2010 | F-3T1 | 成功 |
| S-IC-T | S-IC-20 | MSFC/S-IC | 67.8.1 | 15:00 CDT | 40s | 2.16s | F-2003 | F-2007 | F-2008 | F-2010 | F-3T1 | 传感器错误地提前终止 |
| S-IC-T | S-IC-21 | MSFC/S-IC | 67.3.3 | 15:00 CDT | 40s | 3.60s | F-2003 | F-2007 | F-2008 | F-2010 | F-3T1 | 传感器错误地提前终止 |
| S-IC-T | S-IC-22 | MSFC/S-IC | 67.8.3 | 19:23 CDT | 40s | 41.74s | F-2003 | F-2007 | F-2008 | F-2010 | F-3T1 | 成功 |

注: ib 为内侧发动机, ob 为外侧发动机; CDT 为美国中部夏令时间, CST 为美国中部标准时间。

表 19.5　S-IC 试验

| 级 | 点火编号 | 试车台 | 日期 | 时间 | 持续时间 | | 发动机 | | | | | 备注 |
| --- | --- | --- | --- | --- | --- | --- | --- | --- | --- | --- | --- | --- |
| | | | | | 计划持续时间 | 实际持续时间 | 101 | 102 | 103 | 104 | 105 | |
| S-IC-1 | S-IC-16 | MSFC/S-IC | 66.2.17 | 15:18 CST | 40s | 40.79s | F-3013 | F-3015 | F-3016 | F-3012 | F-3011 | 成功 |
| S-IC-1 | S-IC-17 | MSFC/S-IC | 66.2.25 | 14:59 CST | 125s | 83.2s | F-3013 | F-3015 | F-3016 | F-3012 | F-3011 | 燃烧室压力测量故障 |
| S-IC-2 | S-IC-18 | MSFC/S-IC | 66.6.7 | 18:43 CDT | 125s | 126.3s | F-4017 | F-4018 | F-4019 | F-4021 | F-4020 | 成功 |
| S-IC-3 | S-IC-19 | MSFC/S-IC | 66.11.15 | 15:38 CST | 125s | 121.7s | F-4023 | F-4022 | F-4025 | F-4026 | F-4027 | 成功 |
| S-IC-4 | S-IC-4-1 | MTF/B-2 | 67.5.16 | 15:20 CDT | 125s | 125.096s | F-5029 | F-5032 | F-5031 | F-5033 | F-5030 | 成功 |
| S-IC-5 | S-IC-5-1 | MTF/B-2 | 67.8.25 | 18:14 CDT | 125s | 125.096s | F-5035 | F-5041 | F-5040 | F-5042 | F-5034 | 成功 |
| S-IC-6 | S-IC-6-1 | MTF/B-2 | 68.8.13 | 17:34 CDT | 125s | 126.504s | F-6043 | F-6046 | F-6051 | F-6054 | F-6044 | 成功 |
| S-IC-7 | S-IC-7-1 | MTF/B-2 | 68.10.30 | 15:18 CST | 125s | 126.464s | F-6048 | F-6052 | F-6047 | F-6053 | F-6050 | 成功 |
| S-IC-8 | S-IC-8-1 | MTF/B-2 | 68.12.18 | 16:39 CST | 125s | 126.688s | F-6055 | F-6058 | F-60S7 | F-6059 | F-6056 | 成功 |
| S-JC-9 | S-IC-9-1 | MTF/B-2 | 69.2.19 | 15:16 CST | 125s | 126.640s | F-6061 | F-6064 | F-6063 | F-6065 | F-6062 | 成功 |
| S-IC-10 | S-IC-10-1 | MTF/B-2 | 69.4.16 | 14:33 CST | 125s | 126.372s | F-6068 | F-6069 | F-6068 | F-6071 | F-6073 | 成功 |
| S-IC-11 | S-IC-11-1 | MTF/B-2 | 69.6.26 | 17:22 CDT | 125s | 96.8s | F-6049 | F-6045 | F-6072 | F-6060 | F-6070 | 由于发动机起火而中止 |
| S-IC-11 | S-IC-11R-1 | MTF/B-2 | 70.6.25 | 15:23 CDT | 125s | 70.628s | F-6095 | F-6096 | F-6087 | F-6094 | F-6059 | 由于超过液氧压力红线而中止 |
| S-IC-12 | S-IC-12-1 | MTF/B-2 | 69.11.3 | 15:12 CST | 125s | 126.328s | F-6084 | F-6076 | F-6075 | F-6083 | F-6074 | 成功 |
| S-IC-13 | S-IC-13-1 | MTF/B-2 | 70.2.6 | 15:47 CST | 125s | 126.432s | F-6079 | F-6080 | F-6082 | F-6077 | F-6081 | 成功 |
| S-IC-14 | S-IC-14-1 | MTF/B-2 | 70.4.16 | 20:15 CST | 125s | 126.364s | F-6089 | F-6093 | F-6085 | F-6086 | F-6092 | 成功 |
| S-IC-15 | S-IC-15-1 | MTF/B-2 | 70.9.30 | 18:17 CDT | 125s | 128.672s | F-6066 | F-6091 | F-6097 | F-6060 | F-6098 | 成功 |

表 19.6　S-II 试验

| 级 | 试车台 | 日期 | 时间 | 持续点火时间 | 201 | 202 | 发动机 203 | 204 | 205 | 备注 |
|---|---|---|---|---|---|---|---|---|---|---|
| S-II-1 | MTF/A-2 | 66.12.1 | | 384s | J-2026 | J-2043 | J-2030 | J-2035 | J-2028 | 成功 |
| S-II-1 | MTF/A-2 | 66.12.22 | 22:00 CST | 2s | J-2026 | J-2043 | J-2030 | J-2035 | J-2028 | 由于探头故障而中止 |
| S-II-1 | MTF/A-2 | 66.12.30 | | 363s | J-2026 | J-2043 | J-2030 | J-2035 | J-2028 | 成功 |
| S-II-2 | MTF/A-2 | 67.4.6 | 16:08 CST | 363s | J-2057 | J-2044 | J-2058 | J-2040 | J-2041 | 成功 |
| S-II-2 | MTF/A-2 | 67.4.15 | | 367s | J-2057 | J-2044 | J-2058 | J-2040 | J-2041 | 成功 |
| S-II-3 | MTF/A-1 | 67.9.19 | 20:10 CDT | 65s | J-2051 | J-2053 | J-2059 | J-2045 | J-2055 | 成功 |
| S-II-3 | MTF/A-1 | 67.9.27 | 15:23 CDT | 358s | J-2051 | J-2053 | J-2059 | J-2045 | J-2055 | 成功 |
| S-II-4 | MTF/A-2 | 68.1.30 | | 17s | J-2067 | J-2068 | J-2069 | J-2070 | J-2066 | 因传感器错误判读而中止 |
| S-II-4 | MTF/A-1 | 68.2.10 | 14:39 CST | 347s | J-2067 | J-2068 | J-2069 | J-2070 | J-2066 | 成功 |
| S-II-5 | MTF/A-1 | 68.8.1 | | 7.54s | J-2075 | J-2077 | J-2060 | J-2081 | J-2076 | 因传感器错误判读而中止 |
| S-II-5 | MTF/A-1 | 68.8.9 | | 367s | J-2075 | J-2077 | J-2080 | J-2081 | J-2076 | 成功 |
| S-II-6 | MTF/A-2 | 68.10.3 | 15:22 CDT | 371s | J-2089 | J-2086 | J-2088 | J-2084 | J-2085 | 成功 |
| S-II-7 | MTF/A-1 | 69.1.22 | | 365s | J-2090 | J-2092 | J-2093 | J-2096 | J-2097 | 成功 |
| S-II-8 | MTF/A-2 | 69.4.8 | 13:45 CST | 381s | J-2082 | J-2099 | J-2102 | J-2098 | J-2100 | 中央发动机启动提前关机，成功 |
| S-II-9 | MTF/A-1 | 69.6.20 | | 349s | J-2106 | J-2110 | J-2108 | J-2109 | J-2105 | 成功 |
| S-II-10 | MTF/A-2 | 69.10.1 | | 368s | J-2112 | J-2113 | J-2114 | J-2115 | J-2116 | 成功 |
| S-II-11 | MTF/A-1 | 69.11.14 | | 371.6s | J-2117 | J-2125 | J-2121 | J-2123 | J-2118 | 成功 |
| S-II-12 | MTF/A-2 | 70.2.26 | | 2s | J-2130 | J-2126 | J-2127 | J-2129 | J-2128 | 由于发动机或阀阀故障中止 |
| S-II-12 | MTF/A-2 | 70.3.4 | | 376.2s | J-2130 | J-2126 | J-2127 | J-2129 | J-2128 | 成功 |
| S-II-13 | MTF/A-2 | 70.4.30 | | 364.9s | J-2104 | J-2132 | J-2135 | J-2136 | J-2138 | 成功 |
| S-II-14 | MTF/A-2 | 70.7.31 | | 373.2s | J-2139 | J-2141 | J-2142 | J-2144 | J-2145 | 成功 |
| S-II-15 | MTF/A-2 | 70.10.30 | 15:15 CST | 373.0s | J-2147 | J-2152 | J-2149 | J-2150 | J-2151 | 成功 |

表 19.7　S-IVB 试验

| 级 | 倒计时编号 | 试车台 | 日期 | 时间 | 持续时间 | 发动机 301 | 备注 |
|---|---|---|---|---|---|---|---|
| S-IVB-501 | CD 614061 | SACTO/β-1 | 66.5.20 | | 50s | J-2031 | 自动切断 |
| S-IVB-501 | CD 614063 | SACTO/β-1 | 66.5.26 | | 151s | J-2031 | 成功 |
| S-IVB-501 | CD 614063 | SACTO/β-1 | 66.5.26 | | 301s | J-2031 | 成功 |
| S-IVB-502 | CD 614067 | SACTO/β-1 | 66.7.28 | 14:20 PDT | 150.7s | J-2042 | 成功 |
| S-IVB-502 | CD 614067 | SACTO/β-1 | 66.7.28 | 15:54 PDT | 291.2s | J-2042 | 成功 |
| S-IVB-503N | | SACTO/β-1 | 67.5.3 | | 446.9s | J-2071 | 成功 |
| S-1VB-504N | | SACTO/β-1 | 67.8.23 | | 51.23s | J-2094 | 由于有着火迹象而终止 |
| S-IVB-504N | | SACTO/β-1 | 67.8.26 | | 438s | J-2094 | 成功 |
| S-IVB-505N | | SACTO/β-1 | 67.10.12 | | 448.4s | J-2091 | 成功 |
| S-1VB-506N | CD 614109 | SACTO/β-3 | 68.7.17 | 18:23 PDT | 445.2s | J-2101 | 成功 |
| S-IVB-507 | CD 614113 | SACTO/β-1 | 68.10.16 | 16:08 PST | 433.2s | J-2119 | 成功 |
| S-IVB-508 | CD 614116 | SACTO/β-3 | 69.2.20 | 14:22 PST | 457.0s | J-2122 | 成功 |
| S-IVB-509 | CD 614120 | SACTO/β-3 | 69.5.14 | 14:09 PDT | 452.4s | J-2124 | 成功 |
| S-IVB-510 | | SACTO/β-3 | 69.8.14 | | 448.7s | J-2079 | 成功 |
| S-IVB-511 | | SACTO/β-3 | 69.12.18 | | 442.8s | J-2134 | 成功 |

注：PDT 为太平洋夏令时间，PST 为太平洋标准时间。

# 第三篇　有效载荷设计人员指南

# 第 20 章 简 介

本指南由道格拉斯飞行器公司编制，旨在为有效载荷设计人员提供土星 5 运载火箭的性能，并指导有效载荷规划。本指南给出了土星系列火箭发射不同质量、不同体积和不同任务的有效载荷（包括科学类和机构类有效载荷）的方案。针对土星 1B 运载火箭，道格拉斯也编制了一本类似的指南《土星 1B 有效载荷设计人员指南》，即道格拉斯报告 SM-47010。

土星 5 运载火箭是由 NASA 研制的三级运载火箭，用于支持阿波罗飞船登月任务，还可以用于实现其他与探月和空间飞行相关的国家目标。未来空间站和行星际飞船的研制将在很大程度上依赖于阿波罗项目中开发的硬件和技术。

土星 5 运载火箭主要用于发射超大型载人和无人有效载荷，将于 1967 年年初进行首飞（译者注：由于本指南是在发射前编制的，给出的首飞时间只是当时预计的。实际上土星 5 运载火箭在 1967 年 11 月 29 日首飞），能够将超过 118.39t（261000lb）的有效载荷送入 185.2km（100n mile）的圆轨道。由于火箭三子级与有效载荷一同入轨，在轨总质量接近 136.08t（300000lb）。四级型土星 5 运载火箭运载能力将更大，能够将重约 5443.11kg（12000lb）的以 13716m/s（45000ft/s）的速度送入高轨。因此，土星系列运载火箭将满足未来多种载人和无人航天任务发射需求。

《有效载荷设计人员指南》主要为工程试验、空间科学试验或飞行任务的工程师、科学家和执行人员提供参考，为有效载荷设计人员提供运载火箭与有效集成及有效载荷发射所需的技术信息和流程。通过本指南，有效载荷设计人员能够了解土星 5 运载火箭的性能，及其提供的载荷环境，并获得试验所需的流程、飞行时序以及有效载荷设计所需的数据。针对主要载荷发射，本指南提供了 4 种整流罩设计方案。针对次要载荷，本指南也提出了几种设计方案，用于确定有效载荷发射所需的空间。

此外，本指南还提供了每种有效载荷体积的数据和有效载荷质量限制。

有效载荷飞行计划中还包含了土星 5 运载火箭的性能以及主要子系统与有效载荷之间的关系。同时，指南还列出了从方案设计到飞行的大事记，用以支持潜在用户对有效载荷/运载火箭系统做出规划。

## 20.1 土星 5 运载火箭构型

本指南以三级构型土星 5 运载火箭（图 20.1）为基础。三级土星 5 运载火箭加上阿波罗飞船，总高约 110.64m（363ft）、重约 2900t。

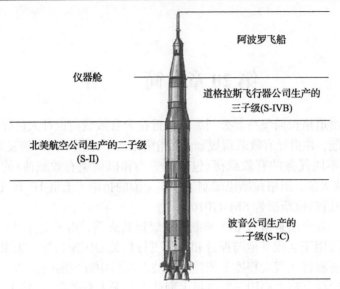

阿波罗飞船

仪器舱

道格拉斯飞行器公司生产的
三子级(S-IVB)

北美航空公司生产的二子级
(S-II)

波音公司生产的
一子级(S-IC)

图 20.1　土星 5 运载火箭三级构型

### 20.1.1　一子级(S-IC)

　　S-IC 高 42.06m(138ft)、直径为 10.06m(33ft),采用 5 台 F-1 发动机提供推力,单台推力为 6672.33kN。F-1 发动机采用液氧和煤油推进剂,液氧贮箱在上,煤油箱在下。火箭升空时,利用 5 台 F-1 发动机可产生总计 33361.67kN(7500000lbf)的推力,并在 150s 内将运载火箭推至 55.56km(30n mile)的高度。一子级姿态控制系统通过外围 4 台发动机摆动实现。一子级与二子级分离主要通过 8 个推力为 355.86kN(80000lbf)的反推火箭实现。

### 20.1.2　二子级(S-II)

　　S-II 高 24.84m(81.5ft)、直径为 10.06m(33ft),由 5 台 J-2 氢氧发动机提供推力,单台推力为 911.89kN(205000lbf)。液氧和液氢推进剂贮箱采用共底结构,液氢贮箱在上,液氧贮箱在下。根据飞行任务,二子级可将运载火箭推至 166.68~185.2km(90~100n mile)的高度。与 S-IC 相似,二子级姿态控制也是通过 4 台发动机摆动实现的。8 个推力为 101.86kN(22900lbf)的反推火箭用于发动机启动前的推进剂沉底。通过 4 台固体火箭发动机实现二子级与三子级分离,其中每台发动机都能产生 155.69kN(35000lbf)的推力并持续 1.5s。

### 20.1.3　三子级(S-IVB)

　　S-IVB 高 17.8m(58.53ft)、直径约为 6.71m(22ft),由一台 J-2 发动机提供动

力。J-2 发动机由洛克达因公司研制，推力为 911.89kN（205000lbf），发动机混合比为 5：1。在动力飞行段，主发动机通过摆动实现俯仰和偏航，通过 2 个辅助动力系统（APS）模块实现滚转控制。2 个辅助动力系统安装在后短壳，并以相隔 180°安装。在惯性飞行段，滚转、俯仰和偏航全部由辅助动力系统控制。在 J-2 发动机点火前，在第一次分离时，2 台固体沉底发动机点火，实现推进剂沉底。第二次分离后，J-2 发动机点火并将有效载荷推至所需的高度。

S-IVB 设计具有 4.5h 地球轨道滑行能力和 2h 地月转移轨道的滑行能力。J-2 发动机首次关机时，对辅助动力系统模块内的 2 台推力为 320.27N（72lbf）的自燃发动机进行点火，以控制推进剂的位置，并且在第二次启动 J-2 之前，于主发动机冷却和重新启动期间确定推进剂的位置。

### 20.1.4 仪器舱

仪器舱（IU）中装有土星 5 运载火箭的制导和控制系统以及飞行测量系统。具体来说，仪器舱包含电气系统、制导和控制系统、仪表系统、测量系统、遥测系统、无线电频率系统、环境控制系统和应急诊断系统。

## 20.2 土星 5 运载火箭的能力

土星 5 运载火箭可执行多种载人和无人航天任务，并且可以发射大型主要载荷和次要载荷，如图 20.2 所示。

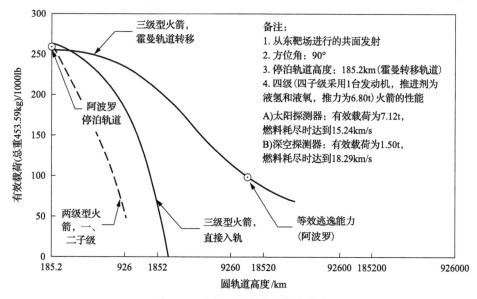

图 20.2 土星 5 运载火箭任务能力

利用土星 5 运载火箭的主要优势如下：

(1)世界上运载能力最大(可以将重约 118.39t(261000lb)有效载荷送至 185.2km (100n mile)的高度)。

(2)能够为有效载荷提供更大的空间。

(3)有效载荷逃逸能力较大(大约 44.45t(98000lb))。

(4)同步轨道运载能力较大(可以将超过质量 32.66t(72000lb)的有效载荷送至高度为 37040km(20000n mile)、倾斜角为 28.5°的轨道，以及将质量约 28.12t (62000lb)的有效载荷送至赤道同步轨道)。

(5)每千克有效载荷的发射成本较低，系统和分系统通过验证。

(6)拥有载人系统。目前具有完善的制造、试验和发射设施，适合二级、三级或四级构型，同时可以使用 NASA 的相关数据采集和跟踪网络。

(7)次要载荷(搭载载荷)体积、质量、动力和数据通道都是可用的。

(8)运载火箭发展极具潜力。

# 第 21 章 有 效 载 荷

## 21.1 计划与进度

道格拉斯飞行器公司可以提供技术支持，以帮助试验人员或有效载荷组织方对土星 5 运载火箭的有效载荷进行设计、操作和评估。在执行多种载人或无人飞行任务时，三级型土星 5 运载火箭可以搭载主要载荷或次要载荷。本指南未列举每个不同体积有效载荷的全部数据，仅在图 21.1 中给出了一些示例。火箭每个部分都具备有效载荷包络、姿控能力和富裕质量。根据特定的任务要求，可将次要载荷放在：

(1) 阿波罗飞船指令舱；

(2) 阿波罗飞船服务舱；

(3) 登月舱的上升段或下降段；

(4) 登月舱适配器；

(5) 仪器舱；

(6) 三子级 (S-IVB)；

(7) 四子级 (仅限四级构型，译者注：四级构型并未投入使用)。

图 21.1 概括了土星 5 运载火箭有效载荷相关信息。新的主要载荷可以使用现有的或专用的整流罩设计。

本指南主要涉及土星 5 运载火箭主要载荷和次要载荷的运载能力。图 21.2 给出了火箭主要载荷和次要载荷的发射流程，包括方案设计、与火箭集成、飞行以及最终评估。

任何政府、大学或行业的机构或个人都可以提出有效载荷试验方案。为了使方案更加有效，其方案必须包括某些运载火箭参数及接口数据。道格拉斯将帮助试验发起人明确有效载荷/运载火箭试验方案，由 NASA 试验审查委员会对发起组织提交的有效载荷/试验方案进行评估，确定此方案对实现国家目标的重要程度。

任务目标获批后，启动预算安排和火箭选型，并且可以通过正常的采购渠道推进此方案，以获取最终合同权利。

获得有效载荷合同后，将由 NASA、土星 5 运载火箭的子级承包商和有效载荷方共同完成更加详细的任务计划。NASA 在整个计划中承担管理的角色。

　　在制造火箭的同时继续对有效载荷进行研发和鉴定。另外，还需要完成详细的试验，制定试验支持计划并记录试验情况。这一过程必须在土星 5 运载火箭最终试验前完成，以确保有效载荷与火箭的兼容性。

　　图 21.3 给出了火箭三子级 S-IVB 的制造情况及其与次要载荷集成的进度，并且为使各子级交付进度尽量不受干扰，S-IVB 与次要载荷集成的时间需要提前确定。有效载荷的复杂性及集成的属性决定了特殊飞行任务所需的时间。

　　译者注：因数据来源不同，本章数据可能与前面章节数据有所不同。

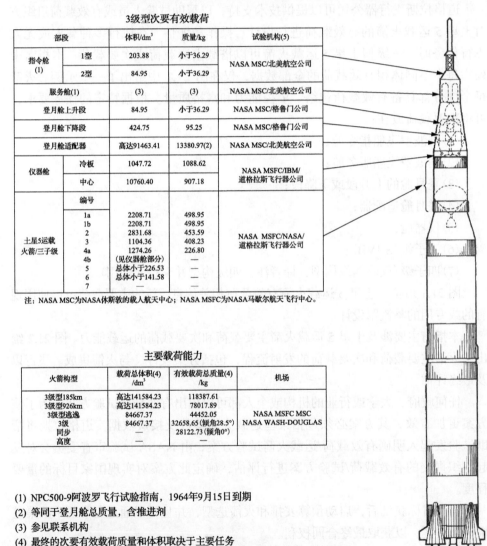

**3级型次要有效载荷**

| 部段 | | 体积/dm³ | 质量/kg | 试验机构(5) |
|---|---|---|---|---|
| 指令舱 (1) | 1型 | 203.88 | 小于36.29 | NASA MSC/北美航空公司 |
| | 2型 | 84.95 | 小于36.29 | |
| 服务舱(1) | | (3) | (3) | NASA MSC/北美航空公司 |
| 登月舱上升段 | | 84.95 | 小于36.29 | NASA MSC/格鲁门公司 |
| 登月舱下降段 | | 424.75 | 95.25 | NASA MSC/格鲁门公司 |
| 登月舱适配器 | | 高达91463.41 | 13380.97(2) | NASA MSC/北美航空公司 |
| 仪器舱 | 冷板 | 1047.72 | 1088.62 | NASA MSFC/IBM/ 道格拉斯飞行器公司 |
| | 中心 | 10760.40 | 907.18 | |
| 土星5运载 火箭/三子级 | 编号 | | | |
| | 1a | 2208.71 | 498.95 | |
| | 1b | 2208.71 | 498.95 | |
| | 2 | 2831.68 | 453.59 | NASA MSFC/NASA/ 道格拉斯飞行器公司 |
| | 3 | 1104.36 | 408.23 | |
| | 4a | 1274.26 | 226.80 | |
| | 4b | (见仪器舱部分) | — | |
| | 5 | 总体小于226.53 | — | |
| | 6 | 总体小于141.58 | — | |
| | 7 | — | — | |

注：NASA MSC为NASA休斯敦的载人航天中心；NASA MSFC为NASA马歇尔航天飞行中心。

**主要载荷能力**

| 火箭构型 | 载荷总体积(4) /dm³ | 有效载荷总质量(4) /kg | 机场 |
|---|---|---|---|
| 3级型185km | 高达141584.23 | 118387.61 | |
| 3级型926km | 高达141584.23 | 78017.89 | |
| 3级型逃逸 | 84667.37 | 44452.05 | NASA MSFC MSC |
| 3级 | 84667.37 | 32658.65(倾角28.5°) | NASA WASH-DOUGLAS |
| 同步 | — | 28122.73(倾角0°) | |
| 高度 | — | | |

(1) NPC500-9阿波罗飞行试验指南，1964年9月15日到期
(2) 等同于登月舱总质量，含推进剂
(3) 参见联系机构
(4) 最终的次要有效载荷质量和体积取决于主要任务
(5) 试验提交流程以及相关的火箭数据方面的信息可以从受审的NASA机构获得

图 21.1　土星 5 运载火箭潜在有效载荷

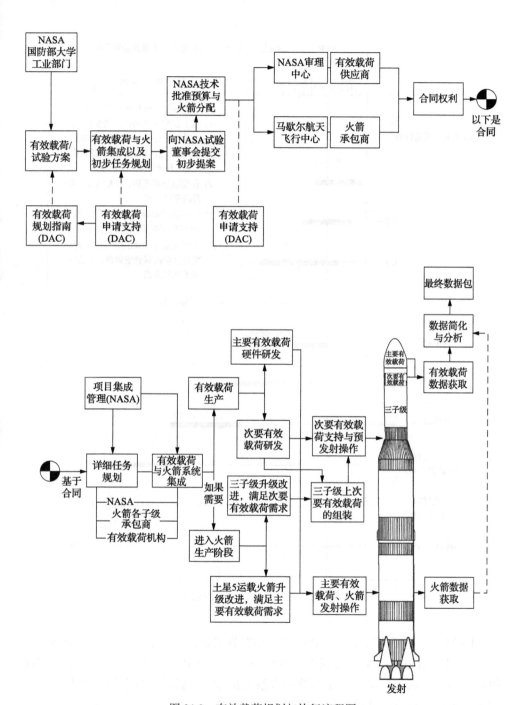

图 21.2 有效载荷规划与执行流程图

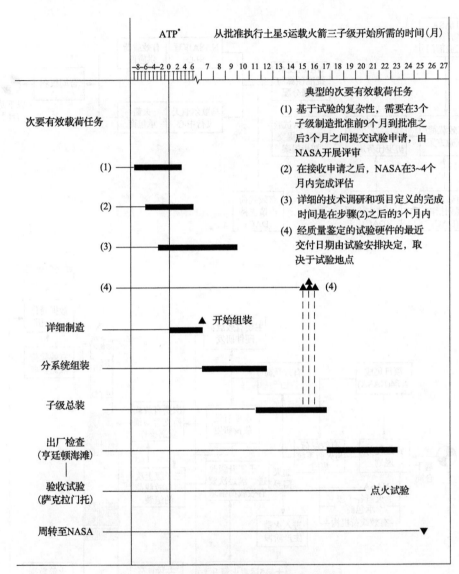

图 21.3　典型的 S-IVB 次要载荷集成安排

ATP 批准执行，DAC 授权建造一台可操作的三子级

　　图 21.4 给出了为准备主要载荷而必须在肯尼迪航天中心完成的操作任务。

　　图 21.5 给出了土星 5 运载火箭 SA-501 至 SA-515 的交付时间，后续可实现每年 6 枚火箭的交付频次。虽然这些火箭大部分用于搭载主要载荷，但其中一些并不会满载，有空间供次要载荷使用。

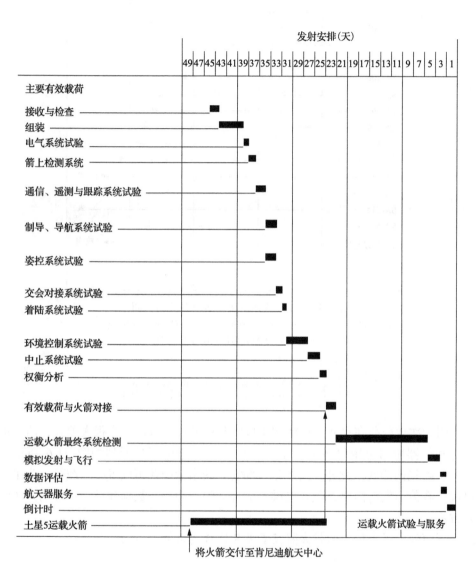

图 21.4　肯尼迪航天中心主要载荷准备流程

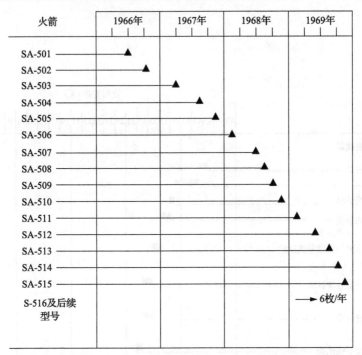

图 21.5　土星 5 运载火箭 S-IVB 交付时间

三子级转至 NASA 的 S.T.C，船运至肯尼迪航天中心的许可时间为 4 周，在发射台上的
许可时间为 3~4 个月；NASA 做出火箭可用于试验的最终决定

## 21.2　运载火箭有效载荷空间

因为次要载荷在尺寸、形状和质量以及所处位置方面存在很大差异，所以前短壳和仪器舱内可用包络是从壳段上安装的电气/电子单元到如图 21.6 所示的 S-IVB 贮箱前箱底。此外，前短壳外部安装的吊舱中还可放置有效载荷。为了满足次要载荷的发射需要，此处提供了结合空间、功率、数据和环境系统的多种组合方案。

下面列出了土星 5 运载火箭三子级 S-IVB 内可能的有效载荷体积。

### 21.2.1　1a 和 1b 号试验方案

图 21.6 给出了两个悬挂分离舱可能的安装位置，这两个舱段可安装在三子级前短壳的两侧各有大约 2.21m³(78ft³) 的空间。这些分离舱还未进行设计，因此使用这种方案针对某些特定有效载荷进行适配设计。每个位置可以承载大约 498.95kg (1100lb) 的有效载荷质量。这些试验方案需要对前短壳进行一些改装满足结构要

求，并且需要重新铺设一些电缆，改装方案如图 21.7 所示。第一种方案中的有效载荷包含一台固体发动机（ABL-X-258）、一台可选发动机（ARC-XM-85）和一颗卫星。有效载荷组件安装在支架上，支架最终与 S-IVB 分离。有效载荷组件带有姿态控制系统，在有效载荷分离时参考了 S-IVB 的姿态。整流罩在上升段主要用于保护有效载荷，随后被抛掉。支架被安装在蜂窝安装板上，蜂窝安装板通过前短壳框架与 S-IVB 结构连接，并与 S-IVB 液氢贮箱蒙皮衬垫相连。这种安装方案的一些性能参数参见图 21.8 的构型 B。图 21.7 所示的方案 2、3 和 4 还可以容纳其他有效载荷。

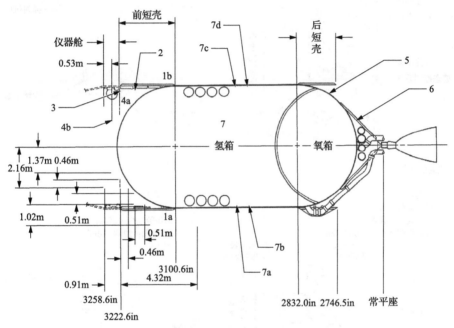

| 编号 | 位置 | 体积/dm³ | 有效载荷质量/kg |
|---|---|---|---|
| 1a | 前短壳-外部 | 2208.71 | 498.95 |
| 1b | 前短壳-外部 | 2208.71 | 498.95 |
| 2 | 前短壳-内部 | 3086.54 | 453.59 |
| 3 | 前短壳-内部 | 1104.36 | 408.23 |
| 4a | 前短壳-内部 | 1274.26 | 1133.98 |
| 4b | 仪器舱-内部 | 10760.40 | 1133.98 |
| 5 | 后短壳-内部 | 226.53 | — |
| 6 | 推力结构 | 不确定 | — |
| 7 | 氢箱 | — | — |
| 7a~7d | 氢箱 | 99.11 | — |

图 21.6　S-IVB 次要载荷体积的方案

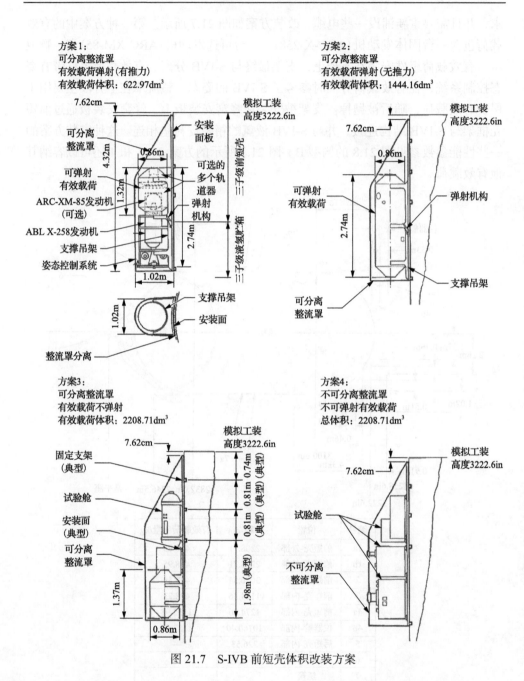

方案1:
可分离整流罩
有效载荷弹射(有推力)
有效载荷体积：622.97dm³

方案2:
可分离整流罩
有效载荷弹射(无推力)
有效载荷体积：1444.16dm³

方案3:
可分离整流罩
有效载荷不弹射
有效载荷体积：2208.71dm³

方案4:
不可分离整流罩
不可弹射有效载荷
总体积：2208.71dm³

图 21.7  S-IVB 前短壳体积改装方案

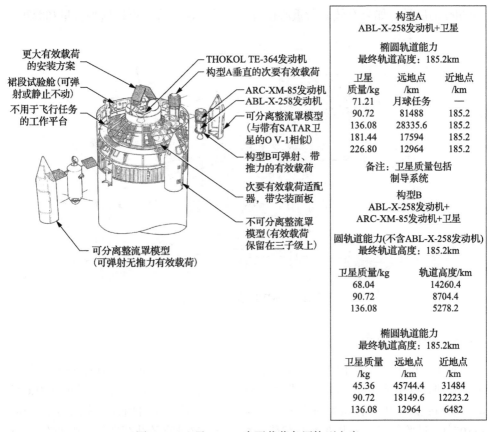

图21.8 土星 S-IVB 次要载荷备用构型方案

## 21.2.2 2号试验方案

依据有效载荷的构型，可以改变2号试验方案中容积形状，但这些空间使用限制条件是由级间段、仪器舱和登月舱下降段中的设备及电缆检测要求设定的。进入这些区域要求使用垂直操作的设备和工装，此容积大约为 $3.09m^3$（$109ft^3$）。试验舱可以安装在由其中一个前短壳框架支承的轻便结构锥体上。此位置可以承载的有效载荷总质量约为 453.59kg（1000lb）。特定试验舱的质量大小主要由主任务载荷重量及结构设计来控制。

## 21.2.3 3号试验方案

试验舱可以直接安装在前短壳的热调节板上，如图 21.9 所示。由于 SA-504 之后的所有型号都安装了简易的遥测系统，16 个面板中的 6 个或更多个面板可用于安装试验设备。至少有 $1.1m^3$（$39ft^3$）的容积可供使用，最多可以承受 408.23kg

(900lb)的质量。如果有效载荷重心位置、安装方法允许，可以增加质量和容积。

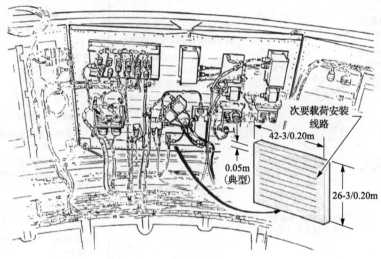

图 21.9　S-IVB 前短壳热调节板

### 21.2.4　4 号试验方案

对于未携带登月舱下降段的飞行任务，安装平台上方可以使用的容积会更大，可扩展到 S-IVB 前箱底，进入仪器舱到达模拟工装高度 3258.6in 的位置如图 21.6 所示。前短壳内可用的容积大约为 1.27m³(45ft³)。仪器舱中可用容积大约为 10.76m³(380ft³)。试验舱可以安装在次要载荷适配器上。这种有效载荷适配器由如图 21.10 所示的 S-IVB 前短壳框架支承的"三角架"结构构成。当可拆卸式工作平台嵌入

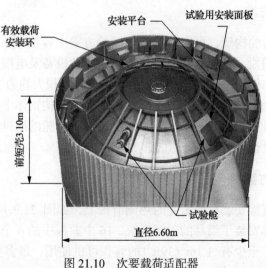

图 21.10　次要载荷适配器

时，适配器还将作为搭载工具，将试验舱安装在固定于适配器的蜂窝板上。为了方便从人孔进入液氢贮箱，安装有试验舱的适配器必须是可拆卸的。如果主要载荷质量允许，该位置可以承载最多 1133.98kg(2500lb)的有效载荷质量。

如图 21.8 所示，次要载荷适配器可以承载其他次要载荷，如德尔塔三子级。次要载荷通过附加的支承机构安装在次要载荷适配器上。根据所描述的内部安装，德尔塔三子级包括分离及自旋加速机械装置。在助推阶段，有效载荷被置于水平或堆叠的位置，直到 S-IVB 与主要载荷分离。此时，德尔塔三子级是竖直放置的，自下而上，在接收到 S-IVB 分离时序信号时才分离。达到适当的分离距离后，计时器触发 ABL-X-258 发动机点火。分离力可以由类似于自旋火箭的小型固体发动机产生。在堆叠位置，德尔塔三子级大约伸出模拟工装高度 3222.6 的 S-IVB/仪器舱接口 83.82cm(33in)。两种可能构型的性能参数如图 21.8 所示。

## 21.2.5　5 号试验方案

飞行构型的后短壳处有一小部分空间可用。某些舱段(5 个，每个容积大约为 42.48dm$^3$(1.5ft$^3$))可直接安装在现有的安装板上，代替实际飞行时不需要的设备。

## 21.2.6　6 号试验方案

质量较轻的试验舱可直接安装在推力结构上。虽然目前还无法确定试验舱的具体安装位置和可用容积，但可以根据有效载荷的安装要求，容纳尺寸(大约每个为 28.32dm$^3$(1ft$^3$))、形状和质量适当的小型舱段。

## 21.2.7　7 号试验方案

7 号试验方案所提供的空间位于液氢贮箱内部。放置在此空间内的任何试验设备会取代液氢，而且将承受液氢的温度与压力条件。有些试验人员可能想利用这些条件研究低温空间环境下系统的性能，液态氢或气态氢的流体特性。液氢贮箱内有 8 个氦气瓶，用于液氧贮箱增压，采用四个可以安装球体的附加连接件，用于在防止试验设备与氢气直接接触的同时使试验设备与液氢温度保持一致。每个氦气瓶的容积为 99.11dm$^3$(3.5ft$^3$)，且入口直径仅为 3.66cm(1.44in)。但是，入口直径可以增加到 10.16cm(4in)左右。

若通常用于登月舱的容积改用于其他有效载荷，则对运载火箭需要的改进将降至最低。若主要任务目标允许，则未来的飞行可使用登月舱适配器内的容积。

必要时，可以改变适配器的尺寸。图 21.11～图 21.14 给出了可行的四种主要载荷整流罩构型，但其质量将取决于主要载荷的质量，并且必须在评估运载火箭性能时予以说明。

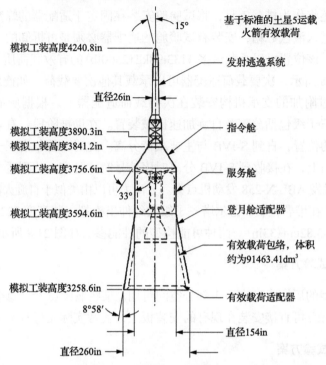

图 21.11　主要载荷整流罩(构型 A)

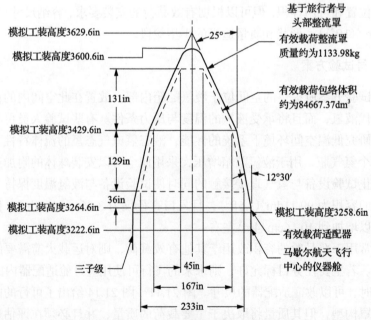

图 21.12　主要载荷整流罩(构型 B)

图中尺寸仅用于初始布局的大概尺寸

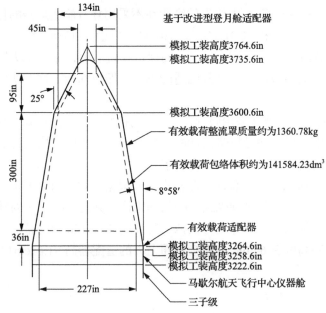

基于改进型登月舱适配器

模拟工装高度3764.6in
模拟工装高度3735.6in

模拟工装高度3600.6in

有效载荷整流罩质量约为1360.78kg

有效载荷包络体积约为141584.23dm³

8°58′

有效载荷适配器

模拟工装高度3264.6in
模拟工装高度3258.6in
模拟工装高度3222.6in

马歇尔航天飞行中心仪器舱

三子级

图 21.13   主要载荷整流罩（构型 C）
图中尺寸仅用于初始布局的大概尺寸

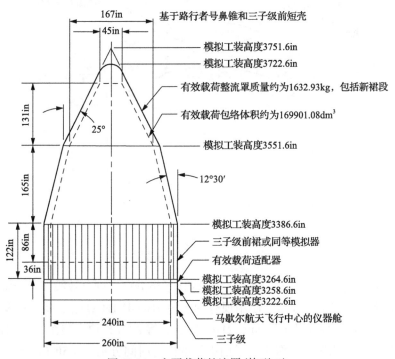

基于路行者号鼻锥和三子级前短壳

模拟工装高度3751.6in
模拟工装高度3722.6in

有效载荷整流罩质量约为1632.93kg，包括新裙段

有效载荷包络体积约为169901.08dm³

模拟工装高度3551.6in

12°30′

模拟工装高度3386.6in

三子级前裙或同等模拟器

有效载荷适配器

模拟工装高度3264.6in
模拟工装高度3258.6in
模拟工装高度3222.6in

马歇尔航天飞行中心的仪器舱

三子级

图 21.14   主要载荷整流罩（构型 D）
图中尺寸仅用于初始布局的大概尺寸

图 21.11 所示的构型 A 中给出的容积在不采用登月舱适配器的任务中是可行的。此空间可以容纳体积约 91.46m³(3230ft³)、质量为 13380.97kg(29500lb)的有效载荷。有效载荷可以与 S-IVB 子级一同保持在轨道中，或者可以在飞船/登月舱适配器的前段分离后被抛掉。登月舱适配器包含四块面板，这四块面板在指令舱分离时展开。

图 21.12 所示的构型 B 采用旅行者号飞船的初始外形设计方案，容积约 84.67m³(2990ft³)。图中的尺寸都是粗略估计的，应仅用于初步的结构设计。最终尺寸取决于有效载荷的构型和适配器的高度要求。

如图 21.15 所示，主要载荷适配器直径要根据有效载荷的要求确定。适配器直接安装在仪器舱上，是半硬壳式结构的圆锥体，并且包括 1 个对接环，对接环承受有效载荷施加的侧向力并且为模拟工装高度 3264.6in 处的整流罩端框架提供余隙。模拟工装高度 3264.6in 处对接平面上方的适配器高 91.44cm(36in)。

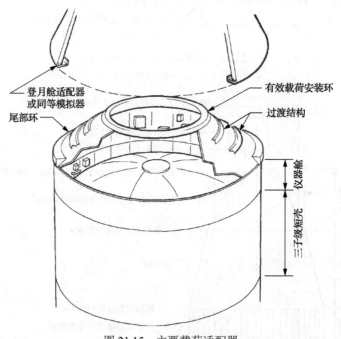

图 21.15　主要载荷适配器

若主要载荷需在轨道滑行期间与 S-IVB 子级分离，则有效载荷可能需要自带姿态控制系统。在主要载荷上使用现有的土星 1B/S-IVB(A)或土星 5/S-IVB(B)辅助动力系统(APS)模块的方案如图 21.16 所示。将 APS 模块安装在土星 1B 运载火箭和土星 5 运载火箭三子级上，目前设计的滑行时间分别为 4.5h 和 6.5h。而如果 APS 模块还需用于有效载荷姿态控制，那么可能需要更长的滑行时间。时间将随着有效载荷惯性力矩和操作周期变化。

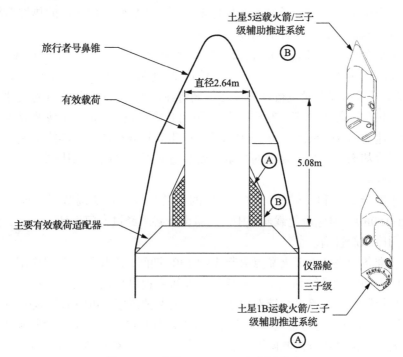

图 21.16 采用 S-IVB APS 的主要载荷

APS 模块是独立的推进装置，包括电源、姿态传感器、控制电路系统和制导信号。制导和姿态传感信号由仪器舱提供。对于土星 5 或土星 1B 运载火箭的各个子级，电源要求在阀门和开关 26.5A 最大工作电流下达到 28V。对有效载荷、惯性力矩、重心、有效载荷位置和环境干扰的姿态控制要求规定了火箭执行既定飞行任务所需的推进剂总量。

667.23N（150lbf）的推力或许超过了所需推力，可以通过节省推进剂的方式将推力减小 50%左右。此外，还可以采用其他小型发动机。图 21.16 所示有效载荷中，土星 5 运载火箭搭载可控制时间可以超过 6.5h，三个轴线可以有±1°的盲区。降低对控制精度的要求就会延长控制时间。

## 21.3　有效载荷热环境和控制

有效载荷温度控制要求的精确性需要基于真实的热力学模型。道格拉斯飞行器公司通过一系列热交换计算机程序（一维和三维），可以得出多种热力学环境下在运载火箭某位置能够预测到的温度变化过程。

　　若容积内的温度对特定试验至关重要，则可以设计热防护系统。

　　前短壳中用于冷却电子设备的热控系统不同于后短壳中使用的热控系统。前者采用主动调整方式，后者采用被动调整方式。

　　在主动系统中，将电子元件安装于 16 块热调节板(即冷却板，如图 21.9 所示)中，目的是将热量转移至流经调节板的冷却剂(60%甲醇和 40%水)。对于目前的 S-IVB 子级和仪器舱飞行计划，冷却剂将在最高 15.56℃(60℉)的温度下进入冷却板，并在最高 21.11℃(70℉)的温度下离开冷却板。目前，每块调节板使用的冷却剂流速约为 31.55cm$^3$/h(0.5gal/min)。产生高热载荷的装置不能安装在一起，因为如果冷却剂不能带走要求的热量，就会造成温度过高。每块调节板的最高热载荷为 500W。

　　基于安装方法和发射过程中会产生的振动量级，每块调节板的承载质量为 68.04kg(150lb)，但应避免载荷集中。试验设备必须经过专门设计，以便安装时不会干扰到冷却剂管道。

　　射前准备阶段结束至火箭点火起飞约 130s 期间，冷却剂不会起作用。火箭发射前，由射前吹除系统利用空气和氮气为前短壳提供预热介质，在发射之后则不再提供热控制。该吹除系统能对电子元件起到保护作用，可将氧气减少到 4%(按体积计算)。前短壳内的总流速大约为 124.74kg/min(275lb/min)。设备舱和 S-IVB 前短壳内各个部件周围的吹除气体将维持在 1.67～23.89℃(35～75℉)。

　　在被动系统中，将电子元件安装在后短壳的 18 块玻璃纤维板之上。整个系统中，不使用流体热调节系统，通过电子组件适当的表面光洁度以及传导通路和隔热设计实现温度控制。在计算或试验中发现特殊加热或冷却问题时，应适当增加涂层。

　　不管如何设计，后短壳的单个玻璃纤维板都应能够支承 45.36kg(100lb)的电子组件。其中，4 块玻璃纤维板将可供次要载荷使用。

　　在射前准备期间，采用独立的射前吹除系统，确保安装在后短壳的设备温度保持在-6.67～21.11℃(20～70℉)。由地面以 136.08kg/min(300lb/min)的流速向 S-IVB 子级进行吹除。在加注液氢之前约 30min，利用氮气以大致相同的流速开始进行吹除。飞行期间，热量辐射至相应空间和局部槽，如液氧贮箱。如有可能，应将高温散热部件和热感应部件安装在前短壳的冷却板上。

　　若上述系统不能满足试验需要，则可以对热调节系统或吹除系统进行改装：

　　(1)为了控制试验设备的温度，可以更改热调节系统的冷却剂流速。

　　(2)为了使电子设备得到长时间的冷却，可以安装散热器。

　　(3)可以设计隔热和热控涂层。

　　(4)为了改变热传导通路，可以更改安装步骤和要求。

　　(5)吹除系统的流速和温度可以进行适当更改。

　　(6)还可以将吹除气体直接输送至试验设备。

## 21.4　有效载荷噪声和振动环境

飞行期间，噪声和振动现象的时程相似。噪声时程如图 21.17 所示。图中给出了运载火箭内部三个主要和次要载荷位置的噪声等级。火箭离地升空时，一子级发动机在喷管附近产生了高频噪声，而在核心排气射流区产生了低频噪声。在该阶段，噪声通过空气传送到飞船和运载火箭。

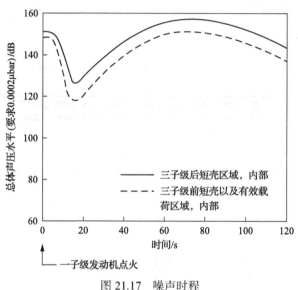

图 21.17　噪声时程

火箭升空之后，噪声等级随着排气模式的改变以及运载火箭与地面之间距离的增加而减弱。运载火箭达到超声速时，由于运载火箭尾部产生的噪声聚集在火箭后部，噪声被进一步减弱。但是，随着自由流动压力的增加，空气动力界面层中的湍流压力波动得到增强。于是，在出现最大动压时，将产生最大噪声。随着动压的降低，噪声逐渐减弱。从结构上看，振动主要来自发动机和泵等组件，在发动机关机前，振动强度较低，且相对稳定。而在火箭发动机关机、增压点火和级间分离期间，会出现短暂的振动。

在有效载荷的设计准则中，已将噪声和振动环境考虑在内。图 21.18 给出了对 3 个有效载荷位置的宽幅噪声要求，并对噪声环境进行了规定，要求在合适的环境下开展设计及地面试验，确保实际飞行任务的顺利进行。

图 21.19 给出的是满足同样目的的宽带随机振动设计规范。考虑到静态点火期间的外部环境以及可靠性要求，鉴定试验的持续时间比实际飞行的持续时间长。图 21.20 给出的为正弦振动设计规范。正弦扫描测试旨在提供保障，确保具

有足够强度来应对飞行中可能发生的不稳定现象。

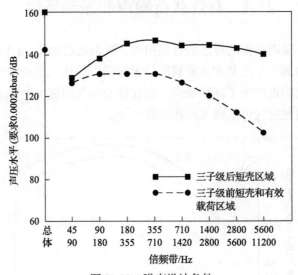

图 21.18 噪声设计条件

假定持续时间为 18min，假定随机噪声的扩散声域呈现高斯振幅分布特征

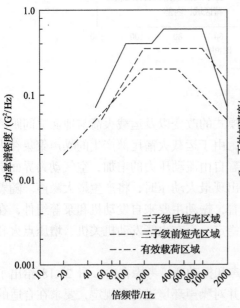

图 21.19 随机振动设计条件

假定振幅分布为高斯分布，假定三个相互垂直
方向的每一个的持续时间为 12min

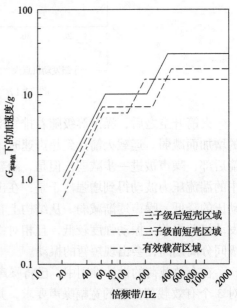

图 21.20 正弦振动设计条件

假定向三个相互垂直的方向均输入振动值，在倍频
带范围为 20~2000Hz 并返回 20Hz 下的对数扫描
速度为 1 倍频/min

## 21.5  三子级子系统

三子级(S-IVB)中至少有 4 个主要子系统可能对次要载荷造成影响或对其有益。这 4 个主要子系统包括辅助动力系统、电源系统、空调系统和数据采集系统。

### 1. 辅助动力系统

S-IVB 的辅助动力系统(APS)模块包括 2 个基本构型，如图 21.21 所示。这 2 个基本构型必须同时满足土星 5 和土星 1B 运载火箭的任务要求。两个基本构型的主要差异在于推进剂容量和灵活性。

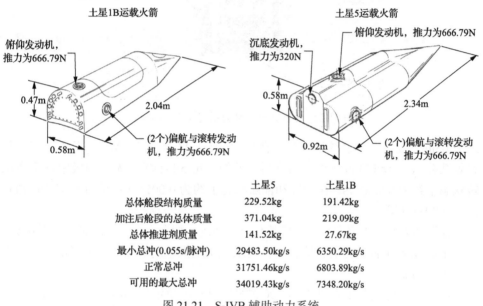

| | 土星5 | 土星1B |
|---|---|---|
| 总体舱段结构质量 | 229.52kg | 191.42kg |
| 加注后舱段的总体质量 | 371.04kg | 219.09kg |
| 总体推进剂质量 | 141.52kg | 27.67kg |
| 最小总冲(0.055s/脉冲) | 29483.50kg/s | 6350.29kg/s |
| 正常总冲 | 31751.46kg/s | 6803.89kg/s |
| 可用的最大总冲 | 34019.43kg/s | 7348.20kg/s |

图 21.21  S-IVB 辅助动力系统

调整三级构型土星 5 运载火箭辅助动力系统模块的尺寸，可以实现在动力飞行期间的滚转控制，滑行期间(4.5h 的地球轨道滑行和 2h 的地月转移轨道滑行)的三轴姿态控制，以及主发动机启动时推进剂沉底的要求。火箭飞行期间，姿态控制由 3 台推力为 667.23N(150lbf)的姿控发动机提供，推进剂沉底由 1 台推力为 320.27N(72lbf)的发动机实现。土星 5 的 S-IVB 辅助动力系统模块的实体模型如图 21.22 所示。土星 1B 的 S-IVB APS 没有安装推力为 320.27N(72lbf)的沉底发动机，无法为地月转移轨道的滑行段提供支持。

姿态控制系统采用脉冲间断调控系统，以推力为 667.23N(150lbf)的发动机的最小脉冲能力为基础，单个脉冲的最小冲量为 3.4kg/s(7.5lb/s)，电输入脉冲宽度

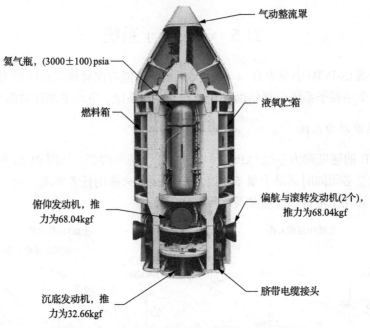

图 21.22　S-IVB 辅助动力系统模块实体模型

约为 65ms。姿态控制系统设计为可在各轴姿态盲区为 ±1° 的情况下运行。对于将有效载荷送入 185.2km(100n mile) 圆轨道的土星 5/S-IVB，无扰动极限环率在滚转状态下约为 0.02(°)/s，在俯仰和偏航状态下约为 0.001(°)/s(地月转移轨道滑行段为 0.003(°)/s)。

　　辅助动力系统为完全独立的模块化推进系统，拥有多个独立的脐带电缆接头，相隔 180° 安装在后短壳上，依靠半自动系统实现推进剂的加注，需要电源和指令来实现其功能。

　　每个模块均包含 1 台推力为 320.27N(72lbf) 的烧蚀冷却液体双组元自燃发动机、3 台推力为 667.23N(150lbf) 的烧蚀冷却液体双组元自燃发动机、1 个用于零重力操作的正推排放(聚四氟乙烯囊袋)推进剂输送系统和 1 个氦气增压系统。每个土星 5 运载火箭辅助动力系统模块采用一甲基肼和四氧化二氮作为推进剂，一甲基肼加注量为 87.36kg(192.6lb)。四氧化二氮加注量为 54.16kg(119.4lb)，混合比为 1.65∶1。

　　发动机的工作时间为 7min，具备在每秒脉冲数 10 次的脉冲频率下进行工作的能力。测试验证了超过 20min 累计燃烧时间的脉冲模式能力。

　　此外，还可通过提高 S-IVB 姿态稳定能力来执行其他姿态控制和机动，只需对子系统进行设计或变更操作，以克服现有 S-IVB 子级受到的限制。扩展滑行特性涉及的主要方面包括：①大量可用的推进剂和加压气体；②发动机预期寿命；

③防冻结的推进剂调节要求；④姿态控制盲区；⑤S-IVB 子级电源；⑥仪器舱电源。所有这些项目彼此紧密相关并且影响滑行能力。如果在俯仰状态下将控制区域放宽到±2°且在偏航和滚转状态下将其放宽到±10°，并以燃料电池的形式增加电源，那么在某些情况下，火箭子级推进剂可支撑长达 30 天的滑行。由于有效载荷、轨道、辐射效应和方位也会影响滑行时间，必须针对某一特定任务加以研究。已对上述项目进行了考虑，且初步设计方案证实了如果任务需要较长的姿态稳定滑行时间，可进行必要修改。

## 2. 电源系统

S-IVB 有 4 个独立的电源系统，带有 56V 和 28V 氧化银电池。1 号前置系统（350A·h，28V 直流电）向数据采集系统供电，但数据采集系统产生的低电平高频信号必须与其他系统隔离。2 号前置系统（15A·h，28V 直流电）向多个系统供电，这些系统不能经受开关瞬态或高频干扰，如推进剂利用系统和逆变器/变流器。1 号和 2 号前置系统的电池都安装在前短壳中。

1 号后置系统（270A·h，28V 直流电）的供电对象是必须与其他系统隔离并且产生开关瞬态的主发动机、增压系统、S-IVB 时序器、辅助动力系统模块和沉底发动机阀门、加热器和继电器。2 号后置系统（70A·h，56V 直流电）为辅助液压泵、液氧冷却逆变器和液氢冷却逆变器供电。1 号和 2 号后置系统的电池都安装在后短壳中。后置系统和前置系统通过位于各自区域的配电箱进行接线。

调整这些电池的尺寸，以应对 6.5h 的 S-IVB 子级载荷要求。如果在计划的 6.5h 或更长时间内需要额外电力，额外的电池可能会使用长达 72h，因为这些电池的适用期为 72h。如果在轨道上需要更长时间的电力，可使用其他电池或燃料电池。

## 3. 数据采集系统

早期研制的土星运载火箭包括 5 个遥测频率系统：1 个 SS/FM 系统、1 个 PCM/FM 系统和 3 个 FM/FM 系统。每个 FM/FM 系统都通过 1 条信道进行脉冲幅度调制数据采集。这些系统的相关数据如表 21.1 所示。

1967 年年中交付的 SA-504 运载火箭和所有后续型号都采用 1 个遥测系统（PCM/FM），其性能如表 21.1 所示。

**表 21.1 研制型土星 5 运载火箭遥测系统（SA-501、SA-502 和 SA-503）**

| 序号 | T/M 系统 | 频率/MHz | 主信道 | 主采样率/(次/s) |
|------|----------|----------|--------|------------------|
| 1 | SS/FM | 226.2 | 15 | 连续 |
| 2 | PCM/FM | 232.9 | 3 台 PAM 多路转换器的 0～100 双层+平行验收 | 120, 120, 40 |

续表

| 序号 | T/M 系统 | 频率/MHz | 主信道 | 主采样率/(次/s) |
|------|----------|----------|--------|------------------|
| 3 | FM/FM | 246.3 | 15 | 连续 |
|    | PAM/FM/FM |        | 30 | 120 |
| 4 | FM/FM | 253.0 | 15 | 连续 |
|    | PAM/FM/FM |        | 30 | 120 |
| 5 | FM/FM | 258.5 | 15 | 连续 |
|    | PAM/FM/FM |        | 30 | 120 |
| | | | 总测量能力 | |
| 1 | SS/FM | | 15×5 条可能的子级复用主信道 | 75 |
| 2 | PCM/FM | | 检测用多路转换器上的 100 条双层信道+30 条主信道：3 条主信道用于帧同步与校准功能；23×10 条可能的子级复用主信道 | 234 |
| 3 | 3 个 5 FM/FM | | 15×3 条可能的子级复用主信道 | 45 |
|    | PAM/FM/FM | | 每个多路转换器有 30 条主信道：3 条用于帧同步和校准；23×10 条可能的子级复用主信道 = 234×3 | 702 |

注：有两种测量能力。一种是 8 条每秒采样数为 120 的信道、360 条每秒采样数为 12 的信道、190 个使用双层远程数字的多路转换器，558 总测量能力；另一种是 44 条每秒采样数为 120 的信道、190 个使用双层远程数字子多路转换器，234 总测量能力。实现 558 或 234 的测量能力取决于如何分配利用两个多路转换器。

如果增加至四个多路转换器，能力变为：130 条每秒采样数为 12 的信道、4 条每秒采样数为 120 的信道、690 条每秒采样数为 4 的信道、12 条每秒采样数为 40 的信道和 190 个使用双层远程数字子多路转换器，共计 1026 采样率的总测量能力。

此外，还存在其他采样率组合。据估计，次要载荷约有 50 条可用信道。因为不同的运载火箭的仪器设备不同，只有在选定运载火箭之后，才能确定可用遥测信道的确切数量。一旦确定有效载荷，并且已知带宽、精确度等，便可确定可用信道。

SA-503 之后的所有火箭型号都具备安装一整套改进型 FM/FM 系统的条件。基于其采样率，能力为 18 条连续数据信道，或者在使用子级复用的情况下，其能力为 34、66 或 82 条信道，这取决于采样率。

## 21.6　轨道和深空遥测、数据和控制站

必须将有效载荷数据请求合并到总体任务计划中并由 NASA 办公室进行批准，并获得有效载荷在与土星运载火箭分离后所需的轨道或深空跟踪与控制许可。

## 21.7 发射支持设施

火箭采用活动发射台或无发射台的发射方案,从 39 号发射工位进行发射。与使用发射台设施的方案相比,该方案更具有灵活性且发射周期更短,包括 4 种基本操作:①受控环境下在活动发射平台上对土星 5 运载火箭进行垂直组装和检测;②将经组装并检测的运载火箭转移到活动发射平台;③在发射平台上进行自动检测;④通过远程遥控从发射控制中心进行发射操作。此方案涉及的主要设施为垂直组装大楼、发射控制中心(LCC)、活动发射平台(ML)、可移动的维护装置、履带式运输车、发射台和高压气体设施。图 21.23 显示了土星 5 运载火箭综合发射设施的示意图。

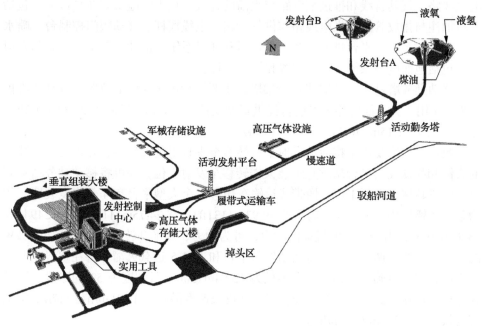

图 21.23 土星 5 运载火箭综合发射设施

垂直组装大楼包括 2 个主要操作区域——高跨间和低跨间。高跨间用于在受控环境下实现火箭总装并进行发射前准备。高跨间高 159.72m(524ft),宽 156.36m(513ft),长 131.67m(432ft),包括 4 个火箭组装间和配套设施。每个组装间都配备了可伸缩式平台,为火箭组装人员提供操作平台。在高跨间完成运载火箭组装后,需对各系统和子系统进行检查,再将其转移至发射台。

低跨间包括 2 排工作间,布局与高跨间的组装间相似,主要用于火箭 S-II 和 S-IVB 在组装前的检测和组装。其中,S-IVB 子级工作区由子级准备和检测间组成。低跨区高 35.97m（118ft），宽 133.2m（437ft），长 78.03m（256ft）。低跨间的运输通道高 64.01m（210ft），与高跨间运输通道连接。

发射控制中心与高跨间相邻，为 4 层矩形建筑，高 23.16m（76ft），宽 115.21m（378ft），长 55.17m（181ft）。发射控制中心包含办公室、自助餐厅、综合控制中心以及子级与火箭检测期间所需要的遥测和数据处理设备。LCC 还设有点火控制室和计算机机房，其中包含了运载火箭自动检测和发射所需的控制与监测设备。

活动发射平台用于土星 5 运载火箭的组装和发射，可分为 4 个主要组成部分——结构、脐带勤务臂、点火设施、运行试验与发射设备。活动发射平台结构包括高 7.62m（25ft）、长 48.77m（160ft）、宽 41.15m（135ft）的 2 层发射平台和脐带塔。脐带塔安装在发射平台一端，延伸至平台结构甲板上方 115.82m（380ft）处，由 8 个脐带式摆臂组成。摆臂的长度为 10.67m（35ft）至 13.72m（45ft），用于实现电气线路、气动管线和推进剂管路与火箭的连接。点火设施安装在平台上，包括燃料加注与排放管路、供电线路与供气管路、电缆摆杆、气动阀门控制台、喷水系统和消防系统、平台进入设备以及供暖和通风系统。活动发射平台试验与发射设备包括地面电源系统、试验装置和综合性计算机。

移动勤务塔是 1 个开梁式钢桁架塔，主要设计用于在停泊位置执行某些维护功能，还用于为火箭转移至发射台提供辅助支持。移动勤务塔高 122.53m（402ft），底部面积为 41.15m×40.23m（135ft×132ft）。

履带式运输车用于将活动发射平台转移至垂直组装大楼中，并将已经总装好的火箭和移动发射平台从垂直组装大楼转移至发射工位，并可将移动勤务塔从其停泊位置转移至发射工位。履带式运输车包含 1 个大型平台和 4 个拖曳装置，作为独立车辆使用。履带式运输车长 39.93m（131ft），宽 34.75m（114ft），重 2494.76t（5500000lb），由柴油发电机提供动力，可为动力、调平和转向系统产生 7000kW 的电能。其中，调平系统可将活动发射平台和土星 5 运载火箭保持在垂线 1/6° 的范围内，同时可确保运输车通过半径为 152.4m（500ft）且坡度为 5% 的路段。履带式运输车可从任意一端进行操作，其正常负载速度最高为 1.61km/h（1mi/h），空载速度最高为 3.22km/h（2mi/h）。

39 号发射工位的发射台呈八边形，发射台之间距离（垂直于慢速道）为 914.4m（3000ft）。整个发射区域面积为 115.82m×99.06m（380ft×325ft），包括 1 个高 12.8m（42ft）的中心部分，在活动发射平台固定后，可将 1 个双向火焰导流板安装在其下方。

此外，在发射工位周围还安装了推进剂贮存和转运设施，包括液氧、液氢和煤油（液氧为 3406.87m³（900000gal），液氢为 3217.59m³（850000gal），煤油为 946.35m³（250000gal））。

次要载荷设计人员须尽早评估发射所需的地面支持设备，避免与主载荷发生冲突。通常情况下，现有的设备和设施仅可容纳小型有效载荷，而次要载荷特有的专用校准、检测和转移设备将需要提早规划和安排。虽然使用有效载荷制造方的可移动拖车，可相对容易地转移小型有效载荷，但如需要特殊设备间，须提前做出安排。

在进行有效载荷发射时，需要提前编制靶场所需的数据和要求文件。如果需要单独的次要载荷和主要载荷文件也必须提前进行协调。

在遮挡区域，可采取多种方式对倒计时进行控制，如下所示：

(1)利用有效载荷控制台的手动控制对次要载荷功能进行自动倒计时控制。

(2)通过有效载荷控制台对次要载荷功能进行手动检测和控制。

(3)在没有单独的有效载荷控制台的情况下，利用运载火箭或主要载荷对次要载荷功能进行自动倒计时控制。

显然，只有依据次要载荷的具体要求和目标，才能指定操作方式。此外，最重要的一点就是应及早与火箭方进行协调。

在综合发射设施附近可为有效载荷方提供空间，以便在可用检测设施不足的情况下停放其装有测量仪表的拖车，进行远程无线电线路检测。

## 21.8　数据简化和评估

主要载荷通常会带有独立的遥测系统，而次要载荷可使用 S-IVB 子级或仪器舱的遥测系统。为确保合理使用火箭遥测数据，需要基于以下信息：

(1)测量对象(压力、温度、信号、振动、应变等)；

(2)所需测量范围和精度；

(3)监测类型(连续、采样、实时)；

(4)储存类型(穿孔带、磁带或带状记录纸)。

试验件与 S-IVB 子级之间的互连将通过标准飞行验证方法来完成。在适当情况下，传感器和信号调节装置将是现有适用于飞行任务的元件。

全球跟踪网用于轨道和深空飞行任务。跟踪网由遍布全球的地面站组成，针对不同的航天任务而建立，为空间任务提供跟踪、数据采集和通信能力。针对载人和月球飞行任务,通常会使用载人航天飞行网或空间跟踪和数据采集网络系统。针对星际任务，则使用深空探测设备。在任务开始之前，必须提前与 NASA 对所有可用网络的使用进行妥当安排。现有的程序允许以磁带和带状记录纸的形式对 NASA、美国空军和其他组织的数据进行记录。

在起飞前，通过 S-IVB 子级脐带缆可接收有限的数据，可根据需要记录在带状记录纸、时序记录器或磁带上。在发射前、发射和轨道运行期间，接收并记录所有从运载火箭遥测系统获取的数据。这些数据可对简化并解释有效载荷数据提供支持。在快速查看以及某些情况下，实时数据可由东靶场(ETR)设施提供。

道格拉斯飞行器公司在亨廷顿滩数据实验室拥有多台数据简化设备，这些设备可将数据简化为以下形式，最终可为试验人员提供部分或完整的数据简化和评估报告：

(1)模拟窄带曲线图；

(2)使用工程单位的列表数字读数；

(3)使用工程单位的数字数据图；

(4)模拟示波图；

(5)使用工程单位的数字磁带。

亨廷顿滩计算设施配备有 IBM 7094 计算机，用于冗长的迭代计算过程。

## 21.9　次要载荷/运载火箭接口要求检查单

土星 5 运载火箭次要载荷或主要载荷设计的第一个重要步骤是记录有关有效载荷的物理和运行特性以及所需运载火箭容纳空间和地面支持的相关信息。在掌握这些信息的情况下，才有可能与相应的规划机构讨论关于土星 5 运载火箭飞行容纳空间方面的内容。以下给出了基于有效载荷和运载火箭容纳空间各项信息的检查单。另外，还可从 NASA 主管机构获得有关试验过程的信息和相关火箭数据。

1. 所需一般信息

所需一般信息如下：

试验名称；

项目负责人；

试验目的和应用；

与阿波罗飞船或其他任务目标的关系；

试验程序的描述；

试验设备的现状；

预算范围或可用资金。

2. 试验任务要求

轨道高度，包括圆轨道、椭圆轨道(远地点-近地点)；

同步轨道/霍曼转移；

S-IVB 子级的圆周运动；

有效载荷的圆周运动；

最长、最短亚轨道或轨道飞行持续时间；

要求的发射方位角；

要求的发射倾角；

要求的发射日期(年)；

宇航员飞行前、飞行中、船箭分离后所需时间。

3. 试验设备能力或要求

(1)包络描述或体积要求。

(2)质量。

(3)环境限制或能力：

温度；

声学；

振动；

冲击；

加速度；

湿度和游离水分；

大气和压力；

沙尘；

流星体；

真菌；

盐雾；

臭氧；

危险品；

粒子辐射；

电磁辐射；

电磁兼容性；

防爆；

杀菌要求；

特殊环境接口控制。

(4)电源负荷：

电压、电流、持续时间，交流-直流；

稳态；

间断；

峰值；

要求的接口位置。

(5)供气要求：

流速、压力、温度；

氦气；

氮气；

氧气；

氢气；

其他。

(6)分离要求。

(7)特殊姿态控制要求：

稳定控制精度；

俯仰、偏航和滚转状态下的角加速度和速度。

(8)日程信息。

(9)靶场安全要求。

4. 仪表要求

(1)类型和数量。

(2)压力、温度、信号、振动、应变、特殊情况。

(3)范围和精度。

(4)监测类型：

连续；

采样；

实时。

(5)监测持续时间或时间周期。

(6)接口：

试验载荷变频器部分；

子级承包商负责的变频器部分；

位置。

5. 最终数据

(1)所需的原始数据。

(2)所需的简化数据。

(3)所需的评估数据。

(4)最终数据包、报告、磁带、图形等。

6. 主有效载荷的整流罩设计

构型 A、B、C、D 或特殊构型。

7. 建议安装位置

待定。

8. 地面支持设备位置和类型

(1) 电检测设备。
(2) 气动设备。
(3) 机械设备。
(4) 搬运设备。
(5) 服务车。

9. 跟踪、数据采集和命令

待定。

10. 设施

道格拉斯航天系统中心或肯尼迪航天中心中有效载荷方所需的设施。

11. 特殊情况

任何影响有效载荷与运载火箭集成的特殊要求。

# 第 22 章　土星 5 运载火箭构型

土星 5 运载火箭为三级构型(图 22.1)，主要用于阿波罗飞船登月任务，主要

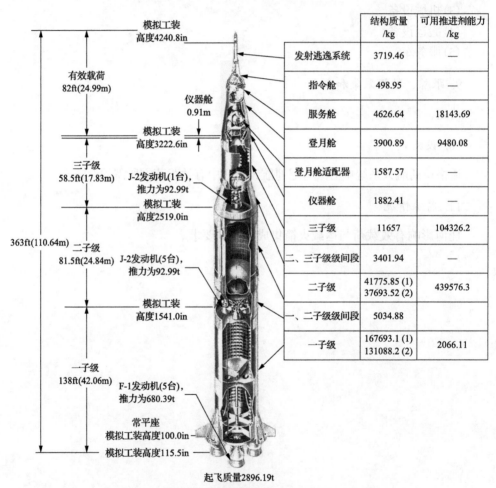

| | 结构质量/kg | 可用推进剂能力/kg |
|---|---|---|
| 发射逃逸系统 | 3719.46 | — |
| 指令舱 | 498.95 | — |
| 服务舱 | 4626.64 | 18143.69 |
| 登月舱 | 3900.89 | 9480.08 |
| 登月舱适配器 | 1587.57 | — |
| 仪器舱 | 1882.41 | — |
| 三子级 | 11657 | 104326.2 |
| 二、三子级级间段 | 3401.94 | — |
| 二子级 | 41775.85 (1)<br>37693.52 (2) | 439576.3 |
| 一、二子级级间段 | 5034.88 | |
| 一子级 | 167693.1 (1)<br>131088.2 (2) | 2066.11 |

模拟工装
高度4240.8in

有效载荷
82ft(24.99m)

仪器舱
0.91m

模拟工装
高度3222.6in

三子级
58.5ft(17.83m)

J-2发动机(1台)，
推力为92.99t

模拟工装
高度2519.0in

363ft(110.64m)

二子级
81.5ft(24.84m)

J-2发动机(5台)，
推力为92.99t

模拟工装
高度1541.0in

一子级
138ft(42.06m)

F-1发动机(5台)，
推力为680.39t

常平座
模拟工装高度100.0in
模拟工装高度115.5in

起飞质量2896.19t

图 22.1　土星 5 运载火箭构型图

子级设计结构质量加上剩余推进剂、气体等，均为估算的结构质量

结构包括：波音公司制造的 S-IC 一子级、北美航空公司生产的 S-II 二子级、道格拉斯飞行器公司导弹与航天系统部制造的 S-IVB 三子级、IBM 制造的仪器舱 (IU)。其中，仪器舱安装于 S-IVB 的上方，内部装有制导、控制等仪器设备。安装在仪器舱上方的有效载荷为阿波罗飞船，其构成如下：指令舱 (CM)、发射逃逸系统、服务舱、登月舱 (LEM) 和登月舱适配器。其中，登月舱适配器内部装有登月舱上升段和下降段。

土星 5 运载火箭为美国当时研制的运载能力最大的火箭，与早期的土星运载火箭的关系如图 22.2 所示。三级型土星 5 运载火箭标准型的起飞质量约 3200t，可将质量为 118.39t(261000lb) 的有效载荷送入 185.2km(100n mile) 圆轨道，并且可将 44.45t(98000lb) 的有效载荷加速至逃逸速度。一子级发动机的海平面推力约为 33361.66kN(7500000lbf)。

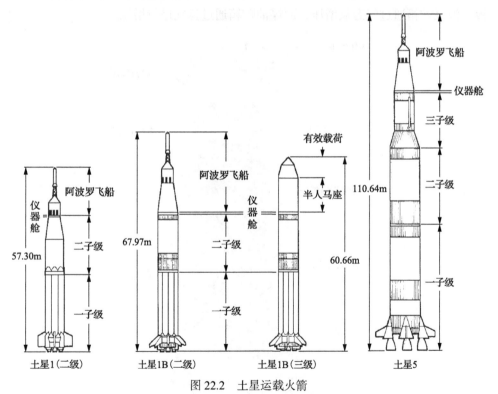

图 22.2　土星运载火箭

土星 5 运载火箭可用于载人或无人近地轨道任务、月球任务或星际任务。大型有效载荷是土星 5 运载火箭的主要发射目标，但也可通过三子级 S-IVB 将多个次要载荷送入目标轨道。

# 22.1　月球轨道交会/阿波罗构型

### 22.1.1　一子级（S-IC）

S-IC 为土星 5 运载火箭的一子级，如图 22.3 和图 22.4 所示，由波音公司在路易斯安那州新奥尔良市附近的米丘德组装厂生产制造。但是，前 4 个一子级由马歇尔航天飞行中心在亚拉巴马州亨茨维尔生产。S-IC 采用 5 台洛克达因公司生产的 F-1 发动机，单台发动机的推力为 6672.33kN（1500000lbf），推进剂为液氧/煤油，工作时间为 150s，可将火箭推至 55.56km（30n mile）的高度。其中，4 台发动机按周向分布，采用伺服机构实现发动机摆动和推力矢量控制。

S-IC 子级采用独立的推进剂贮箱，由筒段和箱底焊接而成，内部安装防晃隔板。液氧贮箱通过气态氧增压，而煤油贮箱通过氦气进行增压。

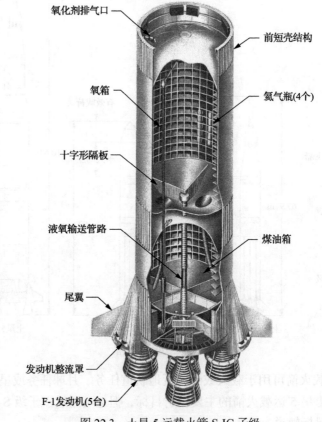

图 22.3　土星 5 运载火箭 S-IC 子级

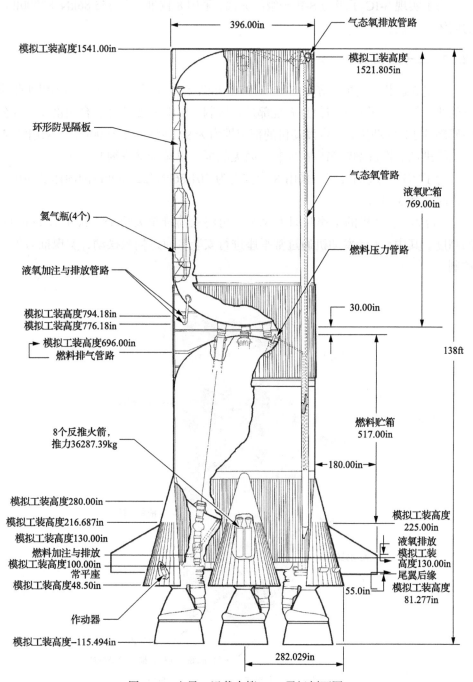

图 22.4 土星 5 运载火箭 S-IC 子级剖面图

为了实现 S-IC 子级与 S-II 子级的分离, 采用 8 枚推力为 355.86kN(80000lbf)的固体发动机。

### 22.1.2　二子级(S-II)

土星 5 运载火箭的二子级 S-II(图 22.5 和图 22.6 所示)由位于加利福尼亚州唐尼的北美航空公司航天与信息系统部进行研制。S-II 子级采用 5 台由洛克达因公司研制的 J-2 发动机, 每台发动机的额定推力为 911.89kN(205000lbf), 采用液氢/液氧推进剂。推进剂贮箱内都安装了防晃隔板, 以减少推进剂的晃动。

为了实现推进剂沉底, 采用 8 台推力为 101.86kN(22900lbf)的固体发动机, 工作时间为 3.74s。

5 台 J-2 发动机的工作时间为 375s, 可将火箭推至大约 185.2km(100n mile)的高度。其中, 4 台发动机通过常平座进行安装, 通过伺服摆动, 实现推力矢量控制。

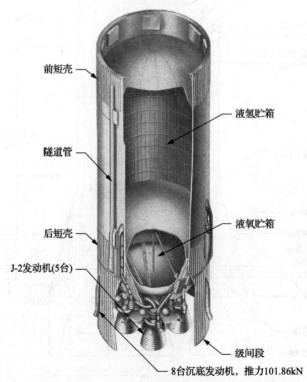

图 22.5　土星 5 运载火箭 S-II 子级

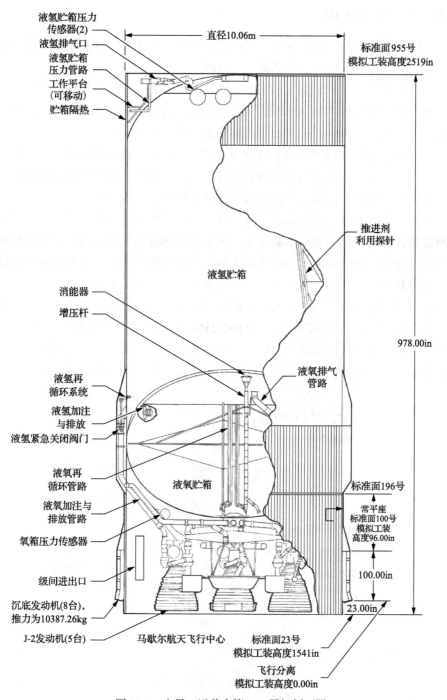

图 22.6　土星 5 运载火箭 S-II 子级剖面图

### 22.1.3　三子级(S-IVB)

土星 5 运载火箭三子级 S-IVB(图 22.7 和图 22.8)由位于加利福尼亚州亨廷顿滩的道格拉斯飞行器公司航天系统中心研制。

S-IVB 采用 1 台 J-2 氢氧发动机提供动力,推力为 911.89kN(205000lbf)。目前三级构型火箭具有 4.5h 地球轨道滑行和 2h 地月转移轨道的滑行能力,其贮箱的容量为 104.33t(230000lb),液氧与液氢的质量比为 5:1。

推力通过蒙皮和纵梁结构传递至 S-IVB 三子级,蒙皮和纵梁结构呈截头锥状,与液氧贮箱后底沿切线方向进行连接。液氢贮箱采用增强型硬质聚氨酯泡沫塑料实现内部隔热,内部安装了氦气瓶,以进行液氧贮箱增压。

有效载荷适配器为火箭提供与有效载荷和三子级对接所需的接口。贮箱侧壁呈网格状,作为半单壳载荷承载单元。液氧贮箱和液氢贮箱由筒段和箱底构成,通过共底分开,而共底由具有隔热功能的玻璃纤维蜂窝夹芯的双壁型复合结构构成。裙段和级间段结构由常规蒙皮、外部纵梁和内部框架组成。

在动力飞行期间,通过主发动机的摆动来控制俯仰和偏航姿态,而通过位于辅助动力系统(APS)模块内的推力为 667.23N(150lbf)的发动机来进行滚转控制。在近地轨道和地月转移轨道滑行段,完全通过 APS 进行三轴(滚转、俯仰和偏航)姿态控制。运载火箭姿态控制信号来自位于仪器舱内的制导和控制系统。

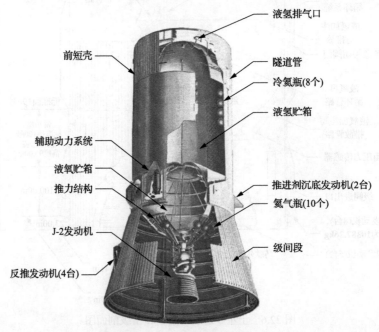

图 22.7　土星 5 运载火箭 S-IVB 子级

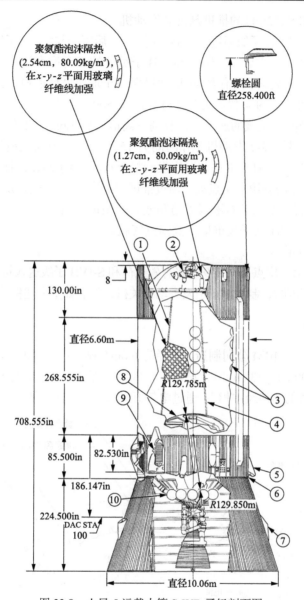

图 22.8　土星 5 运载火箭 S-IVB 子级剖面图

①仪器探头（用于研发型火箭）；②氢箱排气孔；③8 个低温氦气瓶；④推进剂利用传感器；⑤2 台推力为 1.54t（正常情况）的推进剂沉底发动机；⑥分离面；⑦4 台推力为 15.88t（正常情况）的反推发动机；⑧常规隔板；⑨辅助推进系统（2 个模块），用于姿态控制；⑩10 台常温增压氦气瓶和 1 台发动机启动气瓶

　　辅助动力系统模块相隔 180°安装在 S-IVB 子级的后短壳上，采用四氧化二氮（$N_2O_4$）和一甲基肼（MMH）作为推进剂。土星 5/S-IVB 模块包括 2 台推力为 667.23N（150lbf）的滚转/偏航发动机、1 台推力为 667.23N（150lbf）的俯仰控制发动机和 1

台推力为 320.27N（72lbf）的推进剂沉底发动机。

S-IVB 子级与 S-II 子级通过火工品实现分离，后短壳与二、三子级级间段同样采用火工品进行分离。之后，安装在 S-IVB 子级上的 2 台推力为 15.12kN（3400lbf）的固体发动机点火启动，工作约 4s 后通过保持正加速度使贮箱中推进剂沉底。同时，位于后级间段上的 4 枚推力为 155.69kN（35000lbf）的固体发动机点火，同时工作 1.5s，以降低二子级的速度。接收到分离信号后 1.6s，J-2 发动机点火，工作 5s 后发出分离信号。J-2 发动机工作时间为 152s。J-2 发动机关机期间，2 台推力为 320.27N（72lbf）的 APS 推进剂沉底发动机点火工作约 90s，以保持推进剂可控。在 J-2 发动机预冷前到第二次点火，通过推进剂沉底发动机工作 327s。内部安装的 10 个球形氦气瓶主要用于对液氢贮箱和液氧贮箱进行增压。

为了降低 S-IVB 三子级重量，低温氦气瓶贮存在液氢贮箱中，通过氢氧燃烧装置加热后进行增压。

J-2 发动机第二次点火约 339s，将有效载荷和 S-IVB 子级送入超月球轨道中。当达到轨道入轨速度时，制导系统引发发动机关机，然后如上所述保持三轴姿态稳定。

### 22.1.4 仪器舱

仪器舱（IU）由 IBM 公司制造，直径为 6.6m（260in），高 0.91m（36in），圆柱结构，质量为 1809.83kg（3990lb），安装在 S-IVB 前部（图 22.9），与 S-IVB 前短壳连接，是运载火箭的"神经中枢"，通过电气开关按钮实现计算机与各子级之间的通

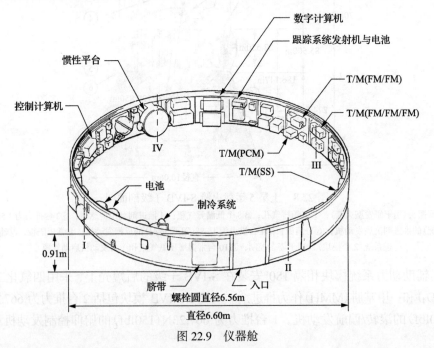

图 22.9　仪器舱

信。带仪器舱的三级具备 6.5h 滑行能力，也可进行适应性改进，延长飞行时间。

仪器舱由 6 个主要的子系统构成，如下所述：

(1)结构系统。铝制圆柱结构，用于承载有效载荷并支持各个系统。

(2)环境控制系统。在地面操作期间和整个飞行过程中实现电子设备的冷却。冷却剂是 60%～40%的甲醇-水混合物。在飞行过程中，通过热交换器消除吸收的热量，并将废水排放至太空。而在地面操作过程中，环境控制系统会将热量排至热控保障车。

(3)制导和控制系统。提供制导与控制传感、制导转向计算以及控制系统信号形成与传输功能。控制信号被提供给 S-IC、S-II 和 S-IVB 三个子级上的驱动装置。

(4)测量和遥测系统。在地面检测和飞行期间，通过不同的频段和调节技术将信号从运载火箭或试验传感器传送到地面指挥站。

(5)无线电频率(RF)系统。保持运载火箭与地面站之间的联系，以便进行跟踪和指挥。RF 系统由 Azusa 天线、C 波段应答机、S 波段命令接收器和发射器构成。

(6)独立的电气系统。产生并分配上述所有系统操作所需的 28V 直流电源，也可给试验人员供电。

## 22.2 乘员评估、可靠性和质量控制

土星 5 运载火箭的主要目标是提供安全可靠的运载火箭，能够将各种载人和无人飞船送至不同的轨道。为实现这一目标，在火箭的整体设计、生产和试验过程中设定严格的乘员评估、可靠性和质量控制程序。

### 22.2.1 乘员评估

土星 5 运载火箭配有应急检测系统(EDS)，用以自动发出故障警告，同时具备在乘员没有足够时间对故障做出反应的情况下自动中断任务的能力。此外,EDS 还可为乘员显示相关数据，使得乘员能够决定是否中断任务，旨在将因错误信号导致的自动中断的可能性降至最低。EDS 和中断程序与靶场安控程序紧密结合，以确保乘员能够安全逃逸。此外，公司还在研制可用于土星 5 运载火箭的故障检测系统(MDS)。

故障检测系统以应急检测系统的工作原理为基础，可监测更多参数，并可为乘员显示更多相关数据，提高了乘员决策能力。除了具有应急检测系统的安全特征，故障检测系统还可显示大量的数据，能够验证参数的超差状态，大大避免了错误中断的发生。

### 22.2.2 可靠性

土星 5 运载火箭具备高可靠性，实现和保持高可靠性的途径包括以下几个

方面：

(1)设计方案的故障影响分析。

(2)详尽、全面的试验项目。

(3)设置严格的可靠性和质量控制程序。

故障影响分析包括对系统设计进行详细的技术分析，以识别所有可能的严重故障模式，对各故障模式的影响进行分类和降低。

在发射前检测期间，实施全面的组件、子系统和系统试验，采集相关的试验数据，为火箭发射任务可靠性评估奠定基础。试验数据关联着设计方案，对可靠性指标及其置信度意义重大。土星 5 运载火箭可靠性设计值为 0.90。当置信度为 90%时，S-IVB 的可靠性目标为 0.95。为确保成功率和可靠性，有效载荷的相关试验也相当重要。

在制造、生产以及试验过程中执行严格的质量控制标准，能确保可靠性不会因人为差错或制造工艺而降低。NASA NPC 200 系列（质量程序规定）以及 NPC 250-1（航天系统承包商可靠性规定）文件中包含了可靠性要求和质量控制标准，能够为有效载荷设计人员进行指导。

### 22.2.3　质量控制

为确保可靠性在制造阶段不会降低，实施严格的质量控制标准，包括综合故障报告体系。利用故障数据更新可靠性评估结果并改进设计方案。此外，故障数据可以自动形成，用于整个试验和检测过程，以便迅速全面地掌握运载火箭的故障历程。

同时，还针对运载火箭中可能导致倒计时期间任务中断或飞行故障的所有项目实施了可追溯程序。此外，可追溯程序应用还可应用到新工艺、新材料或旧材料以及旧工艺的项目当中。但是，这些项目必须是序列化、按批次或日期进行编号的，且已实施了所有可检测的检验和试验操作。

运载火箭的高可靠性应与有效载荷高可靠性相一致。因此，要确保试验成功，对试验和/或有效载荷的可靠性要求必须至少等同于 S-IVB 子级的可靠性要求。

# 第 23 章　土星 5 运载火箭的性能参数

## 23.1　月球轨道交会任务剖面

三级构型土星 5 运载火箭的研制是为阿波罗月球轨道交会 (LOR) 和着陆任务提供推进系统，也就是实现阿波罗飞船登月计划所需的速度要求，直至将阿波罗飞船和登月舱送入月球转移轨道。此任务中，通过火箭前两级以及三子级一次点火工作，即可将飞船送至 185.2km (100n mile) 的圆轨道。三子级 S-IVB 在该轨道上最多进行 3 圈 (4.5h) 滑行后，再次点火，将飞船送入月球转移轨道。在 S-IVB 主发动机关机后的地月转移轨道飞行期间，飞船与火箭分离，随后飞船调整位置、对接并进行中途轨道校正。图 23.1 给出了阿波罗飞船任务的飞行时序。到达月球附近后，飞船进入月球周围的停泊轨道，同时登月舱分离并降落到月球表面。

## 23.2　三子级任务剖面

土星 5 运载火箭三子级能够将重型有效载荷送入各圆形、椭圆形或双曲线轨道中。下面描述火箭执行此类任务的能力以及飞行剖面。

就三级任务而言，5 台一子级发动机点火，运载火箭垂直上升并滚转，使俯仰平面对准所需的发射方位。启动俯

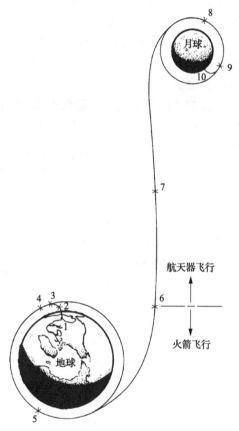

图 23.1　土星 5 运载火箭的阿波罗飞船任务飞行时序

1.从东靶场发射；2.一子级关机与分离，二子级点火；3.二子级关机与分离，三子级第一次点火；4.进入地球停泊轨道，三子级第一次关机；5.轨道发射，三子级第二次点火；6.月球转移轨道射入，三子级第二次关机，阿波罗换位、对接以及三子级分离；7.航程中段校正；8.进入月球停泊轨道；9.登月舱离轨；10.登月舱下降着陆

仰程序即启动运载火箭顺向航程。预编程的俯仰姿态被设计成在无风条件下遵循弹道轨迹(零攻角)。在升空后 154.6s 时，中心发动机关机，4s 后，其余 4 台发动机也关机。之后，需要 0.3s 和 0.8s 实现 S-IC 子级分离，并使 S-II 子级达到 90% 推力。大约 30s 之后，为确保运载火箭的姿态稳定，将 S-IC/S-II 级间段的前段抛掉。而在载人飞行过程中，此段飞行过程中还会抛掉逃逸塔。

　　S-II 子级采用程序控制的推进剂利用系统，以优化发动机推力和比冲，达到推进剂最优损耗。S-II 子级在火箭升空后约 536s 时与 S-IVB 分离。二子级和三子级姿态由基于变分法的迭代制导方案来确定，以便将达到所需的耗尽速度和位置所需要的推进剂量降至最低。

　　在将 S-IVB/有效载荷送入所需轨道后，系统发出关机指令。如果该轨道是一个停泊轨道，S-IVB 会在滑行一段时间后再次点火，将有效载荷推至所需的最终速度和位置。

　　表 23.1 给出了土星 5 运载火箭三级各级的质量分配。S-IVB 子级推进剂数据代表贮箱容量。实际消耗量是根据具体任务要求而定的，实际上可能会更少。

**表 23.1　土星 5 运载火箭质量一览表**　　　　　(单位：kg(lb))

| 参数 | 取值 |
|---|---|
| 分离时的 S-IC 子级 | 173111.26(381645) |
| 分离后的 S-IC 子级 | 167693.1(369700) |
| S-IC/S-II 后级间段① | 603.28(1330) |
| S-IC/S-II 分离/启动损耗 | 4814.88(10615) |
| S-IC 推进剂 | 2066114.6(4555003) |
| S-IC/S-II 前级间段② | 4431.6(9770) |
| 分离时的 S-II 子级 | 45660.42(100664) |
| 分离后的 S-II | 41793.55(92139) |
| S-II/S-IVB 级间段 | 3387.43(7468) |
| S-II/S-IVB 分离/启动损耗 | 479.45(1057) |
| S-II 推进剂 | 439566.39(969078) |
| 分离时的 S-IVB | 12949.61(28549) |
| S-IVB 结构质量② | 11660.95(25708) |
| 分离后 S-IVB | 1288.66(2841) |
| S-IVB 可用推进剂 | 104326.25(230000) |
| 飞行性能储备③ | 1318.59(2907) |
| S-IVB 在停泊轨道内的质量损耗④ | 1585.31(3495) |
| 仪器舱 | 1882.41(4150) |
| 总质量 | 2849636.23kg⑤ |

表 2.3.1 中：

①级间分离，其中重 603.28kg(1330lb)的后级间段首先随 S-IC 子级分离，之后重 4431.6kg(9770lb)的前级间段随 S-II 子级飞行 30s，然后抛掉。

②包括 92.53kg(204lb)的抛掉质量(剩余推进剂等)。

③一般来说，运载火箭 0.75%的速度依靠 S-IVB 子级推进剂。

④一般指 4.5h 的滑行段。

⑤总质量不包括有效载荷、有效载荷适配器、整流罩或发射逃逸系统，质量以 SA-504 火箭的预估值为基础。

图 23.2 描述了三级构型的运载火箭从东靶场发射，执行不同轨道高度和倾角的任务时圆轨道的运载能力。图 23.3 给出了土星 5 运载火箭霍曼转移轨道的运载能力。

以上这些数据都是基于假设发射场位于所需轨道平面内，且不进行轨道面"狗腿机动"(dog-leg)。

如果不需进行"狗腿机动"，那么发射方位的近似区段为 40°～140°。若发射轨道倾角大于 55°，或发射方位角小于 40°或大于 140°，则需要特别放宽靶场安全标准或进行"狗腿机动"上升，但是会导致有效载荷质量减小。

图 23.4 给出了通过霍曼转移到达同步轨道(24h)的有效载荷能力与选定发射方位轨道倾角之间的函数关系。达到远地点的同时实现了所需平面旋转。图 23.5 给出了 60° 倾角同步轨道运载能力与发射方位角之间的函数关系。这些任务需要三子级发动机具备第三次启动能力，但这是 S-IVB 子级当前不具备的。如果该子级发动机进行第三次启动，那么所运送的有效载荷质量将会降低。

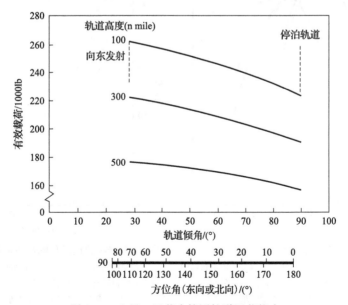

图 23.2　土星 5 运载火箭圆轨道运载能力

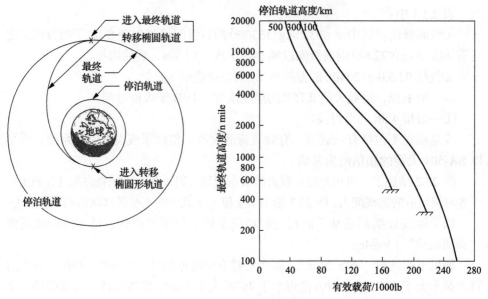

图 23.3　土星 5 运载火箭霍曼转移轨道运载能力

①从东靶场发射；②方位角为 90°；③三子级需进行三次点火，因此进行了质量补偿

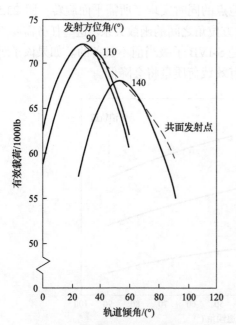

图 23.4　同步轨道运载能力

①东靶场发射平台；②从 185.2km 高度的停泊轨道向
霍曼轨道转移；③在射入同步轨道时的平面改变；
④三子级三次点火启动

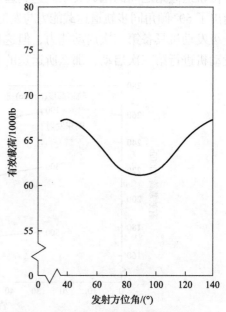

图 23.5　60°轨道倾角同步轨道运载能力

①东靶场发射；②从 185.2km 高度的停泊轨道；
向霍曼轨道转移；③在射入同步轨道时的平面；
④三子级三次点火启动

图 23.6 给出了三级构型运载火箭在东靶场发射执行多种椭圆轨道的运载能力。图 23.7 给出了土星 5 运载火箭的星际任务能力。这些数据均基于在东靶场向 185.2km（100n mile）停泊轨道发射并通过 S-IVB 子级实现的轨道发射。图 23.8～图 23.14 还给出了一些具有代表性的深空任务轨道参数。

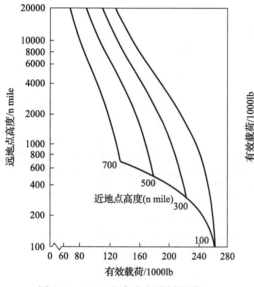

图 23.6　远地点高度与有效载荷
①东靶场的发射平台；②发射方位角 90°

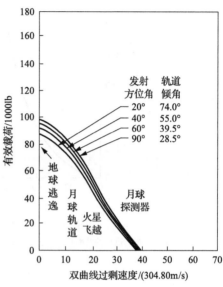

图 23.7　有效载荷与过剩速度

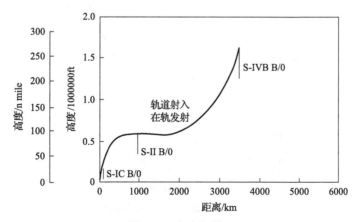

图 23.8　高度与射程
①从东靶场进行的共面直接入轨发射；②发射方位角 90°；③停泊轨道高度 185.2km

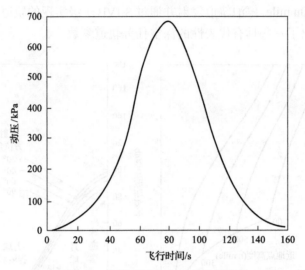

图 23.9　火箭动压与飞行时间的关系
①从东靶场进行的共面直接入轨发射；②发射方位角 90°；③停泊轨道高度 185.2km

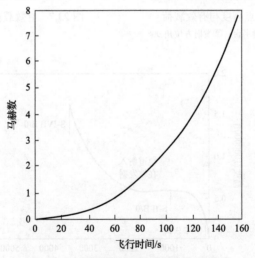

图 23.10　马赫数随飞行时间的变化曲线

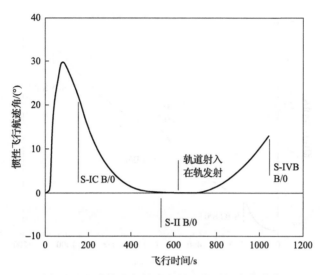

图 23.11　火箭飞行航迹角随飞行时间变化曲线

①从东靶场进行的共面直接入轨发射；②发射方位角 90°；③停泊轨道高度 100n mile

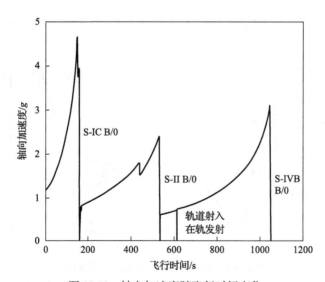

图 23.12　轴向加速度随飞行时间变化

①从东靶场进行的共面直接入轨发射；②发射方位角 90°；③停泊轨道高度 100n mile

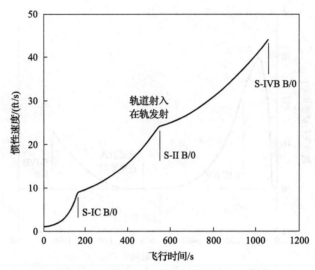

图 23.13　火箭惯性速度随飞行时间变化曲线
①从东靶场进行的共面直接入轨发射；②发射方位角 90°；③停泊轨道高度 100n mile

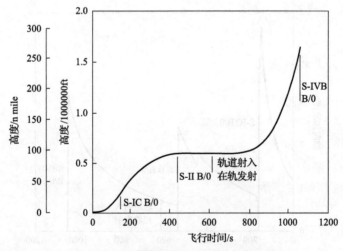

图 23.14　火箭高度随飞行时间变化曲线
①从东靶场进行的共面直接入轨发射；②发射方位角 90°；③停泊轨道高度 100n mile

# 第24章　土星5运载火箭的发展潜力

## 24.1　土星5运载火箭的未来发展

本篇所述的三级构型及其性能参数均基于对土星5运载火箭标准型的预估，进一步提升火箭性能的研究也一直在进行当中，改进点主要集中在以下几个方面：①增加S-IC子级和S-II子级主发动机数量；②提高F-1发动机和J-2发动机的推力；③增加各子级的推进剂加注量；④在S-II子级和S-IVB子级上采用推力和性能更高的改进型发动机；⑤在S-IC子级上采用固体助推器。

当前设计的运载火箭可将质量超过118.39t(261000lb)的有效载荷发射至185.2km(100n mile)的圆轨道，并可将其中4445.21kg(9800lb)的有效载荷加速至逃逸速度。对火箭改进型的研究表明，将204.12t(450000lb)的有效载荷发射至185.2km(100n mile)的圆轨道并使77.11t(170000lb)的有效载荷加速至逃逸速度也是可行的，因此在未来任务执行方面，土星5运载火箭极具发展前景。

## 24.2　深空任务运载火箭

对太阳系以及外太空的探索向科学界和工程界提出了一个令人兴奋的挑战。探索太阳系或执行深空任务需要很高的速度或能量。现有的土星5运载火箭即使具备上述改进性能，也无法执行某些特定的深空任务。因此，必须增加上面级，从而形成土星5/半人马座四级构型火箭，如图24.1所示。土星5/半人马座四级构型火箭执行任务时，在到达185.2km(100n mile)停泊轨道前的飞行时序与三级构型火箭是类似的。不同的是，四级构型的整流罩需在起飞214.5s后，轨道高度达到约103.63km(340000ft)的高度处抛掉。之后，S-IVB子级再次点火，工作结束后分离。随后，半人马座上面级点火，将有效载荷送入所需轨道。

表24.1给出了土星5运载火箭四级构型中各子级的质量分配。S-IVB子级和半人马座上面级的推进剂数据代表贮箱容量。实际所需的容量将取决于具体的任务要求。在确定四级火箭性能时，S-IVB子级的推进剂加注量为104.33t(230000lb)。该加注量并不适用于所有发射任务，可根据不同任务进行优化，最终实现火箭性能的优化。土星5/半人马座火箭能够执行图24.2中所述类型的任务。

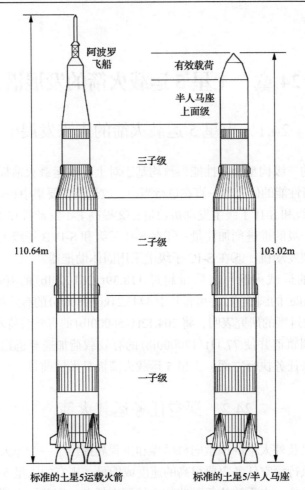

图 24.1　执行深空任务的土星 5 运载火箭构型

**表 24.1　运载火箭质量一览表**　　　　　　　（单位：kg(lb)）

| 质量 | 取值 |
| --- | --- |
| 分离时的 S-IC 子级 | 173111.26(381645) |
| 分离后的 S-IC 子级 | 167693.1(369700) |
| S-IC/S-II 级间段① | 603.28(1330) |
| S-IC/S-II 分离/启动损耗 | 4814.88(10615) |
| S-IC 推进剂 | 2066114.6(4555003) |
| S-IC/S-II 级间段① | 4431.6(9770) |
| 分离时的 S-II 子级 | 45660.42(100664) |

| 质量 | 取值 |
| --- | --- |
| 分离后的 S-II | 41793.55（92139） |
| S-II/S-IVB 级间段 | 3387.43（7468） |
| S-II/S-IVB 分离/启动损耗 | 479.45（1057） |
| S-II 推进剂 | 439566.39（969078） |
| 分离时的 S-IVB | 12949.61（28549） |
| S-IVB 结构质量[②] | 11660.95（25708） |
| 分离后的 S-IVB | 1288.66（2841） |
| S-IVB 可用推进剂 | 104326.25（230000） |
| 飞行性能储备[③] | — |
| S-IVB 在停泊轨道内的质量损耗[④] | 1585.31（3495） |
| 仪器舱 | 1406.14（3100） |
| 半人马座上面级整流罩 | 2691.16（5933） |
| 半人马座分离质量[⑤] | 2070.20（4564） |
| 半人马座防热板[⑥] | 570.62（1258） |
| S-IVB/半人马座级间段 | 285.76（630） |
| S-IVB/半人马座分离/启动损耗 | 66.22（146） |
| 半人马座可用推进剂 | 13562.41（29900） |
| 总质量 | 2868613.4（6324210）[⑦⑧] |

表 24.1 中：

①级间分离，其中，603.28kg（1330lb）的质量首先从 S-IC 子级分离，之后 4431.6kg（9770lb）的质量随 S-II 子级飞行 30s，然后抛掉。

②包括 92.53kg（204lb）的抛掉质量（沉底箱等）。

③通常基于运载火箭速度百分比来进行计算。

④4.5h 滑行段。

⑤半人马座上面级质量包括自身飞行期间所使用的制导系统。

⑥在半人马座上面级点火后抛掉。

⑦总质量不包括有效载荷、支架、整流罩或发射逃逸系统。

⑧基于 SA-513 及后续运载火箭的预估数据。

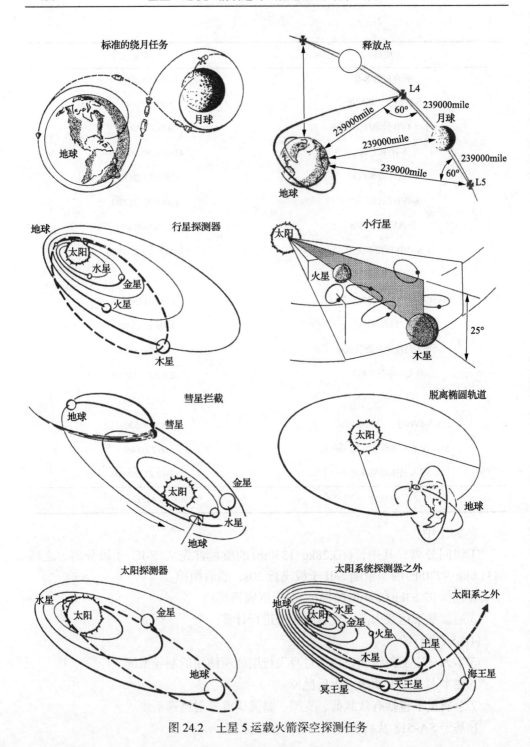

图 24.2　土星 5 运载火箭深空探测任务

图 24.3～图 24.8 给出了土星 5/半人马座四级构型火箭从东靶场向正东发射，将有效载荷送入 185.2km（100n mile）停泊轨道的深空任务的性能曲线以及弹道参数。

土星 5 运载火箭可用于完成以下任务：

（1）空间科学试验。

（2）需要真实空间环境的工程试验。

（3）对发射系统的运载能力和发射速度有很高要求的任务。

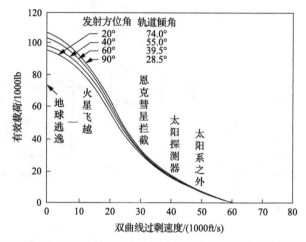

图 24.3　土星 5/半人马座有效载荷随双曲线过剩速度变化曲线

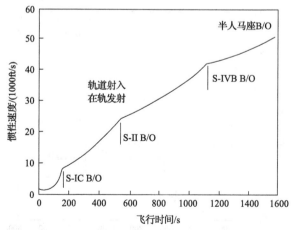

图 24.4　土星 5/半人马座惯性速度随飞行时间变化曲线

①从东靶场直接入轨发射；②发射方位角 90°；③停泊轨道高度 100n mile

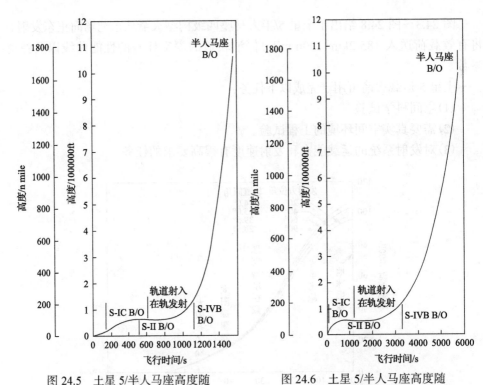

图 24.5 土星 5/半人马座高度随
飞行时间变化曲线(任务 1)
①从东靶场直接入轨发射;②发射方位角 90°;
③停泊轨道高度 100n mile

图 24.6 土星 5/半人马座高度随
飞行时间变化曲线(任务 2)
①从东靶场进直接入轨发射;②发射方位角 90°;
③停泊轨道高度 100n mile

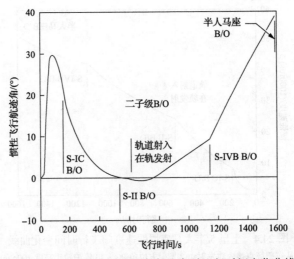

图 24.7 土星 5/半人马座飞行航迹角随飞行时间变化曲线
①从东靶场直接入轨发射;②发射方位角 90°;③停泊轨道高度 100n mile

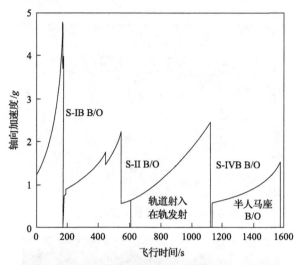

图 24.8　土星 5/半人马座轴向加速度随飞行时间变化曲线

①从东靶场直接入轨发射；②发射方位角 90°；③停泊轨道高度 100n mile

萨克拉门托试验站 B-3 试验台建设

S-IVB 在萨克拉门托试验站爆炸(1967 年 2 月 20 日)

S-II-T 试车(1966 年 4 月 23 日)

氢气瓶导致 S-IVB-503 爆炸

SA-500F 手动声振试验(1966 年 10 月 15 日)

S-IC-D 恢复(2005 年)

S-IC-D 从美国航天与火箭中心运出（1969 年 6 月 28 日）

S-IC-D 贮箱内部（2005 年）

# 第四篇　现有土星 F-1 和 J-2 发动机存放位置

# 第 25 章　F-1 发动机

在制造 98 台飞行用发动机的同时，还额外制造了 82 台研制用发动机。这些发动机中有 2 台是按照 F-1A 标准进行制造的。此外，还制造了 7 个系列化实体模型以及一个工程模型。对于这些发动机，最终采取在主序列号后添加零件编号的方式进行标记。

F-1 发动机在爱德华兹空军基地以及马歇尔航天飞行中心共进行了 2771 次点火试车，包括 1110 次全时长点火试验，累计点火时长为 239124s。

## 25.1　F-1 飞行用发动机

飞行用发动机一共 98 台，由位于卡诺加帕克的洛克达因公司制造，并在加利福尼亚州爱德华兹空军基地的空军火箭推进实验室进行试验。这些发动机中有 65 台用于土星 5 运载火箭的一子级。下面列出了现存的飞行用发动机的当前位置和发展历史。

1. F-1001

F-1001(图 25.1)是首台飞行用发动机，由卡诺加帕克的洛克达因公司制造。发动机在 1963 年年中在爱德华兹实验室进行了 4 次点火试车，累计点火时长 192.6s，并于 10 月 29 日完成验收试验。10 月 31 日，交付 NASA 马歇尔航天飞行中心后，该发动机被安装在东区静力试验塔架的西侧。

图 25.1　F-1001 发动机

　　1964 年 2 月到 3 月，因与 F-1001 发动机涡轮泵设计相似的涡轮泵在试验中发生爆炸，发动机试车中断。1964 年 4 月，液氧泵在洛克达因公司爆炸，由于要对所有 F-1 发动机进行必要检验和再次鉴定，因此试车于当月中止。根据目前记录，首台发动机在此后没有进行过任何试车。此发动机共进行了 23 次热试车，累计点火时长 792s。该发动机现位于美国国家航空与航天博物馆。

　　2. F-2003

　　F-2003 发动机(图 25.2)在爱德华兹实验室进行了 4 次验收点火试验，并于 1965 年 1 月 13 日通过验收后被运至 NASA 马歇尔航天飞行中心，1965 年 3 月 13 日在东试验塔西侧进行了 1 次校准点火试验。

图 25.2　F-2003 发动机

　　之后，将该发动机安装在位于 105 号工位的 S-IC-T 子级中。1965 年 3 月 27 日至 30 日，S-IC-T 子级的五台发动机全部安装完成。从 4 月 9 日开始的前三次子级试验中，F-2003 发动机是唯一进行点火试验的发动机。除 6 月 11 日进行的第 8 次点火试验后的一段时间外，该发动机在前 10 次点火试验中一直被安装在原来的位置。在这段时间内，发动机不得不被拆下，与另外 3 台发动机一起接受喷注器裂纹检查。在完成 10 次试车后，F-2003 发动机被重新安装到 102 号工位，于 10 月 8 日进行了第 11 次点火试验，此后一直位于 102 号工位直到第 15 次点火试验结束。1966 年初，该发动机又被重新安装到 101 号工位，并于 1967 年 3 月在 NASA 密西西比试验站参与两次 S-IC-T 子级试验，并于 1967 年 8 月在马歇尔航天飞行中心参与最后三次 S-IC-T 子级点火试验。在使用期间，F-2003 发动机共进行 25

次点火试验，累计点火时长 1286s。发动机目前位于堪萨斯州宇宙环和太空中心。

### 3. F-2005

F-2005 发动机在 1964 年 11 月 30 日验收前在爱德华兹实验室进行了 3 次验收点火试验，之后被运送至马歇尔航天飞行中心，并于 1965 年 2 月 2 日至 2 月 13 日在东试验塔西侧进行了 3 次校准点火试验。

1965 年 3 月 27 至 30 日，F-2005 发动机被安装在位于 101 号工位的 S-IC-T 子级上。在 4 月 9 日的 S-IC-01 子级和 8 月 5 日的 S-IC-10 子级试车中，该发动机一直保持在原来位置，但前三次试车并未点火启动。在第 8 次与第 9 次子级试车中，短时间内将其拆下，进行喷注器裂纹检查。进行第 10 次子级试车后，从 S-IC-T 子级上拆下该发动机，用于在马歇尔航天飞行中心开展相关试验。在 13 次点火试验中，该发动机累计点火 811s。发动机位置目前不详。

### 4. F-2007

F-2007 发动机在 1964 年 12 月 28 日验收前在爱德华兹实验室接受了 3 次点火试验，之后被运送至马歇尔航天飞行中心，并于 1965 年 2 月 26 日至 3 月 1 日在东试验塔西侧接受了 2 次校准点火试验。

1965 年 3 月 27 至 30 日，F-2007 发动机被安装在位于 102 号工位的 S-IC-T 子级中。在 4 月 9 日的 S-IC-01 子级和 6 月 11 日的 S-IC-08 子级点火试验中，F-2007 发动机一直保持在原来位置，但前三次并未点火启动。进行第 8 次子级点火试验后，将该发动机拆下，进行喷注器裂纹检查。在 7 月 29 日的 S-IC-09 子级和 12 月 16 日完成的 S-IC-15 子级点火试验中，在位于 104 号工位的子级中重新安装了该发动机。1966 年初，该发动机又被重新安装到 102 号工位，于 1967 年 3 月在密西西比试验站接受两次 S-IC-T 子级点火试验，并于 1967 年 8 月在马歇尔航天飞行中心接受最后三次 S-IC-T 子级点火试验。在使用期间，F-2007 发动机共进行 22 次点火试验，累计点火时长 1329s。发动机目前位于美国航天与火箭中心的 S-IC-D 子级上。

### 5. F-2008

F-2008 发动机于 1964 年 12 月 20 日验收前在爱德华兹实验室进行了 4 次点火试验后被运送至马歇尔航天飞行中心，并于 1965 年 2 月 18 日在东试验塔西侧进行了一次校准点火试验。

1965 年 3 月 27 日至 3 月 30 日期间，该发动机被安装在位于 103 号工位的 S-IC-T 子级中。在 1965 年 4 月 16 日的 S-IC-01 子级和 1967 年 8 月 3 日进行的 S-IC-22 子级试车中，该发动机一直保持在原来位置，但前三次并未点火启动。与其他 4 台发动机不同，该发动机并未被拆下进行喷注器裂纹检查。在使用期间，该发动机共进行 22 次点火试验，累计点火时长 1291s。发动机目前位于肯尼迪航天中心 S-IC-T 子级上。

### 6. F-2009-1

F-2009 发动机(图 25.3)在爱德华兹实验室通过了验收试验和鉴定试验。此外，该发动机还广泛用于在马歇尔航天飞行中心开展的地面试验中。1965 年 3 月 18 日至 6 月 18 日，该发动机在东试验塔的西侧进行了 4 次点火试验。之后，在 1965 年 8 月 11 日至 1969 年 2 月 13 日，该发动机在西区 F-1 试验台进行了 33 次点火试验。

图 25.3　装有 F-2009-1 发动机的 S-IC-D 下部

1965～1968 年经过改造成为 F-2009-1 发动机，并在 1969 年 2 月在马歇尔航天飞行中心完成了最后一次点火试验后正式报废。之后，发动机被安装在 S-IC-D 子级上，在美国航天与火箭中心展出。

### 7. F-2010

1965 年 2 月 12 日，对该发动机进行了验收试验，在此之前，该发动机已在爱德华兹实验室进行了 3 次点火试验。3 月 26 日至 9 月 30 日，该发动机被运送至马歇尔航天飞行中心，在东区静力试验塔架的西侧进行了 2 次校准点火。

1966 年 3 月 29 日至 8 月 9 日，该发动机在西区 F-1 试验台进行了 3 次发动机点火试验。

在第一次发动机校准点火试验(TWF-055)之后，将该发动机安装在 S-IC-T 子级的 104 号工位。尽管前三次试验时并未点火启动，但该发动机在 1965 年 4 月 9 日的 S-IC-01 子级点火和 6 月 11 日的 S-IC-08 子级点火过程中，一直被安装在

104 号工位，之后被拆下进行喷注器裂纹检查。随后，该发动机被重新安装在 102 号工位，并于 7 月 29 日和 8 月 5 日在该位置进行了两次热试车。9 月 30 日，该发动机被拆下，以便进行第二次发动机校准点火试验（TWF-069）。

此外，在与 S-IC-T 子级重新组装之前，该发动机在西区 F-1 试验台经过了 3 次发动机校准点火试验，此时发动机处于 104 号工位（其原始位置）。1967 年 3 月，在密西西比试验站对处于 104 号工位的发动机进行了 2 次 S-IC-T 子级试验。8 月，在马歇尔航天飞行中心进行了最后 3 次 S-IC-T 子级点火试验。发动机共点火 20 次，累计持续时间 993s。发动机目前位于美国肯尼迪航天中心的 S-IC-T 子级上。

8. 带有喷管延伸段的 F-4023

F-4023 发动机（图 25.4 和图 25.5）的制造于 1964 年第四季度启动，由洛克达因公司负责。1965 年 9 月，发动机在爱德华兹实验室进行了 5 次点火试车，总计 334.4s。10 月 19 日，对该发动机进行了验收试验，11 月从卡诺伽帕克空运至米丘德组装厂。1966 年 1 月末，在米丘德组装厂完成了发动机检测并将其安装在 S-IC-3 子级的 101 号工位。此发动机参与了 1966 年 11 月 15 日的静态点火试验，并作为 S-IC-3 的一部分装运至肯尼迪航天中心。但在发现燃料泵密封件发生泄漏后，于 1968 年 5 月 31 日将该发动机从 S-IC-3 子级上拆下并替换为 F-4024 备用发动机。之后，将该发动机运回洛克达因公司，并在 1968 年 9 月 18 日前对其进行全面维修。然而，该发动机没有被重新安装到某一飞行件中，而是被运至米丘德组装厂，用于支持长期存放计划。

2008 年 10 月，这台发动机在马歇尔航天飞行中心的 4205 大楼后被找到，F-5034 喷管延伸段（图 25.6）也在附近被发现。2009 年 10 月，F-4023 与 F-5034 喷管延伸段重新组装（图 25.7 和图 25.8），并将其作为发动机展品的一部分在 4205 大楼前展出。

图 25.4　F-4023 发动机

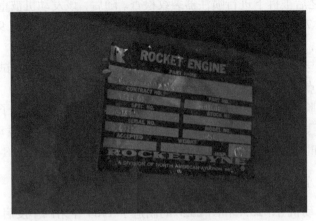

图 25.5　F-4023 发动机铭牌

图 25.6　F-4023 喷管延伸段

图 25.7　F-4023 与 F-5034 喷管延伸段组装

图 25.8 F-4023 与喷管延伸段 F-5034 连接

该发动机共进行 6 次点火试验，累计点火时长达到 456.1s，其中 5 次点火是在发动机级试验，最后一次是在 S-IC-3 子级级。

### 9. F-4028

F-4028 发动机的制造于 1964 年的第三季度启动，1965 年 11 月和 12 月在爱德华兹实验室进行了 3 次点火试车，累计持续时间为 234s。1965 年 12 月 21 日，对该发动机进行了验收，之后将该发动机装运到马歇尔航天飞行中心并作为 S-IC-2 的备用发动机。1968 年 4 月 25 日，将该发动机装运回洛克达因公司，用于压力开关的研制试验。此外，还将该发动机运至爱德华兹实验室进行 POGO 鉴定试验。截止到 1968 年 7 月 31 日，该发动机共进行了 57 次点火试验，累计点火时长 5279.57s。在此之后，此发动机用于主燃料阀泄漏鉴定试验，于 1969 年 6 月 2 日完成。F-4028 发动机及铭牌如图 25.9 和图 25.10 所示。

### 10. F-5036

F-5036 发动机制造工作于 1965 年第二季度启动，1966 年 4 月在爱德华兹实验室进行了 3 次点火试验，累计点火时长为 249.6s。1966 年 5 月 13 日，该发动机通过了验收试验。1966 年 11 月，将该发动机由卡诺伽帕克空运至米丘德组装厂并安装在 S-IC-5 子级上。1967 年 6 月 16 日，将 F-5036 从 S-IC-5 子级上拆下并更换为 F-5034，5 天后将该 S-IC-5 子级装运至密西西比试验站进行静态点火试验。

在从 S-IC-5 子级上拆下后,该发动机被运回卡诺伽帕克,并参与到发动机长期存放的计划中。发动机及喷标如图 25.11~图 25.13 所示。

图 25.9　F-4028 发动机

图 25.10　F-4028 发动机铭牌

图 25.11　马歇尔航天飞行中心 4200 内
安装 F-5036 发动机

图 25.12　F-5036 发动机

图 25.13　F-5036 发动机喷标

11. F-5038-2

F-5038-2 发动机(图 25.14)于 1965 年第一季度启动,在爱德华兹实验室进行了验收试验。该发动机在 1966 年 6 月 3 日通过了验收试验,并且是按照与两个鉴定装置 F-5037 和 F-5039 相同的标准制造而成的。该发动机用于地面试验,以支持鉴定计划。1966 年 6 月 20 日至 1968 年 6 月 6 日,该发动机在马歇尔航天飞行中心西区 F-1 试验台上进行了 40 次点火试车。

图 25.14　F-5038-2 发动机

1967 年初，该发动机被改装成 F-5038-1 构型。点火期间，马歇尔航天飞行中心的 FW-077、FW-078 和 FW-079 试验人员在 F-1 发动机托架中安装了一个 ST-124M 土星 5 制导平台，并对试验件进行了 30s 的 F-1 发动机静态点火试验，目的是测量此点火时长对 ST-124M 造成的振动和噪声影响。

还在安装有 ST-124M 的状态下进行了相似的 FW-080 试验，持续时间为 95s。数据分析表明制导平台在试验中运转正常。

虽然没有关于在此之后再进行点火试验的记录，但该发动机在这些试验后，在马歇尔航天飞行中心进行了翻修并被重新编号为 F-5038-2。

### 12. F-6045-1

1966 年 8 月，在爱德华兹实验室完成了 F-6045 发动机的两次点火试车，累计点火时长 212.2s。9 月，对该发动机进行了验收试验。10 月，将其从卡诺伽帕克空运至米丘德组装厂。1968 年 12 月，该发动机被安装在 S-IC-11 子级 102 工位。此发动机参与了 1969 年 6 月 26 日异常中止的 S-IC-11 子级静态点火试验，并在 7 月从 S-IC-11 子级中拆下进行修复。而拆下的发动机由编号为 F-6096 的发动机替代。同时，将 F-6045 发动机运回卡诺伽帕克，由洛克达因公司进行维修，并以 F-6045-1 重新编号。洛克达因公司于 1971 年 3 月 31 日完成了这项维修工作。

完成 S-IC-11 子级试验后，该发动机在 3 次热试车中累计点火时长达到 309.0s，其中 2 次是在发动机段下进行的，最后一次是在 S-IC-11 子级中进行的。F-6045-1 发动机的相关组件、铭牌如图 25.15～图 25.18 所示。

图 25.15　F-6045-1 发动机

图 25.16　F-6045-1 发动机喷注器

图 25.17　F-6045-1 发动机铭牌

图 25.18　F-6045-1 发动机喷标

13. F-6049

F-6049 发动机于 1966 年第二季度开始制造,并于 10 月在爱德华兹实验室完成了 5 次点火试验,总点火时长为 323.3s。11 月 8 日,对该发动机进行了验收,并在 12 月将其从卡诺伽帕克空运至米丘德组装厂。之后,该发动机被转移到马歇尔航天飞行中心,并于 1967 年 3 月 13 日和 4 月 20 日在西区 F-1 试验台上进行了 2 次点火试车。F-6049 发动机及其铭牌和喷标如图 25.19~图 25.21 所示。

1968 年 12 月,F-6049 发动机被安装在 S-IC-11 子级 101 工位。此发动机参与了 1969 年 6 月 26 日异常中止的 S-IC-11 子级静态点火试验,并在同年 7 月从 S-IC-11 子级上拆下予以修复。S-IC-11 子级中拆下的发动机被替换为 F-6095 发动机。同时,F-6049 被运回卡诺伽帕克,并由洛克达因公司进行整修,该公司于 1970 年 4 月 9 日完成了这项工作。之后,该发动机被重新运回到米丘德组装

图 25.19 F-6049 发动机喷标

图 25.20 F-6049 发动机

图 25.21　F-6049 发动机铭牌

厂。11 月 11 日，公司完成了发动机的相关检测，并将其作为 S-IC-14 子级和 S-IC-15 子级的飞行备件。1973 年 7 月 30 日，该发动机与 S-IC-14 子级共同放置于仓库中。10 月 18 日，将该发动机与 S-IC-14 子级从仓库中移出，并于当天进行了重新安装。

完成 S-IC-11 子级试验之后，F-6049 发动机在 8 次点火试车中累计点火时长达到 501.1s，其中 7 次是在发动机级状态下进行的（在爱德华兹实验室进行了 5 次，在马歇尔航天飞行中心进行了 2 次），最后一次是在 S-IC-11 子级状态下进行的。

14. F-6067

F-6067 发动机于 1966 年第二季度启动，并在爱德华兹实验室经过了 3 次验收点火，总计点火时长为 252.6s。1967 年 8 月 24 日，对该发动机进行了验收。11 月，该发动机被运至米丘德组装厂，并被安装在 S-IC-10 子级 105 工位，但是因其自身存在一定问题而从未与 S-IC-10 子级进行集成。之后，S-IC-10 子级改用了 F-6073 发动机。1969 年 3 月 14 日，在质量维护评估后，将 F-6067 发动机运回到卡诺伽帕克，以便计划进行维护并将其恢复到飞行用状态。同时，计划将该发动机长期存放在爱德华兹实验室。然而，该发动机从未被重新分配给某一飞行用子级。F-6067 发动机及其喷标如图 25.22 和图 25.23 所示。

15. F-6090

F-6090 发动机于 1967 年第二季度启动，并于 1969 年 1 月在爱德华兹实验室经过了 3 次验收点火，累计点火时长 250.0s。2 月 3 日，该发动机接受了验收，并在 2 月 6 日通过卡车与 F-6086、F-6087 和 F-6088 发动机一同由洛克达因公司运至西尔滩。在西尔滩，将这些发动机与 S-II-8 子级一同装载到"巴罗角号"货

图 25.22　F-6067 发动机　　　　　　　　图 25.23　F-6067 发动机喷标

船上,于 2 月 10 日离开港口,2 月 23 日抵达米丘德。F-6090 发动机最初被分配给
S-IC-14 子级,并安装在该子级的 105 号工位。但是在 9 月 8 日,经过检测,对
S-IC-14 子级的发动机进行了重新选择,改用 F-6092 发动机。1971 年 3 月 31 日,
再一次对 F-6090 发动机进行了单独的发动机检测。

之后,F-6090 发动机被分配为飞行备件。1973 年 7 月 30 日,将该发动机与
S-IC-15 共同放置于仓库中。F-6090 发动机及其铭牌如图 25.24 和图 25.25 所示。

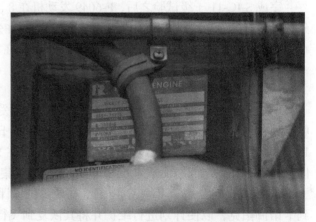

图 25.24　F-6090 发动机　　　　　　　　图 25.25　F-6090 发动机铭牌

## 25.2　F-1 研制型发动机

据统计,有 82 台研制用 F-1 模型发动机,用于生产前的设计更改。其中,第
一个型号为 F001,最后一个是 F-114-2。这些发动机中只有一小部分留存至今,
原因在于其所经历的试验都具有破坏性。下面将对现存的研制用发动机进行详细
说明。此外,应注意的是,该系列中有 2 台研制用发动机被部分改装为 F-1A 构

型，并在 1800000lbf 的大功率推力下进行了极限试验。这 2 台发动机分别是采用了改进型启动程序并完成 27 次试验的 F104-4 发动机以及作为推力控制系统评估的组成部分并完成 7 次试验的 F109-4 发动机。另一台发动机(F115-4)被指定为任务分配用发动机，并按照更全面的 F-1A 标准进行生产制造。该发动机并不具备 F-1A 发动机原计划拥有的全部特征，但是其具备的特征多于上述两台 F-1A 发动机。在 F-1A 计划取消时，F115-4 发动机仅完工 40%。这 3 台发动机构成了完整的 F-1A 系列，但均未留存至今。

1. F025-3

此发动机进行过 35 次热试车，累计点火时长 3359.9s。该发动机上仍附有多个保温层，而使其在众多展品中变得与众不同。该发动机及其铭牌如图 25.26 和图 25.27 所示。

图 25.26　F025-3 发动机　　　　图 25.27　F025-3 发动机铭牌

2. F040

此研制用发动机(图 25.28)经历过 31 次热试车，累计点火时长 3682s。1990年，在米丘德组装厂的保税仓库中对该发动机进行了彻底检查。1988 年 6 月 16日，斯坦尼斯航天中心进行了官方采办。

3. F041

此研制用发动机进行过 40 次热试车，累计点火时长 3799s。图 25.29～图 25.31给出了 F041 发动机及其喷注器。

图 25.28　F040 发动机

图 25.29　室外 F041 发动机

图 25.30　室内 F041 发动机

图 25.31　F041 发动机喷注器

## 4. F107-1

此研制用发动机(图 25.32 和图 25.33)经历过 38 次热试车，累计点火时长 5011s。

图 25.32　F107-1 发动机　　　　　　　　图 25.33　F107-1 发动机喷注器

## 5. F114-2

此研制用发动机(图 25.34)是完工的最后一个发动机型号，但从未进行过热试车。

图 25.34　F114-2 发动机

## 25.3　马歇尔航天飞行中心组装的 F-1 发动机

NASA 在马歇尔航天飞行中心利用洛克达因公司的备件建造了两台 F-1 发动机，作为客户学习实践的一部分。

## 1. F-4T2

该发动机由 NASA 在马歇尔航天飞行中心利用洛克达因公司的备件制造而成，是客户学习实践的组成部分，因此使用上述名称。1965 年 9 月，该发动机在东区试验塔架的西侧进行了 2 次校准点火试验。此外，在 1966 年 3 月至 11 月，该发动机在西区 F-1 试验台经历了 17 次单发动机点火试验。

在东区试验台进行了单发动机校准点火试验之后，将该发动机安装在 S-IC-T 子级的 101 工位。在 10 月 8 日的 S-IC-11 子级点火试验到 12 月 16 日的 S-IC-15 子级点火试验期间，该发动机始终处在这一位置，之后在西区 F-1 试验台对该发动机进行了 17 次单发动机点火试验。

## 2. F-3T1

该发动机由 NASA 在马歇尔航天飞行中心利用洛克达因公司的备件制造而成，是客户学习实践的组成部分，因此使用上述名称。1965 年 8 月和 9 月，该发动机在东侧试验塔架的西侧进行了 4 次校准点火试验。此外，在 1967 年 7 月，该发动机在西区 F-1 试验台进行了单发动机点火试验。

4 次单发动机校准点火试验后，该发动机被安装在 S-IC-T 子级的 105 工位，并且在 1965 年 10 月 8 日的 S-IC-11 子级点火到 1967 年 8 月 3 日 S-IC-22 子级上的最后一次试验期间，该发动机始终处在这一位置。但在 1967 年 7 月，突然将该发动机从 S-IC-T 子级上拆下并用于其他校准点火试验。而在此期间，S-IC-T 子级仍留在 S-IC 子级试验台上。S-IC-T 子级试验结束后，该发动机保留在 105 工位直至今日。

# 第 26 章　J-2 发动机

J-2 发动机有 152 台用于飞行任务,还额外制造了 38 台发动机用于研制试验。按照 J-2S 标准至少制造了 7 台发动机并进行点火试验。还有 3 台已知的系列模拟发动机和 1 台已知的系列实体模型发动机。此外,可能还有未知的系列模拟发动机以及实体模型发动机。许多发动机在不同阶段进行了重新装配,使得在主序列号后带有分号。

## 26.1　J-2 飞行用发动机

"阿波罗计划"一共制造了 152 台飞行用发动机。这些发动机均由位于卡诺伽帕克的洛克达因公司制造,并在洛克达因公司位于加利福尼亚州洛杉矶的圣苏珊娜野外实验室进行验收试验。其中 86 台发动机用于土星 1B 运载火箭二子级以及土星 5 运载火箭二子级和三子级。下面列出了现存的发动机情况。

### 1. J-2001

J-2001 发动机由位于卡诺伽帕克的洛克达因公司制造和组装,是第一台按照 J-2 发动机飞行标准制造的发动机,并在圣苏珊娜野外实验室进行了验收点火试验。该发动机在 1963 年 11 月 26 日通过验收,并在之后成为生产支持计划的研制用发动机备件。发动机当前位置不详,可能在位于俄勒冈州麦克明维尔的常青藤航空航天博物馆。

### 2. J-2006

1964 年 6 月 12 日,J-2006 发动机(图 26.1)在圣苏珊娜野外实验室进行了 3 次验收点火试验,累计点火时长 291s,并由 NASA 完成验收。该发动机最初交付给位于西尔滩的 NAA 供 S-II 子级试车样机使用,但是随后被转交给位于亨廷顿滩的道格拉斯,并安装在动力学试验件 S-IVB-D 上。马歇尔航天飞行中心使用了 J-201 模拟器重新制造了该发动机。后来,该发动机被当作研制用发动机的备件,并于 1969 年 1 月 6 日被运至美国史密森国家博物馆。目前,美国史密森国家博物馆将该发动机暂借给从事旅游业的日本加森观光株式会社。在整个生命周期中,此发动机共点火试验 3 次,累计点火时长达到 291s。

图 26.1 J-2006 发动机

3. J-2009

J-2009 发动机在圣苏珊娜野外实验室进行了 2 次验收点火试验，并由 NASA 在 1965 年 2 月 9 日完成验收。2 月，在圣苏珊娜野外实验室将该发动机安装于 S-II 子级试车样机的 203 工位上。4 月到 8 月，该发动机留在该位置并进行了共有 5 台发动机参与的系列动力系统试车。在整个生命周期中，此发动机共进行 22 次点火试验，累计点火时长达到 1245s，其中 2 次点火是在发动机单机状态进行的，另外 20 次是在 S-II 子级动力系统试车样机中进行的。发动机目前位置不详。

4. J-2010

J-2010 发动机在圣苏珊娜野外实验室进行了 2 次验收点火试验，并在 1964 年 11 月 30 日完成验收。1965 年初，在圣苏珊娜野外实验室将该发动机安装于 S-II 子级试车样机的 204 工位。4 月到 8 月，该发动机进行了有 5 台发动机的动力系统试车。1969 年 4 月 11 日，该发动机被运往美国史密森国家博物馆，目前在亨茨维尔市的美国航天与火箭中心展出。发动机多年来一直在室外展出，现已将其移至戴维森中心内，并通过发动机铭牌确定了身份。在整个生命周期中，此发动机共点火试验 22 次，累计点火时长达到 1108s，其中 2 次点火是在发动机单机状态下进行的，另外 20 次是在 S-II 子级动力系统试车样机中进行的。发动机目前位于亨茨维尔市的美国航天与火箭中心。J-2010 发动机及铭牌如图 26.2 所示。

图 26.2　J-2010 发动机及其铭牌

5. J-2011

J-2011 发动机在圣苏珊娜野外实验室进行了 1 次验收点火试验，并由 NASA 在 1965 年 1 月 15 日完成验收。1965 年初，在圣苏珊娜野外实验室将该发动机安装于 S-II 子级试车样机的 202 工位。4 月到 8 月，该发动机进行了 5 台发动机点火试验。在整个生命周期中，此发动机共进行了 21 次试车，累计点火时长达到 1204s，其中 1 次点火是在发动机单机状态下进行的，另外 20 次是在 S-II 试车样机中进行的。发动机目前位于亨茨维尔市的美国航天与火箭中心。

6. J-2012

J-2012 发动机在圣苏珊娜野外实验室进行了 3 次点火验收试验，总点火时长为 381s，并由 NASA 在 1964 年 11 月 2 日完成验收。该发动机是基本的生产型发动机，已作为研发备件使用。在整个生命周期中，此发动机共点火试验 3 次，累计点火时长达到 381s，目前位于亨茨维尔市的美国航天与火箭中心。

7. J-2013

J-2013 发动机在圣苏珊娜野外实验室进行了验收点火，并于 1965 年 1 月 20 日完成验收，随后被运送到萨克拉门托试验站用于 S-IVB/土星 1B 子级样机。1 月 28 日，该发动机被安装到试车样机上，然后在同年 3 月 13 日到 5 月 4 日共参与了 7 次试车样机点火试验，随后被运往马歇尔航天飞行中心，用于 S-IVB 子级样机。在 8 月 2 日到 9 月 15 日，该发动机进行 6 次点火试验，随后作为试验用备件。此发动机总计完成 32 次点火，累计点火时长达到 2988s。发动机当前位置不详，可能位于俄勒冈州麦克明维尔的常青藤航空航天博物馆内。

### 8. J-2014

J-2014 发动机在圣苏珊娜野外实验室进行了验收点火，并于 1965 年 3 月 20 日完成验收，随后通过卡车运送到西尔滩。该发动机被安装到 S-II-T 子级 205 号工位，并于 1966 年在密西西比试验站进行了子级热试车。该发动机共进行 12 次点火试验，累计点火时长达到 1685s。目前发动机位于亨茨维尔市美国航天与火箭中心的 S-II-F 设施试验件/S-II-D 动力学试验件上。

### 9. J-2017

J-2017 发动机在圣苏珊娜野外实验室进行了验收点火，1965 年 4 月 21 日完成验收后通过卡车运至西尔滩。发动机被安装到 S-II-T 子级的 204 号工位，于 1966 年在密西西比试验站进行了子级点火试验。J-2017 发动机共进行了 14 次点火试验，累计点火时长达到 1227s。目前发动机安装在亨茨维尔市美国航天与火箭中心的 S-II-F 设施试验件上。

### 10. J-2020

J-2020 发动机在圣苏珊娜野外实验室进行了 3 次点火验收试验，并在 1965 年 4 月 22 日通过验收。之后，该发动机被运至萨克拉门托试验站，用于 S-IVB/V 子级样机。5 月或 6 月，J-2020 发动机被安装到样机上，在 6 月 19 日到 8 月 20 日共进行 10 次样机点火试验。随后，从 S-IVB 样机上拆除了 J-2020 发动机，并将其转移到位于洛杉矶北部圣苏珊娜野外实验室的 S-II 子级样机上。12 月，J-2020 发动机被安装到 S-II 的 205 号位置上，并在 1965 年 12 月至 1966 年 3 月进行了一系列 5 台发动机联试。在整个生命周期中，J-2020 发动机共完成 26 次点火试验，累计点火时长达到 3674s，其中 3 次点火在发动机段进行，10 次点火在 S-IVB/V 试车样机上进行，另外 13 次是在 S-II 试车样机上进行的。目前发动机位于美国肯尼迪航天中心。

### 11. J-2027

J-2027 发动机在圣苏珊娜野外实验室进行了验收点火，并于 1965 年 6 月 24 日完成验收，随后被运送到马歇尔航天飞行中心用于 S-IVB 试车样机。从 10 月 29 日起，该发动机参与了一系列样机点火试验，并在 1969 年 2 月 13 日被指定为试验用发动机并存储在马歇尔航天飞行中心。J-2027 发动机共进行 15 次点火试验，累计点火时长达到 3578s。目前发动机位于美国马歇尔航天飞行中心。

12. J-2036-1

1965 年 9 月 9 日，J-2036 发动机（图 26.3）在圣苏珊娜野外实验室进行了 2 次点火试验，并通过 NASA 验收。12 月，在圣苏珊娜野外实验室，发动机被安装到 S-II 试车样机的 204 号工位，并在 1965 年 12 月到 1966 年 8 月参与了 5 台发动机联合试车。1968 年 2 月 12 日对此发动机进行了进一步的验收点火试验，使累计验收时间达到 3490s。

图 26.3　J-2036 发动机

1968 年 3 月 26 日，J-2036 发动机按照 J-2072 发动机的标准（Qual II 标准）进行了翻修，并重新编号为 J-2036-1。随后在 5 月 3 日被运到西尔滩。当年稍晚时候，此发动机被安装到 SACTO S-IVB 样机上，在位于俄克拉何马州的阿诺德工程发展中心进行了 J-2 发动机高空试验。在整个生命周期中，J-2036-1 发动机共进行 63 次点火试验，累计点火时长达到 1089.3s，其中 3 次点火是在发动机段下进行的，19 次点火在 S-II 样机上进行，另外 41 次是在 S-IVB 样机上进行的。目前发动机位于英国的科学博物馆。

13. J-2038

1965 年 10 月 9 日，J-2038 发动机在圣苏珊娜野外实验室进行了点火验收试验，并由 NASA 完成验收。该发动机被作为研发备件，在 1969 年 6 月 2 日其所有权被移交给美国史密森国家博物馆。J-2038 发动机共进行 13 次点火试验，累计点火时长达到 1736s。目前发动机安装在亨茨维尔市美国航天与火箭中心的 S-II-F/D

设施试验件上。

### 14. J-2039-1

1965 年 9 月 29 日，J-2039 发动机在圣苏珊娜野外实验室进行了 2 次点火验收试验，并通过 NASA 验收。12 月，在圣苏珊娜野外实验室将此发动机安装到 S-II 样机的 203 号工位，并在 1965 年 12 月到 1966 年 8 月进行了 5 台发动机动力系统试车。1967 年 6 月 8 日，发动机再次进行了验收点火试验，使累计验收持续时间达到 345.4s。之后，J-2039 发动机被重新编号为 J-2039-1，并在 8 月 30 日运到西尔滩。在某一阶段，J-2039-1 发动机参与了飞行验证机(FVV)试验，并在 1970 年 6 月 1 日被运输到爱德华兹实验室存放。在整个生命周期中，此发动机共进行了 24 次点火试验，累计点火时长达到 3983s，其中 5 次点火是在发动机单机状态下进行的，另外 19 次是在 S-II 样机下进行的系统级试车。目前发动机位于美国肯尼迪航天中心。

### 15. J-2048

J-2048 发动机在圣苏珊娜野外实验室进行了验收点火，并于 1965 年 12 月 17 日完成验收，随后被运至马歇尔航天飞行中心，与 S-IVB 样机组装。该发动机共进行了 25 次点火试验，累计点火时长达到 3636s。目前发动机位于美国马歇尔航天飞行中心。

### 16. J-2050

1966 年 2 月 14 日，J-2050 发动机在圣苏珊娜野外实验室进行了验收试验，并通过 NASA 验收。在整个生命周期中，J-2050 发动机共进行 35 次点火，累计点火时长达到 9444s。目前发动机位于佛罗里达州的个人手中。

### 17. J-2054

J-2054 发动机(图 26.4)从 1964 年第四季度开始制造，并在圣苏珊娜野外实验室进行了验收试验，共 3 次点火试验，累计点火时长达到 655.4s。1966 年 1 月 17 日，该发动机进行了最后一次点火试验，并在同年 2 月 15 日通过了 NASA 的验收。此发动机在 1966 年 2 月 17 日离开了卡诺伽帕克，然后在 1970 年 9 月 10 日被运往爱德华兹实验室进行存放。之后，该发动机被指定为向 S-IVB-211 子级提供飞行验证机支持，但是 S-IVB-211 子级并未进行飞行。在整个生命周期中，J-2054 发动机共进行了 3 次点火试验，累计点火时长达到 655.4s。

图 26.4　J-2054 发动机

### 18. J-2060

J-2060 发动机的制造开始于 1964 年第四季度, 在圣苏珊娜野外实验室进行了 3 次验收点火试验, 累计点火时长达到 389.3s。第一次点火试验在 1966 年 3 月 2 日进行, 最后一次点火试验在 3 月 4 日进行。J-2060 是在 1023.09kN（230000lbf）推力水平下进行验收试验的首台发动机, 于 3 月 29 日由 NASA 完成验收, 并在同年 4 月 8 日离开卡诺伽帕克。在整个生命周期中, J-2060 发动机共进行 54 次点火试验, 累计点火时长达到 5628.4s。发动机目前处于美国的马歇尔航天飞行中心。

### 19. J-2061

J-2061 发动机在圣苏珊娜野外实验室进行了 4 次验收点火, 点火时长达到 468.8s, 并于 1966 年 4 月 6 日完成验收, 随后通过卡车运送到亨廷顿滩, 并安装到 S-IVB-503 子级飞行件上。1967 年 1 月 20 日, S-IVB-503 子级在萨克拉门托进行的一次试验中发生爆炸而损毁。J-2061 发动机共进行了 4 次点火试验, 累计点火时长达到 468.8s。J-2061 发动机目前位于美国的马歇尔航天飞行中心。

### 20. J-2063

J-2063 发动机（图 26.5）的制造开始于 1965 年第三季度, 并在圣苏珊娜野外实验室进行了验收试验, 共点火试验 3 次, 累计点火时长达到 624.8s。最后一次点火发生在 1966 年 4 月 5 日。此发动机在 4 月 28 日通过 NASA 的验收, 并在同一天被转移到圣苏珊娜野外实验室的 CI 场地, 随后于 8 月被安装到 S-II 试车样机的 202 号工位, 并在 1966 年 8 月到 1968 年 5 月进行了 5 台发动机动力系统试车。

在整个生命周期中，J-2063 发动机共进行 14 次点火试验，累计点火时长达到 2840s，其中 3 次是在发动机单机状态下进行的，另外 11 次是在 S-II 样机下进行的。J-2063 发动机目前位于美国北卡罗来纳州达勒姆的生命与科学博物馆内。

### 21. J-2065

1966 年 4 月 29 日，J-2065 发动机在圣苏珊娜野外实验室进行了 3 次点火验收试验，并通过 NASA 验收。1967 年 2 月，在圣苏珊娜野外实验室将该发动机安装到 S-II 样机 205 号工位，并在 1967 年 2 月到 1968 年 9 月进行了有 5 台发动机系列动力系统试车。1969 年 5 月 15 日，J-2065 发动机被运往位于卡诺伽帕克的洛克达因公司，作为生产支持项目的一部分，为阿波罗-联盟号试验计划项目提供支持。在整个生命周期中，J-2065 发动机共进行 21 次点火试验，累计点火时长达到 3375s，其中 3 次点火是在发动机单机状态下进行的，另外 18 次是在 S-II 样机下进行的。J-2065 发动机目前在美国斯坦尼斯航天中心展出。

### 22. J-2078

J-2078 发动机(图 26.6)的制造开始于 1965 年第二季度，在圣苏珊娜野外实验室进行了 3 次点火验收试验，累计点火时长达到 355.1s。最后一次点火试验于 1966 年 7 月 19 日完成。J-2078 发动机在 8 月 26 日通过 NASA 的验收，并在当月 30 日被运往圣苏珊娜野外实验室的 CI 场地，随后于 1967 年 2 月被安装到 S-II 样机的 204 号工位，并在 1967 年 2 月到 1968 年 9 月进行了 5 台发动机系列动力系统

图 26.5　J-2063 发动机

图 26.6　J-2078 发动机

试车。1968 年 7 月 26 日完成点火试验之后，J-2078 发动机被暂时拆下，以便修复由于燃料泵失速而造成的发动机损坏。在整个生命周期，J-2078 发动机共进行21 次点火试验，累计点火时长达到 3364s，其中 3 次点火是在发动机单机状态下进行的，另外 18 次是在 S-II 样机下进行的。发动机目前位于密歇根州的卡拉马祖航空历史博物馆。

23. J-2083

J-2083 发动机共进行了 4 次验收点火，总点火时长为 432.0s。最后一次点火试验在 1966 年 8 月 26 日进行。J-2083 发动机于 10 月 7 日完成验收，并在当月20 日被运至亨廷顿海滩。J-2083 发动机在 11 月 15 日被安装到 S-IVB-209 子级上，并于 1967 年 6 月 20 日在萨克拉门托进行了一次点火试验，持续时间为 455.95s。J-2083 发动机目前位于美国肯尼迪航天中心。

24. J-2095

J-2095 发动机共进行了 3 次验收点火，总点火时长为 355.4s。最后一次点火发生在 1966 年 11 月 9 日。J-2095 发动机于 12 月 16 日完成验收，并在 1967 年 1月 3 日被运送到位于亨廷顿滩的道格拉斯。4 月 11 日，J-2095 发动机被安装到S-IVB-211 子级上，但是 S-IVB-211 子级从未进行过静态点火试验。发动机目前位于德国的赫尔曼·奥伯特太空旅行博物馆。

25. J-2103

J-2103 发动机于 1966 年第二季度开始制造，并在圣苏珊娜野外实验室进行了3 次验收点火，总点火时长为 615.4s。最后一次点火试验发生在 1967 年 1 月 25日。J-2103 发动机于 1967 年 2 月 22 日完成验收，并在次日通过卡车运送到亨廷顿滩，然后被安装到 S-IVB-212 子级飞行件上。随着决定将 S-IVB-212 子级飞行件作为天空实验室空间站的运载器，在 1969 年 4 月将 J-2103 发动机从该飞行件上拆除。

之后，J-2103 发动机被运输到亨廷顿滩，为 S-IVB-210 子级和 S-IVB-211 子级提供飞行验证机工程支持，1971 年 9 月 2 日，在亨廷顿滩对此发动机进行了全面检测。随后，在 1972 年 1 月 27 日将其运输到爱德华兹实验室进行存放。1974年 3 月 25 日，此发动机被运至肯尼迪航天中心，同年 6 月 5 日起与 S-IVB-513 子级共同存放。1974 年 10 月 23 日，该发动机被运走，并在 12 月 2 日完成检测，然后在 XRS-2200 项目的支持下对组件进行了拆除。2007 年和 2008 年，斯坦尼斯航天中心利用此发动机的动力单元，对"星座计划"（Ares）项目下研发的 J-2X 发动机进行了试验。最近，此发动机的燃烧室/喷管组件已从密西西比运往亨茨维尔市的美国航天与火箭中心进行维修。J-2103 发动机共进行了 3 次单发动机点火试验，累计点火时长达到 615.4s。J-2103 发动机现位于马歇尔航天飞行中心进行展出。

### 26. J-2111

J-2111 发动机由位于卡诺伽帕克的洛克达因公司制造与组装，1966 年第二季度启动该项工作。在圣苏珊娜野外实验室共进行了 3 次验收点火试验，累计点火时长达到 614.8s。J-2111 发动机在 1967 年 4 月 5 日进行了最后一次点火试验后在同年 5 月 26 日通过了 NASA 的验收。J-2111 发动机在 1967 年 7 月 28 日离开卡诺伽帕克，然后在 1971 年 6 月 22 日从爱德华兹实验室运往亨廷顿滩。在 7 月 26 日完成检测后，J-2111 发动机在 9 月 7 日被运往西尔滩。9 月 8 日起，J-2111 发动机与 S-IVB-513 子级飞行件共同存放。11 月 12 日，J-2111 发动机被转移，然后从 1972 年 10 月 4 日起再次同 S-IVB-513 子级飞行件共同存放。随后，J-2111 发动机在 1973 年 6 月 7 日再度被转移，并在当月 14 日被运往卡诺伽帕克进行高工况静态点火试验，以便为阿波罗-联盟号试验计划提供支持。随后，J-2111 发动机在 1974 年 1 月 16 日被运往爱德华兹实验室存放。最终，此发动机在 1974 年 8 月 8 日被运往肯尼迪航天中心存放，并根据 XRS-2200 项目拆除了相关组件。被编入序列的喷管延伸段组件得以保留，与被编号为 J-2113(序列号为 J-2113 的完整的 J-2 发动机已随阿波罗 15 号飞船发射升空)的燃烧室对接后共同置于亨茨维尔马歇尔 4205 大楼后面。在整个生命周期中，J-2111 发动机共进行 11 次点火试验，累计点火时长达到 1282.1s。

### 27. J-2120

J-2120 发动机从 1966 年第四季度开始制造，并在圣苏珊娜野外实验室进行了 5 次验收点火试验，累计点火时长达到 1046.7s。1967 年 7 月 27 日，该发动机进行了最后一次点火试验，同年 9 月 13 日通过了 NASA 的验收。1968 年 6 月，此发动机被安装于 S-II 样机的 202 号工位，6 月到 9 月进行 5 台发动机联试，之后被指定为阿波罗-联盟号试验计划项目提供支持。在整个生命周期中，J-2120 发动机共点火 13 次，累计点火时长达到 2072s，其中 5 次点火试验是在发动机级进行的，另外 8 次是在 S-II 样机下进行的。发动机目前位于俄克拉何马州的科学博物馆内。

### 28. J-2133

J-2133 发动机的制造开始于 1967 年第一季度，并在圣苏珊娜野外实验室进行了 4 次验收点火试验，累计点火时长达到 496.9s。1968 年 3 月 13 日，该发动机进行了最后一次点火试验，并于同年 5 月 21 日通过了 NASA 的验收。J-2133 发动机在 1968 年 6 月 5 日离开卡诺伽帕克，在 1971 年 7 月 15 日从爱德华兹实验室运往亨廷顿滩，并在当年 8 月 12 日完成了检测。9 月 8 日起，J-2133 发动机与 S-IVB-514 子级共同存放，然后在 12 月 20 日被转移。从 1972 年 10 月 3 日起，J-2133 发动机同 S-IVB-211 子级一起在肯尼迪航天中心进行长期存放，随后在 1973 年 6 月 7 日再度被转移，并在当月 14 日被运往卡诺伽帕克进行高工况热试车，以便为阿波罗-联盟号试验计划提供支持。1974 年 1 月 16 日，J-2133 发动机被运输到爱德华兹实验室进行存放，之后于同年 9 月 26 日被运往肯尼迪航天中心存放。J-2133 发动机在肯尼迪航天中心作为备件存放，但随后根据 XRS-2200 项目要求对其相关组件进行了拆除。后来，J-2133 发动机的燃烧室/喷管组件从密西西比运往亨茨维尔市的美国航天与火箭中心进行维修。在整个生命周期中，J-2133 发动机共进行 9 次点火试验，累计点火时长达到 1166.9s。

### 29. J-2146

J-2146 发动机(图 26.7)的制造与组装工作开始于 1967 年第四季度，由位于卡诺伽帕克的洛克达因公司负责，并在圣苏珊娜野外实验室进行了 3 次验收点火试验，累计点火时长达到 348.6s。J-2146 发动机在 1969 年 6 月 24 日进行了最后一次点火试验，并于 7 月 29 日通过了 NASA 的验收。7 月 31 日，J-2146 发动机离开卡诺伽帕克前往亨廷顿滩，并于 1972 年 1 月 5 日被运往爱德华兹实验室进行存放，1973 年 10 月 31 日被运往肯尼迪航天中心。1974 年 9 月 20 日，该发动机完成了检测，并在 3 天后作为 S-IVB-200 子级的备件存放。最终，J-2146 发动机根据 XRS-2200 项目要求完成了相关组件的拆除。在整个生命周期中，J-2146 发动机共进行了 3 次点火试验，累计点火时长达到 348.6s。后来，J-2146 发动机的燃烧室/喷管组件已从密西西比运往亨茨维尔市的美国航天与火箭中心进行维修，并在马歇尔航天飞行中心 8023 号大楼展出。

图 26.7　J-2146 发动机

30. J-2148

J-2148 发动机的制造开始于 1968 年第一季度,并在圣苏珊娜野外实验室进行了 3 次验收点火试验,累计点火时长达到 340.2s。该发动机在 1969 年 8 月 28 日进行了最后一次点火试验,并于 9 月 26 日通过了 NASA 的验收。J-2148 发动机在 1969 年 9 月 30 日离开卡诺伽帕克,在 1974 年 2 月 19 日被运往肯尼迪尼航天中心进行存放。1974 年 4 月 19 日起,J-2148 发动机与 S-IVB-514 子级共同存放,被作为 AS-514 子级和 AS-515 子级的飞行验证机,并最终根据 XRS-2200 项目要求进行了相关组件的拆除。在整个生命周期中,此发动机共进行了 3 次点火试验,累计点火时长达到 340.2s。与 J-2146 发动机一样,发动机的燃烧室/喷管组件已从密西西比运往亨茨维尔市的美国航天与火箭中心进行维修,并在马歇尔航天飞行中心 8023 号大楼展出。

## 26.2　S-II 飞行件上的 J-2 发动机

在佛罗里达州肯尼迪航天中心展出的 S-II-14 飞行件如下:

J-2139 左下位置;

J-2141 左上位置;

J-2142 右上位置;

J-2144 右下位置;

J-2145 中间位置。

在休斯敦约翰逊航天中心展出的 S-II-15 飞行件如下:

J-2147 左下位置;

J-2152 左上位置;

J-2149 右上位置;

J-2150 右下位置;

J-2151 中间位置。

## 26.3　S-IVB-500 飞行件上的 J-2 发动机

J-2140 发动机位于休斯敦约翰逊航天中心展出的 S-IVB-513 飞行件上,J-2143 发动机在佛罗里达州肯尼迪航天中心展出的 S-IVB-514 上。

## 26.4　J-2 实体模型发动机

这些发动机是高保真工程实体模型，外观酷似真实发动机，可用于各种接口和工程功能。当时应该存在多种发动机，但目前仅找出一台，所有权归属美国史密森国家博物馆，目前位于德国慕尼黑的德意志博物馆展出。图 26.8 给出了 J-2031-1 发动机及其铭牌。

图 26.8　J-2031-1 发动机及其铭牌

## 26.5　J-2 研制用发动机

共有 38 台 J-2 研制用发动机，其中最后一台的序列号是 J-025-3。此外，还制造了一些 J-2S 发动机并对其进行了试验，其中已知的序列号包括 J-108 以及 J-111～J-116。在圣苏珊娜进行试验的基础上，其中至少三台 J-2S 发动机（J-112、J-113 和 J-115）还在位于俄克拉何马州的阿诺德工程发展中心进行了高空环境试验。此外，同一时间段内还制造了至少 4 台 J-2X-标准发动机，序列号分别是 J-011、J-012、J-013 和 J-015。这些发动机需与 NASA 正在研发的新型 J-2X 发动机进行区别。目前已知的情况是这些发动机全部不复存在。